# PLANTES ALIMENTAIRES

PARIS. — IMP. SIMON RAÇON ET COMP., RUE D'ERFURTH, 1.

# LES
# PLANTES ALIMENTAIRES

PAR

## GUSTAVE HEUZÉ

Membre de la Société centrale d'agriculture de France
Inspecteur général adjoint de l'agriculture

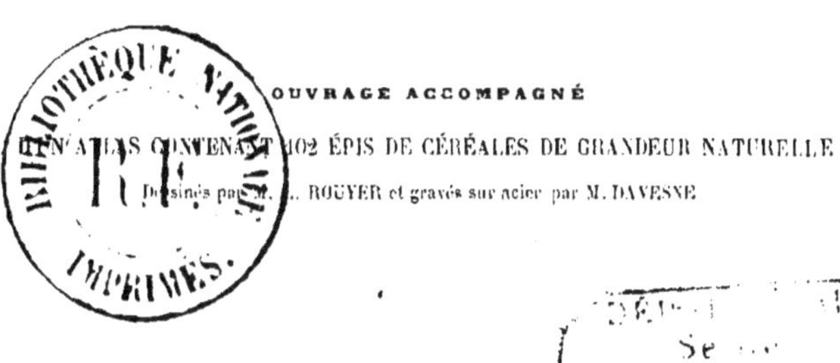

OUVRAGE ACCOMPAGNÉ

D'UN ATLAS CONTENANT 102 ÉPIS DE CÉRÉALES DE GRANDEUR NATURELLE

Dessinés par M. L. ROUYER et gravés sur acier par M. DAVESNE

## TOME SECOND

PARIS

LIBRAIRIE AGRICOLE DE LA MAISON RUSTIQUE

26, RUE JACOB, 26

# LES
# PLANTES ALIMENTAIRES

## PREMIÈRE PARTIE

### LES PLANTES CÉRÉALES

(SUITE)

---

## LIVRE ·V

### MAIS

**Zea**

(De ζάω, vivre)

*Plante monocotylédone de la famille des graminées.*

*Anglais.* — Turkey corn.
*Américain.* — Indian corn.
*Allemand.* — Gemeiner Maïs.
*Autrichien.* — Kukurutz.
*Russe.* — Tureskoichljeb.
*Hongrois.* — Kukuricza.
*Turc.* — Kukuru.
*Italien.* — Grano de turco.
*Espagnol.* — Trigo de Indias.

*Portugais.* — Milho da Indias.
*Arabe.* — Dourah roumy.
*Egyptien.* — Dourah chàmy.
*Mexicain.* — Maïze.
*Chilien.* — Cua.
*Indien.* — Djagoung.
*Japonais.* — Sjokusa.
*Péruvien.* — Zara.
*Persan.* — Hildèh.

Le maïs, que l'on appelait autrefois *mayz* ou *maïz*, fait la base de la nourriture des Italiens, des Portugais, des populations du Béarn, du haut Languedoc, etc.

On le désigne en France sous les noms suivants :

| | |
|---|---|
| Blé de Turquie. | Blé Turquet. |
| Blé d'Espagne. | Blé d'Astracan. |
| Blé des Incas. | Blé de Guinée. |
| Blé de Barbarie. | Gros millet des Indes. |
| Blé de l'Inde. | Blé des Indes. |

Les Arabes de l'Afrique centrale le nomment *Gafuli nosri*. En Amérique et à la Nouvelle-Galles, on l'appelle souvent *Maizena*. Les Mexicains le désignent quelquefois sous le nom de *Tlaolli*. Au Natal, on l'appelle *Mealie*. En Italie, on l'appelle aussi *Fromentone*.

La culture de cette céréale perd de son importance en France. Voici les étendues qu'elle a occupées depuis 1840 :

| | |
|---|---|
| 1840 | 631,732 hectares |
| 1852 | 601,997 |
| 1862 | 586,032 |

Ainsi, dans l'espace de vingt-deux ans, la superficie qu'on lui destine annuellement a diminué de 45,000 hectares.

Voici les départements dans lesquels elle occupe les plus grandes surfaces :

| | 1840 hectares. | 1862 hectares. |
|---|---|---|
| Dordogne. | 74,637 | 55,540 |
| Landes. | 72,082 | 55,274 |
| Basses-Pyrénées. | 71,258 | 65,491 |
| Haute-Garonne | 49,031 | 48,152 |
| Lot. | 41,450 | 36,698 |
| Gers | 31,556 | 29,520 |
| Tarn. | 31,556 | 33,154 |
| Charente. | 24,802 | 25,025 |

Tous ces départements appartiennent à la région du Sud-Ouest.

Toutefois, si la surface occupée par le maïs a diminué de 9 pour 100, la production totale en grain s'est, au contraire, un peu élevée. Voici les données constatées par la statistique :

| | |
|---|---|
| 1840. | 7,620,264 hectolitres. |
| 1852. | 8,554,581 |
| 1862. | 8,648,116 |

La production totale de 1862 accuse sur celle de 1840 une augmentation de 269 litres par hectare, accroissement qui justifie un perfectionnement dans la culture du maïs.

Les départements qui ne cultivent pas cette plante sont au nombre de 24. On compte 19 départements qui n'ont annuellement que 1 à 100 hectares de maïs.

La statistique de l'Italie évalue la production du maïs dans ce royaume a 16,552,000 hectolitres. L'Espagne ne produit pas annuellement au delà de 3,509,000 hectolitres. La production annuelle de la Hongrie dépasse 23,000,000 hectolitres ; celle des États-Unis s'élève à 134,000,000 hectolitres.

Le maïs occupe aussi chaque année d'importantes surfaces en Algérie, dans le Tell et les oasis du Sahara, dans les provinces danubiennes, la Turquie d'Asie, le Turkestan, l'Asie Mineure, l'Afghanistan, l'Arabie, le Soudan, le Ceylan, dans les hautes parties de Siam, et de l'An-Nam, dans la Guinée, la Nubie, l'Abyssinie, le Zanguebar, la Sénégambie, le pays des Hottentots, les îles Célèbes, les Philippines, la Polynésie, la Malaisie, la Mélanésie, au Chili, au Pérou, au Mexique, en Amérique, dans les Antilles, à l'île Maurice, etc. On le considère à bon droit comme l'un des principaux produits de l'agriculture américaine et surtout des États ci-après : Ohio, Kentucky, Illinois, Tennessee et Delaware. En Portugal on le cultive principalement dans le Minho, la Beira et l'Estramadure.

# CHAPITRE PREMIER

## HISTORIQUE DU MAÏS

Les anciens n'ont pas connu le maïs. — Cette plante alimentaire était inconnue en Europe et en Asie avant la fin du siècle dernier. — Elle était
cultivée à cette époque dans l'Amérique méridionale. — Les anciens Péruviens célébraient par de grandes fêtes la récolte du maïs. — Les Toltèques et les Aztèques ont aussi cultivé cette plante. — Importation du maïs
en Europe. — La raison pour laquelle on l'a appelé *blé de Turquie*. — Sa
farine sert à faire du pain, aux Antilles. — Propagation de la culture du
maïs, au dix-septième siècle, dans les anciennes provinces du Sud-Ouest et
de l'Est.

Le maïs n'a pas été mentionné avant l'ère chrétienne. Il
est vrai que Théophraste, Galien et Dioscoride parlent d'un
*zea*; mais la plante que ces auteurs ont désignée sous ce
nom est l'épeautre ou le *Triticum spelta*. C'est Linné qui a
donné au maïs le nom de *zea*, parce que cette céréale fait
vivre et qu'elle appartient bien à la classe qui comprend
les plantes alimentaires.

Pline, contrairement à ce qu'on a souvent dit, n'a pas
connu le maïs. Comme Théophraste et Hérodote, il se
borne à constater que l'Inde est la terre native du sorgho
(*Holcus indicum*).

L'ouvrage le plus ancien qui parle de la culture du maïs,
suivant Herbelot, le savant orientaliste, aurait été écrit au
quinzième siècle par Mirkhond, célèbre historien persan,
mort à Hérat au mois de juillet 1498[1]. Bonafous qui a
consulté le texte de Mirkhond à la bibliothèque de Paris, a
constaté que c'était à tort qu'Herbelot avait dit que le blé
de Turquie y était mentionné. Mirkhond s'est borné à si-

L'Amérique du Sud a été découverte en 1498.

gnaler le millet comme étant cultivé dans les îles du Volga.

Après ce livre, on a signalé l'ouvrage écrit en 1552 par Li-chi-Tchin, savant chinois, sous le titre de *Phen-Thsao-Kangmou* (Traité général d'histoire naturelle). Ce livre renferme une gravure qui représente fidèlement le maïs, et que Bonafous a reproduite dans son grand ouvrage intitulé *Traité du maïs*.

Mais parce que le livre de Li-chi-Tchin constate l'existence du maïs dans l'Asie orientale, un demi-siècle après la découverte de l'Amérique, est-on autorisé à conclure que les Chinois ont connu cette graminée alimentaire depuis les temps les plus anciens et avant les Européens? Évidemment non! On ne doit pas oublier que les Portugais parvinrent à Java en 1496 et en Chine en 1516 ; en outre, il faut se rappeler que le maïs n'a jamais été compris parmi les céréales cultivées par les Chinois sous le règne de Yenti ou Chin-nong, empereur qui fut surnommé le *divin laboureur*, parce qu'il fit connaître la culture du blé.

On a dit aussi pour prouver que le maïs était connu dans l'ancien monde depuis la plus haute antiquité, que Rifaud a trouvé en 1819 des grains de maïs dans le sarcophage d'une momie retirée d'un des hypogées de Thèbes. Virey révoque en doute cette découverte. Il fait remarquer que les graines trouvées par Rifaud étaient des semences de *Sorgho bicolor*. Si les faits signalés par Rifaud sont exacts, ils attestent une fois de plus avec quel art les Arabes fabriquent de nos jours des momies pour les vendre comme remontant à l'époque pharaonique.

J'ajouterai que le maïs n'a pas été mentionné par Prosper Alpin dans l'ouvrage qu'il publia à Venise en 1592, sous le titre : *De plantis Ægypti*, et qu'on réimprima en 1735 sous le titre de *Historia naturalis Ægypti*. On sait, du reste, que cette plante n'a jamais été figurée sur les anciens monuments égyptiens et que Ebn-Baithar, médecin arabe qui a visité l'Égypte au treizième siècle, n'en fait pas mention dans ses écrits. Enfin l'*Ortus sanitatis*, publié en 1471 par Jean Cuba, n'en parle pas.

Si le maïs était inconnu en Europe et en Asie, avant la fin du seizième siècle, il est incontestable aujourd'hui que les peuples de l'Amérique du Sud le cultivaient bien avant cette époque.

Cette plante, en effet, faisait chez les Incas la base du pain de la grosseur d'une pomme appelé *cancu*, dont ils se servaient dans les sacrifices ou les cérémonies publiques. Ce pain, à Cuzco, était pétri par les vierges consacrées au culte du soleil ou du dieu *Pachacamac*[1]. De tout temps, d'ailleurs, on a vanté la beauté des tiges et des épis du maïs qu'on cultive au Pérou et au Chili. Garcilasso de la Vega, dans ses *Commentarios reales*, imprimés en 1609, dit en parlant des jardins d'or des Incas (*huertas de oro*), que le maïs y est figuré artificiellement avec l'or et l'argent. Puis, après avoir décrit sa culture au Cusco et sur les côtes, il ajoute que les Indiens fertilisent le sol qu'ils lui destinent avec de la poudrette, du guano ou des débris de poissons. Ces faits ont été confirmés en 1633, par Jean Leart dans son *Novus orbis seu descriptionis occidentalis*; en 1745, par le missionnaire espagnol Jose Gumilla, dans son ouvrage intitulé *Historia natural civil y geographica del Orenoco*; en 1553, par Lopez de Gomera, auteur de l'*Historia general de las Indias*; et en 1535, par Gonzalo Fernandez de Oviedo,

---

[1] La *chica* et le *saco*, bouillies que les Indiens regardaient comme la nourriture des divinités (*guacas*), étaient faites avec de la farine de maïs.

dans son *Historia general e natural de las Indias occidentales*[1].

Je compléterai ces détails en rappelant que Fernand Cortez, après la conquête de Tabasco, reçut le 18 mars 1519 comme gage d'amitié vingt jeunes et jolies Indiennes fort habiles dans l'art de préparer le pain de maïs. Je rappellerai aussi qu'il dit avoir vu, en entrant à Tenochtitlan, du *miel de tige de maïs*.

Avant la conquête des Espagnols, au mois de mai de chaque année, le peuple du Pérou célébrait par de grandes fêtes la récolte du maïs. Pendant que le prêtre offrait à Zarapconapa, la divinité qui présidait à la réussite de cette plante alimentaire, une boisson fermentée faite avec des grains de maïs et dans laquelle on ajoutait du sang des lamas immolés en sacrifice, les populations accompagnaient cette cérémonie de danses exécutées au son de divers instruments. En outre, des jeunes filles et des enfants, la tête ceinte de guirlandes de fleurs, portaient des offrandes d'épis de maïs qu'ils déposaient sur l'autel devant la statue du dieu, près de laquelle brûlaient des parfums[2].

Bernardino de Sahagun, qui fut un des premiers seigneurs qui arrivèrent à la Nouvelle-Espagne, après la conquête ou en 1524, raconte dans son *Historia universal de Nueva España* que Montezuma, pour apaiser la colère de Cortez et des principaux chefs espagnols qui l'accompagnaient, leur offrit des gâteaux de maïs teints de sang humain.

Le maïs servait aussi dans les cérémonies funèbres. Les anciens Mexicains n'oubliaient jamais, en effet, dans les funérailles, d'en offrir à Cintli, la *déesse du maïs*. Au Pérou,

---

[1] Crawford dit que le maïs était cultivé par les peuples des îles de l'archipel Indien avant la découverte de l'Amérique sous le nom de *djagoung*.

[2] Les Tupinambas faisaient aussi des sacrifices à deux idoles avec du *maïs*, des fruits et des fleurs.

les anciens tombeaux des Incas contiennent des épis de
cette plante alimentaire. Peale, de Philadelphie, a aussi
constaté que les momies du Pérou sont presque toujours
accompagnées d'une certaine quantité de grains de maïs[1].
Enfin il est incontestable que les Tapuyas et Tupinambas
(les anciens peuples du Brésil) se nourrissaient des os des
morts après les avoir pilés avec du maïs.

Tous les faits mentionnés dans l'histoire du Mexique et
ceux que révèlent les sacrifices sanglants des Toltèques et
des Atzèques prouvent de la manière la plus évidente que
le maïs était connu des anciens peuples de l'Amérique du
Sud. Nonobstant leur véracité confirmée par les antiquités
mexicaines et péruviennes, divers écrivains, au seizième
siècle, les ont souvent révoqués en doute. Ainsi, le célèbre
botaniste allemand Léonard Fuchs a soutenu, dans son
*Historia stirpium*, ouvrage imprimé à Bâle en 1542, que le
maïs a été importé de l'Asie et de la Grèce en Allemagne ;
aussi le désigne-t-il sous le nom de *Turcicum frumentum*.
Jean Ruel, dit Ruellius, médecin français, exprime la même
opinion. Dans l'ouvrage qu'il fit imprimer à Paris en 1536
sous le titre : *De natura stirpium*, il désigne le maïs sous le
nom de *Frumentum turcicum asiaticum*. Léonicer, historien
allemand, admet la même origine dans le livre intitulé
*Chronicon Turcorum*, qui fut publié à Strasbourg en 1537. Il
en est de même de Tragus qui écrivit en 1539 son ouvrage
intitulé *Neues Kreutzer-Buch*. Enfin le botaniste néerlandais
Dodoens, qui est connu sous le nom de Dodonœus et
Dodonnée, a désigné le maïs sous le nom de *Fromentum
turcicum* dans son *Historia frumentorum*, publiée à Anvers
en 1569.

---

[1] Suivant M. P. Marcoy, les Indiens Aymaras, qui habitaient le Pérou avant
les Incas, mettaient des épis de maïs dans les tombeaux.

Plusieurs auteurs modernes ont aussi admis que le maïs était originaire de l'Asie. Ainsi Joseph Michaud, dans sa remarquable *Histoire des croisades*, imprimée à Paris en 1808, et Daru, dans son *Histoire de la république de Venise*, publiée à Paris en 1819, regardent le maïs comme ayant été importé en Europe des contrées asiatiques. L'opinion émise par ces écrivains est-elle justifiée par la thèse soutenue par Molinari, dans son ouvrage intitulé *Storia d'Incisa*, et publiée en 1810?

Molinari appuie ses dires sur une charte de 1204. D'après ce document, Boniface III, marquis de Montferrat, aurait importé de Natolie, province de l'Asie Mineure, des *graines de couleur d'or et en partie blanche*, qu'il aurait données aux habitants d'Incisa dans le haut Montferrat, sous le nom de *Meliga*. Grégory, pour prouver que ce sont bien des graines de maïs que le marquis de Montferrat a importées en Italie, lorsqu'il revint du siége de Constantinople, fait observer que Ducange assure, d'après Muratori, que le méliga était bien cultivé en Italie en 1227, et qu'il valait huit sous la mesure.

Mais les mots *meliga* ou *melica* représentent-ils le maïs? Cela est fort douteux. Pietro Crescenzio, qui écrivait au quinzième siècle son *Opus ruralium commodorum*, ouvrage qui fut traduit par ordre de Charles V et publié sous le titre de *Rutican des laboureurs*, parle bien de deux espèces de melica ; l'une à graine rouge, l'autre à graine blanche; mais il ne mentionne pas le maïs. Il n'est pas douteux pour tous les Italiens que Crescenzio a désigné deux variétés de *sorgho* (HOLCUS SORGHUM), plante qui, selon Ramphius, était appelée à cette époque *meliga* par les Lombards, *saggina* par les Toscans, et *melica* par les Italiens. Cadan, du reste, dit dans le huitième livre de son ouvrage intitulé

*De subtilitate*, publié en 1551, que le maïs ressemble par son port au *melica* ou sorgho cultivé en Italie.

Mais s'il est aujourd'hui bien démontré que le maïs n'est pas originaire de l'Asie, pourquoi donc le désigne-t-on encore sous le nom de *blé de Turquie* et *blé turc*, alors que les Turcs eux-mêmes l'appellent *blé d'Égypte*, et que les Égyptiens le désignent sous le nom de *dourah de Syrie* (Dourah Châmy)?

Heymius, Gotthingen et Constant Duméril disent que le maïs a été appelé en France *blé de Turquie*, et en Italie *grano turco*, à cause des longs styles que portent les fleurs femelles, et qui rappellent les houppes de soie qui sont attachées aux bonnets des Turcs. Cette explication n'est pas sans intérêt, et il est très-probable qu'elle est exacte.

C'est au retour de son premier voyage que Christophe Colomb importa en Europe les premiers grains de maïs, Le mot *mahiz*, sous lequel il désigna cette plante, a été emprunté à la langue des Haïtiens; mais pour quelle cause Mathioli l'a-t-il désigné, en 1545, dans son ouvrage intitulé *I dioscori nec lei libri di Dioscoride*, sous le nom de *fourmento indiano* (froment indien)? Pourquoi Dalechamp, dans l'ouvrage qu'il publia en 1587, sous le titre *Historia generalis plantarum*, et Camerarius, dans le livre qu'il fit imprimer en 1591, et qui est intitulé *Plantarum indigenarum, exoticarum icones*, l'ont-ils appelé *Triticum indicum* et *Frumentum indicum*, ou *Indis maitz* ou *Indis granis*? Pourquoi le botaniste genevois Chabrœus, dans son ouvrage imprimé en 1666, sous le titre de *Stirpium icones*, l'a-t-il nommé *Triticum peruvianum, Frumentum indicum, Millium indicum*? Enfin, pour quel motif Jean des Moulins, en 1615, a-t-il dit que le *froment de l'Inde* a été importé des ndes occidentales et non de la Turquie et de l'Asie, comme on le croyait à cette époque, et comme l'affirmait encore en 1687 Tabernamontanus dans son ouvrage ayant pour titre : *Kreuterbuch?*

Ces dénominations s'expliquent aisément si l'on se rappelle que Christophe Colomb est mort avec la conviction qu'il avait découvert la côte orientale de l'Asie, si l'on n'oublie pas que le 12 octobre 1492 il appela *Indiens* les indigènes des îles de Cayes et de Bahama, et qu'il désigna ces îles, qui sont voisines de Cuba, sous le nom d'*Indes orientales* [1].

Ces divers noms, il est facile de le comprendre, étaient insuffisants pour autoriser Josep Acosta à dire dans son intéressante *Histoire naturelle et morale des Indes*, qui fut traduite en plusieurs langues à la fin du seizième siècle, que le maïs que l'on appelait alors dans la Castille *trigo de Indias* (*blé de l'Inde*), était connu de temps immémorial dans les Indes orientales, au Pérou, à la Nouvelle-Grenade, à Guatémala, au Chili, à Cuba, à Saint-Dominique et à la Jamaïque. Acosta, après avoir signalé ces faits, ajoute qu'il est en droit de demander pourquoi le maïs, qui est le pain des Indiens, a été appelé en Italie *grain de Turquie* ou *grano turco*.

C'est donc bien à tort que Combes disait, en 1780, dans son *École du jardin potager*, que le *blé de l'Inde* tire son nom des Indes d'où il fut apporté en Turquie, et de là en Asie, en Afrique et en Europe. C'est donc bien à tort aussi que Michaux et Daru disent que le maïs était connu dans l'Asie Mineure avant la découverte de l'Amérique.

[1] Pietro Martire d'Anghiera, qui était contemporain de Christophe Colomb, dit, dans son *De rebus oceanicis*, publié à Paris en 1536, que le maïs était cultivé à Haïti, l'e des Antilles, découverte par les Espagnols le 6 décembre 1492.

Quoi qu'il en soit, le maïs est peu cultivé dans les Indes orientales. Lorsque Roxburg publia, il y a un demi-siècle, sa *Flora Indica*, cette plante n'y était pour ainsi dire cultivée que dans les jardins. De nos jours, la culture du maïs ne s'est un peu étendue que dans trois provinces des Indes anglaises : Lucknow, Burmah et Pegu.

L'abbé Prévost, dans son *Histoire générale des voyages*, publiée en 1748, dit que le maïs est cultivé depuis Apollonia (Amanahea), ville d'Afrique sur la Côte d'Or (Guinée supérieure), jusqu'à la rivière de Volta, il ajoute que ce sont les Portugais qui l'apportèrent les premiers d'Amérique dans l'île de Saint-Thomas (golfe de Guinée), d'où il fut transporté dans la Côte d'Or. Jusqu'alors, dit-il, le maïs était inconnu des nègres. Avant l'introduction de cette plante dans ces contrées lointaines, les habitants se nourrissaient de *millet à épi allongé*, dont les graines ressemblaient à du chanvre par leur couleur. Les Portugais appelaient ce millet *milhio piquaño*, et ils désignaient le maïs sous le nom de *milho grande*.

Pietro Martire d'Anghiera, historien géographe italien, disait en 1532, dans son ouvrage intitulé : *De rebus oceanicis et orbe decades*, que la farine blanche de *maize* sert à faire du pain aux Antilles.

De Humboldt rapporte dans son *Voyage aux régions équatoriales*, que le maïs est cultivé du Chili jusqu'à la Pensylvanie et dans le voisinage de l'Équateur, depuis le niveau de la mer jusqu'aux plateaux des Andes, et qu'il forme depuis un grand nombre de siècles la nourriture des habitants de la Nouvelle-Andalousie (Vénézuela). J'ajouterai qu'au moment de la conquête du Mexique, les Aztèques le cultivaient depuis les côtes jusqu'à la vallée de Toluca, et que cette plante atteignait le territoire des Olomies nomades et barbares, ou dépassait le Rio-Grande de San-Iago.

Dans l'incertitude où il était à l'égard de l'origine du maïs, Lobel, dans son *Icones stirpium*, publié de 1581 à 1598, l'a désigné sous le nom de *Milium indicum plinianum vel frumentum turcicum maïs occidentalium* [1].

Quand Vasco Nuñez découvrit la Guyane, Navarez et Sottus la Floride et Goncalo Ximenès la Nouvelle-Grenade, la principale nourriture des habitants de ces contrées étaient le maïs et la cassave. En outre, lorsque la flotte française arriva, en 1562, sur les côtes de la Floride, elle reçut des Indiens des provisions de maïs, de gibiers et de fruits.

En résumé, le maïs est bien originaire du nouveau monde, et c'est par erreur évidemment qu'on a dit que la Thessalonie le cultive depuis les temps les plus reculés. C'est par erreur aussi que M. Amoureux a soutenu, en 1812, qu'il a été introduit en Italie au temps de Néron, que les Maures l'ont reçu des Italiens, et que ce sont eux qui l'ont introduit en Espagne. Les écrivains qui partagent l'opinion de M. Amoureux n'oublient pas cependant que le maïs est appelé en Sicile *blé de Rome* et en Toscane *grain sicilien* (*grano siciliano*).

Le maïs s'est propagé lentement en Europe. Hernandez s'est plaint à la fin du seizième siècle dans son ouvrage ayant pour titre : *De la naturale de la Nueva Espagna*, de ce que les Espagnols négligeaient la culture de cette plante sur leur propre territoire. En 1525, Oviedo a constaté dans son *Histoire des Indes occidentales*, que le maïs ne s'était encore répandu que dans l'Andalousie et aux environs de Madrid.

---

[1] Les Tartares, qui connaissaient le maïs depuis longtemps, le désignent sous le nom de *mai-se-mu*

Toutes choses égales d'ailleurs, comme le dit M. Alphonse de Candolle dans sa *Géographie botanique*, le maïs manquait à l'Europe, à l'Asie et à l'Afrique avant la découverte du nouveau monde, et les Américains l'ignoraient avant la découverte de l'île de Cuba et celle du Mexique, puisqu'ils l'appellent *indian corn* ou *blé indien*. D'après de Humboldt, cette plante aurait été apportée au septième siècle au Mexique par les Toltèques, et c'est du Mexique qu'il aurait été introduit dans la Pensylvanie. En 1534, les premiers Européens qui pénétrèrent dans cette partie de l'Amérique du Nord furent frappés par l'aspect remarquable que présentaient les champs de maïs.

Mathioli, Cieca, Zéri, Bonpland et Roulin se sont complétement trompés, quand ils ont dit que le maïs était indigène en Amérique[1]. Cette plante a été introduite au Canada, en 1603, et à la Virginie, en 1607.

En 1532, suivant Martyr, le maïs était cultivé aux Antilles. On l'appelait alors *maizi*. Il avait « lespy long d'une « paulme, montât en aigu, gros côme le bras, ayât les « grains côme pois, arrangez lug contre l'autre par merveilleux artifice de la nature. Iceulz sont blancz deuât « que soient meurs, et quâd sont meurs sont fort noirs « lesquelz froissez font farine blâche comme neige. »

Le maïs a été introduit en 1560, selon Gallo, dans la presqu'île de Rovigo. De là, sa culture s'est répandue dans le Frioul, la Vénétie et la Lombardie. La Styrie et l'Autriche le reçurent de la Hongrie et de la Croatie[2].

---

[1] Brown a fait la même faute, quand il a dit que le maïs était originaire des montagnes rocheuses du nord de l'Amérique et des forêts humides du Paraguay.

[2] La culture du maïs donna lieu, en Styrie, à des disputes sur les dimes. Ces contestations obligèrent Charles VI, empereur d'Allemagne, en 1733, à rendre une loi sur les dimes de cette plante.

C'est vers la fin du seizième siècle qu'on commença en France à cultiver le maïs dans le Béarn, la Navarre, la Guienne et le Languedoc, et c'est pendant le dix-septième siècle qu'il se répandit dans l'Angoumois, la Bourgogne, la Franche-Comté et le Maine. En 1560, Champier disait que les habitants du Beaujolais en faisaient du pain.

Suivant Guyet, intendant de la généralité de Pau, on le désignait en 1698 dans la basse Navarre et le Béarn, sous le nom de *millet des Indes*, et dans l'Angoumois sous celui de *blé d'Espagne*.

D'après tous ces faits, on peut dire que les Portugais ont introduit le maïs sur la côte d'Afrique et en Asie, les Espagnols en Sicile, dans le Milanais, les États de Venise et en France, les Italiens en Suisse, en Hongrie et dans la Carinthie, les Hongrois en Autriche et les Suisses dans la vallée du Rhin.

# CHAPITRE II

**CONDITIONS CLIMATÉRIQUES**

La région du maïs. — Ses limites septentrionales en Europe, en France et
en Amérique. — Durée de la végétation du maïs. — Chaleur totale exigée
par cette plante. — Influence des étés secs, froids et humides, des gelées
tardives et intenses sur son développement. — Action des pluies abondantes, qui surviennent à la fin d'août ou en septembre.

Le maïs est cultivé dans toutes les provinces de l'empire
ottoman, en Égypte, dans les provinces méridionales de la
Russie, en Algérie, en Espagne, dans le Portugal, en Italie,
en Hongrie, en Autriche, en France, dans la zone appelée
*région du maïs*, et en Allemagne, entre Heidelberg et Francfort. De Humboldt a constaté qu'il était cultivé depuis le
Chili jusqu'à la Pensylvanie.

La ligne qui détermine en France la région dans laquelle
le maïs mûrit aisément ses graines, a son point de départ
dans la plaine du Poitou. De cette province, elle se dirige vers
Cahors, en traversant l'Angoumois, le Périgord et le Quercy,
De là elle passe dans l'Albigeois, contourne les Cévennes,
remonte la rive droite du Rhône, traverse la Champagne
pour se diriger vers Nancy et Lunéville. Arrivée à ce point,
elle franchit les montagnes des Vosges et se dirige vers
Bâle, en suivant les rives du Rhin. De Bâle elle traverse
les monts Jura, longe les montagnes du Bugey, revient
dans la vallée du Rhône, pour suivre le revers méridional des montagnes dauphinoises et des montagnes
alpines jusqu'à Menton [1].

Ainsi la zone du maïs ne comprend pas en France la

---

[1] Les cartes, tracées par Arthur Young, Rozier et de Gasparin, indiquant
a limite septentrionale de la culture du maïs, sont inexactes.

Bretagne, l'Anjou, les Marches, l'Auvergne, le Bourbonnais, le Berry, la Sologne, la Normandie, la Picardie et la Flandre. De plus, elle n'embrasse pas les montagnes Noires, les montagnes des Pyrénées et des Alpes, et celles des Vosges.

D'après les remarques faites par M. Alph. de Candolle, on peut assigner à la culture du maïs les limites suivantes :

> Amérique méridionale, le 40ᵉ degré de latitude sud.
> Amérique septentrionale, le 54ᵉ degré de latitude nord.
> Euroͺe, le 50ᵉ degré de latitude nord.

Le maïs, dans les circonstances ordinaires, accomplit toutes ses phases d'existence dans l'espace de 130 à 155 jours, avec une température moyenne de 16 à 20 degrés, suivant le terrain où il est cultivé et la variété à laquelle il appartient.

M. Boussingault a fait connaître les faits suivants :

| | Durée de la culture. Jours. | Température moyenne. | Chaleur totale. Degrés. |
|---|---|---|---|
| Alsace. | 153 | 16°,7 | 2550 |
| Alais | 135 | 22°,7 | 3064 |
| Kingston (Amérique septentrionale). | 122 | 22°,0 | 2684 |
| Magdalena (Amérique méridionale). | 92 | 27°,5 | 2550 |
| Plateau de Santa-Fé | 185 | 14°,7 | 2968 |

De ces faits on doit conclure que la durée de la végétation du maïs est d'autant plus courte que la température moyenne est plus élevée.

En résumé, le maïs exige pour bien mûrir son grain de 2,500 à 2,800 degrés de chaleur totale. Le froment n'en demande que 2,000 à 2,500 degrés.

Un climat très-tempéré est donc celui qui convient le mieux au maïs. M. Roulin a constaté que la température influe beaucoup sur la proportion de principes immédiats dans la composition des tiges de cette graminée. Dans les pays froids, comme à Bahota, dans les Cordillères, la tige du maïs n'a qu'une saveur très-insipide, mais à Mariquita, où la chaleur est très-forte, cette même tige est sucrée et elle fournit en abondance un sirop qui est très-agréable.

Comme toutes les plantes intertropicales, le maïs résiste assez bien aux sécheresses ordinaires, mais il ne végète avec vigueur que lorsque les étés sont à la fois chauds et humides. C'est pourquoi il est toujours très-luxuriant en Abyssinie et en Espagne ou en Italie lorsqu'on le cultive à l'arrosage. Par contre, les étés froids et humides, et les chaleurs continuelles et élevées, l'arrêtent dans son développement. Ainsi, lorsque les printemps ou les automnes sont peu tempérés, on remarque toujours un changement de coloration dans son feuillage : ses feuilles de vertes qu'elles étaient prennent une nuance vert jaunâtre qui indique que les plantes souffrent. Le même phénomène a lieu quand le maïs est cultivé sur des sols argileux, froids et humides.

Les gelées blanches tardives et intenses, c'est-à-dire celles qui surviennent en France à la fin d'avril ou pendant la première quinzaine de mai lui sont aussi très-nuisibles en ce qu'elles détruisent souvent ses premières feuilles. Ces gelées, il est vrai, ne font pas toujours périr les plantes, mais si celles-ci souvent continuent néanmoins à végéter, elles ne fleurissent jamais aussitôt que les autres.

On a dit souvent que le maïs mûrissait ses grains dans toutes les localités où les raisins arrivaient chaque année à parfaite maturité.

Cette observation n'est pas exacte. Il existe en Europe une foule de localités viticoles dans lesquelles la culture du maïs n'est pas possible. Ainsi, c'est en vain qu'on voudrait cultiver le maïs en dehors des jardins dans la

Picardie, la Bretagne, etc., où la vigne mûrit encore ses fruits.

En général, comme pour les fruits de la vigne, les mois de septembre et d'octobre les plus secs et les plus chauds sont des plus favorables à la maturité du maïs, surtout dans la zone du maïs qui appartient à la France.

Ce sont ordinairement les pluies qui surviennent vers la mi-août, époque où l'épi est fécondé et les grains formés, qui exercent la plus grande influence sur l'avenir de la récolte.

Dans les circonstances ordinaires, la culture du maïs ne dépasse pas 600 à 700 mètres d'altitude dans la zone tempérée de l'Europe.

La nature de la couche arable exerce une grande influence sur la réussite de cette graminée alimentaire dans les contrées du centre de la France. Ainsi, c'est à la nature sablonneuse des terres de la Touraine, du Blaisois, du Maine et de l'Anjou, qu'on doit attribuer la réussite du maïs dans ces anciennes provinces. Ces terres légères ont l'avantage de s'échauffer plus aisément et plus promptement que les autres terrains situés sous les mêmes latitudes.

Quoi qu'il en soit, les variétés hâtives sont celles qu'il faut cultiver de préférence dans les parties septentrionales de la région du maïs.

# CHAPITRE III

## ESPÈCES ET VARIÉTÉS DE MAÏS

Caractères botaniques du maïs. — Espèces cultivées. — Variétés à grains arrondis à leur sommet : maïs à grains jaunes unicolores, — à grains jaune jaspé, — à grains blanc nacré, — à grains blanc mat, — à grains rouges, — à grains noirâtres. — Maïs à épi ayant des grains de diverses couleurs. — Variétés à grains terminés par une pointe : maïs à grains jaunes, — à grains blanc nacré, — à grains rouges.

Le maïs (fig. 1) est annuel. Ses racines sont nombreuses, blanches, fibreuses ; elles sont plutôt traçantes que pivotantes. Sa tige est simple, cylindrique, glabre, droite, roide, pleine d'une moelle douce et sucrée quand la plante est verte ; cette tige est ronde à sa partie inférieure et comprimée dans son extrémité supérieure. Ses feuilles sont sessiles, planes, larges, munies d'une ligule courte et ciselée, alternes et engainantes. Ses fleurs sont monoïques : les fleurs mâles, qui sont ou verdâtres ou légèrement purpurines, terminent la tige et forment une panicule plus ou moins rameuse et développée ; les fleurs femelles sont situées aux aiguilles des feuilles médianes de la tige où elles forment des épis serrés ayant un axe charnu et conoïde, ces épis (fig. 2) sont sessiles et enveloppés par plusieurs gaînes sans limbe formant un involucre fermé à son sommet ; leurs grains sont toujours situés sur des lignes en nombre toujours pairs.

Les *fleurs mâles* se composent d'épillets géminés ayant chacun deux fleurs sessiles protégées par deux glumes presque égales, oblongues, concaves et mutiques et par deux glumelles ou paillettes un peu courtes, minces, transparentes et mutiques ; chaque fleur comprend trois étamines qui sont pendantes quand elles sont développées.

Fig. 1. — Maïs en végétation.

Les *fleurs femelles* se composent d'épillets à deux fleurs
dont une est stérile; la glume comprend deux folioles

beaucoup plus larges que les folioles de la glumelle. L'ovaire est sessile, ovoïde, glabre ; il est surmonté d'un long style comprimé, velu, divisé au sommet en deux lobes

Fig. 2. — Épi de maïs muni de ses spathes.

subulés. La réunion de ces styles filiformes forme une houppe épaisse, soyeuse, molle, qui pend à la partie supérieure de la gaine foliacée.

Le fruit est un caryopse subglobuleux ou irrégulièrement arrondi, comprimé vers sa base, luisant ou mat, nu ou enveloppé par sa glume, blanc, jaune, rouge, noirâtre ou panaché[1]. Ce fruit est nu dans toutes les espèces, sauf dans le maïs appelé zea crystosperma.

---

[1] Au seizième siècle, suivant Camerarius, on possédait déjà des maïs de couleurs différentes (*granorum colore differunt*).

Les anciens botanistes ont donné au maïs les noms suivants :

*Turicum frumentum.* — Fuchs.　　*Triticum indicum.* — Dalechamps.
*Frumentum indicum.* — Mathioli.　　*Frumentum asiaticum.* — Gérard.
*Frumentum turcicum.* — Dodœus.　　*Triticum peruvianum.* — Chabrœus.

Cette céréale a produit des plantes qui sont très-différentes les unes des autres et qu'on a séparées en six espèces, savoir :

### 1. — Maïs ordinaire
#### (ZEA MAIS, L.)

Cette espèce a des grains lisses, luisants ou mats, que l'on utilise dans la nourriture de l'homme et l'alimentation des animaux domestiques. Ses feuilles sont entières.

Les variétés qui appartiennent à cette espèce doivent être divisées en trois catégories :

La première comprend les *maïs à grains ovoïdes* plus ou moins réguliers (ZEA MAÏS ELLIPTICA) ;

La seconde les *maïs à grains allongés* (ZEA MAÏS ELONGATA) ;

La troisième les *maïs à grains comprimés ou aplatis* (ZEA MAÏS COMPRESSA).

### 2. — Maïs curagua ou curahua
#### (ZEA CURAGUA)

Cette espèce est originaire du Chili ; ses feuilles sont denticulées sur les bords. Ses grains sont très-farineux et comestibles.

### 3. — Maïs à bec
#### (ZEA ROSTRATA)

Les grains de cette variété sont terminés à leur extrémité supérieure par une pointe recourbée. Ses feuilles sont entières.

### 4. — Maïs hérissé
#### (ZEA HIRTA, Bonaf.)

Cette espèce est originaire de la Californie ; ses feuilles

et ses glumes sont hérissées de poils. La plupart des épillets des fleurs mâles sont sessiles.

### 5. — Maïs à grains vêtus
#### (ZEA CRYSTOSPERMA, Bon.)

Cette espèce a été désignée par Auguste Saint-Hilaire sous le nom de *zea tunica*; elle est originaire de la Californie. Les Américains le nomment *maïs des montagnes Rocheuses, maïs de la Californie, maïs du Texas.* A Buenos-Ayres, on l'appelle *pinsingallo.* Tous ses grains sont enveloppés de plusieurs tuniques ou balles allongées ou aiguës; ils sont jaunes, blancs ou rouges.

### 6. — Maïs à écailles rouges
#### (ZEA ERYTHROLEPIS)

Cette espèce est originaire d'Amérique; les glumes et les glumelles de l'épi femelle sont rouges.

Les principales variétés cultivées[1] comme plantes alimentaires doivent être divisées en deux classes :

1re classe : maïs à grains arrondis à leur sommet.

2e classe : maïs dont les grains sont terminés par une pointe.

Chacune de ces classes comprend plusieurs sections.

TABLEAU SYNOPTIQUE DES PRINCIPALES VARIÉTÉS

1. *Grains jaunes unicolores.*
- arrondis
  - petits. . 1, 5.
  - moyens. 2, 3, 4.
  - gros
    - dorés, 6.
    - soufrés, 8.
    - rougeâtres, 7.
- étroits allongés, 10.
- plats ou comprimés, 9.
- pointus, 33.

En 1587, Dalechamp a décrit quatre variétés de maïs : le maïs jaunâtre, le maïs blanchâtre, le maïs rouge, le maïs noirâtre.

2. *Grains blancs nacrés* . . — arrondis { petits, 14, 17. / moyens, 15, 16. / gros, 18. } — aplatis { gros unis, 19, 20. / moyens ridés, 21. } — très-larges au sommet, 22, 23. — pointus, 34.

3. *Grains rouges* . . . . . — roses petits, 26. — rouge foncé { arrondis, 27. / allongés, 29. / pointus, 33. } — rouge clair, 28.

4. *Grains blanc mat* . . . . — Aplatis. . { allongés, 24. / triangulaires, 25. }

5. *Grains noir bleuâtre* . . . { allongés arrondis, 30. / allongés aplatis, 31. }

6. *Grains de diverses couleurs sur le même épi*, 32.

7. *Grains jaspés* . . . . . { lavés de rouge et de jaune, 11. / marbrés de diverses couleurs, 12. / rubannés de blanc, jaune et rougeâtre, 13. }

PREMIÈRE CLASSE

## Variétés ayant des grains arrondis à leur sommet

### PREMIÈRE SECTION

MAÏS A GRAINS JAUNES UNICOLORES

### 1. — Maïs à poulet

(ZEA MAÏS ELLIPTICA LUTEA PUMILA)

*Synonymie :* Maïs nain.        Maïs petit hâtif.
       Petit maïs précoce.      *Litle yellow Pop corn.*
       Petit Turquet.        Maïs égyptien.
       Maïs de deux mois.

Tige de 0$^m$,60 à 0$^m$,80 de hauteur; épi petit (fig. 4), arrondi, long de 0$^m$,07 à 0$^m$,09; grain jaune clair, petit, presque rond (fig. 3, 1).

Cette variété est la plus petite et la plus hâtive, mais elle est peu productive. Elle est précieuse pour les contrées froides et pour fournir les épis qu'on confit dans le vinaigre.

Cette variété est désignée par les Hongrois sous le nom de *kukurutz*.

## 2. — Maïs quarantain jaune
### (ZEA MAÏS ELLIPTICA LUTEA PRECOX)

*Synonymie :* Maïs précoce.          Maïs d'Onona.
Maïs petit jaune.          Maïs hâtif de Thourout.
Petit maïs.          Maïs jaune hâtif.

Tige de 1 mètre à 1$^m$,20 de hauteur; épi de 0$^m$,10 à 0$^m$,12 de longueur (fig. 5); grain jaune clair ou jaune pâle et quelquefois jaune légèrement orangé, arrondi, à écorce fine et unie, et un peu plus gros que le grain à poulet (fig. 3, 2).

Cette variété est moins précoce que la précédente, mais elle est plus productive. Elle est très-cultivée dans la Lombardie sous le nom de *maïs quarantino*. Elle a produit une sous-race à grains un peu plus petits, que les Italiens appellent *agostanello*. Dalechamp disait, en 1587, que le maïs quarantain mûrit son grain après quarante à soixante jours de végétation. Chancey, en 1797, a appelé cette variété *maïs quarantain de Milan*. En Amérique on la désigne sous le nom de *Yellow of Canada corn*. On la sème en Italie vers la Saint-Jean, aussitôt après la récolte du froment, et on la récolte en octobre. Les Arabes la cultivent avec succès dans les *secanos* (terrains non arrosés) des oasis du Tell et du Sahara.

Le maïs quarantain, à cause de sa précocité, a rendu de grands services à la France après le grand hiver de 1709.

La farine que fournit le grain de cette variété est d'un beau jaune, et elle a une excellente odeur.

A Saint-Domingue, ce maïs mûrit en deux mois.

## 3. — Maïs d'août
### (ZEA MAÏS ELLIPTICA LUTEA)

*Synonymie :* Maïs d'été.          Maïs cinquantino.
*Melia ostenga.*          *Melia agostano.*

Tige de 1$^m$,20 à 1$^m$,30 de hauteur; épi un peu plus long, moins effilé, et toujours un peu plus développé que l'épi du maïs quarantain; grain arrondi, de moyenne grosseur, et jaune foncé.

Cette variété est très-cultivée dans la Lombardie et la Roumanie. Elle exige une exposition chaude lorsqu'on la sème en deuxième récolte; elle mûrit en août, quand elle a été semée au printemps, mais elle est moins hâtive que le maïs quarantain.

Les Américains l'appellent *yellow flint corn* et la regardent comme le meilleur des maïs à grains jaunes.

Fig. 3. — Grains de maïs.

## 4. — Maïs d'Auxonne

(ZEA MAÏS ELLIPTICA AUXONNIENSIS)

*Synonymie :* Maïs petit de la Bresse.          Maïs de Bourgogne.
               Maïs de Saint-Jean d'Osne.

Tige de 1ᵐ,50 de hauteur; épi moyen, assez court, souvent aplati et élargi à son extrémité supérieure; grain serré, jaune, de grosseur moyenne, à écorce un peu épaisse (fig. 3, 3).

Cette variété est cultivée dans la Bourgogne et la Franche-Comté ; elle est plus productive, mais un peu moins précoce que le maïs quarantain.

La farine qu'on extrait du grain du maïs d'Auxonne est jaune pâle ; elle est très-estimée.

### 5. — Maïs jaune à petits grains

(ZEA MAÏS ELLIPTICA SULFUREA MINIMA)

*Synonymie :* Millette jaune.        Petit maïs du Languedoc.

Tige de 1<sup>m</sup>,50 à 1<sup>m</sup>,60 de hauteur et très-feuillue ; épi serré, très-allongé, moyen, à grain petit, arrondi, et jaune un peu foncé.

Cette belle variété est à la fois tardive et productive ; on la cultive avec succès sur les sols légers dans le haut Languedoc.

### 6. — Maïs jaune gros

(ZEA MAÏS ELLIPTICA SULFUREA MAXIMA)

*Synonymie :* Maïs grand jaune.        Maïs jaune tardif.
Maïs commun.        Maïs à gros épi jaune.
Maïs d'automne.        *Melia invernenga.*

Tige de 1<sup>m</sup>,50 à 2 mètres de hauteur ; épi très-gros, très-allongé ; grain gros, bien rempli, un peu élargi, ou aplati et arrondi à son sommet, plus corné que farineux, jaune clair dans le centre de la France, et jaune plus foncé dans les parties méridionales de l'Europe (fig. 3, 4).

Cette belle variété est très-productive, mais elle est très-tardive ; c'est pourquoi ces épis sèchent difficilement à l'air quand l'humidité est abondante pendant le mois d'octobre. Cultivée à l'arrosage, ses tiges, en Italie, ont jusqu'à 3 et 4 mètres d'élévation. Les Portugais la désignent sous le nom de *milho grosso* ; les Italiens la nomment *maggiengo*.

### 7. — Maïs orange

(ZEA MAÏS ELLIPTICA AUREA)

*Synonymie :* Maïs doré.        *Fromentone oro.*
Maïs de Grèce.        Maïs jaune orange.

Tige de 1<sup>m</sup>,30 à 1<sup>m</sup>,40 de hauteur ; épi de moyenne longeur, régulier, à rangées assez irrégulières ; grains gros, presque sphériques, peu serrés, bien arrondis à leur sommet, jaune doré ou jaune très-orangé.

Cette variété est très-cultivée dans les environs de Bergame ; elle est aussi précoce que le maïs d'août, mais elle

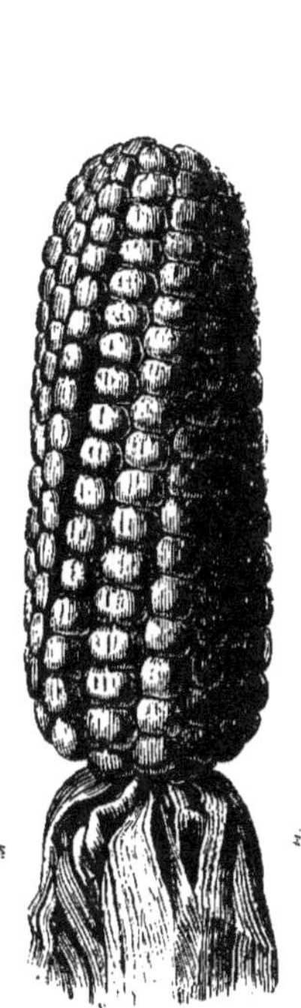

Fig. 4. — Maïs à poulet.

Fig. 5. — Maïs quarantain.

n'est pas plus productive que le maïs quarantain. Son principal mérite est de bien résister à la sécheresse. Les Portugais la nomment *milho temporao*.

### 8. — Maïs roux

(ZEA MAÏS ELLIPTICA OCHRACEA)

Tige de 1ᵐ,40 à 1ᵐ,50 de hauteur; épi allongé, assez serré et régulier ; grain un peu aplati, bien arrondi à son sommet, et jaune rougeàtre.

Cette belle variété est cultivée dans le Bordelais ; elle est intermédiaire quant à la longueur de ses épis et la couleur de ses grains entre le maïs jaune gros et le maïs orange.

Le maïs roux est moins précoce que le maïs quarantain, 'mais il est moins tardif que le maïs jaune gros. Son grain est très-estimé. Les Portugais l'appellent *milho sequiero*.

### 9. — Maïs jaune de Pensylvanie

(ZEA MAÏS COMPRESSA PENSYLVANICA)

Tige de 2ᵐ,50 de hauteur; épi très-allongé, aminci dans sa partie supérieure ; grain très-gros, aplati, aussi long que large, jaune clair, en grande partie corné.

Cette remarquable variété est assez hâtive, mais elle ne mûrit pas bien son grain en France. En Amérique, ses tiges atteignent souvent jusqu'à 5 mètres de hauteur.

Les Américains l'appellent *golden sioux corn, yellow flint corn* ou *Dutton corn.*

Son grain est très-estimé aux États-Unis.

### 10. — Maïs jaune à grain long

(ZEA MAÏS ELONGATA LUTEA)

*Synonymie :* Maïs jaune de l'Ohio.          *Yellow dent corn.*
          *Yellow Virginie dent corn.*          *Jersey flint corn.*

Tige de 1ᵐ,60 à 2 mètres de hauteur; épi très-allongé et régulier; grain étroit, allongé, un peu élargi à son sommet et jaune citron (fig. 3, 5).

Cette variété est très-tardive ; elle est cultivée en Amérique. Elle a produit une sous-variété *rouge,*

## DEUXIÈME SECTION

VARIÉTÉ AYANT DES GRAINS JAUNES JASPÉS DE ROUGE

### 11. — Maïs King Philip

(ZEA MAÏS ELLIPTICA CARNEA FLAVESCENS)

*Synonymie :* Maïs du roi Philipe.            Maïs de 90 jours.
            Maïs des îles Canaries.          *Improved Philip corn.*

Tige un peu grêle de 1<sup>m</sup>,50 de hauteur; épi long, régulier, bien garni (fig. 6); grain d'une bonne grosseur, un peu aplati et épais, large, jaune brunâtre, lavé de rouge ou jaspé rouge et jaune (fig. 5, 7).

Cette variété américaine est aussi précoce que le maïs d'Auxonne. Elle mûrit très-bien son grain sous le climat de Paris. Elle est très-cultivée dans les contrées montagneuses de la Virginie, du Maryland et de la Pensylvanie. On l'appelle quelquefois *maïs Brown.*

Elle est encore peu répandue en France, parce que souvent on refuse sur les marchés d'acheter ses grains à cause de leur bigarrure.

### 12. — Maïs jaspé

(ZEA MAÏS ELLIPTICA VARIEGATA)

*Synonymie :* Maïs panaché.            *Speckled corn.*

Tige de 1<sup>m</sup>,50 de hauteur; épi gros et allongé; grain jaunâtre lavé de rouge ou de blanc, ou de noir ou de bleuâtre.

Cette variété est précoce, mais elle n'a pas de fixité. Elle est peu cultivée.

### 13. — Maïs géant de Chine

(ZEA MAÏS ELLIPTICA BICOLOR)

*Synonymie :* Maïs de l'Illinois.            *Cliton corn.*
            Dent Pensylvanie corn.          *Milho gigantil.*

Tige de 2 mètres de hauteur; épi allongé et régulier, ou un peu aminci à son extrémité; grain arrondi au sommet, tantôt un peu court et large, tantôt assez étroit et allongé, un peu irrégulier et légèrement transparent, ayant sa base blanchâtre, son milieu rougeâtre, et son sommet jaune.

Cette vigoureuse variété ne mûrit pas son grain en France, mais elle est cultivée en Portugal. Elle est très-productive en Amérique, dans l'Ohio et le Kansas, où son grain a souvent près de 0ᵐ,02 de longueur sur 0ᵐ,005 de largeur.

TROISIÈME SECTION

VARIÉTÉ AYANT DES GRAINS BLANC NACRÉ

### 14. — Maïs quarantain blanc

(ZEA MAÏS ELLIPTICA ALBA PRECOX)

Tige de 1 mètre à 1ᵐ,20 de hauteur; épi court, régulier et de moyenne grosseur (fig. 6); grain arrondi, un peu plus petit que le grain de maïs quarantain jaune.

Cette variété est connue depuis le dix-septième siècle. Elle est aussi précoce que le maïs quarantain ordinaire; elle est assez productive. Les Américains la désignent sous le nom de *small white flint corn*, et les Portugais sous celui de *milho tremez*.

### 15. — Maïs king Philip blanc

(ZEA MAÏS ELLIPTICA ALBA LUTEA)

*Synonymie : Smith early white corn.*      *Improved king Philip corn.*

Tige de 1ᵐ.50 à 1ᵐ,65 de hauteur; épi moyen, allongé et régulier (fig. 8); grain moyen, un peu irrégulier, blanc légèrement jaunâtre.

Cette nouvelle variété (fig. 7) est aussi hâtive et aussi productive que le maïs king Philip ordinaire (11). Elle est très-cultivée au Canada.

### 16. — Maïs blanc des Landes

(ZEA MAÏS ELLIPTICA ALBA)

*Synonymie :* Maïs blanc de la Bresse.      Maïs blanc de Saverdun.
            Maïs blanc hâtif.      *Milho de Vianna.*

Tige de 1ᵐ,60 à 1ᵐ,80 de hauteur; épi moyen un peu conique et assez gros; grain brillant, un peu aplati au centre de l'épi, mais arrondi aux deux extrémités, de moyenne grosseur, blanc nacré (fig. 7, 11).

Cette variété est plus hâtive, plus feuillue, mais moins productive que le maïs gros jaune; elle est très-cultivée dans la région du Sud-Ouest, et surtout dans le département des Landes. On la préfère souvent au maïs jaune, quoique sa pellicule soit plus épaisse à cause de la saveur particulière qui distingue sa farine.

### 17. — Maïs blanc à petits grains

(ZEA MAÏS ELLIPTICA ALBA MINIMA)

*Synonymie :* Millette blanche.        *Milho blanco do arneiros*
Maïs d'Altenbourg.

Tige de 1ᵐ,50 à 1ᵐ,70 de hauteur, munie de feuilles assez nombreuses ; épi très-allongé et étroit ; grain petit, presque rond et blanc nacré.

Cette variété est tardive. Comme la précédente, elle est cultivée avec succès dans les terres légères du haut Languedoc ; elle est productive. On la cultive aussi en Portugal, sur des terrains de qualité très-secondaire.

### 18. — Maïs blanc d'automne

(ZEA MAÏS ELLIPTICA ALBA MAXIMA)

*Synonymie : Fromentone autunnale blanco.*

Tige de 2 à 3 mètres de hauteur ; épi très-long et très-développé ; grain blanc terne, moins arrondi, et un peu plus gros que le grain du maïs gros jaune.

Cette variété est plus productive, plus robuste que le maïs jaune gros ; elle est très-tardive et supporte très-bien l'arrosage. Elle est très-estimée en Amérique et aux îles du cap Vert.

La variété la plus répandue en Égypte a un grain blanc arrondi, un peu corné ou peu farineux.

### 19. — Maïs blanc dent de cheval

(ZEA MAÏS COMPRESSA VITREA)

*Synonymie : White dent corn.*

Tige très-élevée, feuillue et vigoureuse ; épi très-allongé et gros ; grain très-nacré, large, aplati, et souvent creusé au sommet (fig. 3, 12).

Cette variété, appelée souvent *maïs de la Caroline du Nord*, est très-tardive ; elle ne mûrit son grain que dans les parties méridionales de l'Europe. Elle réussit très-bien en Espagne et en Algérie. On la cultive très en grand dans le Kentucky (États-Unis).

### 20. — Maïs blanc de Virginie

(ZEA MAÏS COMPRESSA VIRGINIANA)

*Synonymie :* Maïs blanc de Chine.           Maïs arbre de la Chine.
      *Large Virginic white flint corn*     *Virginie white dent corn.*

Tige très-forte et élevée; épi très-allongé et un peu cilié; grain très-gros aplati, arrondi à son sommet et blanc nacré.

Ce maïs est très-productif, mais il est très-tardif et mûrit très-difficilement son grain en France. Il est très-cultivé en Amérique.

### 21. — Maïs sucré

(ZEA MAÏS ELLIPTICA SACCHARATA)

*Synonymie :* Maïs ridé.

Tige de 1^m,50 de hauteur; épi moyen; grain demi-translucide, sillonné de rides, ayant un aspect corné, glacé, aplati, légèrement blanc verdâtre et très-sucré (fig. 3, 9).

Cette curieuse variété est originaire d'Amérique; elle est tardive et ne mûrit son grain, qui n'est jamais farineux, que sous un climat très-tempéré.

Aux États-Unis on mange le grain de cette variété à l'état vert comme des petits pois.

La *sous-variété à rafle blanche* est moins précoce que la *sous-variété à rafle rouge.*

### 22. — Maïs tuscarora

(ZEA MAÏS COMPRESSA TUSCARORA)

*Synonymie :* *Early Tuscarora corn.*         *Turkey corn.*

Tige de 2 mètres de hauteur; épi moyen ; grain blanc (fig. 3, 15), aplati, arrondi à son sommet, très-large, de forme trapézoïdale et farineux[1].

Cette variété est demi-hâtive, mais elle ne mûrit son grain en France que dans la basse Provence.

Le maïs de Tuscarora a produit deux sous-variétés : l'une

---

[1] L'une des faces du grain présente un sillon; le côté opposé est convexe.

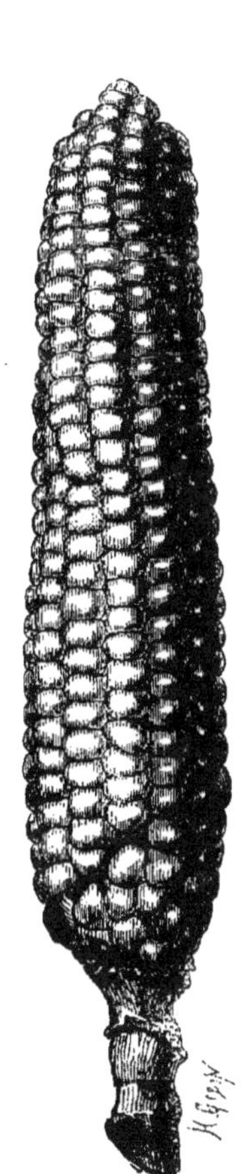

Fig. 6. — Maïs quarantian blanc.

Fig. 7. — Maïs king Philip blanc.

qui a une *rafle blanche*, l'autre qui possède une *rafle rouge* ; les grains de cette dernière variété ont le hile teinté de rouge.

La farine du maïs de Tuscarora est très-blanche et très-belle.

### 23. — Maïs de Caragua

(ZEA CURAGUA)

*Synonymie :* Maïs géant.          Maïs curahua.
Maïs de Valparaiso.

Tige de 2ᵐ,50 à 3 mètres de hauteur ; épi allongé très-beau ; grain irrégulier et élargi à son sommet, gros, un peu allongé et déprimé, blanc nacré, un peu translucide.

Cette espèce est très-tardive ; elle ne mûrit pas son grain dans le midi ou le sud-ouest de la France. Ses tiges, qui sont très-vigoureuses, sont, comme les spathes, nuancées de violet. La farine que fournit son grain est très-blanche.

QUATRIÈME SECTION

VARIÉTÉS A GRAINS BLANC MAT

### 24. — Maïs de Cuzco blanc

(ZEA MAÏS COMPRESSA CANDIDA)

Tige forte, vigoureuse, ayant 5ᵐ,50 de hauteur ; épi allongé et développé, grain déprimé, irrégulier, allongé, très-large, tendre, blanc mat, tendre et à cassure farineuse (fig. 3, 15).

Cette belle variété est originaire du Pérou. Elle ne mûrit pas son grain en France, mais elle végète bien en Espagne.

### 25. — Maïs blanc d'Amérique

(ZEA MAÏS COMPRESSA TRIANGULARIS)

*Synonymie :* Maïs américain.          Maïs blanc de Kentucky.
Maïs fleur de farine.          Maïs de la Caroline du Nord.

Tige très-élevée, feuilles larges un peu pendantes ; épi très-long ; grain blanc mat, triangulaire, plat avec une rainure, et très-farineux.

Cette variété est tardive, mais vigoureuse ; elle a été mentionnée, il y a un siècle, par Miller. Les Américains la regardent comme une excellente variété. Miller l'a désignée sous le nom de zea americana.

CINQUIÈME SECTION

VARIÉTÉS A GRAINS ROUGES

### 26. — Maïs rose de Brescia

(ZEA MAÏS ELLIPTICA CORALLINA)

*Synonymie :* Maïs rouge à poulet.         *Pop corn.*
Maïs quarantain rouge.

Tige de 1ᵐ,30 de hauteur : épi très-étroit, allongé ; grain petit, rouge ou rose très-foncé.

Cette jolie variété est tardive, elle ne mûrit pas très-facilement son grain en France, elle est aussi cultivée en Amérique, dans l'Ohio.

On cultive dans l'Inde une sous-variété gris perle à grains plus petits encore.

### 27. — Maïs rouge

(ZEA MAÏS ELLIPTICA RUBRA)

*Synonymie :* Maïs rouge de la Bresse.         Maïs grenat.
Maïs à grains pourpres.         Maïs pourpre.
Maïs violet.

Tige de 1ᵐ,75 de hauteur ; épi gros, allongé ; grain gros, un peu aplati, rouge sombre, ou rouge foncé, ou rouge pourpre (fig. 3, 8).

Cette variété est robuste, mais elle est un peu tardive ; elle est cultivée en Alsace et en Amérique, où les nègres l'apprécient beaucoup. Elle était très répandue en France au milieu du dix-huitième siècle. Elle est assez rare en Égypte.

### 28. — Maïs rouge dent de cheval

(ZEA MAÏS ELONGATA CARNEA)

*Synonymie :* Red Indiana corn.

Tige très-élevée ; épi très-allongé et gros ; grain allongé, aplati et rouge clair, ou rouge terne.

Cette variété n'est cultivée en Europe que dans les contrées méridionales.

## 29. — Maïs de Cuzco rouge

(ZEA MAÏS COMPRESSA RUBRA).

*Synonymie :* Maïs géant.  Maïs rouge.

Tige vigoureuse et très-élevée; épi allongé et gros; grain déprimé, allongé, rouge foncé.

Cette variété est originaire de la vallée de Cuzco (Pérou): elle n'est pas cultivée en Europe.

### SIXIÈME SECTION

#### VARIÉTÉS A GRAINS NOIRÂTRES

## 30. — Maïs noir

(ZEA MAÏS ELONGATA ALBA CÆRULEA)

*Synonymie :* Maïs noir de Chine.  Maïs de Canton.

Tige verdâtre, élevée; épi court, mais développé; grain allongé, arrondi et violet bleuâtre au sommet, et blanchâtre à son extrémité inférieure.

Cette variété est répandue en Chine. Elle a été cultivée en 1812 à Bordeaux par M. Lupuy, chef du jardin botanique; elle est tardive à mûrir ses graines, et elle ne fleurit pas sous le climat de Paris.

## 31. — Maïs noir tendre

(ZEA MAÏS ELONGATA NIGRA CÆRULEA)

Tige rougeâtre de 2$^m$,50 de hauteur; épi allongé, grain étroit, allongé, assez aplati, noir bleuâtre dans sa partie supérieure, et blanc jaunâtre à sa base.

Cette variété américaine ne mûrit pas son grain en France.

### SEPTIÈME SECTION

#### VARIÉTÉS A ÉPI AYANT DES GRAINS DE DIVERSES COULEURS

## 32. — Maïs perle

(ZEA MAÏS ELLIPTICA VERSICOLOR)

Tige très-feuillue de 1$^m$,75 de hauteur; épi moyen, assez gros (fig. 8); grain demi-transparent, de forme et de grosseur variables : rouge, brun, jaune, rose, blanc, bleuâtre ou noirâtre.

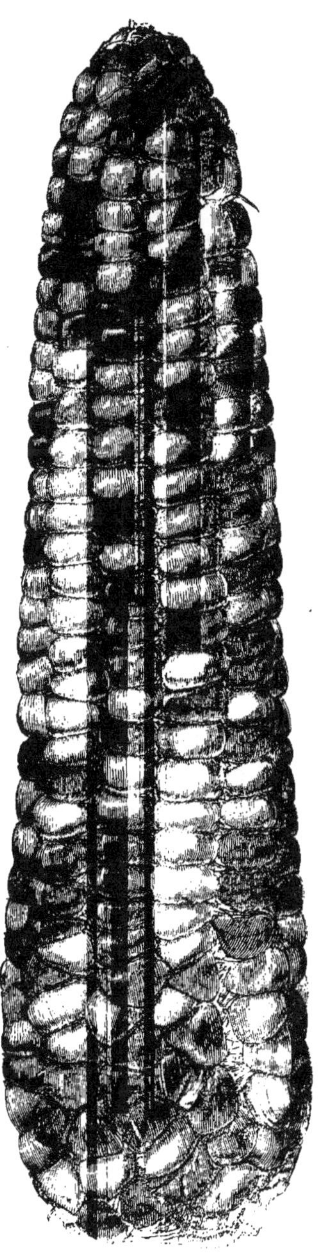

Fig. 8. — Maïs perle.

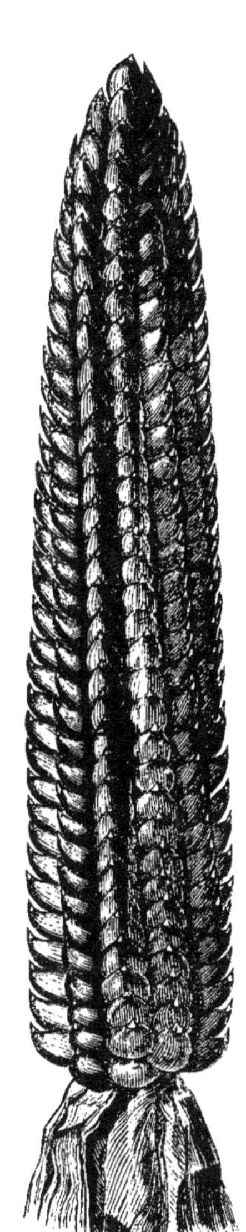

Fig. 9. — Maïs jaune à bec.

Cette variété est très-tardive ; elle ne mûrit son grain que dans les provinces méridionales.

Si le maïs perle est peu apprécié comme plante alimentaire, par contre, il est regardé comme une excellente variété, quand on le cultive comme plante fourragère, parce que les tiges sont bien garnies de feuilles.

## DEUXIÈME CLASSE

### Variétés à grains terminés par une pointe

PREMIÈRE SECTION

VARIÉTÉS A GRAINS JAUNES

#### 33. — Maïs jaune à bec

(ZEA ROSTRATA LUTEA)

nonymie : Maïs jaune à pointe.  Maïs épineux.
Maïs pointu.  Maïs bec jaune.

Tige de 1$^m$,50 à 2 mètres de hauteur ; épi plus long que l'épi du maïs quarantain (fig. 9) ; grain petit, un peu allongé, jaune foncé ou jaune clair, terminé par une pointe légèrement recourbée (fig. 5, 6).

Ce maïs, appelé *zea rostrata*, est connu au Pérou depuis les temps les plus anciens ; il est plus productif, mais un peu moins précoce que le maïs quarantain. Son épi est excellent pour être confit. Son grain est plus développé en Amérique qu'en Europe.

DEUXIÈME SECTION

VARIÉTÉ A GRAINS BLANC NACRÉ

#### 34. — Maïs blanc à bec

(ZEA ROSTRATA ALBA)

*Synonymie :* Maïs bec blanc.

Tige de 1$^m$,65 de hauteur ; épi allongé, cylindrique ; grain moyen, blanc, nacré, pointu à son extrémité.

Cette variété est cultivée en Asie ; elle est assez hâtive ; mais, comme la précédente, elle ne possède pas les avantages qui caractérisent le maïs blanc des Landes (16), ou le maïs King-Philip blanc (17). C'est pourquoi elle est très-peu cultivée en Europe, bien qu'elle y soit connue depuis longtemps.

TROISIÈME SECTION

VARIÉTÉ A GRAINS ROUGES

### 35. Maïs rouge à bec

(ZEA ROSTRATA ALBA)

*Synonymie :* Maïs bec rouge.

Tige de 2 mètres de hauteur; épi allongé, régulier; grain moyen, rouge terminé par une pointe.

Cette jolie variété est un peu moins hâtive que le maïs quarantain. Elle est très-répandue en France, en Italie et en Espagne.

Je n'ai pas cru utile de signaler toutes les variétés cultivées. Je me suis borné à mentionner les maïs qui sont bien caractérisés et qui se propagent d'année en année, en conservant les signes qui les distinguent.

En général, les maïs jouent autant que les haricots, et il est facile, avec le temps, de réunir une collection contenant des épis ayant des grains présentant toutes les couleurs, depuis le blanc pur jusqu'au noir foncé.

L'Asie et l'Afrique possèdent des variétés très-curieuses, mais qui ne peuvent accomplir en Europe toutes leurs phases d'existence. C'est pour ce motif qu'elles y sont encore inconnues.

# CHAPITRE IV

## MODE DE VÉGÉTATION

Germination du maïs. — Feuille cotylédonnaire. — Influence des agents atmosphériques sur la végétation du maïs. — Verticalité de la tige. — Racines adventices. — Floraison. — Fleurs mâles et Fleurs femelles. — Styles
ou barbes. — Fécondation. — Hybridation. — Épis rameux. — Spathes.
— Rafles. — Maturité des grains. — Périodes végétatives du maïs.

Le maïs en germant produit au bout de douze à quinze
jours une feuille cotylédonnaire qui est enroulée sur elle-
même dans le sens de sa longueur. Ce cotylédon en se
développant a la forme d'une petite feuille disposée en
cornet.

Cette première feuille une fois développée, le maïs reste
comme stationnaire pendant douze à quinze jours, selon
la température du sol et de l'air. Durant ce temps, il développe sa racine, qui est fibreuse et courte si on la compare
à la hauteur de sa tige lorsque celle-ci a atteint son entier
accroissement.

Lorsque le maïs présente deux à trois feuilles, c'est-à-
dire un mois environ après l'apparition de son cotylédon,
la tige commence à s'allonger parce que, à cette époque de
l'année, sous toutes les latitudes dans la région du maïs, la
chaleur de l'atmosphère et celle du sol ne cessent de s'élever
progressivement. Toutefois, lorsqu'il survient, en avril ou
en mai ou en juin, des temps secs et froids, les premières
feuilles prennent une nuance jaunâtre qui indique que les
plantes sont maladives. Cet état anormal persiste plus ou
moins longtemps, selon les circonstances.

Quand le maïs n'est pas contrarié dans sa végétation par
des nuits froides ou de grandes sécheresses, il s'élève ra-

pidement et développe des feuilles assez nombreuses, larges et d'un très-beau vert. Ces parties herbacées sont surtout remarquables lorsqu'on cultive des variétés à grandes dimensions sous un climat méridional et dans des terres fertiles et fraiches.

La tige du maïs pousse toujours droit. Lorsqu'elle présente quelques nœuds, souvent il apparaît à sa base un ou plusieurs rejets qui se développent presque toujours obliquement. Ces pousses radicales nuisent beaucoup en s'allongeant à la croissance de la tige principale.

En juillet et août, on voit souvent apparaître, au premier et quelquefois aussi au deuxième nœud les plus rapprochés du sol, des organes blanchâtres qui se dirigent vers la terre et s'y enfoncent. Ces racines adventices ont pour effet d'augmenter la fixité des tiges fortes et élevées, ce qui leur permet de mieux résister aux vents violents quand les épis sont arrivés à maturité.

Le maïs fleurit ordinairement pendant la deuxième quinzaine de juillet et la première quinzaine d'août. Alors les fleurs mâles situées sur la pannicule qui termine la tige sont complétement développées et chargées de pollen ou de poussière fécondante; de plus les fleurs femelles situées aux aisselles des feuilles laissent apercevoir les extrémités des styles qu'elles renferment. Ces styles filiformes qu'on appelle vulgairement *barbes*, constituent avant la fécondation une houppe soyeuse et argentée. Lorsque la fécondation est terminée, ces mêmes filaments perdent leur éclat et prennent une teinte rouge ou brune plus ou moins foncée.

En général, la fécondation du maïs n'a lieu normalement que lorsque la température atmosphérique est à la fois chaude et humide.

Le maïs s'hybride aisément. Aussi est-il nécessaire, quand on veut conserver pure une variété donnée, de l'isoler des autres. C'est en cultivant dans le même champ des variétés à grains jaunes, rouges ou blancs, translucides ou opaques, ou des variétés à grains arrondis et pointus qu'on est parvenu à obtenir ces maïs à grains bicolores ou déformés qu'on a cru devoir propager comme des variétés nouvelles et méritantes.

Souvent aussi on observe dans les cultures de maïs des *épis rameux* plus ou moins développés ; ces épis ne constituent ni une espèce ni une variété. Leur déformation est due uniquement à la richesse du sol ou à la végétation luxuriante des plantes. C'est donc par erreur qu'on a appelé le maïs rameux : ZEA RACEMOSA.

Le maïs est arrivé à maturité lorsque la tige et ses feuilles sont en parties sèches et jaunâtres et quand les spathes ou *tuniques* ou *enveloppes* des épis, ou *panouils*, *panouilles* ou *grappes* couvrent des grains qui présentent, quand on les divise, une cassure presque complétement amylacée. Alors la rafle, que l'on nomme *fuseau*, *ribeau*, *guilladou*, dans la Bourgogne et la Franche-Comté, que l'on appelle *charbon blanc*, *calos*, *pelou*, *papeton*, *conquaril*, dans le Languedoc, le Béarn et la Guienne, que l'on désigne ailleurs sous les noms de *panot*, *âme de l'épi*, *poinçon*, *râpe*, *ruchou*, *fusée*, etc., n'est pas complétement sèche, mais les grains qui y adhèrent ont assez de consistance pour qu'on puisse procéder à la récolte des épis. Arrivés à cet état, ces grains ne sont plus laiteux intérieurement, et la nuance qui les colore caractérise bien les variétés auxquelles ils appartiennent.

C'est en septembre ou octobre qu'on procède à la récolte des épis.

En résumé, comme je l'ai déjà dit, les variétés ordinaires, cultivées en grand accomplissent toutes leurs phases d'existence dans l'espace de cinq à six mois. Voici les faits généraux qu'on constate depuis le semis jusqu'à la floraison :

Du 1er au 9e jour. — Apparition de la radicule et de la plumule ;

Du 9e au 25e jour. — Apparition des racines et des feuilles ;

Du 25e au 52e jour. — Développement des racines, des feuilles et de leurs gaines ;

Du 52e au 55e jour. — Développement des racines, des feuilles et des tiges ;

Du 55e au 75e jour. — Développement des racines, des feuilles et des tiges, et apparition des fleurs mâles et des enveloppes des épis ;

Du 75e au 90e jour. — Développement des racines, des feuilles, des tiges, des fleurs mâles et fleurs femelles, et apparition des étamines et des pistils appartenant à ces dernières fleurs.

D'où il faut conclure que le maïs est ordinairement en fleur trois mois environ après qu'il a été semé.

# CHAPITRE V

## COMPOSITION DU MAÏS

Rapports des tiges sèches, rafles et spathes aux grains. — Eau normale contenue dans les semences. — Les grains sont formés de quatre parties distinctes. — Matières qu'elles renferment. — Analyses de maïs cultivés en
Europe et en Amérique. — Matières que contiennent 1,000 kilogrammes
d'épis. — Analyse de la paille.

Les variétés cultivées ordinairement en Europe produisent moins de tiges et de feuilles pour une quantité donnée
de grain que le maïs cultivé en Amérique.

Dans les circonstances ordinaires on compte en moyenne,
par 100 kilogr. de grains :

| | |
|---|---|
| Tiges sèches.. | 150 kilogr. |
| Rafles | 28 |
| Spathes | 17 . |

Le grain de maïs, à l'état normal, renferme, en moyenne.
de 14 à 15 pour 100 d'eau.

Il comprend quatre parties distinctes de l'extérieur vers
le centre : 1° l'enveloppe, qui est ordinairement colorée,
2° la partie cornée ; 3° la partie amylacée ; 4° enfin la partie
grasse, qui enveloppe le germe.

Complétement desséché, il contient, d'après M. Payen,
les éléments ci-après :

| | |
|---|---|
| Amidon | 67.55 |
| Matières azotées | 12.50 |
| Matières grasses | 8.80 |
| Dextrine | 4.00 |
| Cellulose | 5.90 |
| Matières minérales | 1.25 |
| | 100.00 |

Si l'on compare cette analyse à la composition du froment, on constate :

1° Que le maïs contient autant d'amidon que le blé, le seigle et l'orge ;

2° Qu'il renferme autant de matières azotées que le seigle et l'orge ;

3° Qu'il contient plus de matières grasses que tous les autres grains des céréales ;

4° Qu'il renferme moins de dextrine que ces mêmes grains ;

5° Qu'il contient plus de cellulose que le blé, le seigle et l'orge ;

6° Enfin, qu'il renferme moins de matières minérales que ces dernières graines.

La farine est blanche ou jaune plus ou moins foncée ; elle se compose de granules (fig. 10) qui ont une forme spéciale qui permet facilement de les distinguer des granules féculifères des autres céréales. Ces granules sont globuleux, irréguliers et marqués au centre d'une étoile.

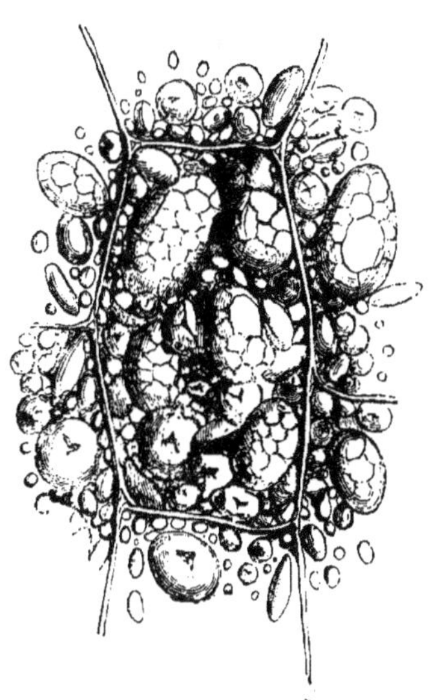

Fig. 10.—Granules d'amidon de maïs.

En général, la quantité d'eau que contient le grain est d'autant plus grande que le maïs est cultivé sous un climat plus septentrional. Quant au gluten[1] et aux matières grasses, ces éléments sont beaucoup plus abondants dans

La *zéine*, trouvée dans le maïs par Bezio, n'est autre que le gluten.

les grains récoltés dans les pays très-méridionaux que dans ceux qui sont arrivés à maturité dans les contrées tempérées. Les faits suivants, constatés par des analyses, justifient ces observations :

|  | Alsace. | Fise. | Ohio. |
|---|---|---|---|
| Eau . . . . . . . . . . . . . . | 17.00 | 14.60 | 10.00 |
| Gluten et matières grasses. . . | 7.00 | 11.16 | 12.37 |
| Dextrine et sucre . . . . . . | 1.50 | 8.60 | 15.40 |

M. Boussingault a donné l'analyse complète suivante :

| Amidon . . . . . . . . . . . . . . . . | 59.00 |
|---|---|
| Dextrine et sucre. . . . . . . . . . | 1.50 |
| Albumine, etc,. . . . . . . . . . . . | 12 80 |
| Matières grasses . . . . . . . . . | 7.00 |
| Ligneux et cellulose. . . . . . . . . | 1.50 |
| Matières minérales . . . . . . . . . | 1.10 |
| Eau . . . . . . . . . . . . . . . . | 17.10 |
|  | 100.00 |

Voici maintenant les analyses de huit variétés cultivées en Amérique :

| | Maïs doré. (7) | Maïs dent de cheval. (19) | Maïs blanc. (18) | Maïs jaune gros. (6) |
|---|---|---|---|---|
| Amidon . . . . . . . | 45.06 | 41.85 | 40.54 | 49.22 |
| Gluten. . . . . . . . | 5.00 | 4.62 | 7.69 | 5.40 |
| Matières grasses . . | 5.44 | 5.88 | 4.68 | 5.32 |
| Albumine . . . . . | 4.42 | 2.64 | 5 40 | 5.71 |
| Caséine . . . . . . | 1.02 | 1.52 | 0.50 | 0.75 |
| Dextrine. . . . . . | 1.50 | 5.40 | 2.90 | 1.89 |
| Sucre . . . . . . . | 7.24 | 10.00 | 8 50 | 9.55 |
| Fibres. . . . . . . | 18.50 | 20.29 | 18.01 | 11.96 |
| Eau. . . . . . . . | 15.02 | 10.00 | 14.00 | 14.00 |
| | 100.00 | 100.00 | 100.00 | 100.00 |

| | Maïs Tuscarora. (22) | Maïs jaune de l'Ohio. (10) | Maïs blanc du Kentucky. (25) | Maïs jaune de Pensylvanie. (9) |
|---|---|---|---|---|
| Amidon . . . . . . | 46.32 | 54.00 | 47.92 | 45.52 |
| Sucre. . . . . . . | 8.80 | 6.80 | 15.80 | 14.36 |
| Fibres. . . . . . . | 10.80 | 9.48 | 9.70 | 10.02 |
| Albumine . . . . . | 7.86 | 5.00 | 4.44 | 4.96 |
| Caséine . . . . . . | 0.16 | 1.04 | 0.80 | 1.08 |
| Matières grasses . . | 4.60 | 5.90 | 2.64 | 5.68 |
| Dextrine. . . . . . | 5.68 | 5.56 | 5.08 | 3.28 |
| Matières solubles . . | 0.12 | 0.68 | 2.62 | 5.66 |
| Gluten. . . . . . . | 4.48 | 4.56 | 2.72 | 5.32 |
| Eau. . . . . . . . | 12.58 | 11.18 | 12.28 | 10.20 |
| | 100.10 | 100.00 | 100.00 | 100.00 |

En général, les grains cornés contiennent plus de sucre que les grains farineux ou très-amylacés.

La variété dite *maïs sucré* (21) est celle dont les grains, à l'état vert, renfermait la plus forte proportion de parties saccharines. C'est pourquoi on utilise les grains quand ils sont encore en lait, comme s'il était question de manger des petits pois.

M. C. B. Salysbury a constaté, après avoir fait les analyses qui précèdent, que 1,000 kilogr. d'épis du *maïs blanc petit* (14) contenaient les substances suivantes :

| | Rafles. | Grains | Totaux. |
|---|---|---|---|
| Amidon . . . . . . . . | $0^k 005$ | $487^k 384$ | $487^k 387$ |
| Sucre . . . . . . . . | 13.582 | 115 320 | 128 902 |
| Fibres . . . . . . . . | 127,687 | 7.712 | 135.399 |
| Albumine . . . . . . | 1.518 | 37.136 | 38.654 |
| Caséine . . . . . . . | 0.888 | 0.688 | 0.976 |
| Matières grasses . . . | » | 39.824 | 39.824 |
| Dextrine . . . . . . | 2.310 | 28.224 | 30.534 |
| Matières solubles [1] . . | 45.404 | 51.856 | 97.360 |
| Zéïne . . . . . . . . | » | 31.856 | 31.856 |
| Résine . . . . . . | 1.806 | » | 1.806 |
| Matières glutineuses . . | 7.402 | » | 7.402 |
| Totaux . . . . | $200^k 000$ | $800^k 000$ | $1000^k 000$ |

Les 1,000 kilogr. mentionnés ci-dessus représentent la production moyenne d'un demi-hectare.

La *densité des grains* du maïs est plus ou moins grande, selon qu'ils sont très-cornés ou très-farineux : en général, elle varie entre 1,150 et 1,250 quand ces grains sont arrivés à maturité parfaite.

A diverses époques, au Mexique comme en Europe, on a retiré du sucre des tiges de maïs qu'on avait dépouillées de leurs feuilles avant la fécondation ; mais ces essais ont prouvé qu'au point de vue économique cette graminée ne

---

[1] Ces portions sont solubles dans une solution potassique.

pouvait être comparée soit à la canne à sucre, soit à la betterave saccharifère.

La *paille de maïs* est plus ou moins forte et élevée, selon la variété cultivée, le climat sous lequel elle végète et la fertilité du sol où elle accomplit ses diverses phases d'existence.

D'après Hruschaner, cette paille contient les éléments ci-après :

```
Potasse...................  14.46
Soude.....................  59.52
Magnésie..................   1.84
Chaux.....................   5.55
Acide phosphorique........  11.76
Acide sulfurique..........   0.59
Parties minérales.........  25.59
Peroxyde de fer...........   0.90
Chlorure de sodium........   6.31
                           -------
                           100.00
```

D'après cette analyse, le maïs doit végéter avec vigueur sur les terres de bonne qualité qui contiennent une forte proportion de parties alcalines, et il faut lui appliquer des engrais qui soient riches en sels de potasse et de soude et qui renferment une notable quantité de phosphate de chaux.

# CHAPITRE VI



**TERRAIN**

Terrains propres au maïs. — Avantages et inconvénients des terrains argileux et des terres sablonneuses. — Nécessité de cultiver le maïs sur des terres profondes et exemptes de plantes indigènes à racines traçantes. — Le maïs est une plante exigeante. — Fumier absorbé par 100 kilogrammes de grains. — Emploi du guano, etc. — Labour des terres à plat ou en billons. — Importance du *pelleversage*.

Le maïs, cultivé sous le climat qui lui convient, demande des terres spéciales et bien préparées.

**Nature.** — Cette plante alimentaire doit être cultivée sur des terres un peu argileuses dans les contrées méridionales : le Languedoc, la Guienne, la Provence, l'Italie, l'Espagne, l'Algérie, etc., et dans des sols sablonneux et profonds dans les contrées septentrionales : le Maine, le Blaisois, l'Alsace, le grand-duché de Bade, etc.

Toutes choses égales d'ailleurs, toutes les terres à froment (les sols argilo-siliceux, argilo-calcaires profonds et frais) sont celles qui lui conviennent le mieux. Les terres calcaires lui sont très-favorables.

En général, le maïs cultivé dans le Midi redoute moins les grandes sécheresses sur les sols un peu argileux ou sur les terrains d'alluvion que lorsqu'on le cultive dans la même région sur des terres sablonneuses ou granitiques peu profondes ; souvent sur de tels sols pendant les mois de juillet et août les feuilles se dessèchent, s'inclinent, se crispent, et les plantes sont arrêtées dans leur développement.

Il est vrai qu'on cultive chaque année le maïs en grand dans les plaines sablonneuses qui s'étendent de Bordeaux

à Bayonne, de Colmar à Haguenau et dans les terrains siliceux de la Touraine et du Maine ; mais cette céréale n'y
donne de bons produits que quand la terre est profonde et
suffisamment fumée.

Si, en général, les terres un peu consistantes sont les
terrains qui conviennent le mieux au maïs dans les plaines
du midi de l'Europe, les sols sablonneux, les terres légères
et graveleuses situés dans les vallées et bien exposés au
soleil, sont ceux sur lesquels il mûrit mieux son grain
dans les plaines de l'Alsace, du Palatinat et de la Bresse et
les vallées de la Savoie, parce que ces terrains s'échauffent
plus aisément au printemps que les sols argileux, et qu'ils
conservent plus tardivement en automne la chaleur qu'ils
ont absorbée pendant l'été.

Le plus ordinairement le maïs réussit mal sur les terrains très-argileux ou glaiseux, parce que ces sols sont
souvents froids et humides en mai et en septembre et très-
compactes ou durs pendant l'été. Il est aussi peu productif,
dans la région du sud-ouest sur les terres sablonneuses.

Mais il ne suffit pas que la terre qu'on destine au maïs
soit profonde, plus ou moins pierreuse, et qu'elle ne soit
pas exposée à être complétement desséchée pendant l'été,
il faut aussi que la couche arable soit propre ou exempte
de plantes indigènes à racines traçantes et d'une destruction difficile. Les terres sujettes à se couvrir facilement de
mauvaises herbes pendant la belle saison obligent à exécuter de nombreux binages, opérations qui rendent la culture du maïs plus difficile et plus coûteuse.

**Fertilité**. — Le maïs est une plante exigeante. Il ne
réussit bien que sur les terres appartenant à la période
céréale. On a dit, il est vrai, que cette plante n'épuisait
pas la terre. Cette opinion est erronée. Sauf les terres fer-

tiles, neuves ou riches en humus, il est nécessaire de fertiliser les terrains qu'on lui destine.

En général, en France, comme en Italie et en Espagne,
on ne fume pas assez les terres qu'on destine au maïs ou
on le cultive sur des terrains trop pauvres, surtout lorsqu'on le fait précéder par un blé auquel on réserve l'engrais.

On ne saurait trop fertiliser les terrains sur lesquels le
maïs doit être cultivé, parce qu'il ne verse jamais.

Il absorbe de 500 à 600 kilogr. de bon fumier de ferme
par chaque 100 kilogr. de grain qu'il produit.

Le fumier le meilleur est celui d'étable à demi fait ou à
demi décomposé. On peut remplacer cet engrais par du
guano du Pérou. On peut aussi additionner le fumier de
cendres vives ou de foyer qui sont riches en sels alcalins.

L'application de l'engrais varie selon que le maïs est
cultivé en rayons ou par touffes ou par poquets. Dans le
premier cas, on le place au centre de la couche arable ou
du billon; dans le second, on le répand avant la semaille
dans le fond des poquets.

A défaut de fumier dans la Toscane, on fertilise le sol
avec des matières fécales. Dans le Bergamasque et le
Frioul, on remplace le fumier par des fientes de vers
à soie ou des litières de magnannerie ou des tontisses de
laine.

**Préparation.** — Les terrains sur lesquels on sème le
maïs est préparé à bras ou à la charrue suivant leur
étendue.

Les sols qui sont sablonneux et perméables sont généralement labourés à plat ou en planches. Les terres de
consistance moyenne, argilo-siliceuses ou silico-argileuses,
les sols humides ou les terrains sur lesquels le maïs est

arrosé, sont presque toujours disposés en petits billons de quatre raies ayant de 0<sup>m</sup>,70 à 0<sup>m</sup>,75 de largeur.

On donne aux terres deux et quelquefois trois labours.

Le premier, que l'on exécute souvent vers la fin de l'automne ou pendant l'hiver, est aussi profond que le permet l'épaisseur de la couche arable et la force de l'attelage dont on dispose. On exécute le second à la fin de l'hiver ou au commencement du printemps, après avoir appliqué le fumier qu'on destine au maïs.

Dans le Tarn, on opère souvent le *pelleversage* jusqu'à 0<sup>m</sup>,25 de profondeur. Cette opération consiste à faire ameublir le sous-sol ou le fond de la raie, par des hommes qui suivent la charrue et qui sont munis de fourches ou de bêches fourchues à dents très-fortes.

Après le dernier labour, on râtelle ou l'on herse les billons dans le but de les rendre plus réguliers et de diminuer un peu leur élévation.

En général, la préparation à donner au sol varie selon la nature de la couche arable et la plante qui précède le maïs. Lorsque cette graminée suit un trèfle incarnat ou une plante fourragère bisannuelle, souvent on se borne à donner un bon labour à la terre.

# CHAPITRE VII



## SEMENCES ET SEMAILLES

Semences. — Nécessité de choisir les grains les plus mûrs, et de ne pas semer des grains qui présentent un cercle noir extérieurement. — Chaulage,
sulfatage et trempage des semences. — Époque des semis. — Avantages et
inconvénients des semailles hâtives. — Semis tardifs. — Quantité de semences à répandre par hectare. — Nombre de grains contenus dans un
litre. — Semailles à la volée, — en lignes, — en poquets. — Semis sur
billons. — Semis exécutés à l'aide du plantoir. — Transplantation du
maïs.

**Semences.** — Le grain du maïs conserve sa faculté
germinative pendant plusieurs années s'il n'est pas attaqué
par le charançon, mais il vaut mieux n'employer que des
semences de la dernière récolte.

Quoi qu'il en soit, il faut choisir les grains les plus
mûrs. Dans diverses localités on évite de semer les graines
situées au sommet des épis parce qu'elles mûrissent toujours très-imparfaitement. Dans d'autres contrées, on
rejette les grains qui occupent les deux extrémités des épis
pour n'utiliser que les semences qui couvrent la partie
médiane de la rafle.

On doit aussi ne pas semer les grains qui présentent un
cercle noir extérieurement. Ordinairement le germe de
ces semences a été altéré en automne en un excès d'humidité. Si ces graines germent, elles produisent toujours des
plantes peu vigoureuses.

**Préparation des graines.** — Avant de confier les
semences à la terre, on les *chaule* ou on les *sulfate* dans le
but de prévenir le *charbon* ou champignon qui se développe
sur le maïs, et qui anéantit le grain ou le modifie de manière qu'il n'est plus alimentaire.

Lorsqu'on sème tardivement le maïs, on peut faire *tremper* préalablement les semences pendant douze à dix-huit heures, dans de l'eau de chaux. Cette opération est surtout utile quand la semaille est faite par un temps sec. Elle a l'avantage de précipiter l'apparition du germe à la surface du sol.

En Amérique, divers agriculteurs font tremper les graines dans un extrait de *veratrum album* dans le but d'enivrer les oiseaux qui attaquent les champs ensemencés. D'autres les immergent dans du coaltar étendu d'eau. L'odeur de cette substance a pour effet de protéger les grains contre ces oiseaux.

**Époque des semis.** — L'époque des semailles de maïs varie suivant la latitude sous laquelle on opère, la nature et la configuration du terrain où le maïs est cultivé.

En général, plus on se rapproche des contrées chaudes plus les semailles sont hâtives, mais partout il y a possibilité de semer le maïs quand on peut confier à la terre des semences de haricots.

Semé trop tardivement, le maïs mûrit plus difficilement; semé trop tôt, ses semences sont sujettes à pourrir si le sol est trop humide, et les jeunes plantes sont exposées à être détruites par des gelées tardives.

Comme il importe que la germination des graines soit aussi prompte que possible, on a avantage à retarder un peu les semis quand la température de l'air et du sol n'est pas assez élevée.

Le plus ordinairement, dans le midi de l'Europe, on sème le maïs en mars sur les coteaux bien exposés et en avril dans les plaines si l'on ne craint plus de gelées.

Les *Portugais* opèrent les premiers semis en février et mars, les seconds en avril et mai et les derniers en juin et juillet, selon les variétés qu'ils cultivent et suivant aussi la position des terres qu'ils destinent au maïs.

En *France*, dans le Languedoc, le Béarn, etc., les semis se font vers la fin d'avril ou pendant la première quinzaine de mai, c'est-à-dire quand la terre commence à s'échauffer ou lorsqu'il va faire chaud. Il faut qu'il survienne des pluies abondantes et prolongées, ce qui est assez rare, pour que les semis soient retardés jusqu'à la fin de mai ou au commencement de juin. En Alsace, où les terres sont sablonneuses et les printemps généralement chauds, on sème ordinairement le maïs vers la fin d'avril.

En *Italie*, on sème presque toujours les variétés tardives pendant le mois d'avril, les variétés de seconde saison dans la première quinzaine de mai, et les variétés précoces, le *quarantino* et le *cinquantino*, aux approches de la Saint-Jean (24 juin), c'est-à-dire après la récolte du blé et du seigle.

C'est à la fin de mars que les *Américains* commencent à semer les variétés qu'ils cultivent.

**Quantité de semences par hectare.** — La quantité de grains à répandre par hectare varie suivant la variété cultivée, la nature du sol et le mode de semailles. En général, on répand plus de semences sur les terres sèches que sur les terrains où le maïs peut être arrosé. D'un autre côté, les variétés hâtives obligent à répandre plus de semences que les variétés tardives.

Quoi qu'il en soit, les semis doivent être un peu clairs, à cause de la grosseur, de la hauteur et de l'ampleur des tiges et des feuilles. Les semis trop clairs sont aussi désavantageux que les semis trop drus. Le plus ordinairement la quantité moyenne des semences qu'on répand par hectare ne dépasse pas 60 à 70 litres.

Voici le nombre des grains que contient un litre.

| | |
|---|---|
| Maïs à poulet. . . . . . . . . . | 5000 à 5500 |
| — quarantain . . . . . . . . | 4000 à 4500 |
| — king Philip . . . . . . . . | 2000 à 2500 |
| — jaune gros. . . . . . . . . | 1200 à 1500 |

Ces grains sont supposés bien secs.

**Mode de semailles.** — Dans diverses localités, on sème le maïs avec la main ou à l'aide d'un semoir ; dans d'autres, on le met en terre au moyen de la main et d'un plantoir.

A. SEMIS. — Les semis se font de trois manières : 1° à la volée ; 2° en lignes ; 5° en poquets.

Les *semis à la volée* sont de nos jours très-peu en usage. Dans toutes les contrées où la culture du maïs est bien comprise, on leur préfère à bon droit les semis en lignes.

Les *semis en lignes* se font soit sur des terrains labourés à plat, soit sur des terres disposées en petits billons.

Lorsque le *sol a été labouré à plat*, on opère un hersage après le premier labour, et l'on ouvre ensuite à l'aide d'un rayonneur des raies profondes de $0^m,10$ et espacées les unes des autres de $0^m,50$, $0^m,60$ ou $0^m,80$, suivant les variétés cultivées. On répand les graines à la main, et on les couvre avec la herse ou au moyen du râteau.

En Amérique, sur tous les terrains unis, on opère les semis à l'aide d'un semoir traîné par un ou plusieurs chevaux.

En Toscane, dans les mêmes circonstances, on projette les semences derrière la charrue. L'ouvrier chargé d'opérer la semaille répand 2 ou 3 grains tous les $0^m,33$ environ. On sème la première, la troisième, la cinquième, la septième, la neuvième raie, et ainsi de suite. Lorsque le semis est terminé, on exécute un hersage, opération qui précède un roulage quand les terres sont légères.

Quelquefois, quand les terres sont labourées à plat, on répand les grains à la main dans les angles rentrants que les bandes de terre présentent superficiellement, et on les enterre par un hersage. Les angles ouverts ensemencés doivent être naturellement éloignés les uns des autres de $0^m,60$ à $0^m,80$ suivant la richesse du sol et l'élévation qu'atteignent ordinairement les tiges de la variété qu'on cultive.

Dans d'autres localités, principalement dans le Béarn et la Chalosse, après avoir hersé le sol on le rayonne en long et en large à l'aide d'un rayonneur ayant des pieds un peu recourbés. Le champ qui a été ainsi rayonné en tout sens présente un quadrillé formé de lignes espacées de $0^m,60$ à $0^m,07$. Des femmes ou des enfants déposent 2 grains de maïs sur tous les points où les lignes se coupent à angle droit, et ils les couvrent avec le pied. Au moment où l'on opère de tels semis, le sol est assez chaud pour que les ouvriers puissent marcher sans souliers ou sans sabots et sans avoir froid. Quelquefois, enfin, on enfouit les grains sur les intersections des lignes à l'aide d'un plantoir.

En Amérique, les lignes sont espacées de $0^m,60$ à $0^m,80$, suivant la fertilité de la couche arable.

Les *billons* sur lesquels on sème le maïs sont formés de deux ou de quatre bandes de terre, suivant la consistance du sol. Les billons les plus usités ont de $0^m,70$ à 1 mètre de largeur. On les forme de deux manières :

1° On répand la semence à la main dans les sillons qui séparent les billons, et on laboure en adossant autour des raies ensemencées, afin que celles-ci soient situées au centre des ados. Huit jours après cette opération, on fait passer une herse renversée perpendiculairement à la direction du rayage, afin de rabattre le sommet des billons. Les semences sont enterrées de 0$^m$,16 à 0$^m$,20.

2° On forme çà et là des ados en réunissant deux bandes de terre, puis une femme, en suivant le laboureur, répand les semences sur le côté de l'ados exposé au midi, afin que la chaleur atmosphérique hâte le plus possible leur germination. L'une des deux bandes de terre que la charrue détache et renverse ensuite pour compléter le billon, couvre la semence de 0$^m$,04 à 0$^m$,06 de terre.

Dans les deux cas, les graines situées sur les lignes ensemencées sont espacées de 0$^m$,25 à 0$^m$,33. Par le premier procédé, les plans apparaissent au milieu des billons. Lorsqu'on adopte le second, elles se montrent sur l'un des côtés de chaque ados.

La petite culture et quelquefois la grande sèment le maïs dans des *trous* ou *poquets* ayant en moyenne 0$^m$,05 de profondeur. Ces poquets ou *godets* sont espacés en Alsace de 0$^m$,80 à 1 mètre en tous sens.

Chaque poquet reçoit deux à trois graines.

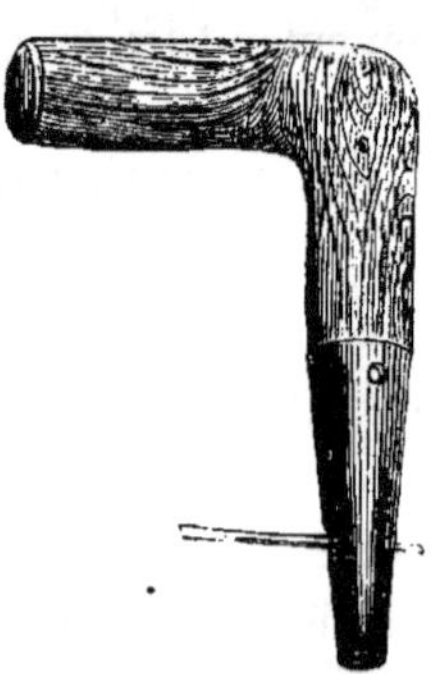

Fig. 12. — Plantoir.

B. Plantation. — Dans diverses contrées, et surtout au Mexique, on sème le maïs à l'aide d'un plantoir muni à sa partie inférieure d'une petite barrette en bois ou en fer ayant pour but de limiter la profondeur des trous (fig. 11). La pointe de cet outil est émoussée.

L'ouvrier chargé d'ouvrir les trous suit les lignes tracées par le rayonneur; il est accompagné d'une femme ou d'un enfant qui projette deux graines dans chaque trou et qui ferment ce dernier à l'aide du pied.

Les trous faits avec le plantoir ne doivent pas avoir au

delà de 0<sup>m</sup>,05 à 0<sup>m</sup>,06 de profondeur. Ce mode de culture oblige à bien préparer la terre avant la semaille.

On peut aussi semer le maïs au plantoir sur les terrains qui ont été disposés en petits billons. Dans ce cas, on opère les trous sur la partie médiane de l'ados ou sur l'un des versants des billons, si le maïs doit être butté aussitôt après la fécondation des fleurs femelles.

**Transplantation du maïs.** — M. Schreber a proposé de semer le maïs en pépinière pour le transplanter quand il aurait deux ou trois feuilles, c'est-à-dire dans le courant de juin.

Ce mode de culture a été à bon droit regardé comme très-défectueux par Parmentier et Bürger. L'expérience a démontré, en effet, que si le maïs ainsi cultivé avait toujours des tiges plus fortes, il avait le défaut de produire des épis moins développés.

La transplantation se fait au plantoir sur un terrain bien ameubli et préalablement rayonné, et par une pluie douce.

# CHAPITRE VIII



## PLANTES QU'ON PEUT ASSOCIER AU MAIS

Haricots nains et haricots à rames, associés au maïs. — Plantes à racines et
à tubercules. — Citrouilles. — Sorgho à balais. — En Amérique, on associe
souvent les pois au maïs.

Dans plusieurs contrées, en Europe, on associe au maïs
une ou plusieurs plantes à croissance rapide.

En Alsace, on sème des *haricots* blancs nains au milieu
des lignes de maïs qui sont espacées d'un mètre les unes
des autres. Ailleurs, on remplace les haricots nains par des
haricots à rames, en ayant la précaution, toutefois, de ne
semer qu'un haricot sur une longueur d'un mètre. Le maïs
sert alors de tuteur à ces légumineuses. Au Chili, le maïs
est presque toujours cultivé associé à la pomme de terre
et au haricot dans les *chácaras*, jardins maraîchers ayant
une grande étendue.

En Hongrie, en Styrie et en Croatie, on associe aussi la
culture du haricot à celle du maïs, mais le plus généralement on adopte de préférence des variétés naines, parce
que la cueillette de leurs gousses est beaucoup plus facile.

Dans d'autres localités, on cultive aussi entre les lignes
des *pommes de terre*, des *betteraves*, des *navets*, ou des *pois
nains ou à rames*.

Enfin, en Italie, en Hongrie, dans la Bresse et les vallées
du Rhône et de la Garonne, on associe la culture de la
*citrouille* à celle du maïs, soit sur toute la surface du
champ occupé par cette céréale, soit seulement sur le bord

des pièces. Les fruits que donne la citrouille sont utilisés pour la nourriture des bêtes bovines et des porcs [1].

En Styrie et en Croatie, on associe souvent le *sorgho à balais* (HOLCUS SORGUM) au maïs, mais cette association laisse presque toujours à désirer parce que la grande élévation des tiges du sorgho nuit à la bonne maturité des épis du maïs.

Dans le Wurtemberg, on plante quelquefois des choux pommés ou des choux raves, soit entre les lignes, soit entre les maïs.

En Amérique, on associe les pois au maïs. Ces légumineuses sont semées sur les lignes entre les pieds de maïs. Leur feuillage et leurs cosses donnent au champ de maïs un aspect remarquable.

En général, ces diverses cultures simultanées ne sont avantageuses que lorsque le maïs est cultivé sur de faibles étendues et sur des terrains fertiles ou bien fumés.

---

[1] On cultive dans la Bresse deux variétés de citrouilles : l'une, dont le fruit est rond et jaune; l'autre, qui produit des fruits allongés jaunes marbrés de brun.

# CHAPITRE IX

## SOINS D'ENTRETIEN

Hersage après la germination. — Précautions à prendre pour éloigner les oiseaux des champs ensemencés. — Binages. — Enlèvement des rejets. — Éclaircissage. — Buttage ou chaussage. — Irrigation. — Avantages que présentent les arrosages exécutés avec modération. — Écimage ou étêtage des tiges. — Effeuillage des variétés tardives.

**Opérations qui suivent les semis.** — Après les semis, si le temps est chaud et la terre sèche, on exécute un hersage sur les champs qui ont été labourés à plat. Cette opération doit être faite lorsque le maïs a $0^m,02$ à $0^m,03$ de haut; elle a pour effet l'ameublissement de la surface du sol et la destruction des mauvaises herbes qui ont végété depuis le moment où la semaille a été exécutée.

Quelquefois, comme je l'ai dit en parlant des semis, on écrète le sommet des billons quand le maïs commence à se développer. Cette opération est faite avec la herse ou au moyen de la binette. Elle favorise aussi la croissance du maïs.

Dans la Chalosse, on remplace la herse par un extirpateur à 3 ou 5 socs appelé *arpagot*.

Enfin, dans les contrées où les oiseaux nuisent aux terres ensemencées, soit en fouillant la couche arable pour manger les grains de maïs, soit en arrachant les jeunes maïs au moment de l'apparition des cotylédons, on tend à la surface du champ et dans tous les sens, à l'aide de petites baguettes, du fil blanc de coton. Ces fils, en formant une sorte de réseau à $0^m,55$ environ du sol, effrayent les oiseaux, surtout les corneilles, et les corbeaux, ce qui les oblige à aller chercher ailleurs leur nourriture.

**Binages.** — Le maïs exige pendant sa croissance deux ou trois binages, afin qu'il végète toujours sur une terre meuble et propre.

Le plus ordinairement on exécute le *premier binage* quand les plantes ont trois à quatre feuilles ou $0^m,12$ à $0^m,16$ de hauteur.

Le *deuxième binage* est exécuté environ vingt à trente jours après le premier, lorsque le maïs a $0^m,35$ à $0^m,40$ de haut.

La première opération est faite ordinairement à bras ou à la binette ; la seconde est souvent exécutée à l'aide de la houe à cheval en mai, en juin ou en juillet, selon l'époque à laquelle le semis a été fait.

Lorsque les terres ont été labourées en billons, à l'aide d'une charrue, on attaque légèrement les ados à droite ou à gauche. Cette opération, en diminuant la largeur des billons, comble les sillons, ameublit ou divise le sol et rend plus facile le deuxième binage.

**Enlèvement des rejets.** — J'ai dit précédemment que souvent, surtout dans les sols fertiles et frais, des *rejets* ou *rejetons* ou *drageons* se développaient au pied du maïs.

Ces tiges secondaires épuisent les tiges principales et ne produisent que de petits épis. Aussi doit-on les enlever avec soin, les lier en paquets pour les donner vertes au bétail, ou les faire sécher afin de pouvoir les réserver pour les faire manger pendant l'hiver.

Ces pousses partent du collet des plantes. Les variétés hâtives en produisent davantage que les autres. On doit les couper avec un instrument tranchant, et non pas les arracher avec la main, comme on le fait si souvent dans les localités où ces pousses sont regardées avec raison comme inutiles ou nuisibles pour le maïs.

En général, l'enlèvement des rejets doit être fait avant ou aussitôt après le deuxième binage, c'est-à-dire en juin ou en juillet.

**Éclaircissage**. — Les pieds de maïs doivent être distants sur les lignes de 0$^m$,33 en moyenne.

Les maïs un peu écartés ont toujours des tiges plus fortes, plus vigoureuses que lorsqu'ils sont trop serrés ou trop rapprochés les uns des autres. Dans ce dernier cas, si les plantes sont fortes et élevées, elles se nuisent réciproquement par l'ombre qu'elles projettent.

Cet éclaircissage se fait à la main ou à l'aide de la binette lorsque les plantes ont de 0$^m$,12 à 0$^m$,16 de hauteur.

C'est commettre une très-grande faute que d'attendre que les plantes aient environ 0$^m$,50 de hauteur pour enlever les pieds qu'on regarde comme superflus.

**Buttage**. — Quand le maïs a de 0$^m$,75 à 1$^m$,20 de hauteur, c'est-à-dire lorsque les fleurs mâles commencent à se montrer, on butte tous les pieds, soit à l'aide de la houe ou de la pioche, soit au moyen de la charrue ou du buttoir, en évitant d'enterrer les feuilles inférieures.

Cette opération dite *chaussage* consolide les plantes, augmente la fraîcheur que les racines doivent trouver dans la couche arable, et elle permet aux racines qui se développent sur les nœuds inférieurs des tiges de mieux se fixer en terre.

On exécute ce buttage vers le 15 juin en Italie, et dans le courant de juillet dans le Languedoc et en Alsace.

En général, dans les cultures bien conduites, on répète cette opération aussitôt après la fécondation, en ayant encore la précaution de ne pas couvrir de terre les feuilles les plus rapprochées du sol.

Quand le haricot est associé au maïs on fait passer des

femmes entre les lignes soit pour redresser les tiges du maïs et les consolider avec le pied, soit pour déterrer les tiges de haricots qui sont en partie couvertes de terre.

Dans quelques contrées, après le buttage, on pioche de nouveau la partie médiane des ados que la charrue n'a pu ameublir.

**Arrosages.** — On arrose le maïs sur toutes les terres où les irrigations sont possibles. Ce mode de culture rend les tiges plus fortes, plus vigoureuses, et il accroît notablement le produit en grain.

Un débit continu d'eau de 34 litres par seconde permet, en Italie, d'arroser environ 70 hectares de maïs, soit un débit d'un litre par deux hectares.

Ainsi, si l'on suppose la durée de l'arrosage de cinq mois, chaque hectare pourra recevoir pendant ce temps environ 700 mètres cubes d'eau.

Les arrosements qu'on exécute dans les cultures de maïs sont peu nombreux, à moins que les terres ne soient très-sèches. Ordinairement ils ne dépassent pas douze par saison, ou deux ou trois par mois. Quelquefois même on n'en exécute que six à huit, soit un à deux par mois.

Il est utile d'arroser le maïs avec modération. Une trop grande quantité d'eau à chaque arrosage ou des arrosements trop répétés énervent les plantes et rendent leur fructification moins certaine. C'est en ayant égard à ce principe que les Milanais, les Lucquois, les Piémontais et les Américains sont parvenus à récolter, dans les cultures à l'arrosage, jusqu'à 60 et même 80 hectolitres par hectare.

Les maïs qu'on irrigue en temps utiles ont des tiges qui s'élèvent en moyenne jusqu'à 3 mètres.

Le billonnage se prête mieux à ces arrosements que les

terres labourées à plat, parce qu'il permet de faire circuler l'eau dans les sillons, disposition qui rend plus complète, à chaque arrosage l'imbibition de la couche arable.

On doit arroser toutes les fois que cela est possible entre le coucher et le lever du soleil.

Le maïs cultivé dans la plaine de Tarbes, en Égypte, dans l'île de Cuba, etc., est aussi soumis à l'arrosage.

**Écimage.** — Quand la fécondation a eu lieu, lorsque les *soies* ou étamine des fleurs femelles ont perdu leur couleur blanc verdâtre, leur éclat soyeux, pour prendre une teinte brune, et lorsque les grains sont bien formés, on *écime* toutes les tiges, c'est-à-dire on coupe ou l'on casse l'extrémité supérieure de chaque tige un peu au-dessus du nœud qui domine l'épi le plus éloigné du sol.

Cette suppression de la *cime* ou *crête*, ou *panache*, ou *eseapitum*, est très-utile; elle a pour but d'enlever les fleurs mâles d'arrêter le mouvement ascensionnel de la séve, et de forcer celle-ci à s'arrêter dans la tige sur les points où les épis ont pris naissance, de faciliter aux épis l'action bienfaisante de l'air, de la lumière et de la chaleur atmosphérique et de rendre plus prompte la dessiccation des spathes. Enfin, cette opération a l'avantage de fournir une certaine quantité de fourrage et de favoriser le développement des épis.

On pratique chaque année l'écimage (*cimatura*) très en grand en Italie, dans le Bergamasque, le Vicentin et le Lucquois, et en France, dans le Languedoc, le Béarn et la Chalosse. Les agriculteurs qui l'exécutent avec soin se plaisent à dire qu'elle ne nuit en aucune manière à la végétation et à la maturité du maïs.

En Amérique, l'écimage favorise à la fois la maturité du maïs et la végétation des pois associées à cette céréale.

Cet étêtage se fait ordinairement en juillet avec une serpette ou un couteau. Les uns coupent la tige, à $0^m,08$ ou $0^m,10$ au-dessus du dernier épi ; les autres, et c'est le plus grand nombre, enlèvent les pannicules au-dessus du nœud qui surmonte l'épi le plus éloigné du sol, de manière à laisser une feuille à l'extrémité de la tige étêtée.

Le fourrage qu'on récolte par cette opération est donné au bétail à l'état vert, ou on le fait sécher pour le mettre ensuite en bottes, le conserver dans un grenier et le faire consommer pendant l'hiver. Quand on le fait manger en vert, on peut couper chaque jour ce que les animaux doivent consommer.

On se dispense d'écimer le maïs quand on cultive des variétés précoces.

Quelquefois on profite de l'écimage pour *enlever les épis qui sont encore trop nombreux*. En général, on ne doit pas laisser sur chaque pied au delà de deux ou trois épis.

**Effeuillage.** — Lorsque le maïs commence à mûrir, c'est-à-dire quand les feuilles qui enveloppent les épis prennent une teinte jaunâtre, et avant que tous les grains des épis aient pris la teinte qui caractérise la variété à laquelle il appartient, dans diverses contrées, on enlève aux tiges toutes leurs feuilles.

Cette effeuillaison a l'avantage de permettre à la chaleur solaire de mieux agir et sur la couche arable, et sur les tiges et les épis.

En général, c'est quinze à vingt jours avant la récolte qu'on exécute cette opération.

Les champs de maïs qu'on a ainsi traités ont un aspect particulier, puisque les tiges ne portent plus que des épis, mais les plantes mûrissent plus tôt.

Les feuilles doivent être coupées et non arrachées. On les met en petits paquets qu'on fait ensuite sécher. On les réserve ordinairement pour les donner au bétail pendant l'hiver.

On doit éviter d'opérer cet effeuillage trop tôt. Exécuté avant que la pointe des feuilles commence à jaunir, il nuit beaucoup à la bonne maturité des épis.

On peut aussi sans inconvénient enlever quelques feuilles à la base de chaque pied lorsqu'on opère l'écimage.

Ordinairement on n'effeuille pas le maïs quarantain, le maïs à poulet et les autres variétés qui se développent rapidement

# CHAPITRE X

## ALTÉRATIONS ET MALADIES

Maïs attaqué par la chlorose. — Rouille des feuilles. — Charbon du maïs. —
Nécessité d'opérer le chaulage des semences avant la semaille. — Verdet ou
vert-de-gris. — Ergot du maïs.

Le maïs est sujet pendant sa végétation à diverses altérations ou maladies.

**Chlorose**. — Le maïs qui est favorisé par une température convenable est toujours remarquable par la belle couleur vert foncé de ses tiges et surtout de son feuillage. Mais lorsqu'il survient des temps froids, des vents d'est glacials, des pluies prolongées avant ou pendant la floraison ou des temps très-chauds et très-secs, les plantes cessent pour ainsi dire de végéter et les feuilles ne tardent pas à devenir jaunâtres.

Cet *état chlorosé* ou maladif est toujours nuisible à la bonne fructification du maïs, s'il persiste pendant plusieurs semaines, comme cela arrive quelquefois dans les localités qui appartiennent à la partie septentrionale de la région du maïs.

Les grandes pluies, en devenant persistantes favorisent le développement de la *rouille* (Uredo), champignon qui retarde aussi la croissance des plantes.

Le maïs est encore attaqué par le charbon, le verdet et l'ergot.

**Charbon**. — Le *charbon* (Uredo maïdis, Dec., Uredo zea, Chev.) se développe à l'aisselle des feuilles, sur les fleurs mâles et les fleurs femelles ; il est très-commun en Italie dans les localités où le maïs végète vigoureusement sous l'influence des arrosages ; dans le Piémont on le nomme *mortella*.

Le charbon (fig. 13) apparaît d'abord sous forme de tumeurs charnues roussâtres ou cendrées, puis sous forme d'une vésicule remplie d'une poussière noirâtre et presque inodore.

Les tumeurs qui se développent sur les tiges et les graines

Fig. 13. — Charbon du maïs.

sont grosses comme le poing ; celles qui se montrent sur les fleurs mâles ont la grosseur d'un pois ou d'une noisette.

En se déchirant au moindre choc, ces tumeurs laissent

échapper la poussière noirâtre et légères qu'elles contiennent.

Les excroissances dues au charbon sont plus ou moins développées. Elles sont généralement très-volumineuses quand elles apparaissent sur les tiges ou sur les épis femelles. Ces épis ne sont pas toujours entièrement détruits ; souvent, les masses charbonnées se montrent au milieu de grains qui arrivent à leur parfaite maturité.

On doit chauler avec soin les graines qu'on confie au sol dans le but de prévenir l'apparition de ces champignons.

Il faut aussi avoir la précaution de couper, avant la floraison des fleurs femelles, les tiges sur lesquelles le charbon s'est développé.

**Verdet**. — Le *verdet* ou *vert-de-gris* (SPORISORIUM MAÏDIS), est un champignon verdâtre qui se développe sur les grains. Il est répandu dans l'Italie septentrionale et surtout dans les localités où le maïs est cultivé à l'arrosage. Les Italiens l'appellent *verderame*. Il est incontestable qu'il fait naître la *pellagre* chez les habitants qui font usage de grains qu'il a altérés.

**Ergot**. — L'*ergot* est moins commun que le charbon et le verdet. Les grains de maïs qu'il a transformés ont une couleur noirâtre ou violet noir. On les sépare aisément des grains sains.

# CHAPITRE XI

## PLANTES, OISEAUX ET INSECTES NUISIBLES

Plantes nuisibles : la ravenelle, la moutarde sauvage, le panis pied-de-poule, la digitaire sanguine, le liseron des champs. — Oiseaux nuisibles : les pies, les corbeaux, les geais et les perroquets. — Insectes nuisibles : le ver blanc, la courtillère, le taupin, la sauterelle, le criquet, la pyrale, la nitidelle, la cochenille et le puceron.

**Plantes nuisibles**. — Le maïs, par suite de l'élévation de ses tiges, se défend bien des plantes indigènes qui envahissent les terres où il est cultivé. Toutefois, si la *ravenelle* (Raphanus raphanistrum), la *moutarde sauvage* (Sinapis arvensis), le *panis pied de poule* (Panicum crus galli), la *digitaire sanguine* (Digitaria sanguinalis), etc., ne lui sont véritablement nuisibles que quand elles sont nombreuses et lorsqu'on néglige de les détruire, le *liseron des champs* (Convolvulus arvensis), souvent très-abondants sur les terres argileuses de bonne qualité, s'enroule autour des tiges et nuit beaucoup à leur développement; aussi doit-on le détruire avec soin.

**Oiseaux nuisibles**. — Le maïs, après les semis ou lorsque ses cotylédons apparaissent, est attaqué par les *pies*, les *corbeaux*, les *grives*, les *geais*, et les *merles*. On doit, lorsque ces oiseaux peuvent causer d'importants dégâts, prendre toutes les mesures voulues pour les éloigner des champs cultivés.

Ces oiseaux attaquent aussi les épis arrivés à maturité quand les spathes ne les enveloppent pas complétement.

En Amérique, le maïs est souvent attaqué par les *perroquets*.

**Insectes nuisibles.** — Les insectes qui causent les plus grands dommages aux RACINES du maïs sont :

1° Le *ver blanc* ou *larve du hanneton* (MELOLONTA VULGARIS) ; (fig. 14 et 15) ;

2° La *courtillère* ou *taupe grillon* (GRILLO TALPA) ;

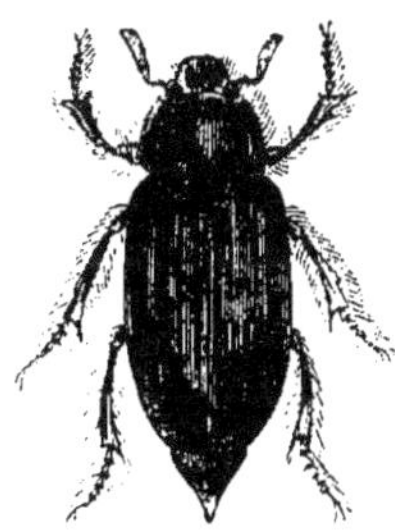

Fig. 14. — Ver blanc.     Fig. 15. — Hanneton.

3° La *larve du taupin du maïs* (ETATER MAÏDIS) ; cette larve a $0^m,018$ de longueur en douze anneaux ;

Les JEUNES TIGES sont mangées par :

1° La *sauterelle verte ;*

2° Le *criquet d'Italie* (ACRYDIUM ITALICUM). Cet insecte est très-redouté en Italie dans le Mantouan et la campagne de Rome.

Les ÉPIS sont attaqués par cinq insectes :

1° La *noctuelle du maïs* (NOCTUA ZEA, Dup.) Cette noctuelle a des ailes gris rougeâtre luisant, saupoudrées de gris ; sa tête et son corselet sont gris plus ou moins foncé. Sa chenille, qui est grosse et grisâtre, se loge entre les spathes de l'épi femelle, s'y nourrit, se change en chrysalide, et en sort à l'état d'insecte parfait. Elle cause assez souvent des dommages au maïs qu'on cultive dans la région du Sud-Ouest.

Cette noctuelle est désignée par les Américains sous le

nom d'AGROTIS, parce qu'elle a été séparée du genre NOCTUA, de Fabricius. Elle est assez commune en Amérique.

2° La *larve de la phalène forficule* (PHALENA FORFICULIS ou PYRALIS FORFICALIS, Vil.). Cette larve ronge l'intérieur de la tige du maïs. Elle est commune en Alsace ;

3° La *nitidulle noire* (NITIDULA ATRATA, Lat.). Cet insecte cause parfois de grands dommages dans les cultures du maïs.

4° La *cochenille du maïs* (COCCUS ZEA MAÏDIS). Cet insecte a $0^m,006$ à $0^m,007$ de longueur ; il est comme poudré de blanc sur un fond rose pâle.

5° Le *puceron du maïs* (APHIS MAÏDIS, Fit.). Cet insecte cause peu de dommage. Il se montre en août sur le maïs.

La chenille de la noctuelle du maïs peut être détruite par des femmes ou des enfants, lorsqu'elle est très-abondante. Les autres insectes sont d'une destruction très-difficile et surtout fort coûteuse.

# CHAPITRE XII

## RÉCOLTE



**Maturité.** — Le maïs est mûr, quand les tiges sont jaunâtres et presque sèches, lorsque les enveloppes ou spathes sont minces, coriaces et presque blanchâtres, enfin quand les grains sont consistants et présentent, lorsqu'on les divise, une cassure amylacée.

**Époque.** — Le maïs mûrit depuis le mois de juillet jusqu'en octobre, suivant le climat qu'on habite, la variété qu'on cultive et l'époque à laquelle on a opéré les semis.

On procède ordinairement à la récolte des épis :

En Turquie, vers la fin de juillet ;

En Algérie, en juillet et août ;

En Toscane, vers la fin d'août ;

En Portugal, pendant le mois d'août ;

Dans le Milanais, en septembre ;

Dans le Languedoc, en octobre ;

En Égypte, à la mi-octobre.

En général, la même variété mûrit dix à quinze jours plutôt quand elle est cultivée dans des terres de moyenne fécondité que lorsqu'elle végète dans des sols riches. Elle arrive aussi bien plutôt à maturité si elle se développe dans une terre chaude que lorsqu'elle est cultivée dans une terre froide.

Le maïs quarantain qu'on sème en Italie, à la Saint-Jean

ou en juillet, est récolté à la fin d'octobre ou dans la première semaine de novembre.

Les variétés très-tardives n'arrivent à maturité en Portugal que pendant les mois de septembre et octobre.

Il faut autant que possible opérer par un temps sec, un beau soleil. On ne doit hâter la cueillette des épis que lorsqu'on a à craindre des pluies abondantes et prolongées.

Dans le département du Tarn, on n'opère souvent la récolte des épis que lorsqu'il est survenu une légère gelée.

**Cueillette des épis.** — On détache les épis avec la main en rompant leur support. Les épis ainsi récoltés sont déposés çà et là sur le champ par petits tas ou dans des paniers ou corbeilles qui servent à les porter dans les voitures à l'aide desquelles on les transporte à la ferme.

On ne doit cueillir chaque jour que les épis qu'on peut dépouiller dans la soirée.

Il est important d'éviter de laisser en tas pendant plusieurs jours les épis chargés d'humidité, parce qu'ils s'échauffent ou s'altèrent aisément.

Les charrettes qui servent au transport des épis doivent être garnies intérieurement d'un drap ou d'une bâche.

C'est sur les aires qu'on *dérobe* ou *dépouille*, dans le Midi, les épis ou fusées. Ce n'est qu'accidentellement qu'on les dépouille dans les champs où ils ont été récoltés.

C'est à tort que quelques cultivateurs dérobent les épis avant de les détacher des tiges.

On dépouille les épis en détachant les spathes les plus externes, et en repliant en arrière ou retroussant vers la base des fusées les trois ou quatre spathes qui enveloppent les grains. Ces quelques feuilles servent à réunir et suspendre les épis, si ces derniers doivent finir de sécher à l'abri de la pluie ou des brouillards.

Quand les épis, après la cueillette, doivent rester sur une aire à l'action du soleil ou être déposés dans des séchoirs spéciaux, on les débarrasse de toutes leurs spathes.

A mesure qu'on dépouille les épis, on frotte ceux-ci entre les mains pour les débarrasser des *soies* ou pistils qui y adhèrent encore.

Quand on cultive des variétés précoces et à tiges peu élevées, on arrache celles-ci, on les transporte directement sur l'aire et l'on procède ensuite à la séparation des épis.

Dans le Languedoc, etc., les épis sont partagés sur-le-champ entre le propriétaire et le métayer.

**Aération des épis**. — Quand les épis ont été détachés des tiges et dépouillés de leurs feuilles, on les étend sur les aires en couche mince, et on les remue souvent pour que le soleil et l'air les sèchent le plus promptement possible.

Cette première dessiccation dure deux, trois ou cinq jours, suivant les climats ou la quantité d'humidité que renferment les grains et les rafles. Elle est suivie chaque année, avec succès en Italie, en Espagne et dans le midi de la France.

**Séchage des épis**. — La dessiccation complète des épis a lieu *naturellement* sous des hangars, dans des greniers ou dans des séchoirs, et *artificiellement* dans les fours ou dans des étuves.

Lorsque les épis ont été complétement dérobés, on les étend en couche mince dans un *grenier* bien aéré. On a soin de les remuer de temps à autre pour qu'ils achèvent promptement leur parfaite dessiccation.

Dans la Bresse, le Languedoc, etc., lorsque les épis ayant encore des spathes, ont subi sur une aire, pendant plusieurs jours, l'action du soleil, on les met en *paquets* ou en *tres-*

*ses* en les liant ensemble au moyen de deux spathes. Chaque paquet comprend de 6 à 10 épis selon le volume de ceux-ci.

Les paquets ainsi disposés sont mis ensuite à cheval sur des *perches* ou sur des *cordes* situées sous des *hangars*, où, comme en Alsace, dans des *greniers à claire-voie*, ou comme dans la Bresse, l'Agenais, etc., en dehors des bâtiments *sous des avant-toits*. Dans ces diverses situations, l'air a toujours un libre accès sur la surface des épis.

En Hongrie, en Amérique, etc., on opère la dessiccation des épis dans des *séchoirs à claire-voie* établis sur des poteaux disposés de manière que les rats et les souris ne puissent arriver dans la partie supérieure.

Ces cages en bois, que les Hongrois appellent *kosch*, ont une toiture en paille. Leur plancher est plein ; leurs quatre côtés sont formés de planches et de lattes cloués intérieurement afin qu'elles résistent à la pression des épis. Ces séchoirs sont élevés, en moyenne, de $0^m,50$ à $0^m,60$ du sol ; ils sont de $1^m,30$ de largeur et 2 mètres à $2^m,65$ de hauteur. L'ouvrier chargé d'entasser les épis entre par une porte et sort par l'autre. Ce dernier mode de dessiccation est très-économique dans les contrées où l'air peut facilement dessécher les épis dépouillés de leurs feuilles.

La température des *fours de boulangers* et des *étuves* qui servent à la dessiccation artificielle du maïs ne doit pas dépasser 70 à 75 degrés centigrades au début de l'opération.

Toutes choses égales d'ailleurs, les épis mis en corde ou en tresse se sèchent mieux et plus promptement que les épis qui ont été complétement dépouillés de leurs spathes et déposés sur les aires des greniers.

**Conservation des épis.** — Dans le Languedoc, etc.,

on conserve les épis qu'on a fait sécher au soleil en les déposant en tas de $0^m$, 65 de hauteur sur les planchers des greniers ou des habitations. On les remue souvent avec une pelle en bois, surtout si l'automne est humide.

**Récolte des tiges**. — Après la récolte des épis, on coupe les tiges rez de terre avec une faucille ou une serpe, et on les met en tas étroits afin qu'elles puissent promptement sécher. Quelquefois, une fois coupées, les tiges sont rapportées à la ferme et mises en tas coniques dans la cour.

Quand elles sont sèches, on les met en bottes qu'on dispose ensuite en meules.

On couvre les meules de paille de maïs de chaume pour les garantir de la pluie et éviter que cette paille contracte une odeur de moisi.

# CHAPITRE XIII

## BATTAGE ET ÉGRENAGE DES ÉPIS

Battage des épis sur les aires ou sur des claies. — Égrenage à la main ou à l'aide d'un égrenoir mécanique. — Opérations qui suivent le battage ou l'égrenage : criblage, vanage, etc. — Conservation des grains dans les greniers ou dans les silos.

Lorsque les grains et les rafles ont perdu presque toute leur eau de végétation on procède au battage ou à l'égrenage des épis.

On rend ces opérations plus faciles en exposant les épis à la chaleur d'un four, dans lequel on vient de cuire du pain.

**Battage.** — Dans les parties méridionales de l'Europe, on sépare les grains des épis à l'aide du fléau ou de la gaule.

Le battage du maïs est expéditif, mais on ne l'exécute bien que quand les épis sont très-secs.

Dans le Piémont, on l'opère en automne ; en Carinthie et en Styrie, on l'exécute de préférence pendant l'hiver quand les gelées ont ébranlés les grains dans les alvéoles des rafles ; en Hongrie et en Croatie, on ne l'opère qu'au printemps.

Le battage au fléau se fait de trois manières :

D'abord on l'exécute sur les *aires de grange*, après avoir fermé les portes, car pendant l'opération les grains jaillissent de tous côtés ; on dépose sur l'aire plusieurs couches d'épis pour ne pas écraser les grains.

Dans d'autres localités, on met un certain nombre d'épis dans un *sac*, et l'on bat ce dernier après l'avoir bien fermé avec une ficelle.

Enfin, quelquefois on opère le battage des épis en les frappant avec des gaules après les avoir placés sur une *claie*, ayant 2 mètres de longueur et 1<sup>m</sup>,50 de largeur. Ces claies, étant soutenues par des chevalets, laissent tomber à terre les grains que les gaules ont détachés des épis.

**Égrenage**. — L'égrenage du maïs se fait à la main ou à l'aide d'un appareil spécial, appelé égrenoir mécanique.

L'*égrenage à la main*, que les Languedociens appellent *engruna* ou *degruna* se fait en raclant les épis : 1° sur l'angle d'une barre de fer carrée fixée à la surface supérieure d'un tonneau défoncé par un bout ou d'un baquet ou d'une comporte ; 2° sur une lame de fer implantée dans un banc.

Deux ouvriers peuvent travailler sur la même barre de fer.

Ce travail se fait en tout temps quand le grain est bien sec, mais souvent on l'exécute de préférence pendant les soirées d'hiver ou après cette saison, parce que la conservation du maïs en épis est plus facile et plus certaine que lorsque ces derniers ont été égrenés.

L'égrenage du maïs, disait, en 1811, Limousin-Lamothe, est plutôt une récréation et un amusement qu'une occupation pénible. C'est en quelque sorte un délassement des grands travaux qui ont été faits dans la journée. Le soir, sur le gazon, devant la métairie et au clair de la lune, quand le temps le permet, on dépouille de leurs feuilles les épis dorés, et l'on égrène le premier maïs dont on a besoin ; mais si les frimas de l'hiver se font sentir, c'est autour du foyer que la famille et ses voisins, spontanément réunis, célèbrent cette fête pastorale vraiment digne d'être copiée par nos peintres et célébrée par nos poëtes. Là, parmi les jeux folâtres de l'enfance, au milieu d'une conversation naïve, souvent assaisonnée de chansons, d'agaceries piquantes, le maïs se trouve égrené quand chacun voudrait l'égrener encore. Heureuses veillées du village, d'où l'on n'emporte d'autre peine que celle de se séparer de ses compagnons de travail; soirées délicieuses et paisibles, dont le souvenir ne peut s'effacer de l'idée de quiconque en a pu jouir.

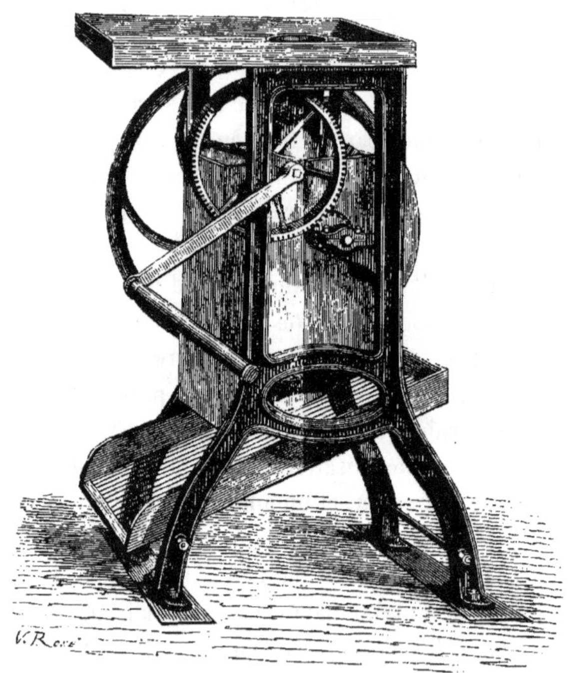

Fig. 16.— Égrenoir de maïs de Peltier.

Dans le pays castrais, 4 hommes battent sur une claie de 20 à 25 hectolitres de maïs par jour.

Un ouvrier qui égrène le maïs à l'aide d'une barre de fer n'obtient pas par jour au delà de 200 à 250 litres.

Depuis bientôt vingt années, en France comme en Italie

et en Espagne, çà et là, on a substitué au fléau et à l'égrenage à la main les *égrenoirs mécaniques* (fig. 16 et 17), appareils remarquables par leur simplicité, leur solidité et la rapidité avec laquelle ils agissent.

Ces appareils, bien alimentés avec du maïs très-sec et

Fig. 17. — Égrenoir de maïs de Desportes.

desservis par un homme et un enfant, égrènent de 20 à 25 hectolitres par jour.

Lorsqu'on fait usage de ces égrenoirs et qu'on doit égrener du maïs dont le *hile* est moisi, ou lorsqu'on constate que la pointe de la rafle se casse aisément, on ne doit pas hésiter à dessécher de nouveau les épis dans un four.

**Opérations qui suivent le battage ou l'égrenage.** — Le maïs qu'on a séparé de sa rafle à l'aide du battage ou au moyen de l'égrenage ne peut être livré à la vente ou déposé dans les greniers qu'après avoir été vanné et criblé.

Le *van* ou le *tarare* débarrasse le maïs des débris de rafles, etc., qui y sont mêlées ; le crible sépare les grains cassés de ceux qui sont entiers.

**Conservation des grains**. — Le maïs, après le battage ou l'égrenage, est déposé dans les greniers en couche peu épaisse, surtout s'il n'est pas bien sec.

On le remue souvent, si cela est nécessaire, parce qu'il ne se conserve bien que quand il est privé d'humidité.

Plus tard, on le met en gros tas, ou on l'entasse dans des tonneaux ou dans des sacs.

Dans le Milanais, le maïs, après avoir été égrené, est exposé à l'action du soleil pendant plusieurs jours sur des aires à battre. Lorsqu'il est bien sec, on le monte dans les greniers.

En Toscane, on l'enfouit après qu'il a été récolté dans des cavités souterraines, garnies intérieurement d'une bonne couche de paille, dans le but de le soustraire aux insectes qui l'attaquent et qui diminuent sa valeur alimentaire.

Le maïs qu'on se propose d'utiliser comme semence doit être conservé en épi ou sur sa rafle, parce qu'il garde mieux ses propriétés germinatives que lorsqu'il a été égrené.

# CHAPITRE XIV



## RENDEMENT

Rendement en grain en France, en Italie, en Espagne et en Amérique. — Poids de l'hectolitre des principales variétés. — Rendement en tiges sèches, spathes et rafles. — Rapports du grain à la paille, aux spathes et aux rafles.

Le maïs est plus ou moins productif, selon la variété cultivée et la richesse du sol où il accomplit toutes ses phases d'existence.

**Grain.** — Le maïs grand jaune, qui est la variété la plus répandue, est toujours plus productif que le maïs blanc ou le maïs quarantain. Son produit ne peut être surpassé que par les variétés spéciales et à grandes dimensions qu'on cultive en Amérique, au Chili, au Pérou, etc.

Il n'est pas inutile de constater que le rendement des variétés cultivées en Europe est toujours en raison directe de la température atmosphérique moyenne de la localité où elles sont cultivées.

Voici les rendements moyens du *maïs gros jaune.*

| | |
|---|---|
| France . . . . . . . . . . . . | 24 à 30 hectolitres. |
| Portugal . . . . . . . . . . | 30 à 40 |
| Carinthie . . . . . . . . . . | 40 à 50 |
| Italie. . . . . . . . . . . | 50 à 60 |

Le même maïs, cultivé en France sur des terres imparfaitement préparées et fertilisées, ou sur des sols trop légers et trop secs, ne produit pas souvent au delà de 16 à 20 hectolitres par hectare. Par contre, quand il est cultivé sur de bons terrains ou sur des terres profondes et à l'arrosage, son rendement s'élève parfois jusqu'à 35, 40. et même 50 hectolitres.

Le plus fort rendement connu a été obtenu par Burger ; il s'est élevé à 75 hectolitres par hectare.

Le plus généralement, un hectolitre d'épis moyens donne 50 litres de maïs égrené.

J'ai dit que le *maïs blanc*, cultivé en France, était moins productif que le *maïs gros jaune*. Dans les circonstances ordinaires, lorsque le maïs blanc donne de 20 à 25 hecto-litres de grain par hectare, le maïs gros jaune fournit sur la même surface de 26 à 32 hectolitres.

Le *maïs quarantain*, qui est la variété cultivée en grand la plus précoce, est le moins productif. En général, en Italie, il ne donne pas au delà de 20 à 25 hectolitres par hectare. Le *maïs d'été* (agostano) y produit en moyenne de 40 à 50 hectolitres.

Le maïs gros jaune, cultivé à l'arrosage dans les plaines de la Lombardie, de la Toscane et de Valence (Espa-gne), donne jusqu'à 70, 75 et même 80 hectolitres par hectare.

En Amérique, au Chili, etc., les produits du maïs sont merveilleux sur les terres très-fécondes ; ils s'élèvent sou-vent jusqu'à 120 hectolitres par hectare !

**Poids de l'hectolitre.** — Le maïs est plus ou moins pesant, selon l'irrégularité de ses grains et la quantité d'humidité qu'ils renferment.

Le maïs de commerce pèse de 72 à 75 kilogr. l'hecto-litre. Le poids du même maïs, bien sec ou desséché varie entre 68 et 70 kilogr.

Le maïs à petits grains est plus pesant que le maïs à grains volumineux. Ainsi,

Le *maïs à poulet* pèse, en moyenne, 78 kilogr.
Le *maïs quarantain*. . . . . . — . . 76
Le *maïs gros jaune*. . . . . . . . . 75
Le *maïs blanc des Landes*. . — . . 73

C'est très-accidentellement qu'on obtient en France des maïs pesant 78 à 80 kilogr. l'hectolitre.

Les *maïs jaunes ordinaires*, qu'on récolte en Portugal, pèsent de 72 à 75 kilogr., et les maïs blancs de 75 à 77 kilogr.

Le *maïs riz* (milho arroz), qu'on cultive aux Açores, pèse jusqu'à 82 kilogr. Le grain de cette variété est très-petit.

Le *maïs Cusco*, à cause de sa nature presque entièrement farineuse, ne pèse pas au delà de 70 kilogr.

Les maïs cultivés en Italie ont les poids ci-après :

*Maggiengo.* . . . . . . . . . . . 72 à 75 kilogr.
*Agostano.* . . . . . . . . . . . 75 à 78
*Quarantino.* . . . . . . . . . . . 70 à 80

**Tiges sèches, spathes et rafles**. — Le produit en paille ou en tiges sèches est aussi très-variable. Il est plus ou moins abondant selon la variété cultivée et la richesse et la fraîcheur de la couche arable.

En général, en Italie, en Hongrie, en Croatie, en Espagne, etc., un hectare bien cultivé donne les produits suivants :

Tiges sèches . . . . . . . . 4,500 à 5,000 kilogr.
Spathes. . . . . . . . . . 500 à 600
Rafles . . . . . . . . . . 800 à 1,000

Totaux. . . . . . 5,800 à 6,500
Grains : 40 à 50 hectol. . 5,000 à 3,700

Totaux généraux . . . 8,800 à 10,200

Bürger donne les produits ci-après comme caractérisant une cultive très-intensive :

Tiges sèches. . . . . . . . . 5,700 kilogr.
Spathes. . . . . . . . . . . 700
Rafles. . . . . . . . . . . 1,500

Total . . . . . . 7,700
Grains : 60 hectolitres . . . . 4,500

Total général . . . . . 12,200 kilogr.

En France, on récolte en moyenne, par hectare les produits ci-après :

| | |
|---|---|
| Tiges sèches. . . . . . . . . . | 4,000 kilogr. |
| Spathes. . . . . . . . . . . . | 500 |
| Rafles. . . . . . . . . . . . | 700 |
| Total . . . . . . . | 5,200 |
| Grains : 59 hectolitres . . . . . | 2,200 |
| Total général . . . . . | 8,400 kilogr. |

Des données qui précèdent il résulte les proportions
suivantes :

| | | |
|---|---|---|
| 1° Le grain est à la paille | :: 100 | : 150 |
| — — | :: 100 | : 138 |
| — — | :: 100 | : 127 |
| — — | :: 100 | : 180 |
| Moyenne. . . . . | 100 | : 149 |
| 2° Le grain est aux spathes | :: 100 | : 16 |
| — — | :: 100 | : 16 |
| — — | :: 100 | : 15 |
| — — | :: 100 | : 22 |
| Moyenne. . . . . | 100 | : 17 |
| 3° Le grain est aux rafles | :: 100 | : 26 |
| — — | :: 100 | : 27 |
| — — | :: 100 | : 29 |
| — — | :: 100 | : 28 |
| Moyenne. . . . . | 100 | : 28 |

Ce dernier rapport moyen est moins élevé quand on a
égard à des variétés différentes.

Ainsi, on a reconnu en Italie que 100 kilogrammes d'é-
pis bien secs donnaient :

| | Rafles. | Grains. |
|---|---|---|
| Maïs maggiengo. . . . | 25 kil. | 65 kil. ou 80 litres |
| Maïs agostana. . . . . . | 21 | 69      82 |

Ainsi encore M. Corvo a constaté, au Portugal, les résultats ci-après :

| | Poids des épis. Grammes. | Poids des grains. Grammes. | Rapports. |
|---|---|---|---|
| Maïs jaune géant . . . . . | 342 | 246 | :: 100 : 72 |
| Maïs jaune gros. . . . . . | 157 | 127 | :: 100 : 80 |
| Maïs jaune de Sequiera . . | 154 | 111 | :: 100 : 72 |
| Maïs blanc de Vienna . . | 170 | 145 | :: 100 : 85 |
| Maïs jaune précoce . . . . | 99 | 82 | :: 100 : 83 |
| Maïs jaune hâtif . . . . . | 70 | 60 | :: 100 : 85 |
| Maïs blanc ordinaire . . | 60 | 50 | :: 100 : 85 |

Soit, en moyenne, les rapports suivants :

1° Les épis sont aux grains comme 100 : 80 ;

2° Les grains sont aux rafles comme 100 : 28.

Donc, en résumé, dans les circonstances ordinaires, on peut compter obtenir par chaque 100 kilogr. de grains récoltés :

> Tiges sèches écimées. . . . . . . . . 150 kilogr.
> Spathes. . . . . . . . . . . . . . . 17
> Rafles. . . . . . . . . . . . . . . . 28

Lorsque le maïs ne donne pas une récolte en grain satisfaisante, on obtient plus de tiges, de spathes et de rafles. Alors, par chaque 100 kilogr. de grains obtenus, on récolte en moyenne :

> Tiges. . . . . . . . . . . . . . . . 200 kilogr.
> Spathes. . . . . . . . . . . . . . . 25
> Rafles. . . . . . . . . . . . . . . . 35

Ces proportions restent exactes quand il est question de maïs ayant végété très-vigoureusement sous l'influence d'engrais abondants, d'une température élevée et d'arrosages bien compris.

# CHAPITRE XV

## MOUTURE DU MAIS

Mouture faite à l'aide de moulins à bras et de moulins à grandes meules. — Mouture simple et sassage. — Mouture perfectionnée. — Farine fine fleur. — Farine ordinaire. — Gruaux et semoules. — Combien 100 kilogrammes de grains donnent de farine et de son.

Le maïs, autrefois, était réduit en farine à l'aide de moulins à bras ou au moyen de grandes meules plus ou moins desserrées, et mises en mouvement par le vent ou par l'eau. De nos jours, en Turquie, on opère encore au moyen de moulins à bras.

Dans ces derniers temps, en France comme en Angleterre et en Amérique, on a perfectionné cette mouture. Aussi livre-t-on aujourd'hui à la consommation des farines très-belles, des gruaux et des semoules de diverses grosseurs, qu'on regarde à bon droit comme d'excellents aliments.

Lorsqu'on réduit le maïs en farine au moyen d'un moulin à bras, il est indispensable que le grain renferme la proportion normale d'eau que les analyses y constatent ordinairement. Lorsque le maïs est trop sec il éclate, se brise et saute en dehors des meules.

La farine obtenue par cette *mouture simple* est ensuite tamisée, afin de la débarrasser du son qu'elle contient, mais cette farine, malgré ce *sassage*, est toujours un peu grossière.

La *mouture perfectionnée*, mise en pratique avec succès par M. Betz-Penot, comprend plusieurs opérations. D'abord, on décortique le grain quand sa surface est très-légèrement humide, pour le débarrasser de son enveloppe ou pellicule, puis on le concasse en fragments plus ou moins gros, pour pouvoir, en se sassant dans un cylindre particulier, séparer tous les *germes*, partie du grain qui renferme une *matière huileuse* qui communique au pain un goût peu agréable. Le *blutage terminé*, les parties concassées sont soumises à l'action de meules ordinaires. On termine la mouture en blutant la farine.

La farine de maïs qu'on a ainsi obtenue avec des grains de bonne qualité et bien conservés est toujours très-belle ; son *odeur spéciale* est très-agréable.

La *farine fine fleur* qu'on extrait en Amérique des grains blancs à cassure amylacé, est très-estimée et plus recherchée que la farine première qu'on retire du maïs jaune, parce qu'elle est très-blanche, plus douce et plus sucrée. On la nomme *corn flour*.

La *farine de maïs* que le commerce livre à la consommation, est *blanc légèrement jaunâtre, jaune très-clair* ou *jaune très-foncé*, suivant la coloration naturelle des grains qui ont été moulus. Les *gruaux* et les *semoules grossses, moyennes* ou *fines* présentent aussi ces diverses nuances.

La *farine fine fleur* est le résultat de la mouture des gruaux.

La farine que les Chiliens appellent *yalli*, et qu'ils regardent comme délicieuse, provient du maïs Caragua.

Il n'est pas sans intérêt de pouvoir comparer deux moutures bien faites, de maïs et de froment :

|  | Maïs. | Blé. |
|---|---|---|
| Farine . . . . . . . . . | 90 kilogr. | 80 kilogr. |
| Son . . . . . . . . . . . | 8 | 18 |
| Perte. . . . . . . . . | 2 | 2 |
|  | 100 kilogr. | 100 kilogr. |

Le maïs contient donc moins de son que le blé.

Voici maintenant les divers produits obtenus en Portugal par M. Corvo :

| | Farine. 1re | Farine. 2e | Farine. 3e | Son. |
|---|---|---|---|---|
| Maïs géant jaune . . . | 27.21 | 32.91 | 54.82 | 5.06 |
| Maïs jaune gros. . . . | 26.43 | 21.43 | 42.14 | 10.00 |
| Maïs jaune hâtif . . | 25.00 | 22.00 | 46.00 | 7.00 |
| Maïs jaune de Sequiero. | 35.08 | 29.83 | 29.83 | 5.26 |
| Maïs blanc trémoïs . . | 32.22 | 28.88 | 33.34 | 5.56 |
| Maïs blanc ordinaire . . | 27.22 | 27.81 | 37.88 | 17.09 |
| Maïs blanc de Vienna . . | 24.16 | 21.52 | 46.84 | 7.98 |
| Maïs blanc des arneiros. | 17.09 | 16.24 | 52.99 | 13.68 |

Soit les moyennes suivantes :

| | Maïs jaunes. | Maïs blancs. |
|---|---|---|
| Farine première. . . . . . . | 28.42 | 22.65 |
| Farine deuxième. . . . . . . | 26.33 | 23.55 |
| Farine troisième. . . . . . . | 38.25 | 42.75 |
| Son et issues . . . . . . . . | 6.88 | 11.05 |
| | 100.00 | 100.00 |

Donc, en Portugal, le maïs blanc contient plus de son et moins de parties amylacées que le maïs jaune. Des faits identiques ont été constatés en Amérique. Toutefois il est utile de rappeler, en présence de ces résultats, que la farine du maïs blanc est ordinairement plus blanche et plus belle que la farine de maïs jaune.

La farine de maïs qui a été convenablement préparée se conserve bien pendant plusieurs mois, mais lorsqu'elle provient de maïs nouveau elle est sujette à s'échauffer.

En général on a intérêt à ne moudre que la quantité de maïs qu'on peut consommer ou livrer à la vente dans l'espace de un à deux mois.

# CHAPITRE XVI

## EMPLOI DES PRODUITS



Le maïs fournit de nombreux produits utiles.

**Pain de maïs**. — Le maïs transformé en pain ou en bouillie fait la base de l'alimentation de la majeure partie des habitants des départements du Sud-Ouest, de l'Italie, de l'Espagne, de l'Amérique, du Mexique, etc. Toutefois le pain qu'on mange dans le Languedoc, le Béarn et la Chalosse comme celui qu'on consomme en Espagne et en Portugal, laisse souvent à désirer quant à sa qualité. Dans la plupart des cas, ce pain est épais, lourd pour l'estomac, il s'aigrit aisément et moisit très-souvent pendant les chaleurs.

Mais heureusement il n'en est pas toujours ainsi. Lorsque ce pain, que les Béarnais et les Languedociens appellent *méture* ou *pain de méture*, a été bien fabriqué et fait surtout avec de la farine de maïs à laquelle on a ajouté de la farine de froment, il est nourrissant, d'un goût agréable, d'une facile digestion et rafraîchissant. Sa couleur est aussi très-belle.

Pour fabriquer un tel pain, on associe le maïs au froment dans les proportions suivantes :

1 partie de maïs et 5 parties de froment.
2 — — 4 — —

Ainsi l'on mêle :

|  | Farine de maïs. | Farine de blé. |
|---|---|---|
| 1° . . . . . . . | 20 kilogr. à | 60 kilogr. |
| 2° . . . . . . . . . | 20 — | 40 — |

Des faits bien constatés, il résulte que les farines ci-après donnent les quantités suivantes de pain :

|  | Farines. | Pain. |
|---|---|---|
| 100 kilogr. maïs. . . . . . | 145 à 150 kilogr. |
| 100 — froment . . . . | 130 à 130 — |
| 100 — maïs et froment. | 135 à 140 — |

La farine de maïs blanc donne plus de pain que la farine de maïs jaune.

La farine de maïs absorbe beaucoup plus d'eau que la farine de froment. Aussi est-il très-important, pendant la panification, de bien pétrir la pâte, qui gonfle beaucoup, afin que la farine de maïs soit intimement liée ou mêlée à la farine de froment.

Toutefois il est utile, si l'on veut avoir un pain de bonne qualité, de faire gonfler la farine de maïs dans l'eau chaude avant de la mêler à la farine de blé et d'y mêler ensuite un très-fort levain de farine de froment. Ce levain exceptionnel supplée à la faible quantité du gluten que contient la farine de maïs.

L'eau doit être beaucoup plus chaude que quand il est question de délayer et pétrir de la farine de froment. J'ajouterai que le pétrissage de ces deux farines ou de la farine de maïs, impose plus de travail que le brassage de la farine de froment.

Le pain de maïs ou de *méture* exige un four plus fortement chauffé que le pain de froment.

Le seul inconvénient que possède le pain de maïs et de froment est de sécher un peu plus vite que le pain de froment pur.

Quoi qu'il en soit, le pain de méture bien fabriqué permet à ceux qui s'en nourrissent d'être en bonne santé, forts et vigoureux.

Voici comment on prépare le pain de maïs à la Guinée : on fait macérer les grains pendant cinq jours, puis on les broie pour les réduire ensuite en pâte. Les petits pains sont appelés *eyori*, les pains moyens *eyaroun* et les gros pains *erigo'chou*.

La farine de *maïs grillé* est très-estimée à la Jamaïque.

**Gruau et semoule**. — Le gruau et surtout la semoule de maïs servent à faire d'excellents potages.

Au Gabon, on fait du *couscous* avec la farine de maïs.

**Bouillies**. — La farine de maïs est utilisée en France, en Italie, en Espagne, etc., pour faire la bouillie que l'on nomme *miliasse*, *rimotte* ou *scoton* dans le Languedoc, *gaude* en Bourgogne et *polenta* en Italie.

Cette bouillie est cuite à l'eau ou au lait. Lorsqu'elle est au gras les Italiens l'appellent *farinata*.

Voici comment on prépare la POLENTA :

On fait bouillir de l'eau ou du lait, on y verse de la *farine fraîche* petit à petit, on remue sans cesse, on ajoute du sel et on retire du feu au bout d'une demi-heure.

Si, la cuisson étant terminée, on constate que la saveur de la bouillie est fade, on y ajoute du beurre frais.

Cette bouillie épaisse se mange chaude. Elle constitue une nourriture saine ; elle remplace le pain. C'est par exception qu'on aromatise la polenta avec de la vanille ou de l'écorce de citron.

7

Quelquefois on laisse refroidir la polenta, on la coupe par tranches qu'on fait ensuite rôtir sur le gril pendant quelques minutes.

Souvent aussi on la mange froide sans la faire griller

Dans la Bulgarie, la polenta est appelée *mamaliga*. Au Pérou, on la nomme *mote*, parce qu'on la fait avec de la farine provenant de maïs décortiqué appelé *mote*.

Les *gaudes* qu'on prépare dans la Guyenne se font avec de la farine provenant de maïs qu'on a fait sécher au four. Ces gaudes sont plus délicates que les autres.

5 kilogrammes de farine de maïs absorbent 8 kilogrammes d'eau.

Le *tamole* ou *atole* des Mexicains est une bouillie de maïs à laquelle on a ajouté du piment.

Aux îles du Cap-Vert on fait cuire les grains grillés dans du lait caillé. Ainsi préparés, ils forment l'aliment appelé *dormido*. Au Brésil, cet aliment est désigné sous le nom de *congica*.

**Galettes**. — Au Mexique, on fait des galettes avec la farine de maïs. Voici comment on les prépare :

Une femme agenouillée devant une petite table inclinée en granit appelée *metale*, y écrase avec un rouleau du maïs qu'on a fait tremper dans l'eau. Quand le maïs est à l'état de bouillie, on pétrit celle-ci, et l'on en fait des galettes qu'on appelle *tortilla*. On fait cuire ensuite ces galettes sur des plats posés sur des charbons ardents. Bien grillées, ces *tortilles* ont un goût agréable. Elles forment la base de l'alimentation nationale au Mexique.

**Gâteaux**. — On fait de bons gâteaux avec la farine de maïs. Celui que l'on appelle *mille*, *millas* ou *miliasse* se fait de la manière suivante : On délaye de la farine avec de l'eau chaude, on brasse, on pétrit, pour ainsi dire, on laisse le tout fermenter un peu, et l'on met en pains qu'on fait cuire ensuite dans un four ordinaire ou dans un four de foyer.

Quelquefois, après avoir délayé la farine, on la fait cuire immédiatement en laissant le vase sur le feu. Quand on remplace l'eau par du lait, on y ajoute du sucre. La miliasse ainsi préparée est plus savoureuse que les gaudes.

La farine fine fleur sert aussi à faire des *crèmes* et du *pain d'épices*.

Les pâtissiers de Bagnères fabriquent avec la farine de maïs des *babas* très-fins, qu'ils vendent sous le nom de *milassou*.

La farine du maïs sert aussi à faire du *pain d'épice*, des *petits-fours* et des *croquignoles*.

Au Mexique, on l'emploie après y avoir ajouté du sucre pour faire les gâteaux appelés *humitas*. Les gâteaux qu'on fait aux îles du Cap-Vert sont appelés *botangas*. En Guinée, on les nomme *ouri*.

**Grains verts**. — Le *maïs sucré* ou *maïs ridé* est principalement cultivé en Amérique pour ses grains, que l'on utilise lorsqu'ils sont encore verts ou en lait et quand ils ont atteint la grosseur des *petits pois*. Alors on détache les épis des tiges et on les égrène. Lorsque l'on opère en temps convenable, on obtient un légume vert excellent.

Ollivier rapporte que les habitants de l'île de Candie mangent les épis de maïs lorsqu'ils sont encore verts et sans les faire cuire.

En Amérique, sur beaucoup de marchés, on vend les grains verts du maïs comme on vend en France des pois écossés. Les Indiens mangent aussi les grains du maïs à l'état vert ou lorsqu'ils sont encore *tendres* et *en lait*. Il les font blanchir à l'eau bouillante.

On cultive aussi en Amérique comme légume le *maïs sucré à rafle rouge*.

C'est en août et en septembre que l'on cueille et que l'on égrène les épis.

**Épis verts.** — Le *maïs à poulet* et le *maïs à bec* sont depuis longtemps cultivés en Europe, dans plusieurs jardins comme plantes potagères. Quand leurs épis sont très-jeunes et peu de temps après la floraison, on les dépouille et on les fait confire dans le vinaigre, comme les cornichons.

Ces condiments ont 0^m,05 à 0^m,06 de long ; ils sont blanchâtres et tendres.

**Grains secs.** — Le grain de maïs, concassé ou non, est utilisé avec succès dans l'engraissement des bœufs, des porcs et des volailles. Les poulardes de la Bresse et du Maine, les oies de Strasbourg et de Toulouse, doivent en grande partie les qualités qui les font rechercher au maïs qu'on leur donne pendant le temps de leur engraissement.

Les chevaux, en Espagne, au Chili, etc., consomment du maïs au lieu d'avoine.

La cherté de l'avoine, dans ces dernières années, a obligé les compagnies des omnibus de Londres et de Paris à remplacer chaque jour une partie de ce grain par du maïs dans l'alimentation de leurs chevaux.

Le maïs est un excellent grain pour les chevaux et les mulets ; mais s'il nourrit bien ces animaux, il ne leur donne pas la vigueur, l'énergie que leur communique l'avoine.

En Égypte et au Pérou, les populations aiment à manger les grains de maïs qu'on a fait *griller*.

Ce grain est désigné sous le nom de *cancha* par les Mexicains.

**Spathes.** — Les tuniques ou enveloppes foliacées des épis sont utilisées avec soin. Les *spathes externes* sont données aux bœufs et aux vaches; les *spathes internes*, qui sont beaucoup plus fines et plus souples, servent à remplir des *matelas*, des *sommiers* ou des *paillasses*.

Ainsi employées, les spathes constituent un coucher sain et très-élastique. Ces feuilles ne se pulvérisent pas.

On emploie à ce dernier usage les spathes externes parce qu'elles sont plus rigides et qu'elles produisent un bruit sec très-sonore quand on les presse.

Les spathes réservées pour les matelas, etc., se vendent, en moyenne, 0 fr. 50 le kilogr.

Les enveloppes des épis servent à fabriquer un papier mince, solide un peu transparent que l'on nomme *papier de maïs* ou *papier de feuille de maïs*.

Le papier de maïs a été fabriqué pour la première fois en Italie, au dix-septième siècle. Ce papier laissait beaucoup à désirer, parce que la silice et la matière résineuse s'opposaient à la conversion de ces feuilles en pâte. C'est un Autrichien, Moritz-Diamant, qui a trouvé le moyen d'utiliser ces feuilles avec succès. De nos jours, les spathes et les feuilles de maïs alimentent dans la Vénétie, la Hongrie et en Autriche de grandes papeteries. Le papier fabriqué par ces usines est de très-bonne qualité; il est plus fort que le papier de chiffon.

**Stigmates** — Les stigmates des fleurs femelles sont utilisés secs par la médecine comme médicament.

**Rafles.** — La rafle, ou *charbon blanc*, est utilisée comme combustible. Elle produit un feu ardent, clair, agréable, mais de courte durée.

Depuis plusieurs années on imprègne ces parties de résine, et on les livre au commerce sous le nom d'*allumettes landaises*. Quand la résine a bien pénétré dans les alvéoles des rafles, celle-ci servent très-bien à allumer le combustible placé dans les cheminées ou les poêles.

En 1812, Buniva a proposé de réduire les rafles en *farine* et d'utiliser celle-ci à faire du pain ou des potages économiques. Depuis cette époque, on a plusieurs fois proposé de les réduire en farine, mais toujours on a oublié de faire connaître la valeur alimentaire de ce nouveau produit et le nom des populations qui consentiraient à s'en nourrir.

Cette farine grossière ne présente d'intérêt que dans les années où les fourrages et les sons sont rares et d'un prix très-élevé.

**Tiges sèches ou paille.** — Les tiges sèches de maïs, surtout celles qui ont été dépouillées de leurs feuilles pendant la végétation des plantes, sont utilisées avec avantage dans le *chauffage des fours*.

On peut aussi les placer dans les *cours* ou sur les *chemins* pour qu'elles soient broyées par les roues des véhicules et les pieds des animaux. On les réunit ensuite en tas. Elles se décomposent lentement, mais elles forment un bon engrais.

Les tiges qui ont conservé leurs feuilles sont quelquefois *coupées à l'aide du hache-paille* en fragments ayant $0^m,10$ à $0^m,12$ de longueur, et données ensuite aux bêtes à cornes. Ces tiges, à cause de la moelle qu'elles renferment, constituent un bon aliment pour les animaux qui reçoivent des racines ou des citrouilles.

Ces fragments de tiges et les feuilles forment les mélan-
ges qu'on nomme *trouisses* ou *camborles* dans la région du
Sud-Ouest.

**Parties vertes**. — Les parties herbacées qu'on récolte
lorsqu'on écime ou quand on effeuille le maïs sont données
au bétail comme fourrage vert ou sec.

Dans le Midi, ce fourrage est désigné sous le nom de *mil-
largou*.

**Cendres**. — Les cendres provenant de la combustion
des tiges et des spathes sont très-recherchées parce qu'elles
sont riches en alcalis.

Dans diverses contrées, pendant longtemps, on en a
retiré de la potasse.

**Alcool**. — Le maïs fournit de l'alcool par sa distillation. Cet alcool est ordinairement de bon goût et abondant,
parce que le maïs est riche en matières amylacées et saccharines.

Dans les circonstances ordinaires, 100 kilogr. de farine
de maïs contiennent, en moyenne, 70 pour 100 de matières
saccharifiables et ils donnent de 26 à 28 litres d'alcool.

**Boissons**. — Les Indiens et les Péruviens fabriquent
avec le maïs germé, séché et torréfié une boisson fermentée qu'ils aiment beaucoup et qu'ils appellent *chica* ou
*chicha*. Voici comment on prépare cette boisson enivrante à
Quito. On torréfie légèrement le maïs, on le réduit en farine grossière, et l'on met celle-ci dans un vase rempli
d'eau et placé sur un foyer. On y ajoute du *maïs mâché*
(mastiga). Au bout de plusieurs heures d'ébullition, on
retire le vase, et l'on y ajoute du jus de bananes bien mûres
et du manioc. On passe ensuite au tamis, et l'on verse le
liquide dans un vase de terre, dans lequel il séjourne pendant trois à quatre jours.

Le *maïs mâché* ou *mastiga* fait office de levain. Il est préparé par des femmes.

La boisson obtenue avec le maïs, traité comme il vient d'être dit, a une acidité très-agréable. Acosta a fait connaître que les lois péruviennes en défendent l'usage dans les lieux publics, à cause de l'action très-puissante qu'elle exerce sur les facultés intellectuelles de l'homme.

La boisson préparée à Guatémala, avec le maïs et le cacao, est appelée *atextilie* ou *tzène*, selon que ces grains ont été utilisés non torréfiés ou grillés.

En Portugal et dans l'Afrique australe, le maïs sert à faire une bière qui est excellente.

**Issues**. — Les issues ou déchets provenant de la mouture sont utilisées avec avantage dans l'élevage et l'engraissement du bétail.

**Amidon**. — On extrait de l'amidon de la farine du maïs blanc. Sa valeur commerciale est un quart moins élevée que le prix de l'amidon de blé.

# CHAPITRE XVII

## LA PELLAGRE

La pellagre est commune en Italie. — Elle est occasionnée par le maïs attaqué par le verdet. — Nécessité de surveiller la vente du maïs sur les marchés. — Tous les grains qui ont une tache verte sont altérés par cette maladie. — Effets qu'elle produit dans la Colombie.

Le maïs a-t-il la propriété d'engendrer la *pellagre*, maladie particulière de la peau, chez les populations qui font un grand usage de ce grain ?

Cette affection cutanée, véritable lèpre, est devenue endémique dans plusieurs vallées de l'Italie. Elle se montre ordinairement en avril et mai pour persister jusqu'à l'automne, et elle débute par des rougeurs qui apparaissent sur la figure, le cou et le dos des mains, c'est-à-dire sur les parties qui sont exposées à l'action du soleil. Le plus généralement elle est précédée par un malaise et un grand abattement. Lorsque cette maladie prend plus d'intensité, le pellagreux a des vertiges et des convulsions ; il devient mélancolique, ses fonctions digestives se troublent, ses facultés intellectuelles s'affaiblissent, et souvent la mort le frappe au milieu de sa folie.

La pellagre a de profondes racines dans la Lombardie, la Vénitie et l'Émilie.

Le docteur Pisani a affirmé que cette terrible maladie était occasionné par les rizières ; mais, comme elle sévit en Italie et en France dans diverses parties du Sud-Ouest, on est forcé de lui attribuer d'autres causes.

Strombio, qui avait étudié cette endémie en 1785 dans l'hôpital des pellagreux de Legrano, dit qu'elle est déterminée par le maïs. Cette opinion a été confirmée par Marzari et les hommes qui ont cherché, en Italie, à connaître les causes qui rendent la pellagre véritablement endémique.

Toutefois, en 1844, Bolardini, tout en reconnaissant que le maïs produisait la pellagre, a soutenu que c'était le maïs attaqué par le *verdet*, qui seul la déterminait. Le docteur Zampiceni a reconnu le bien fondé de cette opinion en constatant que la grande épidémie qui a décimé Pressaglia en 1853 et 1854 avait coïncidé avec l'arrivée de maïs altéré par le *verdet* qu'on venait d'importer en grande quantité des provinces danubiennes. En 1857, le docteur Costellat, de Bagnères-de-Bigorre, constata que la recrudescence de la pellagre concordait avec la présence sur les marchés de très-fortes quantités de maïs attaqué par le *verdet*. La farine de ce grain avait été employée après avoir été délayée avec une eau froide, alors qu'on aurait dû la faire cuire dans du lait chaud.

Mais est-il exact de dire que cette redoutable maladie de la peau sévit principalement sur les classes rurales?

Si l'on a constaté à Verceil (Italie) que la plus grande partie des pellagreux venait de la campagne, on a reconnu aussi que sur 1,000 malades qui entrent dans les hôpitaux du Piémont, du Milanais et du duché de Modène, 3 à 400 seulement appartiennent à la classe agricole. Les autres pellagreux habitent les villes ou les petites bourgades.

Enfin on a reconnu que, sur 100 personnes affectées de la pellagre, on compte ordinairement moitié plus d'hommes que de femmes.

C'est particulièrement sur les personnes qui ont plus de trente ans que sévit ce terrible fléau.

En résumé, la pellagre apparaît principalement sur les populations qui:

1° Habitent des locaux humides et non aérés ;

2° Consomment des aliments de mauvaise qualité ;

3° Font usage de farine provenant de maïs avarié par le *verdet*.

On peut soutenir que la farine de maïs de bonne qualité n'a jamais occasionné aucun des symptômes qui présagent l'apparition de la pellagre chez les personnes qui en mangent depuis longtemps.

Le moyen de prévenir cette fâcheuse maladie consiste donc à examiner avec soin les épis de maïs à l'époque à laquelle on les récolte, et de surveiller la vente du maïs sur les marchés. C'est en agissant ainsi qu'il sera possible de rejeter et d'éloigner de la consommation tous les grains qui ont une tache verte ou qui ont été altérés par le *verdet* (*voy*. p. 75).

Tous les pellagreux ne sont pas regardés comme perdus à tout jamais. Sur 1,000 malades qui, en Italie, entrent dans les hôpitaux, 300 seulement succombent à l'influence du mal.

C'est en confinant les malades dans des locaux bien aérés, en les nourrissant avec des aliments dans lesquels il n'entre aucune particule de maïs qu'on est parvenu à obtenir environ 70 guérisons réelles sur 100 malades.

Le plus ordinairement la mort chez les pellagreux est précédée par la folie.

En général, on parvient à guérir cette grave affection, qu'on regarde bien à tort comme héréditaire dans le Frioul et la Vénétie, en la traitant vigoureusement à son début.

La pellagre est aussi connue dans l'Amérique méridionale. Dans la Colombie, on la nomme *peladero*. Elle fait tomber les cheveux de ceux qui subissent ses fâcheux effets.

M. Roulin signale à l'occasion de cette maladie, qu'il attribue bien à tort à l'ergot du maïs, des faits qui intéressent la zootechnie, et qu'il a constatés pendant son séjour dans la Colombie. Les mules qui reçoivent du maïs altéré perdent leurs poils et ont les jambes bientôt engorgées ; comme alors ces animaux ne sont plus propres au travail, on les confine dans des pâturages éloignés des habitations et situés dans des parties froides, et ils ne tardent pas à recouvrer la santé. Enfin, les poules nourries de ce grain pondent fréquemment des œufs sans coquilles. C'est une espèce d'avortement qui n'a pas donné à l'œuf le temps de se recouvrir de son enveloppe carbonatée.

# CHAPITRE XVIII

## VALEUR COMMERCIALE, EXPORTATIONS ET IMPORTATIONS

Prix du maïs comparé au prix du froment. — Le maïs blanc est vendu plus cher que le maïs jaune. — Exportations et importations françaises. — Exportations des États-Unis.

Le maïs, soit en France, soit en Italie a une valeur commerciale moins grande que le froment.

Dans les circonstances ordinaires, son prix est au prix du froment comme 60 à 65 : 100.

Ainsi, lorsque le blé se vend, en moyenne, 20 fr. l'hectolitre ou 25 fr. les 100 kilogr. le maïs est ordinairement livré sur les marchés au prix de 12 à 14 fr. l'hectolitre ou 15 à 17 fr. les 100 kilogr.

Le maïs blanc de belle qualité se vend toujours un cinquième ou un sixième plus cher que le maïs jaune.

Le maïs quarantain a une valeur commerciale plus grande que les maïs ordinaires à grains jaunes ou blancs.

La France ne produit pas la quantité de maïs dont elle a besoin chaque année. Voici les faits constatés par la douane pendant l'année 1869 :

### 1 — Exportations

|  | Quintaux métriques. |
|---|---|
| Farine. | 2,044 |
| Grains. | 136,868 |

Les grains ont été expédiés, pour la plupart, en Angleterre et en Espagne.

En 1824, nos exportations en grains n'ont pas dépassé 5,284 quintaux métriques.

## 2. — Importations

|  | Quintaux métriques. |
|---|---|
| Farine | 17,991 |
| Grains | 573,463 |

La farine provenait en presque totalité d'Italie.

Les grains venaient principalement de la Turquie, de l'Autriche et de l'Italie. La quantité importée des États-Unis n'a pas dépassé 17,400 quintaux métriques.

En 1824, la quantité récoltée en France a suffi aux besoins de la consommation, puisque nos importations ont été seulement de 50 quintaux métriques.

En 1853, les États-Unis ont exporté 654,912 quintaux de grains et 2,120,000 quintaux métriques de farine.

## BIBLIOGRAPHIE.


**Dalechamp** . . . . . . *Histoire gén. des plantes*. 1587, in-fol.
**De Jaucourt** . . . . . *Grande encyclopédie*. 1765, in-fol.
**De Combles** . . . . . *École du jardin potager*. 1780, in-12.
**Parmentier** . . . . . *Mém. sur le maïs*. 1785, in-4°.
**Buchoz** . . . . . . . . *Dissert. sur le blé de Turquie*. 1787, in-fol.
**Harasti** . . . . . . . *Della coltivazione del mais*. 1788, in-8°.
**Morabelli** . . . . . . *De zea mays*. Pavie, 1793, in-8°.
**Gothar** . . . . . . . *Die cultur dis mays*. Erfurt, 1797, in-12.
**Buniva** . . . . . . . *Instruct. sur le maïs quarantain*. Turin, 1812.
**Simonde** . . . . . . *Tableau de l'ag. Toscane*. 1801, in-8°.
**Gilibert** . . . . . . . *Hist. des plant. d'Europe*. 1806, in-8°.
**Burger** . . . . . . . *Traité du maïs*. 1809, in-8°.
**Parmentier** . . . . . *Le maïs ou blé de Turquie*. 1812, in-8°.
**De Neufchateau** . . . *Suppl. au Mém. de Parmentier*. 1817, in-8°.
**Seringe** . . . . . . . *Monog. des céréales de la Suisse*. Berne, 1818.
**Bonafous** . . . . . . *Traité du maïs*. 1833, in-8°.
**Duchesne** . . . . . . *Traité du maïs*. 1833, in-8°.
**Lelieur** . . . . . . . *Culture du maïs*. 1827, in-12.
**Lespez** . . . . . . . . *Essai sur le maïs ou blé de Turquie*. 1825, in-4°.
**Du Peyrat** . . . . . . *Culture pratique du maïs*. 1853, in-8°.
**De Gasparin** . . . . . *Cours d'agriculture*. 1847, in-8°, t. III.

# LIVRE VI

## RIZ

### Oriza

(De *Eruz*, nom arabe de la plante.)

*Plante monocotylédone de la famille des graminées*

*Anglais.* — Rice.
*Allemand.* — Reis.
*Suédois.* — Riis.
*Italien.* — Riso.
*Espagnol.* — Arroz.
*Portugais.* — Arroz.

*Arabe.* — Eruz.
*Persan.* — Birindji.
*Sanscrit.* — Arunya.
*Chinois.* — Tsaou
*Hindoustani.* — Nelou

Le riz est la seule plante agricole annuelle qui végète dans l'eau. Aussi sa culture n'est-elle possible que dans les localités où l'on peut maintenir de l'eau presque stagnante sur les terres arables.

Cette plante est cultivée en Arabie, en Perse, dans l'Asie Mineure, en Égypte, en Chine, à la Cochinchine, dans l'Inde, au Japon, dans le Turkestan, l'Hindoustan, l'ancienne Babylonie, l'Arabie, l'Assyrie, la Nubie, en Italie, en Espagne et en Grèce, dans les vallées de la Maritza et de la Salanovria. On la regarde comme originaire de l'Éthiopie ; mais d'après Roxburg, elle serait indigène dans l'Inde et les Telingas[1] désigneraient le riz sauvage sous le nom de *Nawa-ree*.

---

[1] Habitants de la partie septentrionale du Coromandel (Inde orientale). Leur langue est le *tamoul*.

Quoi qu'il en soit, le riz est connu depuis fort longtemps dans toutes les contrées tropicales. Strabon dit qu'il était cultivé dans l'Inde et qu'il y avait une hauteur de quatre coudées. Dioscoride et Théophraste l'ont aussi mentionné. Suivant ce dernier écrivain, le riz porte une pannicule semblable au millet à grappe et il est haut d'une coudée. On le cultivait alors dans la Babylonie et la Syrie.

Les Maures ont introduit sa culture en Espagne et les Égyptiens en Grèce. C'est Kounda-Lallian, roi de Siam, qui l'a introduit en 1084 dans les provinces orientales de l'île de Java.

Cette plante est aussi cultivée à Java, au Ceylan, aux Antilles, au Sénégal, dans l'Afghanistan, les oasis du Sahara, sur les côtes de Coromandel et du Malabar, au Brésil, à Bornéo, au Ceylan, dans le Soudan, le Zanguebar, la Sénégambie, la Guinée, à Madagascar, au Congo, dans la Polynésie, la Mélanésie, la Malaisie, etc., et sur divers points de l'Afrique australe.

Le riz a été introduit de Madagascar à la Caroline en 1694 par le landgrave Thomas Smith. Sa culture fit de si rapide progrès dans cette contrée américaine, que le port de Charlestown put exporter annuellement, en moyenne, de 1720 à 1739, 2,788,550 hectolitres de riz. En 1841, le riz exporté par le même port dépassait 30 millions de kilogrammes.

C'est la culture de cette plante qui a permis d'utiliser les immenses marais de Waccamaw. Ces riches alluvions comme les nombreuses îles situées sur les bords de ce fleuve carolinien, étaient avant la culture de cette graminée alimentaire, peuplés de crocodiles et habités par des oiseaux sauvages.

Voici qu'elle était, en 1839, la production du riz dans

les États de l'Amérique où cette plante est cultivée très en
grand chaque année :

<pre>
Alabama . . . . . . . .  .       80,000 kilogr.
Floride. . . . . . . . . . .    250,000
Mississipi. . . . . . . . . .   450,000
Caroline du Nord . . . . . .  3,500,000
Louisiane. . . . . . . . . .  5,600,000
Géorgie. . . . . . . . . . .  7,000,000
Caroline du Sud. . . . . . . 34,000,000
</pre>

Le riz est peu cultivé dans le Missouri, la Virginie, l'Illinois, l'Arkansas, le Tennessee et le Kentucky.

Les Grandes-Indes cultivent aussi le riz sur de grandes
étendues dans les environs de Calcutta, dans les îles de la
Sonde et sur la côte de Coromandel. Le riz importé de
l'Inde en France, en 1838, ne dépassait pas 1,250,000 kilogrammes. En 1855, cette importation s'est élevée à
4,000,000 de kilogrammes de riz blanc.

En 1869, il est entré en France 38,260,000 kilogrammes de riz mondé, et 25,563 kilogrammes de riz en
paille. Les Indes anglaises et l'Angleterre ne nous ont en-
voyé que 11,251,000 kilogrammes de riz blanc, mais elles
nous ont adressé 15,532,000 kilogrammes de riz brut.
Nous avons reçu de l'Italie 20,910 kilogrammes de riz
décortiqué, et de la Cochinchine et du royaume de Siam
7,176,000 kilogrammes de riz brut.

La culture du riz a été essayée en France au milieu du
seizième siècle dans la Provence, le Roussillon, le Dauphiné et le Lyonnais, mais les maladies épidémiques qui
régnèrent à cette époque dans ces contrées et qu'on attribua
à l'existence des rizières, forcèrent d'y renoncer,

On tenta de nouveau cette culture en 1663 dans la
Camargue, mais ce nouvel essai ne donna pas de résultats
satisfaisants.

Cette non-réussite ne découragea pas les agriculteurs qui jugaient possible la culture du riz dans les localités humides du midi et du centre de la France. Au dix-huitième siècle de nouveaux essais furent tentés dans le département de la Drôme et dans la vallée de la Limagne sous le ministère Fleury, mais les parlements de Grenoble et de Clermont interdirent de les continuer par suite de l'insalubrité des rizières.

On a repris ces essais dans ces derniers temps aux environs de la Rochelle (Charente-Inférieure), dans le bassin d'Arcachon (Gironde) et dans le Delta du Rhône, mais ces diverses cultures ayant été mal établies et mal dirigées, les débuts et la fin furent marqués par de coûteuses écoles. Les capitaux considérables que ces tentatives anéantirent obligèrent d'abandonner ces nouvelles rizières. L'étendue cultivée en riz dans la Camargue n'était pas moindre de 130 hectares. Elle devait plus tard en occuper de 700 à 800 hectares.

Le riz récolté dans la Camargue et le bassin d'Arcachon était désigné par le commerce sous le nom de *riz français*. Il était moins beau, moins blanc que le riz de la Caroline, mais il avait une valeur égale à celle du riz de Piémont.

De nos jours, le riz n'est cultivé en France que dans le département de l'Aude, dans une alluvion fertile, située sur le bord d'une dérivation de cette rivière.

La culture de cette plante alimentaire est très-ancienne en Italie. On a souvent rappelé qu'elle avait été introduite dans cette partie de l'Europe en 1522, par Théodore Trivulzi ; mais, suivant la tradition, cette culture aurait été importée en 1521 dans le Navarrais, lorsque Charles V traversa la Lombardie pour aller prendre Milan.

Suivant une autre croyance populaire, le riz n'aurait été importé en Lombardie qu'au commencement du seizième siècle, c'est-à-dire après la découverte des Indes orientales, par Ludovic marquis de Saluces, capitaine des armées françaises dans le royaume de Naples. Enfin, s'il faut en croire Petrus Crescentius, la culture du riz, qu'il appelait le *trésor des marais*, remonterait, en Italie, à 1301 [1].

Enfin, en 1560, Jérôme Ugazio avait construit à Pezzana un canal destiné à alimenter plusieurs rizières établies dans le Verceillais.

Toutes choses égales d'ailleurs, les rizières n'étaient pas encore très-multipliées au milieu du seizième siècle, ainsi que le constate le règlement fait le 28 mai 1562 par le comte Pierre Lauro, préfet de la ville de Verceil. Ces cultures aquatiques ne se multiplièrent que pendant les dix-septième et dix-huitième siècles.

Les rizières jouent de nos jours un rôle important dans le Piémont, la Lombardie et la Vénétie. Ainsi, elles occupent une surface importante dans la plaine Lombarde, elles couvrent de grandes étendues dans la vaste lagune située près d'Ostiglia sur la rive gauche du Mincio, dans le Novarrais, le Piémont, le Véronais, etc.

En général, les rizières occupent dans ces provinces le tiers ou les deux cinquièmes des terres labourables situées dans les plaines. On évalue la production annuelle des 50,000 hectares qu'elles couvrent dans ces contrées à deux millions d'hectolitres ou 40 millions de kilogrammes de riz brut.

L'Espagne possède de belles rizières à Valence, à Albu-

---

[1] Pline a parlé du riz comme étant cultivé par les Indiens, mais il ne l'a pas connu. Il dit que sa racine est ronde comme une perle, que ses feuilles sont charnues et que sa fleur est pourpre.

féra et dans le delta de l'Èbre, mais leur production annuelle ne dépasse pas 300,000 hectolitres.

Les rizières en Égypte sont situées aux environs de Rosette et de Damiette (delta du Nil). Le riz produit par les rizières de Rosette est appelé *Sultani* et celui qu'on récolte à Damiette est désigné sous le nom de *Mezeloui*.

Le *riz brut* est désigné sous les noms suivants :

*France.* — Riz en paille.      *Ile de France.* — Nely.
*Italie.* — Rizon.      *Iles Philippines.* — Paddy.
*Hindoustani.* — Nelou.

Le *riz blanchi* ou dépouillé de son enveloppe est appelé *riz* ou *riz blanc*.

Le *riz cassé* est dénommé souvent sous le nom de *rizot*.

Au seizième siècle, suivant Camerarius et Jean des Moulins, le riz était désigné en France, vulgairement sous les noms de *riz* ou *blé de la Chine* et scientifiquement sous celui d'ORIZA GALLLÆ.

# CHAPITRE PREMIER

## CONDITIONS CLIMATÉRIQUES

Le riz aquatique exige une somme de chaleur plus grande que les autres céréales. — Il ne peut être cultivé que dans les contrées où les étés sont longs et chauds. — Le riz sec exige une grande chaleur et des pluies fréquentes et abondantes. — Tentatives infructueuses, faites en Europe pour y introduire sa culture.

On cultive en Europe, en Asie et en Amérique, deux sortes de riz : le riz aquatique et le riz sec.

Le *riz aquatique* exige pour végéter et mûrir son grain une somme de température qui dépasse celle qui assure la réussite des autres céréales de mars. Ainsi, d'après les observations faites par de Gasparin, cette plante demande de 3,600 à 3,700 degrés de chaleur solaire moyenne pour végéter, fleurir et mûrir ses graines.

Cette remarque explique pourquoi les rizières en Europe, ne dépassent pas le 45ᵉ degré de latitude.

Si le riz réussit très-bien dans le royaume de Valence, c'est que le climat de cette partie de l'Espagne est presque Africain. Si, d'un autre côté, cette graminée occupe chaque année de grandes étendues dans le Piémont et la Lombardie, c'est que les étés y sont très-chauds et prolongés.

Mais est-ce à dire pour cela que le riz ne peut accomplir heureusement toutes ses phases d'existence en France dans la région des oliviers? Évidemment non. Si les rizières établies, il y a bientôt vingt ans, dans la basse Camargue, ont été de nouveau abandonnées, cela tient non pas à la température des plaines situées à l'embouchure du Rhône, mais bien à l'incapacité des hommes qui avaient organisé et qui dirigeaient ces cultures aquatiques.

Quoi qu'il en soit, c'est en vain qu'on voudrait tenter encore la culture du riz en dehors de la région des oliviers. La température pendant le mois de septembre n'est pas assez élevée et assez régulière dans la vallée de la Limagne, les plaines de la Bresse, etc., pour que les grains de riz puissent y arriver à parfaite maturité. C'est la température régulière et élevée de la fin de l'été et du commencement de l'automne qui a permis aux cultivateurs de la Caroline du Sud de donner à la culture du riz une importance considérable.

Le *riz sec* ou *riz de montagne* est cultivé avec succès sur les pentes des monts Himalaya, dans les parties montagneuses de la Chine, de la Cochinchine, du Mexique, des îles de Java et de Ceylan, etc., c'est que ses diverses contrées ont à la fois des saisons sèches et chaudes et des saisons douces et pluvieuses. Aussi est-ce la fréquence des pluies et des rosées qui assurent la réussite du riz sec partout où il est cultivé. Ainsi, en Cochinchine, dans les parties accidentées ou la culture du riz sec est en usage, la saison pluvieuse commence en mai et se termine en octobre. Pendant cette longue période, il est rare de voir une journée sans pluie. A Sumatra (Océanie) la saison des pluies continues dure aussi six mois. A la Caroline du Sud, où le climat est moins humide pendant l'été que dans les parties élevées de la Chine, on est forcé d'arroser le riz sec tous les quatre à six jours suivant la température de l'atmosphère.

En résumé, le climat de l'Europe n'est pas à la fois assez chaud et assez humide ou pluvieux pendant la belle saison, pour qu'on puisse espérer y cultiver avec profit, d'une manière générale, le riz sec de la Chine sans le concours d'arrosements nombreux et fréquents.

Ce riz de montagne a été expérimenté en Italie, pendant

le siècle dernier, par Nuvolone et Balbis avec des graines venues des Indes et en 1834 près de Palerme; puis, en 1855, en Algérie, à Saint-Denis-du-Sig. Mais après plusieurs années, on fut forcé d'abandonner ces divers essais. Malgré de nombreux arrosements, la maturité des plantes, dans ces deux contrées, était toujours inégale.

Il est permis de penser que jusqu'à ce jour on n'a point importé en Europe les variétés de riz que les Chinois, les Cochinchinois, les Indiens, etc., cultivent sur des terrains élevés, sans le concours des arrosages.

Le riz cultivé comme plante alimentaire croît-il spontanément dans l'Inde? On a souvent rencontré des pieds spontanés dans l'Asie; mais il est aujourd'hui démontré que ces *plantes provenaient* de graines qui avaient été dispersées par les vents, les oiseaux ou les rizières. Le riz sauvage, qu'on rencontre dans l'Inde, n'est pas cultivé, quoique son grain soit très-recherché par les Indous, parce qu'il produit beaucoup moins que le riz aquatique et le riz de montagne. Est-ce cette espèce qui a produit le riz ordinaire? Cette question est encore à résoudre.

Toutes choses égales, d'ailleurs, de Candolle est porté à croire que le riz cultivé est originaire de l'Asie méridionale et de l'Archipel asiatique. Théophraste dit que sa culture remonte à la plus haute antiquité, et Julien affirme qu'elle a été introduite en Chine 2822 ans avant l'ère chrétienne.

# CHAPITRE II



## ESPÈCES ET VARIÉTÉS DU RIZ

Caractères botaniques du riz. — Espèces cultivées : riz ordinaire, — riz glutineux, — riz du Japon, — riz sans barbes, — riz de montagne. — Variétés des terrains aquatiques : variétés barbues et variétés imberbes. —
Variétés cultivées dans les Indes, — en Chine, — à Madagascar, — aux
îles Philippines. — Variétés des terrains secs. — Riz sec ou de montagne.
— Variétés cultivées en Chine, — en Cochinchine, — au Japon, — aux îles
Philippines:

Le riz est une plante annuelle. Ses racines sont longues
et fibreuses, ses tiges sont droites, herbacées, assez molles,
fistuleuses et noueuses ; elles ont de $0^m,75$ à $1^m,65$ de hauteur ; leur couleur est d'un beau vert clair et uni. Ses
feuilles sont linéaires, planes, longues et rudes au toucher ;
elles ont une teinte plus pâle que celle de l'orge ; elles sont
munies de stipules longues et dentelées. Ses pannicules terminales sont rameuses, allongées, à divisions anguleuses,
presque droite ou légèrement convergentes avec des
épillets uniflores. Les glumes sont mutiques, les glumelles
sont un peu velues, et l'une d'elles, dans chaque fleur, est
ordinairement terminée par une barbe fine plus ou moins
longue, raide et rude au toucher ou ciliée. Son fruit est
coriace, glabre ou pubescent, comprimé, étroitement en-
fermé dans les paillettes ou glumelles, sillonné, jaunâtre,
rougeâtre ou noirâtre ; il renferme un grain blanc ou rougeâtre, opaque ou presque transparent.

Les riz cultivés appartiennent à cinq espèces distinctes :

### 1. — Riz ordinaire

(ORIZA SATIVA, L.)

Ce riz est le plus cultivé. C'est lui qui a produit les plus
belles variétés cultivées.

## 2. — **Riz glutineux**

(ORIZA GLUTINOSA.)

Les grains que donne cette espèce sont glutineux lorsqu'ils sont cuits, propriété que ne possèdent pas les grains appartenant aux autres espèces aquatiques.

## 3. — **Riz du Japon**

(ORIZA JAPONICA.)

Cette espèce produit des grains très-petits et très-courts qui sont tantôt oblongs, tantôt globuloïdes.

## 4. — **Riz sans barbes**

(ORIZA MUTICA.)

La pannicule de cette espèce est sans barbes ou arêtes.

## 5. — **Riz de montagne**

(ORIZA MONTANA.)

Cette espèce a l'avantage de végéter sur les terrains secs situées sous des climats à la fois chauds et très-pluvieux.

Les variétés cultivées sont très-nombreuses, mais elles sont encore très-mal définies. L'Inde en possède 272 variétés ou races. Voici celles que j'ai pu examiner ;

PREMIÈRE DIVISION

## **Variétés des terrains aquatiques**

PREMIER GROUPE

VARIÉTÉS BARBUES

Les variétés qui appartiennent à ce groupe ont des barbes ou arêtes plus ou moins allongées (fig. 18).

PREMIÈRE SECTION

*Variétés à fruits allongés et à glumelles jaunâtres.*

## 1. — **Riz commun**

(ORIZA SATIVA, L. — ORIZA COMMUNISSIMA, Lourd.)

*Synonymie :* Riso nostrano.　　　　Riso nostrale.

Fig. 18. — Riz barbu.

Tige ayant 1 mètre à 1<sup>m</sup>,30 de hauteur ; pannicule simple et peu serrée ; fruit oblong, jaune pâle, muni d'une longue barbe blanc jaunâtre; grain un peu court, mais très-blanc.

Cette variété craint les sécheresses et périt quand elle se trouve au milieu d'une eau salée. Elle accomplit toutes ses phases d'existence dans l'espace de 6 à 8 mois. Elle est productive dans les sols maigres, mais elle est sujette à la maladie dite *brusone* quand elle est cultivée sur des terres riches. Son grain est de bonne qualité.

Les Cochinchinois désignent cette variété sous le nom de *Lua-chin-mua*.

### 2. — **Riz de la Caroline**

(ORIZA SATIVA CANDIDA.)

*Synonymie :* Common white rice.          Riz américain.

Tiges ayant en moyenne 1<sup>m</sup>,20 de hauteur ; pannicules munies de barbes peu développées ; fruit blanc jaunâtre; grain allongé très-blanc et un peu transparent.

Cette variété est cultivée depuis longtemps à la Caroline du Sud, mais son grain après avoir été décortiqué ou blanchi n'est ni aussi large, ni aussi transparent que le grain du *riz à grains d'or* (7).

La variété appelée *riz à barbes blanches* (white bearded rice) a une grande ressemblance avec le riz de la Caroline, mais son grain est plus développé, ses glumelles sont un peu pubescentes, et ses barbes sont plus longues. On le cultive avec succès dans les parties élevées de la Caroline.

### 3. — **Riz de Piémont**

(ORIZA SATIVA PUBESCENS, D.)

*Synonymie :* Riso franconi.

Tige forte à nœuds jaunâtres; barbes moyennes jaunâtres; pannicules un peu courtes ; glumelles un peu poilues; grain oblong ou un peu allongé.

Cette variété est très-cultivée en Italie et en Espagne. Son grain est de bonne qualité.

### 4. — Riz de Novare
(ORIZA SATIVA LUTESCENS.)

*Synonymie :* Riz novarais.                    Rizo ostiglio.

Tige moyenne à nœuds noirâtres ou violacés; barbes jaunâtres assez longues; grain moyen, allongé, et blanc un peu jaunâtre.

Cette variété est assez hâtive, mais son grain est de qualité secondaire. Elle est moins délicate que le riz commun; elle est peu attaquée par le *brusone*.

### 5. — Riz de Mantoue
(ORIZA SATIVA STRIATA.)

Tiges moyennes à nœuds noirs; barbes peu allongées; grain un peu vitreux, marqué de petites raies rouges ou roses.

Cette variété diffère peu de la précédente. En Italie, on la sème de préférence dans les rizières permanentes.

### 6. — Riz à grain long
(ORIZA SATIVA ELONGATA, D.)

*Synonymie :* Long grain rice.                Riz odorifère.

Tige de 1$^m$,20 à 1$^m$,50; pannicule un peu serrée; barbes moyennes; fruit jaunâtre; grain long très-beau.

Ce riz est le plus estimé par le commerce d'exportation de la Caroline du Sud. Quand son grain est de belle qualité, il se vend toujours plus cher que les autres riz récoltés en Amérique. Sa saveur est prononcée et très-agréable.

On le cultive aussi au Brésil et au Bengale où il est désigné sous le nom de *benafouli*.

### 7. — Riz à grain d'or
(ORIZA SATIVA OCHRACEA.)

*Synonymie :* Gold seed rice.

Tige élevée; pannicules développées, ayant des barbes courtes; fruit aplati sur ses deux faces, jaune foncé ou de couleur d'or.

Ce riz est très-estimé. Il a été introduit à la Caroline en 1785 par le colonel Mayban. Blanchi, son grain est un peu transparent et d'une belle couleur blanc de perle.

### 8. — Riz des îles Philippines

(ORIZA SATIVA FOLIA VILLOSA.)

*Synonymie :* Riz Binambang.                    Riz Lamnyo.

Tige de 1ᵐ,65 de hauteur ; feuilles assez velues ; pannicule un peu lâche ; fruit blanchâtre ; grain moyen bien nourri.

Ce riz est tardif ; il fleurit en décembre aux îles Philippines. Il est très-cultivé à Batangas et très-estimé par les habitants des contrées maritimes.

### 9. — Riz gros grain

(ORIZA SATIVA MAXIMA.)

*Synonymie :* Riz bontot cabayo.

Tige ayant 1ᵐ,20 de hauteur ; fruit blanc jaunâtre ; grain gros et allongé.

Cette variété est cultivée à Sumatra où elle est désignée sous le nom de *Paddi elbass* et aux îles Philippines. Son grain quoique très-développé, n'a pas une grande valeur commerciale parce que sa saveur n'est pas très-délicate.

DEUXIÈME SECTION

*Variétés à grains blancs et à glumelles très-colorées.*

### 10. — Riz ferrugineux

(ORIZA SATIVA FERRUGINOSA.)

Tige de 1 mètre de hauteur ; pannicule simple, mais un peu serrée ; arêtes courtes, très-déliées ; fruit brun rougeâtre ; grain blanc un peu rosé.

Cette variété ne redoute pas les inondations d'eau salée. Elle est cultivée à la Caroline et en Chine.

On l'a désignée quelquefois sous le nom de *riz précoce* (ORIZA PRECOX, L).

### 11. — Riz rougeâtre

(ORIZA SATIVA RUFIGLUMIS.)

Tige ayant en moyenne 1ᵐ,20 de hauteur ; glumelles rougeâtres ; grain oblong un peu allongé.

Cette variété est cultivée en Cochinchine, en Chine, à Java et dans les îles Moluques. Elle a beaucoup d'analogie avec le *riz rouge* (14). Toutefois, son grain est un peu glutineux quand il est cuit. On le cultive aussi à la Caroline et à la Louisiane, où il est estimé pour la qualité de son grain, mais on le décortique un peu moins aisément que les grains des autres variétés. Il est recherché par les matelots noirs ou *lapoth*.

A la Guyane on l'appelle *tiep*.

### 12. — Riz brun
#### (ORIZA SATIVA NIGRESCENS.)

*Synonymie :* Riz noirâtre de Chine.      Riz brun américain.
            Riz d'Espagne.              Riz catalan.

Tige assez élevée; glumelles un peu brunes; barbes noires ou noirâtres; grain blanc assez gros, un peu vitreux, et marqué généralement de petites lignes noirâtres.

Cette variété est un peu tardive, mais très-vigoureuse. Son grain est de qualité secondaire. On la cultive en Italie. Les Sumatrais l'appellent *Laddang paddy*.

TROISIÈME SECTION
Variétés à grains colorés.

### 13. — Riz rougeâtre
#### (ORIZA SATIVA CARNEA.)

Tige assez élevée; panicule un peu serrée; fruit d'un brun rouge, muni d'une arête courte; grain allongé blanc rougeâtre.

Cette variété ne redoute pas les *marais salants*. Elle est cultivée aux Moluques où elle est connue sous le nom de *Paddy djiji*. Les Cochinchinois l'appellent *Lua-Thang-tam*.

### 14. — Riz rouge
#### (ORIZA SATIVA RUBRA.)

Tige de 1ᵐ,30 de hauteur; feuilles larges; panicule étalée; fruit rouge, allongé, de longueur médiocre, et muni d'une arête très-rouge; grain rougeâtre.

Cette variété est estimée à la Caroline et à la Louisiane, mais elle y est peu cultivée, parce qu'elle s'égrène avec facilité, ce qui rend la récolte plus difficile et coûteuse.

On la cultive aussi en Turquie, en Égypte, dans le pays
de Syouah, au Brésil et au Gabon.

### 15. — Riz impérial
(ORIZA SATIVA IMPERIALIS.)

Tige élevée; pannicule très-développée; grain allongé, un peu rougeâtre.

Cette variété a été trouvée et propagée en Chine par
l'empereur Klang-hi. Elle est remarquable par sa grande
précocité. Les Chinois l'appellent *yu-mi*. Elle est la seule
variété qui puisse mûrir son grain au nord de la grande
muraille où les froids commencent de bonne heure et
finissent très-tard. Son grain, qui est très-beau, a une
saveur très-agréable.

QUATRIÈME SECTION

*Variété à grains émarginés.*

### 16 — Riz émarginé
(ORIZA SATIVA EMARGINATA )

Tige assez élevée; pannicule peu étalée; carène munie de longs poils'
grain allongé, bordé d'une ligne blanche.

Cette variété est très-répandue dans les Indes orientales.
Son grain est jaunâtre, noirâtre ou rougeâtre.

CINQUIÈME SECTION

*Variétés à grains glutineux.*

### 17. — Riz glutineux blanc
(ORIZA GLUTINOSA, Lourd.)

Tige de 1<sup>m</sup>,30 de hauteur; feuilles longues jaune verdâtre; pannicule allongée et étalée; barbes courtes; grain oblong, large, très-blanc et très-
glutineux quand il est cuit.

Ce riz doit être cultivé dans les localités à la fois
chaudes et humides. Les Chinois le nomment *No*, les
Cochinchinois, *Lua-nep*, les Moluquois, *bras-pelu*, les Ma-
laisiens, *Poulout* et les Javanais *Kettange*. On le cultive

aussi aux Philippines où il est connu sous le nom de *Mala-quit-Puti*. Dans ces diverses localités son grain sert à faire un badigeon remarquable par sa solidité.

### 18. — Riz noir

(ORIZA GLUTINOSA NIGRA.)

*Synonymie :* Riz nègre.

Tige de 1ᵐ,50 de hauteur; feuilles larges; pannicules resserrées; fruits à glumelles noires ou noirâtres, munis d'une barbe assez longue, qui devient souvent caduque à l'approche de la maturité; grain allongé, opaque et noirâtre.

Ce riz est très-rustique, mais il est moins cultivé que les autres variétés. Dans l'Inde où son fruit est très-noir, on regarde son grain comme de qualité très-inférieure. Ce grain est aussi glutineux quand il a été cuit.

### 19. — Riz glutineux rouge

(ORIZA GLUTINOSA RUBRA.)

Tige élevée et vigoureuse; pannicules un peu lâches; glumelles rouges, munies de longues barbes très-dentées; grain rougeâtre, plus petit que le grain de la variété précédente.

Ce riz est cultivé à la Guyane. Il est très-consommé comme aliment parce qu'il est très-nourrissant.

Son grain sert aussi à fabriquer de la bière et de l'alcool. Cuit et arrivé à l'état gélatineux, il est employé pour coller le papier et lui donner de la blancheur. Avec sa farine, on fait au Japon des bijoux qui imitent la nacre de perle, des bustes, des statues et des bas-reliefs.

### 20. — Riz glutineux violet

(ORIZA GLUTINOSA VIOLACEA.)

Tiges fortes; pannicules développées; glumelles violettes; grain allongé, d'un beau violet.

Ce riz est cultivé aux îles Philippines où il est désigné sous le nom de *Malaquit-Pula*. Son grain sert surtout à faire des gâteaux et de la colle.

SIXIÈME SECTION

*Variétés à petits grains*

### 21. — **Riz japonais**

(ORIZA JAPONICA.)

Tige de 1 mètre de hauteur; glumelles jaunâtres; grain petit, très-court, ovoïde, mais très-blanc.

Ce riz est très-estimé au Japon.

### 22. — **Riz globuloïde**

(ORIZA JAPONICA GLOBULOSA.)

Tige peu élevée; pannicules contractées; glumelles jaunâtres; herbes moyennes; grain très-court et presque globuloïde.

Cette variété est cultivée dans les Indes orientales. A Sumatra, on la nomme *Paddi undallang*.

### 23. — **Riz de Sumatra**

(ORIZA JAPONICA ELONGATA.)

Tige peu élevée; glumelles légèrement colorées; grain petit et allongé

Cette variété est connu sous le nom de *Paddi santong*.

### 24. — **Riz crochu**

(ORIZA JAPONICA ROSTRATA.)

Tige peu élevée; grain assez petit, un peu coloré et très-recourbé.

Ce riz est très-estimé des Javanais et des Sumatrais. Ces peuples le nomment *Paddi-coucour-ballum* ou *riz de pigeon*.

### 25. — **Riz lua-basa**

(ORIZA JAPONICA SUAVIS.)

Tige assez basse; grain très-petit, peu productif, mais très-odorant quand il est cuit.

Il est cultivé à la Cochinchine où il se vend très cher sur les marchés.

### 26. — **Riz lua-Tiên**

(ORIZA JAPONICA MINIMA.)

Grain plus petit encore que celui du *lua-basa*. Il est peu productif.

9

Ce riz est| aussi cultivé à la Cochinchine. La cuisson le rend également odorant.

DEUXIÈME GROUPE

VARIÉTÉS SANS BARBES

Les variétés qui appartiennent à ce deuxième groupe ont des pannicules imberbes, c'est-à-dire sans barbes; elles sont peu nombreuses.

SEPTIÈME SECTION

*Variétés à glumelles jaunâtres*

### 27. — Riz sans barbes

(ORIZA MUTICA.)

*Synonymie :* Riz d'Afrique.　　　　Riz imberbe.
　　　　　　 Riso bertone.　　　　 Riso mellone.

Tige moyenne à nœuds noirs; pannicules sans barbes; glumelles oblongues, aiguës, un peu velues et jaunâtres; pannicules moyennes et imberbes; grain aplati, allongé et vitreux.

Cette variété (fig. 19) est assez précoce, mais elle est peu productive dans les sols maigres; elle est rarement attaquée par le brusone quand elle est cultivée sur des sols riches, et dans des rizières où l'eau est abondante, mais sans cesse en mouvement. Elle est cultivée en Italie, en Égypte et à Madagascar.

HUITIÈME SECTION

*Variétés à glumelles colorées*

### 28. — Riz quarteron

(ORIZA MUTICA NIGRA CARPA.)

Tige moyenne; pannicules imberbes; glumelles un peu velues et noirâtres; grain moyen, un peu allongé.

Cette variété est cultivée dans les Indes.

On cultive à Madagascar un *riz rouge sans barbes* dont le grain, après la cuisson, est rougeâtre avec une saveur un peu acidule.

Fig. 19. — Riz sans barbes ou riz imberbe.

TROISIÈME GROUPE

VARIÉTÉS CULTIVÉES DANS LES INDES

Les variétés de riz cultivées dans les Indes sont très-nombreuses. La province de l'Oude en possède plus de cent variétés. Les principales sont les suivantes :

1° **Riz mihee.** — 2° **Riz bansee.** — 5° **Riz bateesa** ou **riz batisah.** — 4° **Riz phool-biring.** — 4° **Riz lamba chawl.** — 6° **Riz notsieng.** — 7° **Riz meedo.**

Les cinq premières variétés ont des grains de première qualité et qui sont recherchés pour leur saveur et leur odeur quand ils sont cuits.

Les deux autres sont celles qu'on exporte de préférence en Europe.

Les riz suivants :

1. **Riz brown.** — 2. **Riz black.** — 5. **Riz bagree.**

Ont des grains bruns, noirâtres ou rougeâtres qui sont consommés par les classes pauvres.

Chaque année on cultive aussi sur de grandes surfaces les trois variétés ci-après :

1. **Riz gua-kreen-the.** — **Riz lak-roong.** — 5. **Riz lak-taw-ree.**

Le meilleur riz cultivé dans le Penjâb est désigné sous le nom de **riz bansmutti.** Cette variété est aussi très-estimée dans le district de Peshawur.

Les variétés cultivées à Pondichéry, d'après Leschenault de la Tour, sont au nombre de vingt-neuf. On les divise en deux classes, savoir :

1. — Riz samba ou nelou samba

Cette classe comprend dix-neuf variétés :

A. **Riz madoumijougui** qui végète pendant huit mois.

B. **Riz Keraden-samba.** — **Riz cadeca-jouten.**
— **Riz kayvari-samba.** — **Riz moulagon-samba.**
— **Riz sirven-samba.** — **Riz saden-samba.** — **Riz
hourepon-samba.** — **Riz calloundé.** — **Riz pis-
sanom.** — **Riz tillenayagom.** — **Riz mourari
sally.** — **Riz malegoulouqui.** — **Riz sougadassi.**
— **Riz ponneri-samba.**

Toutes ces variétés accomplissent deux phases de végétation dans l'espace de six mois.

C. **Riz mouren-samba.** — **Riz sampale.**
Ces deux riz végètent pendant cinq mois.

D. **Riz coden-samba.** — **Riz sinna-samba.**
Ces variétés terminent leur existence en quatre mois.

### 2. — **Riz kar** ou **nelou-kar**

Cette seconde classe comprend dix variétés :

E. **Riz kar.** — **Riz botte-kar.**
Ces riz végètent en cinq mois.

F. **Riz sen-kar.** — **Riz sandi-kar.** — **Riz issou-
ragove.**
Ces variétés terminent leur existence en quatre mois.

G. **Riz pitché-kar.** — **Riz manacaté.** — **Riz matte-
kar.** — **Riz moussanom.**
Ces riz accomplissent leurs phases d'existence en trois
mois.

Les *riz nelous hâtifs* mûrissent en juillet.

Le *riz nelou-kar* est semé en pépinière en juillet et août,
c'est-à-dire après les grandes chaleurs ; on le récolte en
décembre et janvier. Alors on le sème de nouveau immédiatement pour le récolter en mai avant la saison brûlante
des vents de mer. Ainsi cultivée, ce riz donne deux récoltes par an.

### QUATRIÈME GROUPE
#### VARIÉTÉS CULTIVÉES EN CHINE

La Chine cultive un moins grand nombre de variétés de riz que la Cochinchine. Les principales variétés cultivées sont au nombre de 21, savoir :

7 variétés fournissent des grains alimentaires ;

14 variétés donnent des grains qu'on distille.

Parmi les premières on distingue le : **Riz kin-tcheou**. parce qu'il est vigoureux et productif et qu'il résiste le mieux aux grandes chaleurs. Cette belle variété est aussi appelée *Fongtien* ou *Tamai*.

Les *riz à distiller* ont des tiges fortes, des feuilles plus larges et des grains plus gros que les *riz comestibles*. Ils sont aussi plus tardifs. Les grains de ces variétés sont glutineux quand ils sont cuits. Ils servent à faire l'eau-de-vie appelée *San-Shwi*.

### CINQUIÈME GROUPE
#### VARIÉTÉS CULTIVÉES A MADAGASCAR

Les Madécasses cultivent aussi le riz aquatique. Les variétés qu'ils estiment le plus sont au nombre de deux savoir :

1e **Riz varemanghe**.

2e **Riz vatomandre**.

Ces deux variétés accomplissent toutes leurs phases d'existence dans l'espace de cinq mois.

### SIXIÈME GROUPE
#### VARIÉTÉS CULTIVÉES AUX ILES PHILIPPINES

Les variétés cultivées aux Philippines sont désignées sous les noms ci-après :

| | |
|---|---|
| Malaquit. | Mabato. |
| Imusio. | Mandigirin. |
| Quiriquiri. | Castilla. |
| Dinulong. | Bato. |

Le riz non décortiqué y est connu sous le nom de *palay*.

DEUXIÈME DIVISION

**Variétés des terrains secs**

**Riz de montagne.**

(ORIZA MONTANA, Lour.)

Le *riz sec* ou *riz de montagne* ( [1] ), dont on a toujours nié l'existence, est inconnu dans les parties occidentales de l'Inde, mais on le cultive depuis fort longtemps en Chine, à la Cochinchine, sur les collines du Japon, dans l'île de Java, à la Réunion, à Sumatra, à Madagascar, à Malacca, aux îles Philippines et dans les parties montagneuses de l'Amérique du Sud. On le croit originaire de la Cochinchine.

En général, le riz sec est plus blanc et de meilleur goût que le riz aquatique, mais il est moins productif que ce dernier.

Les Cochinchinois appellent le riz de montagne *Lua-rey*; les Javanais le désignent sous le nom de *paddy-gunung*. Aux îles Moluques on le nomme *paddy-baggea*. A Sumatra on l'appelle *laddang-paddi*.

PREMIÈRE SECTION

*Variétés cultivées en Chine*

La culture du riz sec en Chine remonte au 10ᵉ siècle. Chin-Tsoung, empereur qui régna de 995 à 1021, en

---

[1] En anglais : *mountain rice*.

acheta 30,000 boisseaux qu'il fit distribuer au peuple qui se trouvait alors réduit à la plus grande misère par suite d'une sécheresse extrême, et il lui enseigna la manière de le cultiver sur les plateaux les plus élevés et les plus secs.

Le riz de montagne supporte si bien la sécheresse que les Chinois le nomment la *céréale par excellence*. Ailleurs, à cause de la qualité de son grain, on l'appelle *riz fin*.

La Chine possède deux sortes de riz sec : le premier est appelé *riz sien-tao* ou *riz tsao-tao*; il est précoce. Le second est nommé *riz kang-tao* ou *riz wann-tao*; il est tardif.

Le grain du premier est plus petit que le grain du second.

1° Le *riz sien-tao* comprend cinq variétés ;

### 1. — Riz lou-che-ji-tao

Cette variété est précoce; son grain est petit et blanc. On la désigne sous le nom de *riz de soixante jours*, et on la sème le 5 avril pour la récolter le 5 juin.

### 2. — Riz ta-sien

Cette variété est appelée *grand riz*. On la sème vers le 5 mai pour la récolter au commencement de septembre.

### 3. — Riz siao-sien

Cette variété est appelée *petit riz*. Son grain est petit, mais très-brillant. On la sème vers le 5 avril pour la récolter au commencement d'août.

### 4. — Riz pe-je-tchi

Ce riz est aussi connu sous le nom de *riz de* cent *jours;* ses barbes sont rouges et ses grains sont blancs. On le sème au commencement d'avril pour le récolter vers le 5 juillet

### 5. — Riz han-so

Cette variété peut fournir deux récoltes par an si on la sème au printemps pour la récolter en été, et en automne pour la moissonner en hiver.

Les grains de ces cinq variétés ne contiennent pas de parties glutineuses.

2° Le riz *kang-tao* ou riz *kenj-tao* est très-alimentaire ; il forme dans diverses provinces chinoises la principale nourriture de la population.

Ce riz comprend diverses variétés qui se distinguent les unes des autres par l'élévation de leurs tiges, leurs pannicules barbues ou sans barbes, la coloration de leurs fruits, la longeur et la forme de leurs grains. Il existe des variétés qui ont des fruits blancs comme la neige et d'autres qui sont jaune éclatant, rouges, roses, violets ou noirs. Toutes ces variétés se divisent en trois catégories : 1° *riz précoces* ; 2° *riz de demi-saison* ; 3° *riz tardifs*.

Les grains du *kang-tao* contiennent quelques parties glutineuses.

3° Les Chinois cultivent aussi une variété qui dérive à la fois du *sien-tao* et du *kang-tao* à laquelle ils ont donné le nom de *riz ho-tao* ou *riz de feu*. Ce riz sec est très-cultivé et très-productif. Il réussit très-bien dans les montagnes les plus desséchées par le soleil.

Enfin, les Chinois cultivent le *riz han-no* dont le grain est distillé pour faire, soit de l'eau-de-vie, soit une boisson spiritueuse.

#### DEUXIÈME SECTION

##### *Variétés cultivées en Cochinchine*

La Cochinchine possède aussi un grand nombre de variétés de riz sec. Voici celles qui n'arrivent à maturité que quand la terre est sèche et qui réussissent mal si les pluies sont continuelles :

### 1. — Riz lua mia

Cette variété produit un grain très-blanc, excellent et d'une vente facile. On la sème du 12 juin au 12 juillet et on la récolte du 7 décembre au 16 janvier.

### 2. — Riz lua nang ugoc

Le grain de ce riz est blanc et plus développé que le précédent. On le sème et on le récolte en même temps que le *lua mia*.

### 3. — Riz lua móngchin

Le grain de cette variété est long, mince et peu productif; il se brise aisément quand on le décortique. On le sème du 13 juillet au 12 août et on le récolte du 7 décembre au 16 janvier. Il est peu cultivé. Il en est de même du riz *lua uha sap* qui a les mêmes défauts.

### 4. — Riz lua cà dung trang

Cette variété produit un grain blanc, dur renflé, excellent et très-recherché. On le sème du 13 juillet au 12 août et on le récolte du 17 janvier au 14 février.

### 5. — Riz lua cà dung mi

Le grain de cette variété a ses deux extrémités noires. Il est aussi très-estimé. On le cultive comme la variété précédente.

### 6. — Riz lua cà dung dàn

Le grain de cette variété est gris rougeâtre. On le cultive comme le *lua cà dung trang*.

### 7. — Riz lua tan ngû

Cette variété a un grain allongé, bien renflé et blanc jaunâtre. On l'appelle *riz du roi* parce que avant notre occupation, elle était réservée pour la famille royale.

### 8. — Riz lua mong tay

Le grain de ce riz est très-blanc et excellent quoiqu'il soit plus léger que le grain du *lua câ dung*. Il réussit très-bien quand il a été transplanté dans la boue ou la vase légère. On le sème aussi du 13 juillet au 13 août.

Le *riz lua ra* lui ressemble beaucoup, mais il s'égrène avec une extrême facilité quand on le moissonne.

### 9. — Riz lua ta bau

Le grain de ce riz est assez rond et un peu rougeâtre. Il est assez répandu.

### 10. — Riz nèp phung

Cette variété est *glutineuse* et très-productive, mais on mange peu de son grain, parce qu'il est difficile à digérer.

Il sert à faire le vin de riz. On le sème du 15 juin au 15 juillet et on le récolte du 7 décembre au 16 janvier.

### 11. — Riz nèp tien

Le grain de cette variété est petit et s'égrène aisément, mais il est excellent pour le *cari*. On le sème du 15 juin au 12 juillet et on le récolte du 8 novembre au 6 décembre.

#### TROISIÈME SECTION

*Variétés cultivées à Sumatra*

Les variétés de riz sec cultivées à Sumatra (Océanie), ont assez nombreuses. Les plus intéressantes sont au nombre de six, savoir :

### 1. — Riz paddi-gallou

Le grain de cette variété est rosé. Ce riz est peu cultivé.

### 2. — Riz paddi-pesang

Le fruit de ce riz est un peu brun. Son grain est allongé, mince et recouvert d'une pellicule rougeâtre.

### 3. — Riz paddi-kouning

Les glumelles des fruits sont d'un beau jaune. Les grains sont moyens, allongés et pointus ; ils sont de qualité supérieure.

### 4. — Riz paddi-éjou

Le grain de cette variété est très-petit et presque oblong ; ses glumelles sont très-colorées. Ce riz est peu cultivé.

### 5. — Riz paddi-undallong

Ce riz a des tiges rudes ; son grain est très-court et presque globuloïde. Il est aussi cultivé à la Cochinchine.

### 6. — Riz paddi-ebbass

Le grain de cette variété a des glumelles blanc jaunâtre ; il est allongé et gros. Ce riz est très cultivé.

QUATRIÈME SECTION

*Variétés cultivées au Bengale*

Parmi les variétés cultivées au Bengale (Indoustan), il faut citer le

### Riz goundouli

Sa tige est de hauteur moyenne ; ses glumelles sont jaunâtres ; son grain est presque sphérique, blanc mat un peu jaunâtre. Cette variété est productive et très-cultivée.

CINQUIÈME SECTION

*Variétés cultivées aux îles Philippines*

Les principales variétés de riz sec cultivées aux îles Philippines (Océanie), sont au nombre de vingt-six. Voici celles qui sont les plus appréciées :

### 1. — Riz dumali

Cette variété a un grain plus court, mais plus large que celui des autres riz. Elle est précoce, mais on la cultive peu parce que les oiseaux lui causent de grands dommages quand elle est mûre.

### 2. — Riz quinandanpula

Le grain de cette variété est très-estimé par les habitants de Batanga, parce qu'il se gonfle beaucoup dans l'eau.

### 3. — Riz bolohan

Cette variété barbue est peu estimée, mais elle est néanmoins cultivée, parce qu'elle est moins sujette que les autres à être attaquée par les insectes et les maladies.

### 4. — Riz tangi

Ce riz a des fruits violacés. Son grain est très-recherché à cause de sa saveur qui est très-agréable.

SIXIÈME SECTION

*Variétés cultivées dans l'Inde*

Les variétés de riz sec les plus hâtives que l'on cultive dans l'Inde, y sont connues sous les noms suivants :

1° **Riz pinursegin.**

2° **Riz bras ladrng**.

Ces deux variétés accomplissent toutes leurs phases d'existence dans l'espace de trois mois. La première est aussi cultivée aux îles Philippines.

On cultive aussi avec avantage les deux variétés ci-après :

**Riz konngnyeen.**

Ce riz a un grain qui est très-glutineux après sa cuisson ; non décortiqué ; il est jaunâtre, rougeâtre ou noirâtre suivant les sous-variétés. Ce riz forme la base de la nourriture de plusieurs districts montagneux.

### Riz soomla.

Cette variété est très-cultivée dans le Népaul et l'Himalaya ; se distingue des autres riz de montagne par sa précocité et les bonnes qualités de son grain.

### SEPTIÈME SECTION

*Variétés cultivées dans l'Océanie*

### Riz noir

Cette variété est cultivée avec succès sur les coteaux dans l'île Célèbes. Son grain est estimé pour sa qualité.

# CHAPITRE III



Le riz germe facilement. Quand il a été semé en temps opportun, c'est-à-dire lorsque la température de l'eau et celle de l'air ont atteint 8 à 10 degrés, son cotylédon apparaît ordinairement en dehors de la graine du dixième au douzième jour ; alors il s'allonge et du quinzième au vingtième jour, on le voit apparaître à la surface de l'eau. Pendant ce temps il développe quelques racines déliées ou radicules, mais celles-ci ne sont pas assez fortes pour se fixer à l'intérieur du sol. Aussi est-il utile alors de ne pas donner trop d'épaisseur à la nappe d'eau si on ne veut pas voir le riz flotter quand le vent, par sa violence, fait naître des vagues dans la rizière.

Le riz en végétant, ne tarde pas à prendre une belle nuance verte, si la température de l'air et celle de l'eau continuent à s'élever. Ordinairement les plantes montrent leurs tuyaux et leurs premiers nœuds après deux mois environ de végétation. Quand à cette époque les parties herbacées ont une *nuance verte* trop foncée, on diminue l'épaisseur de la nappe d'eau ; si, par contre, elles prennent une *nuance jaunâtre*, on augmente la hauteur de l'eau.

C'est vers le quatrième mois qui suit la germination que le riz développe sa pannicule et qu'il fleurit.

Enfin, il a terminé toutes ses phases d'existence quand

les pannicules s'inclinent, lorsque les grains se cassent sous l'ongle. A ce moment toutes les parties des plantes : tiges, feuilles et pannicules, ont une teinte jaune un peu rougeâtre. A ce moment aussi, comme l'a dit le poëte,

Les tiges flottantes
Roulent au gré du vent leurs ondes jaunissantes.

Alors l'époque est arrivée de procéder graduellement à la mise à sec de la rizière.

On reconnaît aisément que la maturité complète est proche au bruissement sec et particulier que font les pannicules lorsque le vent les agite les unes contre les autres.

Le riz dégénère plus ou moins dans la hauteur et la couleur de la paille, la forme, la coloration et l'abondance des fruits et la qualité du grain.

Cette dégénérescence a pour cause l'influence exercée par les agents atmosphériques, la nature et la richesse du sol et la température de l'eau, sur les végétaux herbacés et surtout sur les plantes non indigènes qu'on cultive sur les terrains inondés pendant quatre à cinq mois.

Le riz qui perd la plupart des qualités qui le distinguent est désigné en Amérique sous le nom de *riz rouge* ou *riz spontané* (Volonter rice).

Il existe à la Caroline du Sud une variété si dégénérée, qu'elle ne peut jamais être moissonnée, à moins qu'on la récolte très-prématurément, parce que, aussitôt mûre, elle s'égrène avec une extrême facilité, lorsqu'on touche à sa pannicule ou lorsque le vent l'agite. Cette variété est appelée *riz de chute* (Drop rice).

# CHAPITRE IV

## COMPOSITION DU RIZ

Amidon, matières grasses, — matières azotées, — ligneux contenus dans le
riz. — Le grain renferme peu de gluten. — Composition du riz de la
Caroline et du riz de Piémont. — Quantité de grains fournie par 100 kilogrammes de tiges privées de racines. — Épiderme, enveloppe, grain blanc
contenus dans 100 kilogrammes de riz brut. — Poids des cendres fournies
par les racines, tiges, enveloppes, épiderme et grain blanchi. — Composition des diverses cendres. — Forme des grains composant la fécule
de riz.

Le riz diffère, dans sa composition, des grains des autres
céréales.

Desséché, d'après M. Payen, il contient les éléments ci-
après :

| | |
|---|---:|
| Amidon. | 86.90 |
| Matières azotées. | 7.50 |
| Matières grasses. | 0.80 |
| Gomme et sucre. | 0.50 |
| Ligneux. | 3.40 |
| Matière. | 0.90 |
| | 100.00 |

Si l'on compare les résultats de cette analyse à la composition du blé, du seigle ou du maïs, on constate :

1° Que le riz contient plus de parties amylacées que ces
céréales ;

2° Qu'il renferme très-peu de gluten, proportion qui le
rend difficilement panifiable ;

3° Qu'il contient plus de matières alimentaires que le
froment, le seigle ou le maïs.

Braconnot a analysé le riz de la Caroline et le riz du
Piémont. Voici les résultats qu'il a obtenus :

|  | Riz de la Caroline. | Riz du Piémont. |
|---|---|---|
| Amidon | 85.07 | 83.60 |
| Parenchyme | 4.80 | 4.80 |
| Sucre incristallisable | 0.29 | 0.05 |
| Gluten | 3.60 | 3.60 |
| Matières gommeuses | 0.71 | 0.10 |
| Huile | 0.15 | 0.25 |
| Phosphate de chaux | 0.15 | 0.40 |
| Eau | 5.00 | 7.00 |
|  | 100.00 | 100.00 |

La comparaison de ces deux analyses justifie bien la supériorité du riz de la Caroline sur le riz de Piémont.

La proportion de sucre contenue dans le riz de la Caroline justifie aussi sa saveur plus agréable.

Berzelius et Liebig ont donné des analyses qui concordent exactement avec celle de Braconnot.

D'après Johnston, le *riz de Madras* contient 0,058 pour 100 de parties minérales ; le *riz de Bengale* 0,045 et le *riz de la Caroline* en renferme 0,033 seulement.

Le poids du grain est généralement double du poids de la paille privée de ses racines. Ainsi, 100 de tiges donnent :

| | |
|---|---|
| Paille sans pannicules | 24.00 |
| Grain | 52.00 |
| Pannicules et cosses | 24.00 |
| | 100.00 |

100 parties de riz brut, donnent, en moyenne, les résultats ci-après :

| | |
|---|---|
| Grain blanc | 74.00 |
| Épiderme | 5.00 |
| Cotylédons | 3.00 |
| Enveloppes ou cosses | 18.00 |
| | 100.00 |

Les parties minérales que contient le riz sont plus abondantes dans les parties herbacées que dans les diverses parties du fruit. M. U. Sphepard, de Charlestown, a constaté à cet égard les faits suivants :

100 parties de *riz mûr* contiennent les cendres ci-après :

| | |
|---|---:|
| Racines et chaume . . . . . . . . . . . | 36 08 |
| Tiges et feuilles. . . . . . . . . . . . . | 36.08 |
| Enveloppes des fruits . . . . . . . . . | 14.20 |
| Epiderme et cotylédons. . . . . . . . | 11.64 |
| Riz blanchi. . . . . . . . . . . . . . . | 2.00 |
| | 100.00 |

Les *enveloppes*, l'*épiderme*, le *fruit* contiennent :

| | | |
|---|---|---:|
| 100 parties | de cosses . . . . . . . . . | 51.00 |
| 100 — | de cotylédons et épiderme. . | 41.81 |
| 100 — | du riz blanchi. . . . . . . . | 7.19 |
| | | 100.10 |

100 parties de *riz brut* renferment les cendres suivantes :

| | |
|---|---:|
| Cosses. . . . . . . . . . . . . . . . | 2.446 |
| Cotylédons et épiderme . . . . . . . . | 2,919 |
| Grain blanc . . . . . . . . . . . . . . | 0.29 |
| Total. . . . . . . . . . | 4.862 |

100 de paille donnent 12,422 de cendres.

Les cendres que donne l'incinération de la paille, des cosses, du grain et de la farine, ont la composition suivante :

| | Paille. | Cosse. | Grain. | Farine. |
|---|---:|---:|---:|---:|
| Silice . . . . . . . | 84.75 | 97.551 | 20.00 | 38.92 |
| Sels alcalins . . . | 15 25 | 2.449 | 80.60 | 61.98 |
| | 100.00 | 100.000 | 100.00 | 100.00 |

Les sels alcalins du grain et de la farine sont composés en grande partie de phosphate de chaux. Ceux contenus dans les cendres de la paille sont des silicates de potasse, du phosphate de chaux et de carbonate de chaux.

De ces faits, on peut conclure que les sels calcaires contenus dans le sol et l'eau des rizières doivent exercer une action très-favorable sur le développement du riz. Les faits suivants constatés par Johnston, lorsqu'il a analysé les cendres des grains de la cosse et de la paille, confirment cette loi :

|                        | Grain. | Cosse. | Paille. |
|------------------------|--------|--------|---------|
| Potasse                | 18.48  | 1.60   | 10.17   |
| Soude                  | 10.67  | 1.58   | 3.82    |
| Chaux                  | 1.27   | 1.01   | 0.73    |
| Magnésie               | 11.69  | 1.96   | 4.49    |
| Oxyde de fer           | 0.45   | 0.54   | 0.67    |
| Acide phosphorique     | 53.56  | 1.86   | 1.09    |
| Acide sulfurique       | »      | 0.92   | 3.56    |
| Chlore                 | 0.27   | 0.54   | 0.33    |
| Silice                 | 3.55   | 89.71  | 74.09   |
| Perte                  | 0.46   | 0.48   | 0.95    |
|                        | 100.00 | 100.00 | 100.00  |

Ces analyses ont beaucoup de rapport avec les analyses du grain et de la paille de l'orge.

Le grain a donné à l'incinération 1 pour 100 de cendres, les cosses 14,18 et la paille 12,97 pour 100.

La fécule du riz se compose de grains d'une petitesse extrême. Ces grains sont polyédriques, irréguliers et souvent réunis plusieurs ensemble.

# CHAPITRE V

## LES RIZIÈRES

Rizières perpétuelles ou permanentes. — Rizières temporaires ou alternes.
— Aspect des rizières. — Rizières à eau stagnante. — Rizières à eau courante. — Quantité d'eau nécessaire. — Eau absorbée par la terre. — Insalubrité des rizières. — Vapeurs pestilentielles qu'elles dégagent. — Conditions qu'elles doivent remplir pour n'exercer aucune action nuisible sur
la santé publique.

On donne le nom de *rizière* à une surface plane, entourée
de petites digues destinées à retenir les eaux et sur laquelle
on cultive le riz.

**Division des rizières**. — On divise les rizières en
deux classes :

1° Les *rizières perpétuelles* ou *rizières permanentes* ;
2° Les *rizières temporaires* ou *rizières alternes*.

Cette division existe en Italie, en Amérique et en Chine.

En Cochinchine, on les divise aussi en deux classes. La
première comprend les *rizières précoces* et la seconde les
*rizières tardives*.

Les premières sont situées dans les lieux bas et humides ;
les seconds occupent des terrains sec et élevés.

A. Les RIZIÈRES PERMANENTES occupent indéfiniment le même
espace ; elles sont moins importantes, moins productives
que les rizières temporaires et elles ne font pas partie des
successions de culture.

Ces rizières sont les seules cultures possibles sur les terrains humides et même marécageux où elles existent.

Les rizières perpétuelles sont communes en Italie dans
les provinces de Mantoue et de Vérone ; elles occupent une

surface bien moins considérable que l'étendue occupée annuellement par les autres rizières.

B. Les RIZIÈRES TEMPORAIRES font partie de diverses successions de culture, et souvent elles précèdent une récolte de froment ou de maïs.

Le plus ordinairement les rizières alternes occupent le sol pendant deux, trois ou quatre années. Alors elles suivent un défrichement de prairie naturelle, ou une jachère, ou une culture de chanvre ou une prairie artificielle.

**Aspect des rizières.** — Les rizières présentent généralement des surfaces presque horizontales.

Lorsque la couche arable est légèrement en pente, on se trouve dans la nécessité de la diviser en plusieurs parties à l'aide de petites digues.

En général, il est utile lorsqu'on veut établir une rizière, que la configuration du sol permette aisément le renouvellement ou pour mieux dire le mouvement de l'eau.

Dans l'*Inde*, l'eau est toujours courante dans les rizières.

En *Égypte*, on alimente les rizières à l'aide de roues à tympan.

Les *rizières à eau stagnante* exercent ordinairement, par suite des émanations aqueuses qu'elles produisent, une fâcheuse influence sur les populations qui habitent les localités où elles sont situées.

Toutefois, dans les deux cas, il n'est pas nécessaire que la couche arable renferme de nombreux débris organiques. C'est que le riz est généralement sujet à la rouille quand il végète sur des fonds très-fertiles.

Le plus ordinairement, les rizières sont situées dans des lieux bas susceptibles d'être inondés par un cours d'eau, mais bien exposés au soleil. En général, le riz demande un terrain découvert parce qu'il ne mûrit pas ou mûrit très-mal quand il est ombragé par des arbres.

Mais il ne suffit pas, lorsqu'on veut établir une rizière, de pouvoir disposer d'un sol plan ou peu accidenté, il faut aussi que ce terrain soit dominé par un réservoir ou un canal ou une rivière et qu'il soit possible de l'inonder abondamment et d'une manière permanente ou continue depuis le printemps jusqu'à la fin de l'été.

Les *îles de l'Amérique du Sud* dans lesquelles existent de nombreuses rizières, sont toutes encloses par des digues assez élevées et solides pour résister aux plus hautes marées du printemps.

**Quantité d'eau nécessaire..** — La quantité d'eau exigée par le riz est considérable. En général, elle est trois fois plus forte que le volume qui est nécessaire pour irriguer une prairie naturelle ordinaire, parce qu'il *est indispensable que l'eau y soit toujours courante.*

Lorsque l'eau reste stagnante dans une rizière, non-seulement le riz languit et se rouille, mais les effluves auxquelles cette même eau donne naissance après les fortes chaleurs, c'est-à-dire à la fin de l'été, déterminent des fièvres périodiques chez les populations qui subissent leur influence.

Voici les faits que j'ai recueillis en Italie :

Dans le Verceillais, un *module d'eau* de 52 litres par seconde, suffit pour alimenter une rizière ayant une étendue de 20 à 22 hectares.

Dans le Piémont, un *pied cube* ou un débit continu de 34 litres par seconde, permet d'alimenter 16 hectares convertis en rizières.

Dans la Lombardie, une *once milanaise* ayant un débit de 44 litres, suffit à une étendue de 25 à 35 hectares.

Enfin, là ou le sol est tout à fait imperméable, 25 hectares de rizières n'exigent qu'un débit continu de 20 à 22 litres par seconde.

En résumé, si un débit d'un litre par seconde suffit à l'arrosage d'*un hectare* de prairie, la même surface *en rizière exige un débit constant de* 1 *litre* 50 *à* 1 *litre* 75 *par seconde*.

La différence qu'on observe entre les données qui précèdent, résulte de l'influence exercée par la nature de la couche arable et du sous-sol et de l'inclinaison de la rizière.

Toutes choses égales d'ailleurs, il faut toujours proportionner l'étendue de la rizière à la quantité d'eau dont on peut disposer, et ne pas oublier que les terres siliceuses exigent plus d'eau que les terrains argileux, parce qu'elles sont plus absorbantes.

A Milan, la terre absorbe par 24 heures, une couche d'eau épaisse de 0,05$^m$. A Mantoue et Vérone, elle en absorbe le double.

Les eaux chaudes chargées de principes organiques sont meilleures que les eaux froides ou crues et d'une grande limpidité.

La valeur de l'eau que l'on utilise dans la culture du riz est aussi très-variable.

Dans le Verceillais, la redevance annuelle à payer par chaque hectare de rizières s'élève en moyenne à 50 francs. Dans la Lombardie, elle ne dépasse pas 44 francs. Dans le Piémont, elle varie entre 15 et 20 francs par hectare.

**Insalubrité.** — Personne ne peut contester aux rizières leur insalubrité. Pendant longtemps, malheureusement, on a reconnu qu'elles abrégeaient l'existence humaine et nuisaient à l'augmentation de la population, ainsi que le constatèrent au seizième siècle saint Charles

Borromée, évêque de Milan, et Bonomo évêque de Verceil.
D'un autre côté, les édits de 1594, 1608, 1656, 1660, etc.,
justifient complétement l'influence pernicieuse que les
rizières ont exercé sur les populations qui habitent les
localités où elles étaient situées.

Les faits statistiques recueillie au commencement de ce
siècle confirment aussi l'action pernicieuse des rizières.
Ainsi, on a constaté à San Germano, de 1806 à 1809, que
les décès ont excédé les naissances de 98.

Cet excédant avait été de 206 pendant la période dé-
cennale de 1595 à 1604. Enfin, les registres de l'état
civil du département de la Sesia permettent de dire que
de 1792 à 1802, les décès ont dépassé les naissances de
9596.

Si, de nos jours, on constate encore quelques communes,
comme Albano, Ghislarengo, Formigliano, Salasco, Lenta,
Lozzolo, qui ont vu leur population décroître, de 1852 à
1858, de 18 pour 100 ; si la commune de Brenna, ne possédait en 1848, que 500 habitants alors qu'elle en comptait
720 en 1858 et 900 en 1800, on peut dire d'une manière
générale, que les rizières sont bien moins malsaines depuis
l'époque à laquelle on a compris qu'on devait y pratiquer
des arrosements continus et favoriser l'écoulement des
eaux qui en sortent. La statistique sarde a constaté que la
population avait augmenté de 29 et 41 pour 100 de 1819 à
1858, dans les provinces de Novare et de Verceil. Enfin,
suivant les publications officielles, les naissances dans la
division de Novare qui comprend les provinces de Novare
Lomellina, Pallanza et Verceil, ont surpassé les décès de
1828 à 1837, de 32,822. Pendant la même période les
naissances légitimes par mariage ont atteint 4,69.

Ces faits généraux très-favorables aux rizières subissent

des modifications quand on examine les communes les unes après les autres. Ainsi, en étudiant les villages situés au milieu même des rizières, on est forcé de reconnaître que ces cultures aquatiques sont quelquefois très-nuisibles pour ceux qui y travaillent. C'est que beaucoup de rizières ont encore l'aspect qu'elles présentaient il y a un siècle. Non-seulement leur sol est très-irrégulier, les digues qui les partagent sont couvertes de plantes aquatiques, mais l'eau qu'elles reçoivent y reste, ou, si elle peut en sortir, elle séjourne dans les fossés où elle croupit et répand dans l'air des miasmes morbides. On comprend facilement dès lors pourquoi de telles rizières rendent l'air plus froid et les brouillards plus fréquents vers la fin de l'été, et pourquoi aussi les populations qui subissent leur influence fâcheuse sont décimées de temps à autre par des fièvres intermittentes et pernicieuses.

Si parmi les femmes de San Germano qui vont souvent pieds nus pendant la belle saison, on en observe ayant une jolie figure, on peut dire, en général, qu'elles ont une constitution délicate, un teint pâle et des yeux éteints. Leurs enfants n'ont pas une santé plus robuste. Leur chétivité rappelle la faiblesse de leurs ascendants, et elle montre bien que le village subit, vers la fin de l'été et au commencement de l'automne, l'influence de vapeurs froides, marécageuses et miasmatiques.

Loin de moi la pensée d'esquisser ici le portrait de tous les habitants de ce village italien. Je n'oublie pas qu'un certain nombre ont de gais sourires et une bonne santé. J'ai voulu faire connaître, par les lignes qui précèdent, que les ouvriers qui travaillent activement dans les rizières pendant les grandes chaleurs, qui boivent rarement du vin et toujours des eaux de mauvaise qualité, qui se nourrissent mal parce qu'ils ont une nombreuse famille à élever, qui habitent des maisons malsaines, ou de véritables huttes, et qui se laissent surprendre le soir par la fraîcheur de la nuit, ont presque toujours le frisson de la fièvre. Il faut que l'hiver se soit écoulé pour que ces populations n'aient plus gravé sur leur visage des signes rappelant le *mortis ara*, la mort des rizières.

Si les rizières ayant conservé encore le cachet des rizières du seizième siècle, amoindrissent et le caractère moral et les forces vitales de l'homme, il faut avouer que les rizières modernes, celles où les plantes ne croupissent plus dans l'eau, où les eaux sont sans cesse courantes, où la pente du sol est dirigée vers des canaux bien entretenus, où les digues sont sans cesse exemptes de plantes marécageuses, où il existe une juste proportion entre l'eau qui entre et l'eau qui sort, doivent être regardées avec juste raison comme n'exerçant aucune action nuisible sur la contrée dans laquelle elles existent. Il en sera toujours ainsi, toutes les fois que le fond de la rizière présentera des pentes régulières et qu'il sera possible, à l'époque de la maturité du riz, de la mettre promptement à sec. Le *drainage*, des fossés d'écoulement bien construits, des irrigations à eaux courantes, l'ensemencement du sol en seigle aussitôt que le chaume aura été enlevé, etc., compléteront heureusement ces nouveaux procédés de culture.

Mais il ne suffit pas de se rappeler que les rizières à eaux stagnantes sont de véritables marais dans lesquels les matières organiques se putréfient et exhalent des vapeurs fétides et pestilentielles. Il faut aussi doter les villages d'eau potable et limpide, engager les populations à porter des vêtements de laine soir et matin, à mieux se nourrir et à boire comme en Chine une infusion de thé pendant les mois de juillet, août et septembre et à habiter des maisons saines et aérées.

Ces divers principes sont d'une application facile. Les localités dans le Piémont et la Lombardie où ils ont été mis en pratique, sont aussi favorables aux populations que les contrées où la nature offre partout et toujours de vertes prairies, un air pur et des sites embaumés.

En résumé, si quelquefois, l'opinion publique a eu raison de se préoccuper de l'influence exercée sur l'homme par les miasmes que les rizières laissent échapper en abondance dans l'atmosphère, elle doit aujourd'hui regarder ces cultures comme étant appelées avec le temps à n'avoir aucune action sur la santé publique. Toutefois, si les populations des campagnes voient chaque année leurs conditions d'existence devenir meilleures par suite des perfectionnements que subissent les rizières, le gouvernement italien a un devoir à remplir, celui de déterminer les distances qui doivent séparer ces cultures aquatiques des centres de population, et de favoriser par tous les moyens qui sont en son pouvoir, le prompt écoulement des eaux qu'elles exigent.

C'est en s'imposant ces deux missions que le gouvernement italien permettra à l'agriculture du Piémont et de la Lombardie, sans que les populations puissent se plaindre, de conserver longtemps encore la culture du riz, l'une de ses principales richesses agricoles et économiques.

# CHAPITRE VI

## TERRAIN

Nature du sol. — Parties terreuses et alcalines. — Disposition du sol. —
Nécessité de le diviser en bassins. — Terrains plans et terrains en pente.
— Digues longitudinales et transversales. — Hauteur et longueur des
digues de retenue. — Ouvertures pratiquées dans les séparations. — Canal
pour l'écoulement des eaux. — Préparation du sol. — Travail exécuté avec
la charrue ou à l'aide de la bêche. — Nivellement du terrain. — Fertilisation du sol : fumier, guano, engrais végétaux, tourteau, chaume, déchets
de riz, engrais humains et chaux en poudre.

**Nature.** — Les terrains sur lesquels on cultive le riz,
sont de deux sortes :

1° Les uns sont argileux, argilo-siliceux et humides sans
constituer de véritables marécages.

C'est sur de tels terrains qu'existent les rizières permanentes.

2° Les autres sont siliceux, à fragments d'une grande
ténuité ou silico-argileux, à sous-sol peu perméable.

Ces derniers terrains sont occupés pas les rizières alternes.

Les rizières de la Caroline du Sud et celles du Verceillais
sont généralement situées sur des terres dans lesquelles
domine la silice. Les analyses suivantes font connaître la
composition du sol de plusieurs de ces rizières :

|  | CAROLINE. | | MILANAIS. |
|---|---|---|---|
|  | Matanzas. | Waverly. | Verceil. |
| Parties siliceuses. . | 66.48 | 53.18 | 91.30 |
| Alumine. . . . . . . | 3.85 | 13.49 | 3.10 |
| Sels ferrugineux . . . | 3.20 | 4.54 | 3.30 |
| Sels alcalins . . . . . | 1.06 | 2.91 | 0.10 |
| Humus. . . . . . . . | 20.32 | 25.88 | 2.20 |
|  | 100.00 | 100.00 | 100.00 |

Les sels alcalins contenus dans les terres de la Caroline du Sud sont des sulfates de chaux, de potasse et de magnésie, des chlorures de chaux et de soude, du phosphate et du carbonate de chaux et de magnésie.

La terre du Verceillais ne renfermait que du carbonate de chaux. Elle contenait des paillettes de mica.

La très-grande proportion d'humus contenue dans les terres alluvionelles de la Caroline est due en grande partie à l'enfouissement de la paille de riz comme moyen d'accroître ou de maintenir la richesse du sol des rizières.

Le riz est cultivé au Brésil sur des terrains noirâtres.

En Égypte, on ne le cultive que sur les alluvions arrosables de Damiette et de Rosette.

Le riz ne réussit pas sur les terrains salifères ou sur les terrains que la mer couvre pendant les grandes marées.

**Disposition.** — Les rizières sont partagées en bassins (fig. 20 et 21) plus ou moins grands, selon la surface ou la déclivité du terrain qu'elles occupent, par de *petites digues* ou *banquettes* ou *bourrelets* (*arginelli*, italien, ou *cross-banks*, américain), plus ou moins droites et plus ou moins nombreuses.

Les rizières du Novarais, du Verceillais, du Piémont, du Milanais et de la Lumelline (Italie), présentent [plus de divisions ou de digues que les rizières du Mantovan, du Véronnais du Padouan et du Ferrarais.

L'eau passe successivement d'un compartiment dans un autre, ce qui la maintient sans cesse en mouvement et lui permet de conserver la fraîcheur qu'elle doit avoir pour que le riz végète avec vigueur.

Ces divisions, que l'on adopte aussi dans la Sénégambie, ont encore l'avantage, quand le pays n'est pas un peu boisé ou lorsque les rizières sont exposées à l'action de vent violents au moment de la semaille, de la végétation des plantes ou de la maturité du riz, d'empêcher que l'eau soit agitée et qu'il se forme à la surface de la rizière de fortes vagues capables de déraciner les plantes.

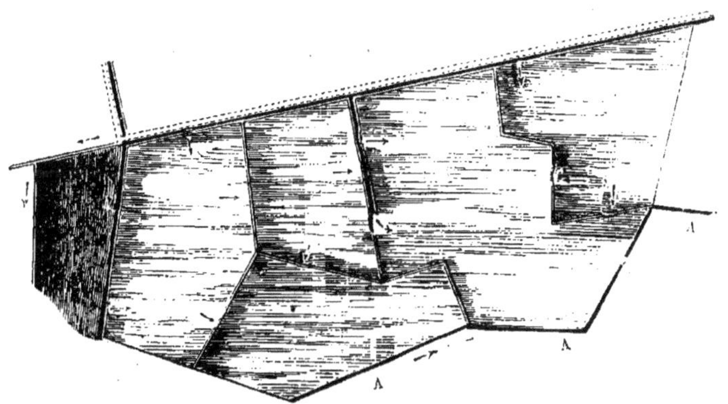

Fig. 20. — Plan d'une rizière créée sur un sol accidenté.

Fig. 21. — Coupe de la rizière précédente.

On ne peut avoir des compartiments ayant plusieurs hectares de superficie que lorsque la rizière est située dans un lieu abrité. J'ai vu à Valgioja (Italie), une rizière de sept hectares qui n'offrait aucun bourrelet. Le riz y était vigoureux et chargé de pannicules bien développées.

Les digues qu'on construit dans les rizières sont de deux sortes :

1° Les *digues longitudinales* qu'on appelle *digues peren-nes* ;

2° Les *digues transversales* que l'on désigne sous le nom de *digues temporaires*.

Les premières persistent pendant toute la durée de la rizière ; les secondes ont une existence annuelle, parce qu'elles sont détruites par les labours qui servent à la préparation du sol.

Ces digues ont des dimensions variables selon la nature et l'irrégularité du terrain.

La largeur de leur base varie entre $0^m,50$ à $0^m,65$ et celle de leur sommet de $0^m,16$ à $0^m,50$. Quant à leur hauteur, elle est aussi très-variable. Lorsque le fond est uni, peu déclive, cette élévation est en moyenne de $0^m,50$; mais, sur les rizières à rampe un peu prononcée, la hauteur de ces digues est souvent de $0^m,60$ à $0^m,65$ sur le côté dirigé vers la partie basse de la rizière et de $0^m,16$ à $0^m,20$ seulement du côté opposé.

Il est utile que les digues soient bien faites, c'est-à dire qu'elles aient toute la solidité voulue pour qu'elles ne s'éboulent pas sous le poids des ouvriers qui marchent sur leur sommet et pour que l'eau n'affouille pas leurs bases.

Ces *digues de retenue* doivent présenter çà et là quelques ouvertures pour la sortie et l'entrée de l'eau.

A la Caroline du Sud les compartiments ont une surface de 5 à 9 hectares. Chaque enclos est assaini à l'aide de fossés ou tranchées ayant 1 mètre de profondeur et $0^m,50$ de largeur. Ces drains aboutissent à de grands fossés d'assèchement qui sont limités par une chaussée de 3 à 4 mètres ; ils sont éloignés les uns des autres de 12 à 16 mètres.

Lorsque le terrain sur lequel on veut établir une rizière est déclive ou accidenté, on élève des banquettes partout où cela est nécessaire pour avoir de l'eau presque dormante. Ainsi, c'est à l'aide de terrasses dirigées selon des accidents du sol qu'on rachète les différences de niveau lorsque les rizières sont établies sur des champs en pente et qu'on peut par conséquent maintenir partout une nappe d'eau épaisse au maximum de $0^m,20$ à $0^m,25$.

Les figures 20 et 21 (p. 159) représentent une rizière établie sur un sol mouvementé dans la propriété de M. de Sambuy.

La surface de cette rizière a été divisée en cinq compartiments à l'aide de digues. Ces divisions ont toutes un fond horizontal. Les digues ont de $0^m,50$ à $0^m,60$ de largeur à leur base. Elles présentent de petites ouvertures (*tagli*) qui permettent de maintenir l'eau sans cesse en mouvement. L'excès de l'eau se déverse (*tramandarue*) dans une rigole (*cavetti*) indiquée par les lettres A, A, A. La nappe d'eau a $0^m,11$ d'épaisseur dans toutes les divisions. Les flèches indiquent la direction des courants.

Le grand compartiment central de droite est en contre-bas de deux bassins de $0^m,10$ et $0^m,15$.

Cette rizière est alimentée par une principale rigole (*cavo maestro*) qui traverse le chemin qui la limite au nord.

**Préparation** — La préparation du sol doit être aussi parfaite que possible.

1° En *Italie*, lorsque le sol a été labouré ou à la charrue, ou à la bêche, on s'occupe de la construction des digues intérieures.

Lorsque ces bourrelets sont terminés, on foule la terre avec laquelle elles ont été faites afin qu'elles soient bien étanches et on vérifie leur solidité en faisant arriver l'eau.

Cet examen terminé, on consolide ces levées si cela est nécessaire, et, avec la charrue, on ouvre quelques raies pour faciliter l'écoulement de l'eau lorsque le riz est arrivé à maturité.

Souvent on termine ces rigoles d'asséchement en les nettoyant à la pelle.

Lorsque le sol est égoutté, et avant les gelées, on laboure de nouveau en égalisant le plus possible le fond du compartiment dans lequel on opère. On agit ensuite de la même manière sur les autres parties de la rizière.

Le sol reste ainsi préparé jusqu'à la fin de l'hiver.

Lorsque le dernier labour qui dispose le sol en petits billons de quatre bandes de terre et quelques fois en planches bombées ayant 2 à 5 mètres de largeur, a été exécuté, on refait les digues transversales ou temporaires.

Dans plusieurs localités, le dernier labour est exécuté à l'aide de la *vanga* ou bêche. Ce travail est parfait, mais il a l'inconvénient d'occasionner une forte dépense.

Quand les digues sont terminées, on pioche la rizière pour régulariser sa surface. Cette opération est ordinairement exécutée par des femmes. Lorsqu'elle est terminée, on ouvre sur les *digues annuelles* les ouvertures qui sont nécessaires pendant toute l'année pour que l'eau innonde lentement la surface de tous les compartiments. Ces ouvertures ou *bochelli* ont environ 0ᵐ,50 de largeur. Puis on bouche les fissures que présentent les digues, et on fait courir l'eau jusqu'à ce que le sol soit devenu imperméable.

Lorsque l'eau reste dans la rizière, on fait passer une planche (*asse spianatore*) que traîne un cheval dans le but d'aplanir le sol ou les billons. Le conducteur se place quelquefois sur cette planche, afin de rendre son action plus énergique sur le fond de la rizière.

2° Dans l'*Indoustan*, on nivelle le sol avec une forte planche appelée *paraprou*. Ce madrier est traîné par des buffles.

3° En *Égypte*, le sol est aplani au moyen d'un tronc de palmier.

4° A la *Caroline*, on commence la préparation du sol des rizières pendant l'hiver.

Le plus ordinairement, on y exécute avant Noël, un labour à la charrue ou à la bêche. Cette opération a pour but l'enfouissement du chaume de la dernière récolte, l'aération et l'ameublissement de la couche arable.

Lorsqu'on opère ce premier travail après la fin de décembre, on incinère souvent le chaume avant de labourer.

Le curage des fossés a lieu chaque année avant les travaux que l'on exécute à la fin de l'hiver.

Lorsque la surface de la rizière a été bien nivelée, on y creuse avec soin des rigoles qui doivent recevoir les semences. Ces raies ont de $0^m,12$ à $0^m,15$ de largeur et sont séparées les unes des autres par des petits ados qui ont $0^m,33$ à $0^m,55$ de largeur de milieu en milieu.

Un ouvrier habile prépare par jour de 30 à 35 ares.

Une rizière ainsi préparée et disposée ressemble à un jardin bien cultivé.

5° En *Chine*, on laboure ordinairement les rizières après la récolte. On agit ainsi afin d'enterrer la paille qui est restée sur le sol et de la faire pourrir. Cette opération est suivie d'un hersage.

Les rizières ainsi préparées subissent toujours l'action des gelées pendant les mois de décembre, janvier et février.

Au mois de mars, on laboure de nouveau, on herse, et avec la houe on divise les mottes et on nivelle le sol de manière qu'on y observe le moins possible d'inégalités.

**Fertilisation.** — Les rizières exigent des engrais.

1° C'est en février, en Italie, qu'on conduit le fumier.

Après l'avoir distribué très-uniformément, on l'enfouit profondément par un nouveau labour.

Le fumier qu'on destine aux rizières doit être un peu décomposé. Le fumier qui est pailleux est toujours mal enterré par la charrue et ses effets sont sans cesse inégaux.

La quantité à appliquer par hectare est très-variable. Les champs qu'on transforme pour la première fois en rizière, sont fumés avec 50,000 kilogrammes environ de fumier. Les terres de bonne qualité qui ont déjà produit du riz n'en reçoivent souvent que 15,000 à 20,000 kilogrammes.

En général, on doit appliquer avec modération les engrais animaux : le *guano*, la *poudrette*, etc., car ils activent trop la végétation des plantes, retardent leur maturité et disposent le riz à être attaqué par le *brusone*.

Le guano est appliqué à raison de 200 à 250 kilogrammes par hectare.

Dans plusieurs localités, on remplace les fumiers par des *engrais végétaux*. Ainsi, après la récolte du riz, on sème de la *navette d'hiver* (ravizzone) qu'on enterre au printemps lorsqu'elle est en fleur. M. Antonio Maliverne fertilise ses rizières avec succès depuis vingt années à l'aide du *seigle* enterré à la fin de l'hiver, lorsque cette céréale est en grande partie épiée.

Enfin, d'autres agriculteurs préfèrent le *lupin blanc* (lupini). Ils le sèment à raison de 500 litres par hectare et ils l'enfouissent pendant le mois d'avril ou au commencement de mai.

Tous les agriculteurs qui utilisent les *engrais verts* ont constaté que ces engrais herbacés engendraient moins de mauvaises herbes que le fumier, le *tourteau de navette* (ravettone) et le guano, et que le riz dont ils assuraient l'existence était très-peu sujet à la rouille.

Le tourteau est appliqué pulvérisé, à la dose de 300 à 400 kilogrammes par hectare. On le répand après avoir imbibé d'eau le fond de la rizière. On l'enterre par un labour.

On fait aussi usage de plâtras dans le but de fournir au sol du calcaire et des sels de potasse.

2° A la *Caroline*, la paille de riz est utilisée à la fertilisation des rizières. On la dépose en tas sur les jachères après la récolte et on la couvre d'un lit de terre. Ainsi traitée, cette paille forme un excellent engrais lorsqu'elle est décomposée.

On emploie aussi les déchets de riz à la dose de 25 à 30 hectolitres par hectare.

Lorsque le sol est trop argileux et quand le riz végète trop vigoureusement, on incorpore de la chaux à la couche arable avant d'y faire arriver l'eau.

3° En *Chine*, on utilise avec avantage les herbes, les tourteaux de graines oléagineuses, les cendres, les déjections, les poils et les cheveux, dans la fertilisation du sol consacré à la culture du riz aquatique et du riz sec.

La plupart de ces matières fertilisantes sont appliquées sous forme d'engrais liquides, avant les labours et les hersages.

Enfin, dans le but de rendre la végétation du riz plus active, souvent les Chinois répandent sur les jeunes plantes de la chaux réduite en poudre, ou ils les arrosent avec un engrais liquide.

# CHAPITRE VII

## SEMAILLES



Les semailles, dans la culture du riz, ont une grande importance.

En Italie, dans quelques parties de l'Hindoustan, en Amérique, etc., les semis se font toujours en place. En Chine, en Espagne, etc., on les exécute ordinairement en pépinière.

**Époque.** — En *Italie* et en Espagne, on sème le riz en mars et en avril et quelquefois jusque dans les premiers jours de mai, selon la température du sol et de l'eau.

Les rizières situées sur des fonds argileux et alimentés par des eaux très-fraîches doivent être ensemencées 15 jours environ plus tard que les autres.

Le plus communément, en Italie, on sème les nouvelles rizières en mars ou au commencement d'avril et les anciennes pendant la deuxième quinzaine d'avril ou dans les premiers jours de mai.

En *Égypte*, on sème le riz dans le courant d'avril.

Dans l'*Hindoustan*, on le sème vers la fin de septembre après les pluies.

A la *Caroline*, on sème le riz depuis le mois d'avril jusqu'au 15 mai.

En *Chine*, le riz est semé du 15 avril au 15 mai, selon

que le temps est plus ou moins froid, c'est-à-dire à l'époque
où les pluies deviennent abondantes.

Dans l'*Inde*, on le sème en juillet et août.

Dans la *Sénégambie*, les semailles se font à la fin de mai
ou au commencement de juin.

En *France*, les semis doivent être faits du 15 avril au 15
mai.

**Choix des semences.** — La facilité avec laquelle les
variétés perdent les principaux caractères qui les distinguent, oblige à bien choisir les graines qu'on doit confier au
sol.

Les planteurs américains regardent comme étant de
mauvaise qualité, toutes les variétés qui sont alliées à 1
pour 100 de *riz rouge* ou *riz spontané*. (Voir page 144.)

A la Caroline, les semis exécutés sur des rizières exposées
au nord fournissent toujours de meilleures semences que
les cultures situées au midi.

Lorsqu'on veut obtenir de bonnes semences, on choisit de
belles gerbes et on les secoue au-dessus d'un tonneau ou
d'un large baquet. Par ce procédé, on ne sème que des
grains parfaitement mûrs.

**Quantité de semences.** — La quantité de semence
qu'on doit répandre par hectare varie selon la variété, la
nature du sol et l'ancienneté de la rizière.

En Italie, les *rizières nouvelles* doivent être ensemencées
avec 210 à 230 litres de graines.

Les *rizières anciennes* en exigent 275 à 300 litres.

A la Caroline, où les semences sont projetées avec soin
par des femmes habituées à ce travail, on répand par hectare de 200 à 220 litres de riz brut.

Il faut des sols très-riches et une eau très-chaude et
très-chargée de particules organiques fertilisantes pour

qu'on puisse ne répandre que 150 à 175 litres par hectare.

. Quoi qu'il en soit, il est nécessaire de ne pas semer le riz trop épais, si on veut conserver l'espérance de pouvoir récolter des pannicules bien développées.

**Préparation des semences.** — Avant d'être semées, les graines de riz sont nettoyées avec soin et soumises à l'une des préparations suivantes : *trempage*, *glaisage* ou *chaulage*.

A. Trempage. — En *Italie*, quand l'eau forme dans les rizières une nappe épaisse de $0^m,10$ à $0^m,12$ ou $0^m,15$ au plus, on met le riz à tremper dans l'eau. On a pour but en exécutant cette opération de rendre la semence plus lourde afin qu'elle ne surnage pas après avoir été projetée dans la rizière.

Voici comment on opère ce trempage :

Après avoir mis la semence dans des sacs de toile un peu claire, on place ces sacs dans un des fossés d'alimentation. Au bout de quelques heures, on monte sur les sacs et on les presse avec les pieds. Cette opération, qu'on répète plusieurs fois après avoir retourné successivement les sacs, permet à la graine de bien s'abreuver et d'être plus pesante.

Ce trempage dure de 8 à 10 heures et quelquefois de 20 à 24 heures lorsque la semence n'est pas nouvelle et quand l'eau à cause du tissu serré de la toile, pénètre lentement à l'intérieur des sacs.

En *Espagne*, le riz reste trois jours dans l'eau.

En *Égypte*, on laisse le riz tremper dans l'eau du Nil pendant 5 à 6 jours. Au bout de ce temps, on le met en tas qu'on couvre de foin pour qu'il fermente. Lorsqu'il est germé on le sème en pépinière.

En *Chine*, le trempage des semences ne dure qu'un ou deux jours.

B. Glaisage. — Dans le but de rendre la semence de riz plus lourde et pour éviter aussi qu'elle flotte à la surface de l'eau après la semaille, M. John Allston, de Prince-George, a proposé aux Américains, en 1826, de l'envelopper d'une légère couche d'argile.

Voici comment on opère ce glaisage :

On délaye de l'argile dans un baquet, et lorsque l'eau est trouble on la décante dans un autre vase dans lequel on jette le riz qu'on veut ainsi préparer.

Quand la semence est bien humectée et couverte de parties terreuses par suite du dépôt de l'argile au fond du baquet, on décante l'eau qui est devenue moins trouble, on retire le riz et on le met à sécher sur une aire de grange. On le sème quand il est au trois quarts sec.

A l'aide de ce procédé, on couvre de terre la surface duveteuse de la graine, et on rend celle-ci assez pesante pour qu'elle tombe au fond de l'eau aussitôt qu'elle est projetée par la main du semeur.

Le *riz argilé* (clayed rice) est répandu dans la proportion de 250 à 260 litres par hectare.

Ce procédé nouveau, appelé, à la Caroline, *culture avec inondation* (with water cover), n'est pas suivi par tous les planteurs. Un assez grand nombre préfèrent semer le riz à l'état normal, le couvrir de terre et immerger ensuite le sol pendant 5 à 6 jours.

C. Chaulage. —Le docteur Ormea recommande de chauler la semence avant de la semer, afin que le riz ne soit pas attaqué par le *brusone*.

**Semis en place.** — La pratique des semis en place varie suivant les contrées

1° En *Italie*, avant de commencer les semailles, on bouche les ouvertures qui laissent arriver ou écouler l'eau, parce que celle-ci doit rester stagnante dans les rizières pendant le semis et le temps que la graine met à germer.

Si pendant la semaille le vent s'élève et agite fortement l'eau, on diminue la hauteur de la nappe.

Le semeur porte la semence dans un panier et il la projette toujours avec le vent, en jetant une poignée de graine tous les deux pas.

On couvre la semence en faisant traîner une planche ou une herse renversée par un homme ou par un cheval sur toutes les parties ensemencées. Par cette opération, on trouble l'eau et on force les parties limoneuses qui se déposent sur le fond de la rizière, quand celle-ci est abandonnée à elle-même, à enterrer les graines.

Ce mode de semer le riz a été importé à Savanah, en Géorgie (États-Unis). Mis en pratique par M. Daniel, il a été regardé comme plus parfait que le procédé américain.

Il est suivi avec succès aux Philippines, où le riz est semé en pépinière.

2° A la *Caroline*, on cesse la semaille s'il survient un vent violent ou de la pluie.

Les graines sont projetées dans les *rayons* qui ont été ouverts avec la houe après le nivellement de la rizière. Chaque femme sème par jour de 40 à 60 ares.

On couvre les semences à l'aide d'un râteau. Il est très-important que la graine soit bien enterrée pour que l'eau ne nuise point à la bonne régularité du semis.

Un beau temps, en avril, assure toujours une bonne récolte.

Le semis terminé on maintient de l'eau dans la rizière

pendant 12 à 15 jours, dans le but de favoriser la germination des graines.

Lorsqu'on suit de préférence la méthode que les Américains appellent *culture sèche* (dry culture), on couvre légèrement la graine avec un rouable et on arrose le champ pendant quatre à cinq jours, afin que les graines puissent gonfler et germer. On n'inonde le terrain que lorsque les cotylédons sont développés et ont une couleur verte.

5° On sème aussi le riz en place dans la Catalogne et le royaume de Valence (*Espagne*).

**Semis en pépinière.** — En Chine, dans l'Hindoustan, au Japon, aux Philippines, à Java, à Sumatra, dans la Basse-Égypte, Damiette, etc., et dans la plupart des rizières de Valence et de Murcie (Espagne), on sème le riz en pépinière pour le transplanter plus tard dans les rizières temporaires ou les rizières permanentes.

Les semis se font à la volée et très-drus.

Avant de les exécuter, on répand du fumier ou des excréments humains et on inonde le terrain de manière que l'épaisseur de la couche d'eau ne dépasse pas $0^m,03$ à $0^m,04$.

Après la germination des semences, on retire l'eau, mais si le sol se dessèche trop rapidement on l'introduit de nouveau le soir.

Quand le riz a $0^m,02$ à $0^m,03$ de haut, on maintient toujours de l'eau dans la rizière, afin que les racines soient toujours dans un milieu humide. On doit avoir la précaution de ne pas submerger les tiges ou les plantes.

Ce mode de culture possède de grands avantages. Le riz ainsi cultivé est déjà fort quand les mauvaises herbes commencent à apparaître. En outre, les rizières dans lesquelles on transplante le riz sont toujours exemptes de *panicum*.

Le seul inconvénient que possède ce procédé, c'est qu'il occasionne plus de dépenses par hectare que les semis en place.

En *Égypte*, 48 heures après les semis, on couvre la rizière d'une couche d'eau de 0$^m$,08 à 0$^m$,010.

On sarcle le riz du vingtième au trentième jour.

**Germination**. — La graine de riz mise en terre ne tarde pas à germer si la chaleur de l'eau est suffisante. Alors, elle développe un cotylédon qui se dirige vers la surface de l'eau et un corps radiculaire qui s'enfonce dans le sol. Alors encore, la jeune plante vit de la fécule et du gluten que renferme la graine et elle puise dans l'eau et dans l'air le complément de sa nourriture.

Lorsque la graine est couverte seulement par l'eau, la feuille cotylédonnaire une fois développée élève la racine qui n'est pas encore fixée dans le sol et la jeune plante flotte à la surface de la rizière. C'est pourquoi le professeur Johnston de Charlestown, insiste pour que les graines de riz soient toutes enterrées aussitôt que la semaille a été opérée.

En général, le riz met de 12 à 15 jours à germer suivant la température du sol et de l'eau.

**Transplantation**. — Lorsque le riz semé en pépinière a de 0$^m$,15 à 0$^m$,20 de haut, des femmes l'arrachent avec soin et le mettent en petites bottes qu'elles lient avec du jonc. Ces bottes sont ensuite transportées sur le champ où le riz doit être mis en place.

Au *Japon* et dans la *Sénégambie*, on ne transplante le riz que quand il a 0$^m$,30 en moyenne de hauteur.

Les hommes chargés de la transplantation du riz ont les jambes nues et ils marchent à reculons. Ils plantent le riz en lignes distantes de 0$^m$,20 à 0$^m$,33 et espacent les plantes sur ces mêmes tiges de $0^m,12$ à $0^m,20$, suivant la richesse du sol de la rizière.

Dans l'*Hindoustan*, on sépare les touffes les unes des autres de $0^m,24$ et au *Japon* de $0^m,27$ à $0^m,32$, selon la force végétative des plantes.

Le sol où a lieu cette transplantation est à l'état de bouc ou de vase semi-liquide parce qu'il a été préalablement imbibé d'eau. Les boîtes ou touffes comprennent 2, 3, à 4 plants selon que ceux-ci sont plus ou moins développés. Chaque planteur a sa jambe gauche ployée en avant et celle de droite allongée en arrière. Il est accompagné d'un enfant qui lui donne les plantes. Tous les ouvriers doivent marcher à reculons.

Cette transplantation a lieu ordinairement autant que possible par un temps chaud et lorsque le ciel est couvert. Les pluies et un temps sec ne sont pas favorables à la bonne reprise des jeunes plantes.

On termine la mise en place en couvrant la rizière d'une nappe d'eau ayant seulement de $0^m,05$ à $0^m,08$ d'épaisseur.

En *Égypte*, on ne transplante le riz qu'en juillet pour le récolter en octobre ou novembre.

La croissance du riz étant plus ou moins rapide selon la température du sol et de l'eau, les plantes restent dans la pépinière plus ou moins longtemps. Ainsi, à *Java*, on les transplante vingt jours après la germination des graines, alors qu'elles séjournent dans les pépinières à Sumatra et aux îles Philippines pendant quarante jours.

En *Chine*, on transplante le riz par petites touffes. On exécute cette opération dans un sol fangeux. Le doigt remplace ordinairement le plantoir.

# CHAPITRE VIII

## SOINS D'ENTRETIEN

Arrosages. — Épaisseur de la nappe d'eau. — Eau stagnante et eau courante.
— Inconvénients des eaux trop grasses. — Abaissement graduel de l'eau.
— Binages. — Éclaircissage du riz repiqué. — Sarclage ou enlèvement des
plantes nuisibles. — Mode d'exécution. — Difficultés à vaincre.

Le riz, pendant sa croissance, réclame des arrosages, des binages et des sarclages.

**Arrosages**. — L'ouvrier chargé de régler et de diriger l'eau, visite chaque jour les rizières, dès qu'elles ont été ensemencées.

Si, après les semis, la température de l'air et de l'eau s'abaisse, on diminue l'épaisseur de la nappe, afin de rendre plus sensible l'action du soleil sur le fond de la rizière.

En *Italie*, quand on voit poindre les premières feuilles à la surface de l'eau, *on augmente l'épaisseur de la nappe*. Alors si l'eau est froide, on la fait arriver dans un réservoir spécial appelé *caldana*, où elle s'échauffe en parcourant lentement 40 à 50 mètres avant de parvenir dans le premier compartiment de la rizière.

En *Égypte*, on irrigue les rizières à eau courante au moins tous les 2 ou 3 jours. Pendant 4 mois, l'arrosage a lieu *artificiellement* et durant trois mois *naturellement* avec les eaux du Nil.

A la *Caroline*, lorsque les plantes commencent à apparaître à la surface de l'eau, on retire celle-ci, c'est-à-dire *on met la rizière presque à sec* dans le but de permettre au soleil d'élever la température de la couche arable. Si la nappe d'eau conservait son épaisseur, les plantes seraient poussées à la surface de la rizière par l'agitation de l'eau.

Il importe de bien connaître le degré de submersion à donner au riz pendant ses diverses phases d'existence et selon la température de l'air et du sol. Un semis peut être détruit par une inondation trop forte. Dans l'*Hindoustan*, on évite toujours de noyer le riz en opérant des arrosements trop abondants. Enfin, l'emploi régulier de l'eau économise un sarclage ou un binage.

Sous toutes les latitudes, en Italie comme en Égypte ou à Sumatra, une eau courante fraîche et saine, est très-favorable à la végétation du riz, quoiqu'elle retarde la maturité de ses pannicules de 6 à 8 jours.

Il est aussi très-utile de bien déterminer les époques les plus convenables où il importe de laisser pendant quelques jours reposer la végétation.

Enfin, il faut à tout prix éviter que l'eau reste stagnante dans les rizières ; c'est la stagnation de l'eau qui fait dégager de ces cultures des miasmes et qui oblige à les regarder comme insalubres.

On a constaté, à la *Caroline*, que les eaux trop grasses sont souvent souillées de *petits vers* ou *vers des racines* qui nuisent beaucoup à la végétation du riz, surtout si on répète leur emploi dans la même rizière pendant plusieurs années.

Après le premier binage, à la Caroline, on introduit les *grandes eaux* (long water), afin que le sol soit complétement inondé. Cette grande immersion dure plusieurs jours pendant une ou deux semaines. Elle a pour but la destruction des plantes nuisibles qui commencent à apparaître et des insectes qui existent sur les feuilles et qui peuvent alors se propager soit sur les racines, soit sur le collet des plantes (voir *Insectes nuisibles*).

Quand le moment est arrivé, on abaisse le plan d'eau de

manière que la surface de la nappe ne dépasse pas la moitié de la hauteur des plantes.

En *Espagne*, vers la mi-mai, on retire l'eau des rizières et on laisse celles-ci presque à sec ou légèrement humides pendant une quinzaine de jours.

Le sarclage ayant pour but l'enlèvement des *prêles* ou autres plantes nuisibles, a lieu en juin.

En *Amérique*, après le second binage, on irrigue de nouveau à grande eau dans le but de favoriser le développement de nouvelles racines et de nouvelles feuilles. Pendant cette grande immersion, on a soin d'agir graduellement en élevant tous les 3 à 4 jours le niveau de l'eau, jusqu'à $0^m$, 16 ou $0^m$, 20 de hauteur.

En *Italie*, après la floraison qui a lieu du 15 juillet au 15 août, on remplace l'immersion proprement dite par une irrigation abondante et continuelle.

Si vers la Saint-Jean (24 juin) ou lorsque les tiges commencent à s'élever au-dessus de l'eau, on s'aperçoit que *les plantes jaunissent*, on met la *rizière presque à sec* pendant quelques heures au milieu du jour et même parfois durant plusieurs jours. Dans ce cas, on diminue l'eau avec discernement, afin que les plantes en s'inclinant ne s'attachent pas au fond de la rizière.

Quand on *irrigue à grandes eaux*, on doit avoir le soin de déboucher toutes les ouvertures qui ont été faites sur les digues transversales, pour que l'eau s'écoule régulièrement et insensiblement.

Lorsque le fond de la rizière est argileux et naturellement frais ou humide, on irrigue ordinairement que tous les huit jours. Souvent à la Caroline, sur de tels terrains, on ne renouvelle l'eau que de deux nuits l'une.

Quand on a peu d'eau, on la règle, on la proportionne à l'étendue qu'on doit arroser. Il vaut mieux avoir de l'eau en excès et à sa disposition que d'en manquer.

Lorsque la pannicule du riz est bien formée, lorsqu'elle change de couleur et prend une teinte jaunâtre, c'est-à-dire 15 à 20 jours avant la récolte, on diminue graduellement mais lentement la hauteur de l'eau.

A la *Caroline*, après le dernier binage, on augmente progressivement l'épaisseur de la nappe d'eau pendant 30 à 40 jours. On a soin durant cette dernière période de renouveler souvent l'eau et de la maintenir toujours fraiche jusqu'à l'approche de la maturité.

En *Chine*, 20 jours environ *après la transplantation du riz*, on retire l'eau des rizières, on sarcle, on éclaircit les touffes et on irrigue de nouveau, en ayant soin que l'eau soit toujours ruisselante.

Après le deuxième ou le troisième binage, on maintient toujours l'eau à une petite hauteur, afin que le soleil puisse mieux agir et sur le sol et sur les racines du riz

**Binages**. — A la *Caroline*, on donne au riz un premier binage quand les plantes ont de $0^m$, 16 à $0^m$, 20 de hauteur.

Les ouvriers chargés d'exécuter cette opération marchent sur les petits ados qui séparent les lignes de riz.

Le deuxième binage se fait 20 à 25 jours après le premier, lorsque le premier nœud des tiges est formé. On l'exécute aussi à l'aide d'une petite houe à main.

Le troisième binage se fait avec une houe à main à lame plus large. Les ouvriers qui l'opèrent doivent, comme les touffes de riz commencent à se joindre, les enjamber avec soin pour éviter de les endommager.

Dans l'*Hindoustan*, le riz semé en place est biné avec le *kalé-colon* (petite pioche) quand il a $0^m,16$ de hauteur.

Le binage du riz est une opération inconnue en *Italie*.

En *Chine*, on bine ordinairement deux fois le riz qu'on a transplanté.

Toutes choses égales d'ailleurs, on ne peut biner une rizière que lorsque celle-ci à été mise à sec depuis 24 à 48 heures.

**Éclaircissage du riz transplanté**. En *Chine*, après le premier binage, on éclaircit les touffes, qui sont trop fortes, et, si cela est nécessaire, on consolide avec de la bouc les pieds que l'eau courante peut renverser.

**Sarclages**. — C'est pendant le mois de juin qu'on opère, en *Italie*, l'enlèvement des plantes nuisibles.

Ce sarclage dure environ trois semaines ; il est indispensable et très-onéreux, parce que les mauvaises herbes sont souvent nombreuses dans les rizières.

Quelquefois, on sarcle les rizières une seconde fois avant le développement des pannicules. Cette opération est alors plus difficile parce qu'il faut éviter de marcher sur le riz qui a été semé à la volée ou de le fouler.

Enfin, il arrive souvent qu'on est forcé de faire sarcler une troisième fois les nouvelles rizières.

Deux jours avant d'opérer, on diminue la hauteur de l'eau dans le but de rendre le travail plus facile. Les ouvriers doivent autant que possible, arracher les plantes avec leurs racines et les déposer en tas sur les digues ou les bourrelets de terre.

En *Italie*, on commence cette opération à trois heures du matin pour cesser de l'exécuter à trois heures de l'après-midi.

Le sarclage du riz est une opération fatigante et même

pénible. Les femmes, les filles qui l'exécutent ont les pieds
dans une eau chaude, le corps constamment plié en deux,
la tête penchée sous un soleil brûlant et la figure sans
cesse exposée à la réverbération du soleil et aux effluves
qui se dégagent de la rizière.

On paye aux travailleurs une journée entière quand ils
ne font qu'une demi-journée.

Lorsque les plantes à arracher ont des racines très-pivo-
tantes, comme par exemple les scirpes, les 'carex, les
joncs, etc., on les enlève à la pioche, quitte à perdre quelques pieds de riz et on les jette en dehors de la rizière.

Les sarclages sont faits aussi à la *Caroline* et en *Chine*,
avec précaution. En *Égypte*, leur exécution laisse toujours
beaucoup à désirer.

# CHAPITRE IX

**PLANTES, INSECTES ET OISEAUX NUISIBLES**

Le mil des rizières, — les scirpes, — les laiches, — le plantain d'eau, — le
butome, — les joncs. — Le petit limaçon, — les vers, — la nèpe cendrée,
— la teigne d'eau, — le charançon ou calandre du riz, — la bruche de
Pondichéry. — Le maïa, — la passerine orizivore, — le gros bec des Indes.

**Plantes nuisibles.** — Les rizières sont souvent envahies par des plantes très-nuisibles.

Les plus communes sont au nombre de six :

1° Le *mil des rizières* (PANICUM CRUS GALLI) que les Italiens
appellent *giavone*, appartient à la famille des graminées.
Cette plante est annuelle et atteint $0^m$, 80 de hauteur. Ses
tiges sont dressées, ascendantes et glabres ; ses feuilles sont
sans ligule, linéaires, roides et glabres ; ses nombreux
épis verts mêlés de violet forment une pannicule dressée.

Le mil des rizières est la plante la plus commune et la
plus difficile à détruire parce qu'elle ressemble un peu au
riz quand elle n'est pas encore épiée. On le distingue cependant de cette plante alimentaire à sa tige qui est plus
molle et à ses feuilles qui sont plus larges, plus longues et
plus pointues.

2° Les *scirpes* (SCIRPUS) sont assez répandues dans les
rizières mal cultivées. Ces plantes appartiennent à la
famille des cypéracés. Leurs tiges sont aphylles ou feuillées
et ont de $0^m,50$ à $1^m,50$ de hauteur. On les rencontre toujours dans les lieux humides. Leurs rhizomes sont développés et tracent facilement. C'est pourquoi, on ne détruit pas toujours aisément, par le sarclage, les scirpes
qui envahissent les rizières.

3° Les *laiches* (CAREX) sont nombreuses. Ces plantes appartiennent aussi à la famille des cypéracés. Elles sont très-nuisibles et tout aussi difficiles à détruire que les scirpes.

4° Le *plantain d'eau* (ALISMA PLANTAGO) appartient à la famille des alismacées. Il a de 0^m,50 à 1 mètre de hauteur. Ses tiges sont herbacées, mais ses racines sont vivaces. On le rencontre dans les eaux douces et dans les marais.

5° Le *butome en ombelle* (BUTOMUS UMBELLATUS) est aussi vivace ; il appartient à la famille des butomacées. Ses tiges sont herbacées et hautes d'un mètre environ. Son rhizome est charnu et produit de nombreuses racines.

6° Les *joncs* (JUNCUS) sont aussi vivaces et ils appartiennent à la famille des juncacées. En général, ils sont moins nuisibles au riz que les scirpes, les laiches et les roseaux.

**Insectes nuisibles**. — Le riz, en Italie, est attaqué par un *petit limaçon* que les Italiens appellent *chiocciola*, ou *lumaghini*, au moment de la germination des graines.

Le professeur Gené a recommandé, pour éviter les dégâts qu'il commet assez souvent dans les rizières, de faire tremper les graines dans de l'eau de suie avant de les répandre.

Le riz aux environs de Pondichéry est attaqué par un ver qui s'attache à la surface de ses diverses parties herbacées. Ce ver est appelé *oune-poutchie* ou *coquou-novou*. Les feuilles des plantes qui sont ainsi attaquées jaunissent et les tiges restent languissantes, quand bien même il surviendrait de fortes pluies.

Un autre ver nommé *late-poutchie* attaque intérieurement la tige et la fait périr.

En Amérique, les racines du riz qui végète dans des rizières alimentés par des eaux troubles et corrompues, sont aussi attaquées par de *petits vers*. Les plantes sur lesquelles vivent ces insectes périssent presque toujours. Le même fait a été observé en Chine par l'abbé Voisin.

La *nèpe cendrée* (Nepa cinerea, L.) de l'ordre des hémiptères et que l'on nomme vulgairement *scorpion aquatique*, a à peine 1 centimètre de longueur. Cette *punaise d'eau* s'attaque au riz quand il est encore jeune.

La *teigne d'eau* (Apus cancriformis), crustacé qui vit dans les marais, nuit aussi au riz.

On fait périr ces deux insectes aquatiques en mettant les rizières à sec pendant quelques jours.

Aux îles Philippines on redoute les *sauterelles*. Quand ces insectes arrivent nombreux dans les rizières, ils dévastent toutes les plantes jusqu'à leurs racines.

Le riz brut, à cause de son enveloppe siliceuse et coriace est rarement attaqué, en Europe, par le charançon et l'alucite du blé.

Le *charançon du riz*, que l'on appelle aussi quelquefois *calandre du riz*, ne diffère du charançon du blé que par ses élytres qui sont marquées d'un point rouge.

Les insectes qui lui nuisent dans les greniers situés dans les contrées tropicales, sont les suivants :

A Pondichéry, le grain du riz est rongé intérieurement par une larve appelé *andou-poutchie* et par un coléoptère brun, sorte de bruche, nommé *lou-poutchie*.

La *teigne du riz* est le seul insecte qui attaque le riz brut déposé dans les greniers ou les magasins, dans les contrées asiatiques et à l'île de France.

**Oiseaux nuisibles.** — Le riz en Europe, est rarement attaqué par les oiseaux. Il n'en est pas de même en Chine et en Amérique.

En *Chine*, le *maïa* (Loxia maja), petit oiseau à bec croisé, est très-redouté dans les rizières lorsque les plantes sont arrivées à maturité.

En *Amérique*, la *passerine orizivore*, oiseau à bec aigu et robuste, à aile courte, connu sous le nom de *Jacarini*, est aussi un grand ennemi pour le riz.

Dans l'*Hindoustan*, le *gros bec des Indes*, oiseau appelé *Padda*, cause aussi de grands dommages dans les cultures de riz.

Enfin, le riz, à la *Guyane*, est attaqué par une foule d'oiseaux ; aussi n'y réussit-il qu'à cause des pluies qui sont toujours fréquentes entre les tropiques.

# CHAPITRE X

## MALADIES DU RIZ

Altération du riz : le grappo, — le brusone, — la rouille, — le rachitisme ou carolo. — Moyen d'arrêter le développement de ces maladies.

Lorsque le riz commence à taller, on voit souvent jaunir peu à peu les extrémités de ses feuilles. Alors, il devient si jaune, il a un si mauvais aspect que les cultivateurs italiens qui n'ont pas été à même d'observer cette altération, considèrent la récolte comme perdue. Cette altération est surtout apparente quand la température atmosphérique s'abaisse subitement ou quand on alimente la rizière avec de l'eau froide.

Cette maladie appelée *grappo* est rarement pernicieuse, si on a la précaution d'abaisser l'eau et même de mettre la rizière entièrement à sec pendant quelques jours. Alors, sous l'action du soleil, les plantes reverdissent et prennent une nouvelle vigueur.

Il arrive quelquefois que la végétation devient très-forte, très-active et que les feuilles prennent une teinte verte très-foncée. Dans ce cas, on doit arrêter l'eau dans les rigoles, afin qu'elle s'échauffe et affaiblisse les plantes.

C'est une erreur de croire qu'en renouvelant sans cesse l'eau, on arrive toujours à arrêter cette végétation extra-ordinaire. La fraîcheur de l'eau, ainsi qu'on le remarque dans les rizières sur les points où l'eau arrive directement des canaux alimentaires, rend les plantes plus vigoureuses et plus élevées.

Quand, à l'aide de ces divers moyens, on ne parvient pas

à modérer la vigueur des plantes, *on n'hésite pas à les faire épamprer.*

A la Caroline, pendant les sarclages et après le troisième binage, on arrache avec la main toutes les touffes de riz qui perdent leur teinte verte pour prendre une nuance blanchâtre.

La maladie appelée en Italie *brusone* a quelque rapport avec le *grappo.* Le riz qu'elle attaque reste stérile et comme *retrait.* On ignore encore la cause qui produit cette altération. Les uns l'attribuent à des insectes ; les autres à un cryptogame. Bonafous a pensé que cette maladie était due à un phénomène électrique.

Le *brusone* sévit principalement sur les plantes qui végètent dans les rizières où la nappe d'eau est trop forte.

La *rouille* que les Italiens appellent *ruggine* est assez commune sur les feuilles des plantes qui croissent dans des vallées humides. On arrête son développement en abaissant le plan d'eau de la rizière.

Enfin, les plantes sont parfois exposées au *rachitisme* ou *carolo.* Les Italiens connaissent deux *rachitismes* : le *carolo minore* et le *carolo maggiore.* Dans le premier cas, les feuilles vertes prennent une teinte brune, puis elles se dessèchent ; dans le second, les plantes souffrent et les pannicules prennent une teinte blanc jaunâtre et elles ne tardent pas à sécher.

On ne connaît jusqu'à ce jour aucun moyen pour prévenir cette dernière altération.

# CHAPITRE XI

## CULTURE DU RIZ SEC

Époque des semis en Chine, dans l'Inde, l'Hindoustan, à Sumatra, et en Cochinchine. — Semis en pépinière. — Arrosages. — Transplantation. —
Époque de la récolte.

Le riz sec ou riz de montagne ne réclame que les eaux du ciel.

On le sème en *Chine* à deux époques différentes :

Les graines des *variétés hâtives* sont confiées à la terre du 25 mars au 5 avril ; les *variétés tardives* sont toujours semées pendant l'automne.

Ces semis se font à la volée et en pépinière sur des terres bien préparées, convenablement fumées et sur lesquelles on a tracé de petits sillons parallèles.

Le sol ne doit être ni trop sec, ni trop imbibé d'eau. Lorsque la couche arable est trop sèche, on l'arrose pendant la nuit qui précède la semaille.

Après le semis et lorsque les graines ont été enterrées, on répand à la surface du sol et à diverses reprises des cendres de végétaux, ou des tourteaux pulvérisés, des cendres d'os ou du purin.

Trente jours environ après la levée des graines, c'est-à-dire lorsque le riz a de 0$^m$,20 à 0$^m$,25 de hauteur, on arrache les plantes et on les lie avec du jonc en petites bottes comprenant chacune 10 à 12 plantes.

Ces petits paquets sont ensuite plantés sur des terres bien préparées. On agit comme s'il était question de transplanter le riz aquatique.

Lorsqu'on transplante le riz sec en automne par un beau temps, on arrose le sol avant d'opérer la mise en place des plantes.

La récolte des *variétés hâtives* a lieu en juillet, en août ou en septembre. Celles des *variétés tardives* est faite pendant l'hiver ou après la disparition des glaces et des neiges.

Dans l'*Inde*, le riz sec semé en juin dans les hautes terres est récolté en août et septembre. Celui qu'on sème en juin et juillet dans les terres moyennes, mûrit de novembre à janvier. Enfin, celui qu'on sème en mars, avril et mai dans les basses terres, est récolté en octobre.

Dans l'*Hindoustan*, le riz sec cultivé dans les plaines est semé en mai et juin et récolté pendant les mois de novembre, décembre et janvier. Cette récolte est appelée *Sared*.

Dans les hautes terres, où les semis se font aussi à la fin du printemps, on coupe le riz sec en août et septembre. Cette dernière récolte est désignée sous le nom de *Beali*.

A *Sumatra*, le riz sec est semé au plantoir en septembre ou octobre, c'est-à-dire à l'époque des pluies périodiques. On le récolte en février ou mars. Son grain a plus de valeur que celui du riz aquatique.

En *Cochinchine*, les semis se font vers la fin de décembre ou pendant la première quinzaine de janvier. La récolte a lieu entre le troisième et le quatrième mois qui suit le semis.

# CHAPITRE XII

RÉCOLTE

Signes indiquant la maturité du riz. — Époque de la récolte en Égypte, à la Caroline, en Chine, dans l'Inde, en France, à Sumatra et à Madagascar. — Mise à sec des rizières. — Modes de récolte. — Moyens d'éviter l'égrenage. — Javelage. — Mise en gerbes. — Action de la rosée. — Battage au fléau, dépiquage, égrenage à l'aide des machines à battre. — Séchage des grains. — Nécessité d'éviter toute fermentation dans les greniers. — Conservation du riz brut.

**Maturité**. — Le riz, en accomplissant ses dernières phases d'existence, incline chaque jour de plus en plus ses pannicules.

Lorsque la maturité est complète, les tiges et les feuilles ont la couleur jaune pâle du froment, les pannicules sont jaune rougeâtre ou noirâtre, ou elles ont une couleur d'or, et le grain se rompt aisément sous l'ongle.

Le vent produit alors sur la rizière un son aigu qui rappelle la pluie tombant sur des roseaux presque mûrs.

La maturité du riz n'est pas toujours uniforme ; souvent elle est inégale sur les bords des compartiments ou près des *bochelli* (ouvertures), la végétation y étant toujours plus active.

Le riz qui végète dans les endroits bas, humides et froids, mûrit toujours 10 ou 15 jours plus tard que le riz qui a toujours été bien exposé au soleil.

Les nouvelles rizières qui ont été fumées sont plus précoces que les anciennes.

En général, en Italie, on récolte le *riz nostrano* avant le *riz ostilia* et le *riz bertone*.

**Époques**. — Le riz, en *Italie*, est récolté vers la fin d'août ou pendant la première quinzaine de septembre.

En *Égypte*, on récolte le riz en octobre et novembre.

A la *Caroline*, on le récolte cinq mois après le semis, c'est-à-dire à la fin d'août ou dans la première quinzaine de septembre.

A la *Guyane*, la récolte a lieu en mars et en avril.

En *Chine*, la première récolte est faite à la fin de juin ; la seconde n'a lieu qu'au commencement de novembre.

Dans l'*Inde*, le riz aquatique est moissonné pendant le mois de décembre,

En *France*, le riz cultivé dans le delta du Rhône était récolté du 15 septembre au 15 octobre.

A *Sumatra*, le riz est mûr quatre mois après qu'il a été transplanté.

A *Madagascar*, il reste cinq mois en terre.

Enfin, à *Java*, on ne le récolte qu'au bout de cinq à six mois.

**Moisson**. — On ne doit pas récolter le riz trop prématurément. Le grain des pannicules qui ont été coupées avant leur complète maturité, diminue beaucoup de volume, et il est de qualité inférieure. Ainsi, il donne beaucoup de grains cassés et de son, et, après avoir été blanchi, il fournit un grain qui est terne ou peu brillant.

Quand dans une rizière, la maturité est inégale, on opère la récolte des pannicules à plusieurs reprises.

Lorsque les pannicules ont une couleur jaune d'or, on arrête l'eau et on débouche les raies d'écoulement pour mettre la rizière complétement à sec le plus tôt possible. Ceci fait, on attend un jour ou deux avant de commencer la récolte.

En *Amérique*, où les rigoles d'assèchement sont très-bien disposées, on laisse écouler l'eau dans la nuit qui précède la coupe des pannicules.

Dans le but de prévenir l'égrenage, on moissonne toujours un jour avant que les graines soient arrivés à leur parfaite maturité.

La coupe des tiges se fait avec des faucilles bien tranchantes.

On coupe à mi-hauteur, c'est-à-dire à 0$^m$,30 ou 0$^m$,40 au-dessous des pannicules.

Les ouvriers doivent déposer les javelles avec ordre sur le chaume, afin que la mise en gerbe soit plus facile. On les laisse sécher au soleil pendant une journée ou deux pour que les pannicules ne s'échauffent pas à l'intérieur des meules ou des granges.

Les pannicules qu'on coupe de bonne heure le matin et qui sont encore couvertes de rosée doivent être disposées en javelles très-peu épaisses.

A la *Caroline*, la plupart des ouvriers n'arrivent dans les rizières qu'après le lever du soleil.

Enfin, les moissonneurs doivent éviter de laisser les pannicules tremper dans l'eau, pour que les graines ne germent pas à l'intérieur des meules.

Les gerbes ont de 0$^m$,50 à 0$^m$,75 de longueur et pèsent de 12 à 15 kilogrammes; on les lie avec des liens de paille ou des brins de saule et d'osier.

Les ouvriers chargés de les faire les mettent debout et en lignes régulières. Ainsi placées, elles sont moins sujettes à s'égrener et le chargement et la circulation des voitures qui servent à les transporter à la ferme, sont beaucoup plus faciles.

Ces gerbes doivent être sorties de la rizière le plus tôt possible et mises en meules avant l'apparition de la rosée du soir.

Lorsqu'on charge les voitures, on doit disposer les gerbes

de manière que toutes les panicules soient à l'intérieur des véhicules.

En agissant ainsi, on évite l'égrenage du riz pendant le transport.

A la Caroline, un homme moissonne par jour de 10 à 12 ares de riz.

A *Java*, les ouvriers qui font la moisson dans les rizières ou *Sawaho*, ont droit au sixième ou au huitième du produit.

Après le battage, on coupe le chaume pour l'utiliser comme fourrage ou comme litière ou on l'enfouit comme engrais végétal.

**Battage.** — On égrène le riz à l'aide du fléau, au moyen du dépiquage ou avec des machines à battre.

En *Chine*, on bat le riz au fléau ou sur un tonneau, sur des aires situées près des rizières ou des bâtiments d'exploitation. Cette opération commence aussitôt après la chute des feuilles. Jusque là, le riz reste en meules.

En *Égypte*, le riz est égréné à l'aide du dépiquage. On le nettoie en le jetant en l'air et au moyen d'une pelle, lorsque le vent est un peu fort.

En *Italie*, on l'égrène à l'aide de chevaux ou de bœufs sur des aires bien préparées ou à l'intérieur d'une grange avec une machine à battre.

Le fond des aires est ferme, solide et un peu incliné, afin que l'eau ne puisse y séjourner et le détériorer.

On opère le dépiquage en faisant marcher les animaux au trot sur des gerbes déliées, mais dressées. Ce travail (*Tresca*) dure de deux à trois heures par chaque airée ou amas circulaire de gerbes ayant leurs panicules en haut.

En *Amérique*, depuis 1830, on égrène le riz à l'aide de

machines à battre mises en mouvement par l'eau, le vent ou la vapeur. Le cylindre batteur de ces appareils se meut avec une extrême rapidité ; il fait de 600 à 800 tours par minutes. Ses battes sont munies de dents qui arrachent les graines aux pannicules.

Les batteuses américaines à vapeur, surtout celle de M. Calvin Emmons, de New-York, égrènent par jour de 150 à 200 hectolitres de riz brut.

A *Java*, on le fait fouler aux pieds. Aux *Philippines*, on le dépique à l'aide de bœufs.

**Séchage.** — Après le battage ou en même temps qu'on l'exécute, on étend le riz brut (*risone*, italien ; *rough rice*, anglais) sur une aire, en couche mince, pour l'exposer à l'action du soleil. On le remue sept ou huit fois par jour, afin de l'aérer et l'ébarber, et chaque fois qu'on opère on le dispose en petits sillons parallèles et très-rapprochés les uns des autres. Ces sillons ont l'avantage d'augmenter très-sensiblement la *surface de chauffe*, c'est-à-dire la masse de riz brut exposée à l'action de l'air et du soleil.

Le soir, on relève le riz en tas coniques ou oblongs. Puis on couvre ces monceaux de paille pour les préserver du serein, de la rosée ou de la pluie.

On continue ce travail pendant deux, trois ou quatre jours, jusqu'à ce que le grain soit dur et cassant sous la dent ou qu'on le décortique en le frottant entre les mains.

Lorsqu'on est forcé de le laisser en tas avant qu'il soit sec, on le remue de temps à autre pour éviter qu'il s'échauffe.

**Conservation.** — Quand le riz brut est sec, on le nettoie avec le tarare et on le porte dans le magasin où il est mis en tas.

Si on le rentrait dans ce local imparfaitement sec, il faudrait le remuer de temps à autre pour empêcher toute fermentation.

En général, grâce à son enveloppe siliceuse, le riz brut bien sec est peu susceptible d'altération quand on le conserve dans un grenier sain et aéré.

Quand on doit livrer au commerce le riz à l'état brut, on a intérêt à l'emballer aussitôt qu'il est bien sec. Le *riz en paille*, qu'on préserve de l'action de la poussière, conserve longtemps sa couleur native ou celle qu'il avait au moment où il a été séparé des pannicules.

Dans plusieurs contrées, et surtout en Égypte et dans l'Inde, avant de soumettre le riz à l'action des machines qui le décortiquent, on le laisse pendant plusieurs heures à l'action du soleil. Par cette exposition, il acquiert un plus grand degré de siccité, et les pilons et les meules lui enlèvent plus aisément son enveloppe dure et coriace.

# CHAPITRE XIII

## DÉCORTICATION OU BLANCHIMENT

Blanchiment ou décortication du riz. — Pilons anciens. — Pilons modernes.
— Quantité qu'un pilon décortique à chaque opération. — Criblage. —
Décorticage chinois. — Cylindre pour perler le riz. — Glaçage. — Tamis à
polir le riz.

Le *riz brut* ou *riz en paille*, avant d'être livré à la consommation, est soumis à diverses opérations successives qui ont pour but de le dépouiller de la double pellicule qui l'enveloppe et de le rendre blanc ou comestible.

Ces opérations constituent le travail auquel on a donné le nom de *blanchiment, pelage* ou *décortication*. Elles comprennent le pelage, le tamisage et le glaçage, opérations que les Égyptiens exécutent imparfaitement et suivant les anciens procédés.

**Pelage.** — Autrefois on décortiquait le riz brut dans des mortiers en bois pouvant contenir 55 à 40 litres. Ce travail se faisait à la Caroline avant le lever ou après le coucher du soleil. Chaque homme devait décortiquer, journellement, 27 litres de riz brut et chaque femme 18 litres seulement.

En Chine, on décortique encore le riz, dans diverses provinces, en le soumettant dans un mortier à l'action d'une pierre conique située à l'extrémité d'un long levier (fig. 22).

Le riz ainsi préparé laisse à désirer sous divers rapports. Si la *première pellicule* se détache aisément, la *deuxième pellicule* est mince et très-adhérente, et on ne la sépare complétement qu'à l'aide d'appareils spéciaux.

Cet ancien mode de décortication a été remplacé à la Caroline, en 1787, par un *moulin à piler* imaginé par Lucas. Cet appareil rappelait les machines encore en usage en Chine (fig. 23); il était mis aussi en mouvement par l'eau et on l'appelait *moulin à péage* (toll mill) parce que

Fig. 22. — Décorticage du riz en Chine.

chaque cultivateur, moyennant une redevance déterminée, pouvait y faire préparer sa récolte de riz.

Depuis cette époque, on a bien perfectionné les appareils propres à décortiquer le riz. Ceux que l'on regarde comme les meilleurs sont munis d'accessoires qui livrent le riz parfaitement préparé.

En Espagne, on décortique le riz à l'aide de meules dont l'inférieure est revêtue d'une couche de liége. En Amérique et en Italie, le pelage du riz brut se fait à l'aide de pilons

Fig. 25. — Moulin chinois servant à décortiquer le riz.

mis en mouvement par une roue hydraulique ou par la vapeur.

Dans diverses usines les pilons sont placés sur une ou
deux lignes; dans d'autres, ils sont disposés circulaire-
ment. Dans ce dernier cas, on peut faire usage de pilons
plus légers et leur imprimer une plus
grande rapidité avec une force motrice
moins grande.

Voici comment, en *Italie*, sont établies
les *pileries* ou pilonneries :

Les pilons anciens (fig. 24) sont en chêne
et ont $2^m,30$ de hauteur, $0^m,15$ au carré ;
ils sont munis à leur partie inférieure d'une
pièce en fer appelée *musone* et qui pèse de
45 à 50 kilogrammes. Le musone a la forme
d'un tronc de cône ; son extrémité inférieure
a $0^m,07$ à $0^m,08$ de diamètre.

La *main* A , appelée *manubrio*, sert à arrêter ou soulever le piston. La *came* B sert à
l'élever mécaniquement pour qu'il puisse
retomber bien perpendiculairement par son
propre poids dans un mortier; c'est l'arbre

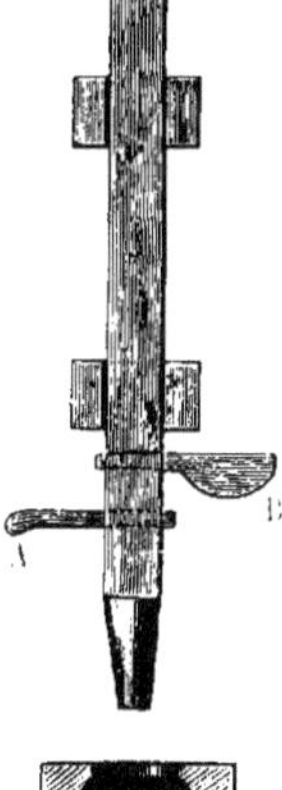

Fig. 24. — Pilon
et son mortier.

de la roue hydraulique qui lui transmet l'impulsion voulue.

La figure 25 représente huit pilons élevés alternative-
ment par un arbre armé de segments, à l'extrémité duquel est fixée une roue dentée en communication avec une
seconde roue mise en mouvement par un moteur hydraulique.

La figure 26 représente le plan d'une pilonnerie double
mise aussi en action par une roue hydraulique.

On a perfectionné, dans ces dernières années, ces anciennes pilonneries. Ainsi, on a remplacé les pilons qui
étaient en bois et très-massifs par des tiges en fer qui sont
plus solides et moins encombrantes.

Les figures 27 représentent un des pilons de la belle usine établie à Torre d'Arès par M. Stabilini, l'un des plus habiles agriculteurs de la province de Pavie.

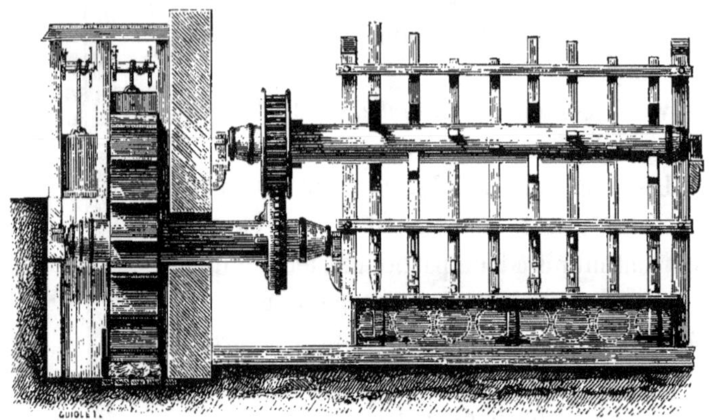

Fig. 25. — Pilonnerie simple pour blanchir le riz.

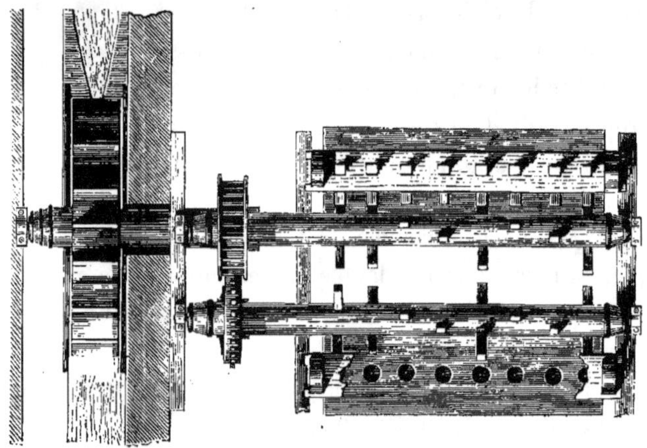

Fig. 26. — Pilonnerie double pour blanchir le riz.

Les pistons, dans les pilonneries du Piémont et du Milanais, s'élèvent et s'abaissent trente-six à quarante fois par minute. Leur course est en moyenne de 0^m,45.

Les mortiers ont intérieurement une forme un peu

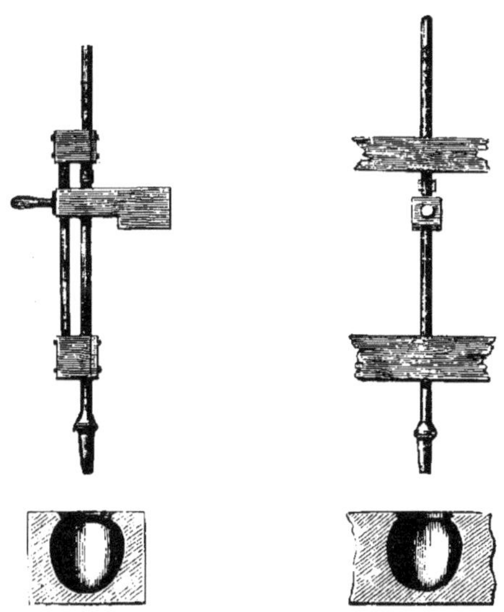

Fig. 27. — Pilon perfectionné.

Vue de profil.                        Vue de face.

ovale; ils ont 0^m,20 d'ouverture et 0^m,58 de largeur à leur partie médiane. Ils sont généralement en bois doublé de tôle.

Fig. 28. — Plan de six mortiers.

On a presque partout, en Italie, abandonné les mortiers en granit parce que les pilons y cassaient beaucoup de riz.

La figure 28 indique la position de six mortiers.

Une pilonnerie composée de six pilons, et, par conséquent

de six mortiers, exige continuellement quatre ouvriers.

Chaque mortier permet de préparer à chaque opération 16 kilogrammes de riz blanc.

Avant de déposer le riz brut dans les mortiers, *on le crible mécaniquement* ou à la main dans le but de se débarrasser de la terre ou de la poussière qui y est adhérente, et aussi pour séparer les grains qui ont une teinte noirâtre et qu'on appelle *negretto*.

Quand le riz a été à moitié décortiqué ou en partie dépouillé de son écorce, opération qui dure environ quinze minutes, on le retire du mortier.

L'ouvrier qui reçoit le *risone* (riz brut) à sa sortie des mortiers se débarrasse de la *balle* en le *jetant en roue* à l'aide d'une pelle en bois, et il le crible ensuite. Quelquefois il le soumet directement à l'action d'un *crible époudreur* (spolverizzalore) pour le séparer de la *deuxième écorce*, qui constitue le *son*. Puis, par un coup de main très-remarquable, il lance toute la masse à laquelle il a fait subir un premier nettoyage, sur un second *crible à demi-grain* (mezzo grano) pour séparer le *riz cassé* (riso frantumaso); ce dernier riz tombe à terre avec les graines du mil des rizières.

On peut remplacer l'emploi du crible par un *cylindre trieur* (fig. 29). Cet appareil sépare promptement les grains cassés D des grains entiers qui tombent en P.

Après cette opération, qu'on appelle en Italie *sbranatura*, on remet le riz dans un mortier, on le pile de nouveau pour le décortiquer entièrement. Cette seconde opération suffit toujours pour le blanchir d'une manière complète.

Une pilonnerie composée de six pilons et de six mortiers et desservie par quatre hommes, blanchit, en moyenne, par jour de 260 à 300 litres de riz brut.

Le pelage du riz a lieu généralement pendant l'automne et l'hiver, saisons pendant lesquelles on peut disposer d'une grande quantité d'eau.

Il est très-important de surveiller cette opération d'une manière incessante, car un pilonnage prolongé de cinq mi-

Fig. 29. — Cylindre cribleur pour séparer les grains cassés.

nutes au delà du temps nécessaire peut occasionner une perte de 1 à 2 p. 100.

Lorsque le pelage est terminé, on retire le riz du mortier, on le crible une seconde fois avec le *crible poudreur*, appareil ayant un grand diamètre et qu'on suspend à l'aide de cordes. La partie farineuse appelée *bulla* tombe sur l'aire de la pièce dans laquelle on opère.

Après cette opération, on sépare de nouveau les grains cassés et on crible une dernière fois le riz entier avec un troisième crible appelé *trabattino*. Cette dernière opération est faite dans le but d'obtenir le riz propre et brillant (*brillato*).

Les grains non encore entièrement décortiqués restent sur le crible et sont soumis de nouveau à l'action des pilons.

Voici maintenant comme on décortique le riz brut à *la Caroline* :

Après avoir tamisé ou nettoyé le riz brut à l'aide d'un courant d'air, on le fait passer sous une meule ayant 1$^m$,65 à 2 mètres de diamètre, afin de briser ou déchirer son enveloppe. Le riz qu'on a ainsi traité est dirigé ensuite dans des coffres situés au-dessus des pilons.

Les mortiers et les pilons, dans la plupart des pilonneries, sont au nombre de dix à vingt-quatre, selon la force motrice dont on peut disposer. Les mortiers sont formés de quatre parties de pin (PINUS); ils peuvent contenir 160 litres de riz brut. Les pilons sont aussi en bois, mais leur extrémité inférieure est garnie d'une feuille de tôle à surface raboteuse ou disposée en forme de râpe, chaque pilon pèse de 100 à 120 kilogrammes; il s'élève et s'abaisse quarante-quatre à quarante-huit fois par minute.

Le pilage du riz brut qu'on met dans chaque mortier dure une heure et demie à deux heures.

Quand le riz brut a été complétement décortiqué, on le soumet à l'action d'un *cylindre cribleur* (rolling screen). Cet appareil est un peu incliné et garni intérieurement d'une toile métallique dont les mailles s'élargissent à mesure qu'on se rapproche de son extrémité inférieure.

A l'aide de cette opération, on sépare : 1° la farine;

2° le petit riz (*small rice*) ; 3° le riz moyen (*middling rice*) : 4° les grains entiers (*prime rice*).

Le riz entier en sortant du crible arrive, à l'aide d'un élévateur, dans le cylindre qui doit le polir ou le glacer.

Le riz qui n'a pas été décortiqué ou mondé, ou qui a été mal pilé, est remis une seconde fois dans le mortier.

En *Chine*, le décorticage (*loung*) se fait à l'aide de meules à surface raboteuse et formant un moulin à bras appelé *siao-shen*. Le pilage (*tchong-tui*) se fait dans des mortiers.

Dans la Sénégambie, à Java, etc., on décortique le riz au moyen de mortiers et de pilons de bois.

Le riz blanchi est appelé *rouz cha'yr* en Égypte.

Fig. 30. — Cylindre pour perler le riz.

**Perlage.** — Quelquefois, après le criblage on soumet le riz à l'action d'un cylindre spécial (fig. 30), dans le but de le perler ou de l'arrondir un peu, de le débarrasser de sa dernière enveloppe et de le rendre beaucoup plus blanc.

**Glaçage**. — Le glaçage du riz décortiqué et nettoyé à l'aide des cylindres cribleurs n'est pratiqué qu'à la Caroline.

On l'exécute au moyen d'un cylindre appelé *tamis à brosser* ou *tamis à polir* (brushing or polishing screen).

Cet appareil se compose de deux cylindres concentriques. Le premier de ces cylindres a $0^m,65$ de diamètre ; il est garni de peaux de moutons et tourne avec une grande rapidité en frottant légèrement les parois intérieures d'un autre cylindre métallique. Le grain décortiqué descend entre ces deux cylindres en suivant une spirale et sort de l'appareil en passant au travers des mailles du cylindre extérieur après avoir été brossé et poli par la laine.

En sortant du tamis à polir, le riz est vanné une dernière fois et livré ensuite au commerce après avoir été emballé dans des barils de sapin contenant 255 kilogrammes nets.

Le riz qu'on a ainsi glacé est plus transparent et surtout plus brillant.

# CHAPITRE XIV


## RENDEMENT DU RIZ

Riz brut récolté par hectare. — Poids de l'hectolitre du riz en paille et du
riz blanchi. — Rapport du riz brut au riz décortiqué, au riz brisé, aux
enveloppes et au son. — Farine de riz. — Poids d'un hectolitre de farine
de riz.

Le riz est plus ou moins productif selon les variétés cultivées, la nature des rizières, la qualité de l'eau et l'action de la température.

Le riz brut donne plus ou moins de riz blanc selon les procédés et les appareils adoptés pour la décortication.

**Rendement en riz brut.** — En général, les *rizières permanentes* de Mantoue, de Vérone, de Novare, etc. (Italie), qui reçoivent peu ou pas d'engrais, ne donnent, en moyenne, que 28 à 32 hectolitres de riz brut par hectare.

Le produit des *rizières alternes*, où la culture est mieux comprise, varie entre 45 et 60 hectolitres.

En moyenne, dans la Lombardie, on récolte par hectare :

| | |
|---|---|
| La première année. . . . | 52 hectol. de riz brut. |
| La deuxième année. . . . | 45 — — |
| La troisième année. . . . | 40 — — |

Le riz de Novare donne quelquefois jusqu'à 75 et même 100 hectolitres de riz brut par hectare.

A *la Caroline*, le produit du riz est plus élevé. En moyenne, il varie par hectare entre 50 et 60 hectolitres (2,500 à 3,000 kilogrammes) de riz brut ou 24 à 26 hectolitres de riz décortiqué (1,900 à 2,000 kilogrammes).

En *France*, on a récolté en moyenne, par hectare, dans

la Camargue 25 hectolitres de riz brut ou 15 hectolitres de riz mondé, et sur le bord de l'Aude 55 hectolitres de riz en cosses ou 20 hectolitres de riz blanc.

Dans la Malaisie, on obtient seulement, par hectare, de 650 à 750 kilogrammes de riz mondé.

**Poids de l'hectolitre.** — Le *riz brut* ou *riz non décortiqué* pèse de 45 à 60 kilogrammes l'hectolitre.

Les riz récoltés, en *Italie*, ont les poids suivants :

```
Riz commun . . . . . . . . . . .   50 kilogr.
Riz bertone . . . . . . . . . . .   60   —
Riz novarais. . . . . . . . . . .   45   —
                                  ___________
        Moyenne. . . . . . . .     50 kilogr.
```

Les riz récoltés bruts, en Amérique ou en Chine, ont généralement le même poids moyen.

Le *riz blanc* ou *riz blanchi* (brillato) présente les mêmes variations. Suivant sa nature et sa grosseur, il pèse 72, 76 ou 82 kilogrammes l'hectolitre.

Le poids moyen du riz de belle qualité est de 80 kilogrammes.

**Rapport du riz brut au riz décortiqué.** — Le riz brut (*riso vestito*), après avoir été décortiqué, donne plus ou moins de riz blanc suivant sa qualité et les appareils employés pour opérer le pelage.

En *Italie*, le riz traité avec soin donne en moyenne :

```
Par hectolitre. . . .   30 à 55 litres de riz blanc.
Par 100 kilogr.. . . .  40 à 45 kilogr.
```

Le riz bertone est le seul qui donne communément 50 p. 100 de son poids de riz blanc.

M. de Sambuy m'a assuré que le riz battu à la machine à battre donne moitié de son poids en riz décortiqué, alors que le rendement du riz dépiqué et décortiqué par les mêmes appareils, en rend 55 p. 100.

En France, dans les rizières de la Teste, on a obtenu les résultats ci-après :

|  | Riz sans barbes. | Riz barbu. |
|---|---|---|
| Gros riz . . . . . . . . . | 58.00 | 58.75 |
| Riz brisé . . . . . . . . . | 3.75 | 3.75 |
| Son. . . . . . . . . . . . | 10.00 | 10.00 |
| Enveloppes . . . . . . . | 28.25 | 27.50 |
|  | 100.00 | 100.00 |

A *la Caroline*, le rit brut préparé dans les usines donne en moyenne :

Par hectolitre . . . 32 à 35 kilogr. de riz blanc.
Par 100 kilogr.. . . 62 à 68    —         —

Voici les faits qu'on a constatés dans diverses pilonneries :

1,100 hectolitres ou 55,000 kilogrammes de riz brut de la Caroline du Sud, traités dans deux usines différentes, ont donné les résultats ci-après :

|  | M. B. King. | M. Chisolm. |
|---|---|---|
| Riz 1re qualité. . . . . . . | 56,847 kilogr. | 57.867 kilogr. |
| Riz moyen ou brisé. . . | 785   — | 765   — |
| Petit riz. . . . . . . . . . | 1,550   — | 765   — |
| Farine . . . . . . . . . . | 259 hectol. | 119 hectol. |

Le riz brut est donc au riz blanchi et entier :

1°     :: 100 litres  : 33ᵏ500
     :: 100 kilogr. : 64
2°     :: 100 litres  : 34 500
     :: 100 kilogr. : 68

M. Deas, de New-York, a obtenu des résultats identiques. Le riz de Charlestown, traité par M. Bilby, de New-York, a donné le rapport suivant :

Le riz brut : riz blanchi :: 100 kilogr. : 60 kilogr.

Divers riz bruts, préparés par M. Chisolm, de Charles-

town et Bilby, de New-York, ont donné les résultats ci-
après :

|  | Par hectol. | Par 100 kil. |
|---|---|---|
| Riz de Waccamaw. . . . | 30ᵏ 500 | 58 kilogr. |
| Riz de l'île de Sandy. . . | 36 500 | 70 — |
| Riz de Pon-Pon. . . . . | 34 500 | 66 — |
| Riz de Savannah . . . . . | 37 | 72 — |
| Riz de Charlestown . . | 34 | 66 — |
| Riz de Wilmington . . . | 34 500 | 65 — |
| Moyennes. . . . | 34ᵏ 500 | 66 kilogr. |

Voici maintenant les divers produits que 100 litres de
riz brut ont donnés, après avoir été traités suivant la méthode suivie en Amérique :

|  | Riz de Waccamaw. | Riz de l'île Sandy. | Riz de Pon-Pon. |
|---|---|---|---|
| Riz supérieur. . . . . . | 29 kil. | 35 kil. | 33 kil. |
| Riz moyen . . . . . . . | 0 700 | 0 700 | 0 600 |
| Petit riz . . . . . . . . | 0 700 | 0 700 | 0 900 |
| Farine . . . . . . . . . | 5 » | 5 » | 5 » |
| Totaux . . . . . . | 35ᵏ 400 | 41ᵏ 400 | 39ᵏ 500 |

Le riz de Waccamaw avait été égrené, au moulin, le riz
de l'île Sandy, au fléau, et le riz de Pon-Pon, à la machine
à battre.

En résumé, il faut, en moyenne, décortiquer ou blanchir 300 litres de riz brut de la Caroline pour pouvoir livrer
100 kilogrammes de riz blanc au commerce ou à la consommation.

Le *paddy*, ou riz brut de la Géorgie et de la Caroline du
Nord, donne moins de riz de première qualité que les riz de
la Caroline du Sud; M. Bilby a constaté les faits suivants :

|  | Riz de Savannah. | Riz de Charlestown. | Riz de Pon-Pon. |
|---|---|---|---|
| Riz supérieur . . . . . . | 24 kil. | 20 kil. | 21 kil. |
| Riz moyen . . . . . . . | 12 » | 15 400 | 11 800 |
| Petit riz . . . . . . . . | 0 900 | 0 600 | 1 500 |
| Farine . . . . . . . . . | 9 500 | 6 100 | 6 700 |
| Totaux . . . . . . | 46 400 | 40 100 | 41 000 |

**Farine de riz**. -- La *farine* de riz provient de deux

sources : 1° du riz brisé ou cassé qu'on a soumis à l'action de meules ordinaires et qu'on a ensuite bluté ; 2° des opérations qui ont pour but de polir ou de glacer les grains. Le riz, soumis en Amérique à l'action du tamis à polir, donne une quantité de farine assez considérable. Il est vrai qu'on en obtient une moins forte proportion quand on traite le riz dans des appareils munis de cardes en fil de fer, mais la farine qu'on obtient de cette manière a toujours une légère couleur bleuâtre et elle est moins appréciée par le commerce.

Quoi qu'il en soit, en général, la farine provient de l'usure du grain pendant les diverses opérations du blanchiment. Elle est plus ou moins abondante selon que le riz est plus ou moins tendre et qu'il a été *plus ou moins usé* pendant le polissage ou brossage.

Un hectolitre de farine de riz pèse, en moyenne, 50 kilogrammes.

La farine de riz n'a ni la ténacité, ni le toucher des farines des autres céréales.

La *crème de riz* est obtenue en réduisant en farine des riz de première qualité.

# CHAPITRE XV

## EMPLOIS DES PRODUITS

Le riz est pauvre en principes azotés. — Le pilau des Orientaux. — Le petit
riz. — Emplois de la farine. — Vermicelle. — Poudre de riz. — Colle de
riz. — Boissons alcooliques faites avec le riz. — Emplois des issues. —
Papier de riz. — Chapeaux de paille de riz. — Emplois de la paille de riz.

Le riz est le plus pauvre des aliments farineux en principes azotés, en matières grasses et en sels minéraux. Nonobstant, il doit être regardé comme nutritif.

**Grains**. — On mange le riz bouilli dans l'eau, du lait ou du bouillon. Il sert aussi à faire divers gâteaux.

Sur divers points de l'empire birman, on le colore avec du safran dans le but d'augmenter sa saveur.

Le *pilaf* ou *pilau* des Turcs, des Arabes ou des Persans, se compose de riz, de volailles et de jus de viande ou seulement de riz et de graisse de mouton.

Le *petit riz* est consommé dans les lieux de production. Il fait la base de la nourriture des travailleurs.

En général, en France comme en Angleterre, le riz est regardé encore comme un aliment de luxe ou secondaire. Par contre, il est la principale denrée alimentaire en Égypte, en Chine, à la Cochinchine, etc.

**Farine**. — La farine de riz n'est pas panifiable, mais elle sert à faire des *bouillies* et des *gâteaux*. On la désigne ordinairement sous le nom de *crème de riz*.

En Amérique, on prépare une pâte un peu épaisse avec la *farine ordinaire* et du lait. Lorsque la pâte est prête, on la verse successivement sur une plaque métallique qu'on a graissée préalablement avec du saindoux. Quand une *galette* ou *crêpe* est cuite d'un côté, on la retourne et on continue sa cuisson.

Les galettes ainsi préparées sont appelées *griddles*; on les mange lorsqu'elles sont chaudes.

A l'ile de Cuba, le riz est mangé comme pain, de préférence à tout autre aliment.

**Vermicelle**. — En Cochinchine, on fait du vermicelle avec la farine de riz.

**Amidon.**—L'amidon qu'on extrait de la farine de riz est plus fin, plus blanc que l'amidon de froment. Nonobstant on lui préfère ce dernier parce qu'on extrait difficilement le gluten que contient la farine du riz et que son prix est plus élevé que le prix de l'amidon du blé.

**Poudre de riz**. — La farine fine fleur de riz est utilisée comme *poudre à poudrer* la peau et les cheveux. Pour la rendre odorante, on y mêle de la poudre de rose, de santal ou d'iris de Florence.

**Colle**. — Le riz gélatineux qu'on fait bouillir jusqu'à ce qu'il ait beaucoup de consistance, se transforme en une excellente colle. Cette gelée sert à coller la porcelaine et l'écaille, à badigeonner les maisons et à encoller les toiles.

**Boissons alcooliques**. — Le riz, en Amérique, en Afrique, en Chine et dans l'Inde, sert à faire des boissons fermentées ou alcooliques que les nègres aiment beaucoup.

L'*arack* ou *rak* est une boisson spiritueuse très-estimée des Indiens. On en fait aussi à la Guyane. A Sumatra, on l'appelle *broun*.

L'eau-de-vie de riz est connue au Japon sous le nom de *sakki* ou *facki*.

Les Chinois, en associant le riz au sorgho, fabriquent une boisson assez spiritueuse qu'ils aiment beaucoup et qu'ils appellent *kaoeyang*.

L'alcool, qu'on obtient du riz en le distillant, est remarquable par son bon goût. 100 kilogrammes de riz donnent, en moyenne, 40 litres d'alcool à 50° centésimaux.

**Issues**. — Parmi les *issues* ou les *déchets* qui proviennent du polissage ou du blanchiment du riz, on distingue :

1° La *farine*, qui est composée de brisures très-fines et de son de riz ;

2° Les *brisures moyennes*.

Ces déchets, d'après M. Johnston, ont la composition suivante :

| | |
|---|---|
| Matières solubles | 46.500 |
| Fécule, gomme, sucre | 25.524 |
| Matières protéiques | 6 687 |
| Matières grasses | 5.610 |
| Matières salines | 5.660 |
| Eau | 12.019 |
| | 100.000 |

Ces produits sont utilisés avec succès dans l'engraissement des veaux et l'alimentation des porcs.

Les graines du mil des rizières associées à des déchets de riz servent en Italie à nourrir les volailles.

**Papier de riz**. — Le papier que l'on nomme *papier paille de riz* n'est pas fabriqué, comme on le croit souvent, avec les produits du riz. On le prépare avec la moelle très-blanche de l'*aralia papyrifera*. Les Chinois le nomment *tung-tsaou*.

**Chapeaux paille de riz**. — Les chapeaux que l'on désigne sous le nom de *chapeaux paille de riz* sont fabriqués avec des copeaux très-fins de *saule blanc* (SALIX ALBA).

**Paille**. — La paille de riz est grossière et cassante, on l'utilise comme litière ou comme engrais. En Égypte, elle sert de combustible.

# CHAPITRE XVI

## PRIX DU RIZ

Valeur commerciale du riz à la Caroline de 1720 à 1858. — Prix moyen en France et en Italie du riz brut et du riz blanchi. — Valeur des issues. — Crème de riz.

La valeur commerciale du riz blanc a subi bien des modifications depuis un siècle et demi.

A la Caroline :

```
De 1720 à 1750 il valait. . . 48 fr. les 100 kilogr.
    1772 à 1775      —       89         —
    1830 à 1835      —       34         —
    1835 à 1858      —       47         —
```

Le prix moyen du *riz blanchi* ordinaire de bonne qualité est aujourd'hui de 40 à 50 francs les 100 kilogrammes.

Voici les prix au Havre en 1860 :

```
Caroline, long grain . . . . . . .   72 à 74 fr.
Caroline glacé. . . . . . . . . .   64 à 68
Caroline ordinaire. . . . . . . .   60 à 62
Bengale. . . . . . . . . . . . .   36 à 40
Balam. . . . . . . . . . . . . .   28 à 29
```

En ce moment (1872), les prix des riz de l'Inde varient, à Paris, comme il suit :

```
Riz de Calcutta. . . . . . . . . .   44 à 50 fr.
Riz de Rangoon. . . . . . . . . .   34 à 40
Riz de Pégu. . . . . . . . . . .   35 à 42
```

Le *riz de Java* est plus cher que le riz de la Caroline premier choix; son prix varie entre 70 et 90 francs.

Le *riz de Piémont* vaut de 45 à 60 francs les 100 kilogrammes, suivant sa qualité,

Le prix du riz brut, en Europe, varie entre 20 et 25 francs l'hectolitre. Il suit ordinairement le prix du blé.

En Italie, le riz bertone vaut généralement de 1 fr. 50 c. à 3 francs de moins par hectolitre que les autres variétés cultivées dans le Piémont ou la Lombardie.

Ces divers prix sont très-rémunérateurs pour les producteurs qui obtiennent, en moyenne, 50 hectolitres de riz brut par hectare.

A la Caroline, le bénéfice que donne la culture du riz s'élève à 8 et quelquefois à 10 et même 12 p. 100 du capital engagé par hectare.

Les *brisures fines* se vendent 20 à 25 francs, et les *brisures moyennes* 30 à 35 francs les 100 kilogrammes.

La *crème de riz* ou *poudre de riz* est vendue de 90 à 115 francs les 100 kilogrammes, selon sa qualité, son brillant, et suivant aussi qu'elle est en rayons ou en poudre.

# CHAPITRE XVII

## COMMERCE DU RIZ

Riz importé en France. — Riz brut, riz blanchi. — Droits d'importation par mer et par terre. — Riz de Piémont, de la Caroline, de la China, du Brésil, de l'Inde, de l'Égypte et du Japon. — Modes d'emballage.

La France importe chaque année un grand nombre de quintaux métriques de riz. Voici les quantités moyennes décennales qu'elle a reçues de 1837 à 1866 :

| Périodes décennales. | Riz brut. | Riz blanchi. |
|---|---|---|
| 1837 à 1846 . . . . | 372,800 kilogr. | 13,284,800 kilogr. |
| 1847 à 1856 . . . . | 520,100 — | 28.570,700 — |
| 1857 à 1866 . . . . | 850,330 — | 52,982,000 — |

Les riz importés pendant ces périodes provenaient principalement, pour le *riz brut* ou *en paille*, des Indes anglaises, et pour le riz blanchi, d'abord du Piémont, puis de l'Angleterre et de la Belgique.

Le riz blanchi, que nous avons exporté pendant les mêmes périodes décennales, n'a pas dépassé, en moyenne, trois millions de kilogrammes.

L'Angleterre possède de nombreuses usines dans lesquelles elle décortique le riz en paille qu'elle importe, chaque année, de la Caroline ou des Indes Orientales.

C'est au Havre, à Bordeaux et à Paris que la France blanchit les bruts qu'elle reçoit annuellement.

En 1664, le droit d'entrée en France était de 14 sous par 100 livres. En 1778, ce droit a été abaissé à 7 deniers et demi. De nos jours, le droit perçu par 100 kilogrammes est fixé ainsi qu'il suit : *riz brut :* par navires français, des pays hors d'Europe et d'Europe, 25 centimes, et d'ailleurs, 1 fr. 75 c. et par navires étrangers, 1 fr. 75 c., par terre, des pays d'Europe, 25 centimes, et d'ailleurs, 75 centimes ; *riz décortiqué :* des pays hors d'Europe, 25 centimes, et d'ailleurs 2 francs par navires français, et par terre et par navires étrangers, 2 francs.

Le *riz de Piémont* est blanc grisâtre ou blanc jaunâtre, sans transparence, plus court, plus gros et plus arrondi que les autres. Il est à la fois nutritif et savoureux. On l'expédie dans des balles de toile fine du poids de 72 à 100 kilogrammes.

Le *riz de la Caroline* est plus beau et plus recherché que le riz de l'Inde et du Piémont. Il est blanc mat, allongé, transparent et sans odeur ; sa saveur est franche. On le regarde comme le meilleur de tous. On l'importe en France dans des tierçons ou fûts de 180 à 280 kilogrammes.

Le *riz de Chine*, récolté dans les rizières temporaires, est plus petit que le riz qui a végété dans les rizières permanentes. La France en reçoit très-peu.

Le *riz du Brésil* ne se conserve pas très-bien. Il en est de même du riz des *îles Philippines.*

Le *riz de l'Inde* est petit, allongé, d'un blanc mat souvent jaunâtre. Il est rarement entier. Sa saveur est douce et franche. Ce riz est exporté par Singapour à Java, en Chine et en Europe. Il est expédié dans une double toile. Les balles ont des poids variables.

Le *riz d'Égypte*, quoi qu'on en dise, est loin d'être le premier riz du monde.

Le *riz du Japon* est très-petit, mais il est très-blanc. Il est excellent. On en exporte peu.

# CHAPITRE XVIII

## LÉGISLATION DES RIZIÈRES

Les rizières à eau stagnante doivent exister à une distance déterminée des centres populeux. — Mesures législatives qui régissent les rizières dans la Lombardie et le Piémont. — Premières ordonnances des ducs de Savoie. — Arrêt de la Consulte de Rome. — En France, la culture du riz n'est soumise à aucune mesure restrictive.

Les rizières à eau courante n'exercent aucune action fâcheuse sur la santé de l'homme ; par contre, les rizières à eau stagnante amoindrissent le caractère moral et les forces vitales des populations qui subissent sans cesse l'influence pernicieuse des vapeurs fétides et pestilentielles qu'elles dégagent pendant l'été.

C'est pourquoi ces cultures aquatiques ne peuvent exister qu'à une distance déterminée des agglomérations d'habitations.

J'ai fait connaître, dans mon ouvrage ayant pour titre : *l'Agriculture de l'Italie septentrionale*, page 269 et suivantes, les mesures législatives qui régissent les rizières dans le Piémont et la Lombardie, et qui permettent de dire que ces cultures spéciales, dans les provinces italiennes où l'eau est toujours courante, n'ont aucune influence nuisible sur la santé publique.

Des lois mentionnées par Caruelli dans son ouvrage intitulé *Disquisitiones juridicæ*, il résulte que les premières ordonnances des ducs de Savoie concernant les rizières furent publiées à Novare et à Milan en 1871. A cette époque, toutes les rizières devaient être éloignées de six kilomètres des murs de Milan.

En 1809, la Consulte de Rome ordonna :

1° Que personne ne pourrait établir de nouvelles rizières sans avoir préalablement obtenu l'autorisation ;

2° Que les rizières seraient *tenues à eau courante ;*

3° Que la distance de toute rizière serait de 500 mètres des maisons de campagne et de quatre kilomètres des villes, bourgs et villages.

De nos jours, en France, aucune loi ne prohibe ou règle la culture du riz.

---

## BIBLIOGRAPHIE.


**Choiseul-Gouffier** . . *Mém. de la Soc. d'agric. de Paris.* 1789, in-8°.
**De Gregory**. . . . . *La culture du riz.* Turin, 1818, in-8°.
**Bonafous**. . . . . *Maison rustique du dix-neuvième siècle,* t. I, p.
**Desvaux** . . . . . . . *Culture du riz.* Angers, 1835, in-8°.
**De Gasparin**. . . . . *Cours d'agric.* 1847, in-8°, t. III, p. 725.
**Du Tour**. . . . . . . *Cours complet d'agric.* In-8°, 1823, t. XIII.
**De Méritens**. . . . *Mém. sur la culture du riz sec.* 1855, in-8°.
**De Rivière**. . . . . . *Culture du riz dans la Camargue,* 1847, in-8°.
**Allston** . . . . . . . *Cult. du riz à la Caroline du Sud.* 1854, in-8°.
**Gussone**. . . . . . . *Essai sur la cult. du riz sec.* Naples, 1826, in-8°.
**Saint-Martin**. . . . *Culture du riz dans le Piémont.* 1805, in-8°.
**Digoin** . . . . . . *Les rizières de la Camargue.* 1855, in-8°.
**Fortune**. . . . . . . *Voyage agricole en Chine.* 1853, in-8°.
**Hervey Saint-Denis**. *Recherches sur l'agric. des Chinois.* 1850, in-8°.


---

# LIVRE VII

## MILLET ET PANIS

**Panicum**

(De *panis*, pain ; allusion à la propriété nutritive des graines.)

*Plante monocotylédone de la famille des graminées.*

*Anglais.* — Millet.  
*Allemand.* — Hirse.  
*Italien.* — Milio, miglio.  
*Portugais.* — Milho, miudo.  
*Espagnol.* — Mijo.

*Égyptien.* — Docrn ou dokhn.  
*Indien.* — Bajra.  
*Sénégalais.* — Bakate.  
*Arabe.* — Dochn ou dokn.  
*Celtique.* — Mel.

Le millet ou *mil* est une plante très-ancienne. Au temps d'Ézéchiel, il servait à faire du pain. A cette époque et au moyen âge, on le regardait comme le meilleur protecteur contre la famine. Les Chinois le cultivent depuis les temps les plus reculés.

Cette graminée est l'ancien *conchros* des Grecs et le *paspalos* d'Hippocrate. Selon Théophraste, sa graine fournissait la nourriture des Sarmates, et, d'après Strabon, le mil que l'on cultivait dans les Gaules produisait de très-belles semences.

Galien et Dioscoride ont aussi parlé de cette céréale. Les Romains l'ont toujours appréciée à sa juste valeur. D'après Pline, le mil qu'on récoltait dans la Campanie était très-beau, et il servait à faire un pain savoureux. César rapporte que les Marseillais, pendant le siége qu'il fit de leur ville, n'eurent d'autres ressources que du pain fabriqué avec de la vieille graine de panis ou millet.

Autrefois, dans la Gaule aquitaine, on faisait un grand usage de la graine de cette céréale. D'un autre côté, Charlemagne, dans ses Capitulaires, ordonne d'en semer dans les domaines royaux, afin d'en avoir pendant le carême. Je rappellerai que Froissart raconte qu'à la bataille de Nicopolis (1370), les soldats eurent seulement pour nourriture du pain de millet.

En 1638, le millet était très-cultivé en France dans le Béarn, le Bigorre, l'Armagnac et la Gascogne.

De nos jours, on le cultive en Moravie, en Hongrie, en Moldavie, en Pologne, en Italie, en Espagne, aux Canaries, en Asie, en Afrique et en Amérique. Le pays de Galam et surtout le Fouta (Sénégal) et la Sénégambie produisent des mils très-beaux.

Les habitants de Bornou (Afrique centrale) appellent le millet, *gosob*, ceux de Darfour, *dokn*, ceux de Boussa, *dorvah*; au Congo, on le nomme *mazza*.

La France importe annuellement de 400,000 à 2,700,000 kilogrammes de millet. Ces graines viennent principalement de la Belgique et de la Turquie.

Le Zanzibar en exporte annuellement d'importantes quantités en Arabie et sur les côtes d'Afrique.

Le millet occupe chaque année, en France, près de 40,000 hectares. Les départements qui le cultivent en grand sont : Landes, 15,207 hectares; Gironde, 7,422 hectares; Morbihan, 6,371 hectares; Lot-et-Garonne, 5,050 hectares; Vendée, 1,951 hectares.

# CHAPITRE PREMIER

## CONDITIONS CLIMATÉRIQUES

Les millets exigent un climat chaud ou tempéré. — Chaleur totale nécessaire
pour qu'ils puissent mûrir leurs graines. — Durée de leur végétation. —
Propriétés qu'ils possèdent de résister aux fortes chaleurs et aux longues
sécheresses. — Ils craignent au printemps les gelées tardives et les pluies
abondantes.

Les millets appartiennent à l'agriculture des contrées
tempérées. Ils sont très-peu cultivés dans le nord de l'Europe. Ils exigent, pour mûrir leurs graines, de 1850 à
1950° de chaleur totale. Leur végétation dure de trois à
cinq mois, suivant les espèces et les variétés.

Ces plantes résistent très-bien aux fortes chaleurs et
aux grandes sécheresses. C'est pourquoi on les cultive avec
succès dans les contrées où les étés sont prolongés et
chauds.

Toutefois, comme elles souffrent des froids tardifs prin-
taniers, on ne peut les semer que lorsqu'on n'a plus à
craindre de gelées.

En général, les racines des millets pourrissent aisément
dans les contrées et les terrains humides.

La promptitude avec laquelle végètent les millets leur
permettent de bien mûrir leurs graines dans le centre de
la France et les environs de Paris. Cependant, quand, dans
ces localités, il survient, pendant les mois de mai et de
juin, des temps froids ou des pluies encore glaciales, leurs
feuilles prennent promptement une teinte jaunâtre, et les
plantes sont arrêtées plus ou moins longtemps dans leur
développement.

# CHAPITRE II

## ESPÉCES ET VARIÉTÉS

Millet commun ; blanc, jaune, noir, bicolore, pourpre, gris verdâtre, roux. — Panis d'Italie ; panis jaunâtre, orange, rougeâtre, pourpre, violet brun, verdâtre, noir. — Contrées où les millets sont cultivés.

Les espèces de millet cultivées pour l'alimentation de l'homme sont au nombre de trois : 1° le millet commun ; 2° le panis d'Italie ; 3° le mil à chandelles, qui est mentionné page 236.

ǀ

### Millet commun

(PANICUM MILIACEUM, Lin.)

*Synonymie :* Millet à grappe.     Millet à panicule.

     PANICUM FRUMENTUM, Roxb.     PANICUM MILIUM, Pers.

Plante annuelle ; tige de 1 mètre à 1$^m$,50 de hauteur ; feuilles planes, linéaires ; fleurs en panicules rameuses, lâches, inclinées ou retombantes ; pédicelles nus, glumelles pointues ; graines luisantes, presque arrondies, à enveloppes minces et tendres.

Cette espèce (fig. 31) est originaire des parties les plus chaudes de l'Asie ; elle est cultivée dans l'Indoustan, les Indes orientales, en Éthiopie, au Sénégal, en Italie, en Russie, en Hongrie, en Allemagne et en France. Pline l'a appelée *millet à chevelure recourbée.* Les Hébreux l'appelaient *dockn ;* en sanscrit, on la nomme *anu ;* en tamoul, on la désigne sous le nom de *kade canny.* Les Allemands l'appellent *rispenhirsen,* les Italiens, *melighetta* et les Anglais, *common millet.*

Cette espèce prend quelquefois un grand développement

et incline alors très-mollement ses longues et gracieuses panicules.

Graine de grosseur naturelle.

Fig. 51. — Millet commun ou à grappes.

Le millet à grappe a produit les variétés suivantes :

### 1. — Millet blanc

(PANICUM MILIACEUM ALBUM.)

Ce millet représente l'espèce type. Ses graines sont

blanc jaunâtre. Il est très-cultivé en Europe comme plante alimentaire.

### 2. — Millet jaune
(PANICUM MILIACEUM LUTEUM.)

Les semences de cette variété sont d'un jaune bien accusé. Elles sont un peu plus dures que les graines de l'espèce type.

### 3. — Millet noir
(PANICUM MILIACEUM NIGRUM.)

Cette variété est vigoureuse. Elle a été signalée par Pline. Son grain est moins estimé que le millet blanc. Ce mil est cultivé avec avantage dans l'Amérique australe.

### 4. — Millet bicolore
(PANICUM MILIACEUM BICOLOR.)

Le grain de cette variété est grisâtre avec des stries noires. Ses glumelles présentent la même coloration. Cette race se rencontre çà et là dans la région de l'Ouest. Ceux qui la cultivent la regardent comme ayant plus d'aptitude à réussir dans des terrains médiocres que le millet blanc. Elle e t plus précoce que les autres millets.

### 5. — Millet pourpre
(PANICUM MILIACEUM PURPUREUM.)

Les grains de cette variété ont une belle teinte rouge foncée. Ce mil est peu cultivé en Europe.

### 6. — Millet gris verdâtre
(PANICUM MILIACEUM GRISEUM.)

Cette variété a des graines gris verdâtre plus petites que les semences du millet blanc. Elle a été mentionnée par Pline.

### 7. — Millet roux
#### (PANICUM MILIACEUM.)

Les graines de cette variété sont rougeâtres ou jaune rougeâtre. Elles sont moins estimées que la variété à graines blanches et jaunes.

Ces variétés, sauf le millet blanc et le millet bicolore, sont principalement cultivées dans les régions tempérées de l'Europe, de l'Asie et de l'Afrique. Les Sénégaliens désignent le millet à grappe sous le nom de *dougoup* et cultivent toutes les variétés que je viens de signaler.

Les graines de ces millets forment la base de la nourriture des nègres à Pondichéry.

## II

### Panis d'Italie
#### (PANICUM ITALICUM, L.)

*Synonymie :* Millet d'Italie.  Sétaire à épi.
Millet à épi.  Panis de Germanie.
Millet d'Allemagne.  Panis domestique.
Millet des oiseaux.  Panis cultivé.

PENNISECTUM ITALICUM, Brown.  PANICUM HISPANICUM, Taber.
SETARIA ITALICA, Kun.

Plante annuelle; tiges de 1 mètre à 1$^m$,50 ; feuilles moins longues et moins larges que celles de l'espèce précédente ; fleurs en épis cylindriques plus ou moins serrés, développés, longs de 0$^m$,30 à 0$^m$,40, et toujours courbés à la maturité : glumelles obtuses ; bractées, sétacées ; grains plus aplatis, plus petits que les grains du millet à grappe.

Cette espèce (fig. 32) est aussi très-ancienne. On la nomme en sanscrit *priyangu* et en hébreu *dokhn*. Dans l'Inde, on la désigne sous les noms de *kora-kang* et *kola-kangra*. Au Natal, on l'appelle *kafir* et dans le Soudan *jawa-wout*. A Pondichéry, on la nomme *samé*; en langue tamoule, on l'appelle *tené*. Les Allemands les désignent sous le nom de *kolbenhirsen*, les Italiens sous celui de *miglio volgare ;* les Anglais l'appellent *italian* ou *german millet.* Elle est plus rustique ou moins délicate, mais plus tardive que le millet à panicules.

Pline signale quatre variétés de millet à épi :

Le panis blanc.      Le panis rouge.
Le panis noir.      Le panis pourpre.

Tous les panis sont plus productifs que les millets à grappe. Ils s'égrènent aussi moins aisément.

Voici les variétés que l'on cultive le plus ordinairement :

### 1. — Panis jaunâtre

(PANICUM ITALICUM FLAVESCENS.)

Cette variété représente l'espèce type. Ses grains sont plus jaunes que les semences du *millet blanc.*

Cultivé sur des terres riches et fraîches, le panis jaunâtre produit des épis très-développés, mais irréguliers. Les plantes sont alors désignées sous le nom de *panis à gros épis* (PANICUM ITALICUM MACROSTACHIUM).

### 2. — Panis orange

(PANICUM ITALICUM AURANTIACUM.)

Cette race a des graines jaune rougeâtre qui sont très-belles.

### 3. — Panis rougeâtre

(PANICUM ITALICUM RUBRUM.)

Cette variété est plus précoce que les autres. Ses épis sont aussi moins penchés ; ses graines sont d'un beau rouge vif. Elle a été signalée par Pline.

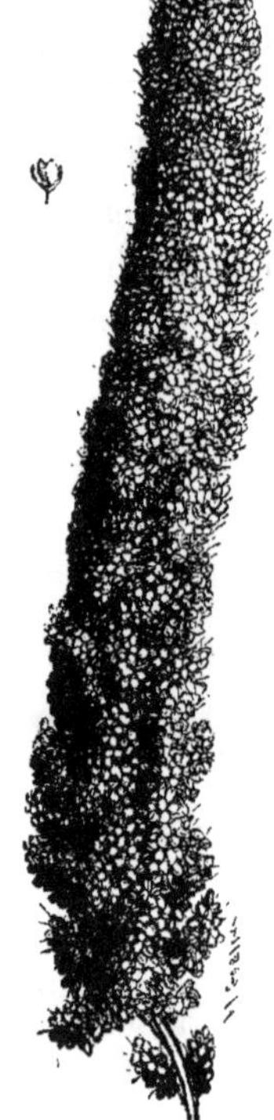

Fig. 52. — Panis ou millet d'Italie.

### 4. — Panis pourpre
(PANICUM ITALICUM PURPUREUM.)

Cette variété était cultivée par les Romains. Elle est répandue dans les parties méridionales de l'Allemagne et en Hongrie. Ses graines ont une belle nuance poupre ou rouge sombre.

### 5. — Panis violet
(PANICUM ITALICUM VIOLACEUM.)

Les graines de cette variété sont rouge violet foncé.

Cette variété a été appelée SETARIA SENEGALIS parce qu'elle est très-cultivée au Sénégal.

### 6. — Panis brun
(PANICUM ITALICUM BADIUM.)

Cette variété n'est pas très-vigoureuse. Ses graines ont une nuance jaune brun ou roux foncé.

### 7. — Panis gris verdâtre
(PANICUM ITALICUM GRISEUM.)

Ce panis est rustique, mais ses graines grisâtres sont assez petites.

### 8. — Panis noir
(PANICUM ITALICUM NIGRUM.)

Les graines de cette variété ont une belle couleur noire. Comme la plupart des variétés qui la précèdent, elle n'est cultivée que dans les contrées tempérées. Ce panis a été signalé par Pline.

On cultive en Moravie un panis noir dont les épis sont légèrement aristés.

Le millet à épi est aussi originaire des régions équatoriales. On le cultive très en grand au Sénégal, au Gabon, dans les Indes, le Cayor, l'Oualo, le Fouta, le pays de

Galam, l'empire ottoman, en Égypte, en Algérie, en Italie, etc.

Dans l'Inde, la graine de cette espèce remplace avantageusement le riz quand la semence de cette céréale est rare et chère. Son écorce est plus épaisse que l'enveloppe du millet blanc.

En Europe, on cultive principalement le panis à épi pour la nourriture des oiseaux. Son grain est moins estimé par l'homme que la graine des millets à grappes.

On cultive dans l'Inde une graminée alimentaire à laquelle les botanistes ont donné les noms de :

*Oplismenus frumentaceus*, Kunth.

*Echinochloa frumentacea*, Link.

*Panicum frumentaceum*, Roxb.

Cette plante est très-voisine du *Panis pied de poule* (PANICUM CRUS GALLI) ; ses tiges sont dressées, hautes de $0^m,75$ à $1^m,50$ ; ses feuilles sont grandes, hérissées sur les bords ; ses panicules sont dressées et formées de nombreux épis serrés ; ses graines sont ovoïdes, lisses, pointues et libres dans les glumelles qui les enveloppent.

Cette graminée végète rapidement et, dans les Indes orientales, elle donne deux récoltes depuis le mois de juin jusqu'en janvier.

Pour compléter cette nomenclature, j'ajouterai le PANICUM MILIARE, Kunth., qui est aussi très-cultivé dans les Indes orientales. Sa graine est brunâtre. Ses panicules sont lâches et inclinées.

# CHAPITRE III

**CULTURE**

Les millets demandent des terres légères, fertiles, propres et bien préparées ou divisées. — Les panis supportent mieux les terres argileuses. — Époque des semis en Europe, en Égypte et au Sénégal. — Quantité de semences à répandre par hectare. — Soins d'entretien. — Maladies. — Oiseaux nuisibles. — Récolte en Europe, en Égypte, au Sénégal et dans la Sénégambie. — Rendement par hectare. — Poids de l'hectolitre.

**Terrain**. — Tous les millets demandent des terres légères, des sols sablonneux, des terrains silico-calcaires ou des terres granitiques. Ils végètent toujours très-mal quand on les cultive dans des terres argileuses ou des sols compactes.

Les terres qu'on leur destine doivent être propres et de bonne qualité. Tous les millets supportent très-bien les fumures ou un excès de fertilité, mais ils se défendent mal des mauvaises herbes. Il faut, en outre, que les terrains aient été bien divisés par des labours et des herbages répétés.

Les panis supportent mieux les terres un peu argileuses que les millets.

Les terres doivent être disposées en planches étroites ou en petits sillons.

**Semis**. — En *Europe*, on sème les millets vers la fin d'avril, en mai ou au commencement de juin.

En *Égypte*, les semis se font pendant le mois d'octobre.

Au *Sénégal*, on sème les millets depuis le commencement de juin jusqu'à la mi-juillet, c'est-à-dire au commencement de la saison des pluies.

Les semis, dans les sols secs, se font à plat et à la volée

et, ce qui est préférable, en lignes espacées de 0$^m$,35 à 0$^m$,65 suivant le développement que les plantes peuvent prendre.

Dans les parties basses, on les exécute sur des billons.

On répand, par hectare, de 10 à 15 litres ou 7 à 10 kilogrammes de graines, selon que l'on répand les graines à la volée ou en lignes.

Les semences doivent être enterrées par un léger hersage ou à l'aide du râteau.

**Soins d'entretien.** — Les millets ne réussissent bien que lorsqu'ils végètent sur des terres de consistance moyenne, toujours meubles et propres; aussi doit-on les biner ou les sarcler toutes les fois que cela est nécessaire.

Quand les millets ou les panis ont 0$^m$,10 à 0$^m$,12 de hauteur, on les éclaircit avec soin en ayant la précaution d'espacer tous les pieds de 0$^m$,16 environ les uns des autres.

Ces plantes peuvent être arrosées avec succès pendant leur végétation. J'ai vu près de Lucques (Italie), des millets à épis qui étaient cultivés à l'arrosage; leurs tiges étaient très-fortes et élevées et elles portaient des épis qui avaient un développement remarquable.

A Pondichéry, on arrose les cultures de millets tous les huit jours.

**Maladies.** — Les millets sont sujets au *charbon* et à la *carie* (voy. t. I, p. 230). On prévient le développement de ces cryptogames sur les épillets et à l'intérieur des graines en chaulant ou en sulfatant les semences avant de les confier à la terre (voir t. I, p. 173).

**Oiseaux nuisibles.** — Les millets qui sont sur le point de mûrir leurs graines sont attaqués par une foule d'oiseaux : chardonnerets, verdiers, moineaux, pinsons, etc.

On éloigne les oiseaux des cultures de mils à l'aide d'épouvantails ou en faisant garder les champs par des enfants munis de crécelles, de tambours ou de tam-tam.

Dans la Guinée, on élève des plates-formes de $3^m,50$ à 4 mètres de hauteur sur lesquelles se tiennent des enfants ou des hommes chargés d'effrayer les oiseaux qui attaquent le millet.

**Récolte.** — En *Europe*, on récolte les millets pendant les mois d'août et de septembre.

En *Égypte*, on les moissonne à la fin de janvier ou au commencement de février.

Au *Sénégal*, la récolte se fait depuis le 15 novembre jusqu'à la fin de décembre.

Dans la *Sénégambie*, on moissonne le mil pendant les mois de septembre, octobre et novembre.

Les mils n'arrivent pas tous à maturité à la même époque. C'est pourquoi on opère l'enlèvement des panicules ou des épis en deux ou trois fois.

Les femmes qui sont chargées de la récolte du mil ont devant elles de larges tabliers relevés en forme de poche, ou elles sont munies soit de sacs, soit de corbeilles. Elles coupent les panicules et les épis avec de forts ciseaux ou de petites serpettes.

Dans diverses localités, au lieu de couper les panicules et les épis au-dessus du dernier nœud, on coupe les tiges à mi-hauteur, afin de pouvoir réunir leurs parties supérieures en petites gerbes. Le chaume qui reste après la récolte est fauché et rapporté à la ferme.

On ne doit pas opérer ni trop tôt, ni trop tardivement la récolte des panicules ou des épis. Dans le premier cas, le grain n'a pas toutes les qualités alimentaires qu'il doit avoir; dans le second, on perd beaucoup de graines par l'égrenage quand un vent violent agite les panicules ou les épis, ou lorsqu'on procède à leur récolte.

Les millets arrivés à maturité ont des tiges et des feuilles jaunâtres, et la plupart de leurs graines ont la couleur qui caractérise l'espèce ou la variété à laquelle ils appartiennent.

On transporte les panicules ou les épis à la ferme dans des voitures garnies intérieurement d'une toile.

Le battage a lieu aussitôt après la récolte. On le rend plus facile en exposant, pendant plusieurs heures, les panicules ou les épis sur une bâche ou sur une aire à l'action du soleil. Cet égrenage se fait avec de petites gaules, ou à l'aide de fléaux à battes légères, afin de ne pas écraser les graines.

On a souvent recommandé d'égrener les millets à l'aide des pieds des chevaux ou des bœufs; ce conseil n'est pas très-judicieux. Il est préférable, surtout pour le millet à grappe, d'opérer le battage à l'aide du fléau ou d'une machine à battre. Les millets à épis sont les seuls qu'on peut égrener par le concours du dépiquage.

On peut, au besoin, conserver les panicules ou les épis dans un local bien sec, pour opérer leur égrenage après les semailles d'automne.

Les épis qu'on désire livrer intacts au commerce doivent avoir des queues de $0^m,20$ environ de longueur.

Les graines, après avoir été nettoyées au moyen du van ou du tarare, sont déposées dans un grenier aéré, et remuées de temps à autre jusqu'à ce qu'elles soient bien sèches.

On les conserve dans des sacs à l'abri de la poussière.

Le plus ordinairement on réunit en paquets les épis

qu'on destine aux oiseaux. Ces bottes ou poignées sont ensuite suspendues dans les greniers dans lesquels les rats et les souris n'ont pas accès.

**Rendement**. — Le rendement moyen des millets, dans les bonnes cultures, varie entre 15 et 20 hectolitres.

Il faut des circonstances toutes spéciales pour pouvoir espérer récolter, en moyenne, 30 et 35 hectolitres par hectare. Le plus fort rendement connu n'a pas dépassé 40 hectolitres.

Le produit moyen de la France est évalué à 10 hectolitres par hectare.

Les produits moyens les plus élevés ont été obtenus dans les départements suivants :

| | |
|---|---|
| Aude | 32 hectol. |
| Loiret | 24 — |
| Moselle | 24 — |

Ces produits proviennent de bonnes cultures établies sur des alluvions fertiles.

**Poids de l'hectolitre**. — Un hectolitre de *millet à grappe* pèse de 62 à 65 kilogrammes.

Le poids d'un hectolitre de *millet à épi* varie entre 66 et 70 kilogrammes.

. On a récolté des graines de panis dont le poids a atteint 72 kilogrammes l'hectolitre.

**Rapport de la paille au grain**. — Le millet et le panis ne donnent pas une forte proportion de paille.

Dans les circonstances ordinaires, la paille est au grain comme 100 : 220.

Un hectolitre de graines représente donc, en moyenne, 150 kilogrammes de tiges et feuilles sèches.

# CHAPITRE IV

## EMPLOI DES PRODUITS

Graines décortiquées ou gruau de millet. — Gruau fourni par un hectolitre de graines. — Les graines des panis servent aussi à nourrir les oiseaux. — Usages de la farine. — Boissons spiritueuses. — Emploi des pailles.

**Graines.** — Les graines des mils, après avoir été mondées, remplacent très-avantageusement le riz. Elles servent à faire des bouillies ou *millées* et des gâteaux.

On les décortique à l'aide de mortiers et de pilons en bois. La graine mondée est appelée *gruau de millet*.

Un hectolitre de mil donne de 40 à 44 kilogrammes de gruau ou de millet mondé.

Au seizième siècle, on mangeait beaucoup de bouillies de mil dans la Sologne, la Gascogne et la Champagne.

Les semences du millet, et surtout celles des panis, servent à nourrir les oiseaux domestiques et d'agrément.

**Farine.** — La farine de millet en Syrie et dans le Liban sert à faire du pain qu'on mange chaud avec plaisir. Aux Canaries, on la mêle à de la farine de blé avant de la panifier. A Bornou, dans l'Afrique centrale, la farine de millet, associée à la graisse, sert à faire la bouillie appelée *kaddell*.

Le *couscous*, qu'on prépare avec cette farine, est très-estimé au Gabon, dans le Soudan et dans la Sénégambie.

**Boissons.** — On fabrique avec les graines des millets des boissons spiritueuses. Celle que préparent les habitants des provinces slaves est appelée *boza*.

**Paille.** — Les pailles de ces céréales sont utilisées avec succès dans l'alimentation du bétail.

# LIVRE VIII

## CÉRÉALES DES RÉGIONS ÉQUATORIALES

———

Les céréales dont j'ai décrit précédemment la culture sont cultivées sur presque tous les points du globe.

Après ces plantes se rangent quelques espèces d'un ordre secondaire, mais qui sont néanmoins très-utiles en ce qu'elles réussissent très-bien dans les régions équatoriales.

Ces plantes alimentaires ont un autre mérite. Non-seulement leurs graines servent à la nourriture d'une population nombreuse, mais elles végètent sur des sols où il serait souvent impossible de cultiver le froment, le maïs, le millet, etc. Aussi ai-je jugé utile de les mentionner dans cet ouvrage.

Ces céréales spéciales ont été souvent proposées à l'agriculture européenne; mais c'est toujours sans succès qu'on a tenté de les cultiver soit en France, soit en Angleterre ou en Allemagne.

———

# CHAPITRE PREMIER

## MIL A CHANDELLES

(PENICILLARIA SPICATA, Wild.)

(De *penicillus*, pinceau; allusion à la forme des épis.) .

*Plante monocotylédone de la famille des graminées.*

*Synonymie :* Petit mil chandelle.

Penicillaire à épi.

PANICUM SPICATUM, Roxb.

PENNISECTUM TYPHOIDEUM, Pers.

PANICUM AMERICANUM, Clus.

Cousse-couche.

Couscou-mouche.

HOLCUS SPICATUS, Lin.

PANICUM INDICUM, Bau.

MILIUM INDICUM, Cam.

Le mil à chandelles est très-répandu dans les Indes, en Égypte, en Asie, aux Antilles, au Sénégal et à l'intérieur de l'Afrique. Cette céréale n'est pas cultivée en Europe.

Cette graminée est annuelle (fig. 53); elle diffère des millets et des sorghos par les caractères suivants :

Tiges de 1 à 2 mètres, arrondies, glabres, rameuses; feuilles grandes, planes, nombreuses, avec une forte nervure blanchâtre; panicules spéciformes en épis terminaux, cylindriques, réguliers, serrés, dressés, roides, de 0ᵐ,20 à 0ᵐ,40 de longueur et 0ᵐ,02 à 0ᵐ,03 de diamètre, à pédicelles velus, pointus, vert branchâtre; graines nombreuses, serrées, comprimées, blanc ou légèrement verdâtre, suivant les variétés.

Le mil à chandelles est le *boujera* de l'Afrique orientale et le *camboul* des Hindoustans. Dans l'Afrique centrale, l'Arabie, le Soudan, la Nubie, l'Abyssinie, on le nomme *doughn*, *dochn* ou *gero*; dans le Zanzibar, *lotsa*; dans la vallée de l'Indus, *badjri*; au Malabar, *tenna*; dans l'ile de Socotora, *dockna*; au Sénégal, *dougoup*. Les Arabes l'appellent *benitche*, les Égyptiens, *doura nili*, les Bengalais *bujra*, les Mahrattes *baâchera*, et les Anglais, *egyptian millet*.

Les nègres regardent le mil à chandelles comme une plante précieuse. Dans la Sénégambie, ils l'appellent *dougoul-nioul*.

A Pondichéry, on en cultive deux variétés. La première, qu'on nomme *peroum-cambon*, est semée en janvier, après que la terre a été arrosée. On sème la seconde, qu'on nomme *siron-cambon*, en juin et juillet, c'est-à-dire à l'époque où commencent les pluies d'orage.

Au Sénégal, on en connaît cinq variétés, qu'on désigne sous les noms ci-après : *sagnio, tigne, diopol, dougoup* et *ounioul*. Ces variétés ont des épis plus ou moins développés, et munis d'arêtes fines et de graines plus ou moins grosses.

On les sème à la fin de juillet, et on les récolte depuis le mois de novembre jusqu'à la fin de décembre. En Égypte, on le sème en pépinières vers le 15 juillet, on le transplante pendant la première quinzaine d'août, on l'arrose ensuite une fois par semaine et on le récolte en septembre.

Le mil à chandelles est très-productif. Il accomplit ses diverses phases d'existence dans l'espace de quatre mois.

Au Sénégal, les perruches commettent souvent de grands dégâts dans les cultures du mil à chandelles.

Sa graine est riche en parties amylacées. Au Bengale, au Gabon et en Afrique, elle sert à faire du couscous ou une sorte de gaude ou de polenta.

Fig. 55.
Mil à chandelles.

On l'emploie aussi dans la fabrication de la bière.

Les tiges du mil à chandelles sont employées pour chauffer les fours.

# CHAPITRE II

## SORGHO

### Sorgho

De *Sorghi*, nom indien de l'espéce.

*Plante monocotylédone de la famille des graminées.*

| | |
|---|---|
| *Italien.* — Saggina. | *Arabe.* — Djavarisch ou doku. |
| *Hindoustan.* — Jowar. | *Grec.* — Dari. |
| *Turkestan.* — Djaougou | *Égyptien.* — Doora. |

Le sorgho est originaire de l'Inde. Il a été introduit autrefois en Égypte par les Arabes.

Il est cultivé en Grèce, dans les vallées de la Thessalie et de la Thrace, dans la Chine septentrionale, la Mantchourie, l'Hindoustan, la Perse méridionale, l'Arabie, la Syrie, le Turkestan, l'Abyssinie, la contrée des Brahmanes, la Nubie, la Nigritie, la Sénégambie, la Cafrerie, le Zambèze, le Zanguebar, la Guinée, le pays des Hottentots, au Congo, aux Antilles, etc., c'est-à-dire dans tous les pays desséchés pendant l'été par un soleil brûlant.

On appelle cette graminée *sorgho-millet, gros mil, millet d'Éthiopie, millet des Indes, doura des Arabes.*

Au seizième siècle, Camerarius le nommait *millium indicum,* Daleschamps, *millet d'Indie,* et Jean des Moulins, *melica à épi.*

Le pain de doura, d'après Hérodote, était appelé *cyllite* par les Grecs.

Dans la Sénégambie, le sorgho est la seule céréale des noirs.

## SECTION I

### Conditions climatériques

Les sorghos cultivés comme plantes alimentaires appartiennent à l'agriculture
des contrées chaudes. — Espèces spéciales qui mûrissent leurs graines
dans les contrées tempérées. — Les sorghos exigent une somme de chaleur
plus grande que celle que demande le maïs.

Les sorghos cultivés comme plantes alimentaires appartiennent à l'agricuture des contrées équatoriales. Il est vrai
que le sorgho commun mûrit ses graines dans les régions
du sud et du sud-ouest de la France, et que cette espèce et
le sorgho rougeâtre sont cultivés dans la Lombardie et la
Vénétie ; mais les autres espèces demandent un climat
presque africain. C'est pourquoi ces derniers sorghos sont
très-cultivés au Sénégal, en Nubie, en Égypte, dans
l'Inde, etc. Cela est si vrai que le sorgho sucré, qui est regardé à bon droit comme une excellente plante saccharifère sur les côtes d'Afrique, ne peut être cultivé dans le
midi de l'Europe que comme plante alimentaire ou comme
plante fourragère.

En général, tous les sorghos, à l'exception du sorgho à
balais, exigent, pour bien végéter et mûrir leurs graines,
une somme de chaleur plus élevée que la chaleur totale que
demandent le maïs et les millets à panicules ou à épis, pour
bien fructifier. C'est pourquoi on les cultive partout entre
les tropiques.

## SECTION II

### Espèces et variétés

Espèces à panicules lâches : sorghos commun, élevé, des Cafres et d'Alep;
— Sorgho à épis contractés : sorghos doura et penché. — Caractères qui
distinguent ces espèces. — Avantages et inconvénients qu'ils possèdent.

Les espèces cultivées sont très-nombreuses; mais, jusqu'à ce jour, elles ont été mal définies. Voici celles que j'ai pu comparer :

PREMIÈRE DIVISION

SORGHOS A PANICULES LACHES

**1. — Sorgho commun**

(SORGHUM VULGARE, Pers.)

*Synonymie :*

| | |
|---|---|
| Millet indien. | Grand mil. |
| Grand millet des Indes. | Grand sorgho à balais. |
| Millet à gros épis. | Millet des Sarrasins. |
| Millet de Bukkarie. | Sorgho à balais. |
| Maïs de Guinée. | Millet d'Afrique. |
| MILIUM GLOBOSUM, Rem. | ANDROPOGON SORGHUM, Brot. |
| SORGHUM SCOPARIUM. | MILIUM ARUNDINACEUM, Bauh. |
| HOLCUS SORGHUM, L. | MILIUM SORGHUM. |

Tiges de 3 à 4 mètres de hauteur; feuilles grandes, lancéolées; panicules oblongues, lâches, longues de 0$^m$,20 à 0$^m$,40 à épillets ramifiés ; grain comprimé, rouge brun ou jaune rougeâtre, rougeâtre ou rouge vif.

Cette espèce (fig. 34) a produit diverses races qui diffèrent les unes des autres par leurs panicules plus ou moins allongées, rigides ou dressées, flexibles ou inclinées, et par leurs graines, qui sont jaunâtres, rosées, brun rougeâtre ou pourpre noirâtre.

La variété à graine rouge est appelée *sorghum vulgare rubrum;* celle qui est pubescente est désignée sous le nom de *sorghum vulgare pubescens.*

Ce sorgho est très-répandu et très-productif. On le cultive en Italie, dans le Portugal, en Hongrie, dans la Dalmatie, les Indes orientales et dans l'Afrique centrale. Il mûrit encore son grain en Abyssinie, à 2,500 mètres d'altitude. Il a été introduit, en 1204, d'Anatolie dans le Piémont. A cette époque, on l'appelait *meliga* ou *melica.*

Cette graminée est connue sous divers noms. Les Espagnols la nomment *panizo de Damiel,* les Turkestans, *djaouri* ou *djaougon,* les Indiens, *djorary* ou *djola.* En Guinée, on l'appelle *dowah,* en Sénégambie *guiarnatt,* et en Égypte

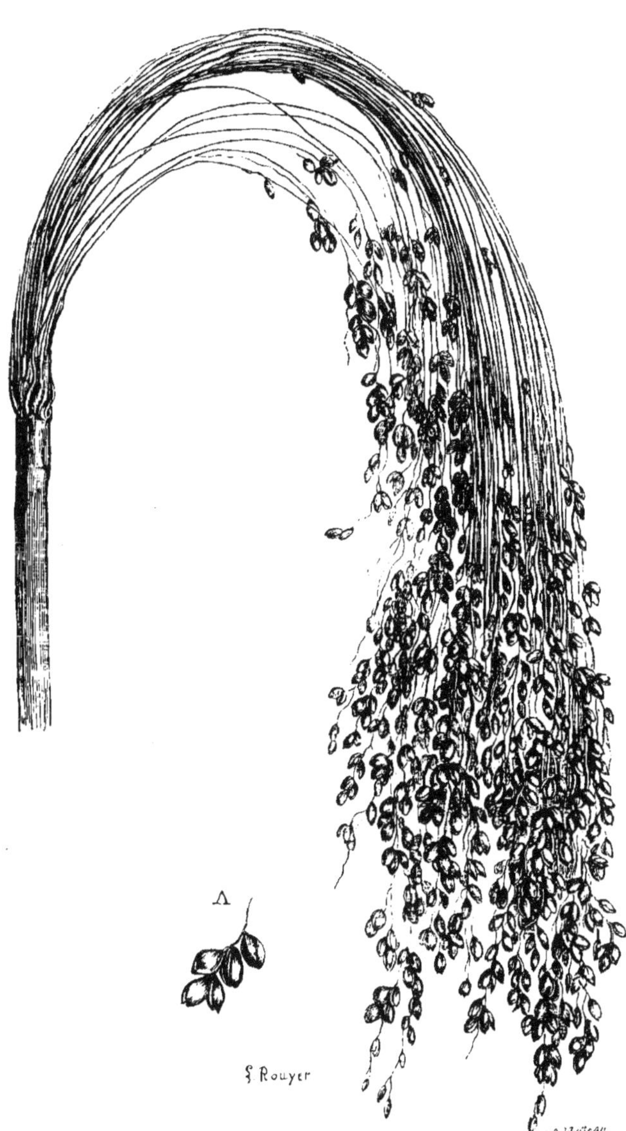

Fig. 54. — Sorgho.
A. Semences de grandeur naturelle.)

*doura beledy*. Les habitants du nord de la Chine le désignent sous le nom de *nagara*. Les Italiens le nomment *saggina commune* et *saggina rossa*.

Enfin, le sorgho commun est le *cholem* ou *cholum* des Tamouls, le *tchor* des Mahrattes, le *djoula* des Talingas et le *iowar* des Hindoustans.

Le grain de plusieurs variétés de ce sorgho est alimentaire. Les Cafres et les Touaregs s'en nourrissent très-bien.

Autrefois, la graine de cette graminée servait, dans l'Aquitaine, à faire une sorte de pain.

Les nègres de la Guinée font, avec sa farine, une bouillie qu'ils appellent *moussa*, et qu'ils assaisonnent avec du piment et du jus de viande.

## 2. — Sorgho élevé

(ANDROPOGON ALTISSIMA, Perott.)

Tiges très-fistuleuses de 5 à 6 mètres ; feuilles longues de plus de 1 mètre et large de 0$^m$,07 à 0$^m$,08 ; panicules pyramidales de 0$^m$,25 à 0$^m$,30 de longueur ; épillets verticillés, portant chacun une arête ; graines un peu aplaties ou comprimées, contenues dans des bulles d'un beau noir, lisses et luisantes.

Cette belle espèce tient le milieu entre le sorgho vulgaire et le sorgho des Cafres. Elle est cultivée à Manjccoupon (Inde). Les Indiens la désignent sous le nom de *mapou solom* (sorgho des nues) ; les Bengaliens la nomment *alangerat-solom*.

## 3. — Sorgho des Cafres

(SORGHUM CAFRORUM, Beauv.)

*Synonymie :*

| | |
|---|---|
| Sorgho des Arabes. | Grand millet noir. |
| Sorgho imphy. | Sorgho de la Chine. |
| Sorgho d'Arduini. | Millet de la Cafrerie. |
| Sorgho noir d'Afrique. | Houque saccharine. |
| Canne Cafre. | Grand millet de Guinée. |
| Sorgho sucré. | Millet noir d'Afrique. |
| SORGHUM SACCHARATUM, Pers. | SORGHUM ARDUINI, Jacq. |
| ANDROPOGON CAFRORUM, Kunth. | HOLCUS CAFRORUM, Kunth. |
| HOLCUS DOCKNA, Forsk. | HOLCUS SACCHARATUS, Lin. |
| SORGHUM NIGRUM, Rox. | ANDROPOGON NIGER, Kunth. |

Tiges de 3 à 4 mètres; feuilles lancéolées, glabres; panicules rameuses, lâches, étalées, longues de 0^m,15 à 0^m,20; glumelles brun noirâtre ou noires; graines presque globuloïdes, lisses, noires, luisantes et saillantes hors des glumelles.

Ce sorgho (voy. LES PLANTES FOURRAGÈRES, p. 495) a été séparé en deux espèces : le *sorghum nigrum* et le *sorghum Cafrorum*, mais il est incontestable que ces deux plantes appartiennent au même type.

Cette graminée alimentaire est très-vigoureuse dans les Indes, dans l'Afrique centrale, la Cafrerie, la Sénégambie, la Négritie, le Sénégal et la Syrie. Elle est assez rare en Égypte.

Au temps de Pline, on avait importé de l'Inde en Italie un *mil noir à gros grains* (fig. 55) et à tige ayant plus de 2 mètres de hauteur. Ce sorgho était très-productif lorsqu'on le cultivait dans une terre fraîche. Ses graines étaient alors désignées sous le nom de *loba*.

Le sorgho noir ou des Cafres est connu sous des noms très-divers. Les Hottentots l'appellent *semi*; les Cafres *ma-be-li*, nom que les botanistes anglais ont remplacé par *cafers boom, kaffer corn* ou *cafir corn* (blé cafre); les Sénégambiens, *kafe*; les Arabes, *bechna*; les Égyptiens, *doora bamy'eh* et *doora saffra*; les Turkestans, *djoulara* ou *djaoura*; les Betjaunas (Afrique australe), *mabbèle*.

Fig. 55. — Rameau d'une panicule de sorgho des Cafres.

On le nomme *sat* en langue serrère et *makari* en langue poule.

La farine qu'on extrait du sorgho des Cafres sert à faire du pain qu'on cuit sous la cendre. Ce pain, il est vrai, n'est pas levé et il a une saveur aigrelette; néanmoins, les habitants de l'Éthiopie le mangent avec plaisir.

Cette farine sert, en Afrique, à fabriquer des gâteaux très-minces ou des bouillies que recherchent les nègres sénégambiens. Les Cafres font bouillir les graines dans du lait ou de l'eau dans laquelle ils mettent des morceaux de tiges dans le but de la sucrer. La pâte aigrie que font les Betjaunas avec de la farine de sorgho et du lait, est appelée *boukobi*.

Les Cafres mêlent la graine de ce sorgho qu'ils appellent *sparmann* avec la racine du *dakka* (PHLOMIS LEONURUS, Lin.[1]) et en font une liqueur spiritueuse.

Ce sorgho a produit diverses variétés que les Cafres désignent sous les noms suivants :

| | |
|---|---|
| Vim-bis-chu-à-pa. | E-éngha. |
| E-a-na-moo-dee. | Ni-a-za-na. |
| Broom-wa-na. | Shla-goova. |

Ces cinq variétés sont surtout cultivées pour le sucre que contiennent leurs tiges.

### 4. — Sorgho d'Alep

(SORGHUM ALEPENSE, Pers.)

*Synonymie :* Houque d'Alep.   Houque de Syrie.

HOLCUS ALEPENSIS, Lin.   ANDROPOGON ALEPENSIS, Sib.
BLUMENBACHIA ALEPENSIS, Koel.   ANDROPOGON ARUNDINACEUS, Scop.

Tiges de 2 à 3 mètres à nœuds duveteux; feuilles linéaires, lancéolées, à grosse côte blanche, à ligule courte et ciliée ; panicule rameuse, élégante, très-lâche, pyramidale, à pédicelles plus ou moins colorés; glumes brun rougeâtre ou jaune rougeâtre ; graines un peu allongées, très-comprimées, un peu petites.

Cette espèce est cultivée dans l'Europe méridionale, en Syrie, Mauritanie, dans l'Inde et à Cuba; en Nubie, on l'appelle *gyâraoû*; elle a peu de rapport, quant à sa pannicule, avec les autres sorghos.

[1] Arbrisseau à fleur écarlate de la famille des labiées et originaire du Cap.

DEUXIÈME DIVISION

SORGHOS A ÉPIS CONTRACTÉS

### 5. — Sorgho doura

(SORGHUM DOURA, D.)

*Synonymie :* Grand millet du Sénégal.   Sorgho rougissant.
Grand millet d'Afrique.   Houque bicolorée.
Millet d'Afrique.   Grand millet blanc.
Doura des Egyptiens.   Sorgho de Guinée.
Doura rouge.   Sorgho bicolore.
Grand millet des Indes.

HOLCUS BICOLOR, Rumph.   SORGHUM BICOLOR, Willet.
HOLCUS COMPACTUS, Scop.   HOLCUS DURA, Roxb.
SORGHUM RUDENS, Kenth.   HOLCUS RUDENS, Lin.
ANDROPOGON RUBENS, Roxb.

Tiges de 3 à 4 mètres de hauteur; panicule contractée, ovoïde, courte, terminale; glumelles allongées dépassant quelquefois la graine; graines globuloïdes, saillant ordinairement hors des glumelles, de couleur qui varie du blanc mat au rouge foncé.

Cette espèce (fig. 36 et 37) est le *doura* ou *doorâh* des Arabes; elle est très-cultivée en Afrique, dans l'Inde, la Mingrélie, la Circassie, la Géorgie, la Cilicie, le Darfer, la Barbarie, la Sénégambie, la haute Égypte, la Perse, l'Arabie, au Sénégal, aux Antilles, et dans l'Hindoustan.

Les Géorgiens l'appellent *gom*, les Sénégambiens, *milho*, les Nubiens, *mâreh*, les Abyssins *dura* ou *duro*. Dans le Soudan, on la nomme *ngaberi* ou *beiri*, au Bengal, *vallesolom* ou *flint-solom*, en Égypte, *doora seïfy* ou *doora sieyfi*. En Italie, on l'appelle *saggina bianca*.

Ce sorgho a produit des variétés très-nombreuses. Les unes ont des grains blanc mat marqués d'un point brun à l'une de ses extrémités, les autres ont des semences jaunâtres, jaunes rougeâtre ou rouge foncé; quelques variétés ont des semences très-grosses tandis que d'autres ont des graines de volume ordinaire; enfin, plusieurs variétés appelées *sorghos bicolores* ont des épis présentant deux nuances bien distinctes qui sont dues à la coloration des glumelles et des graines.

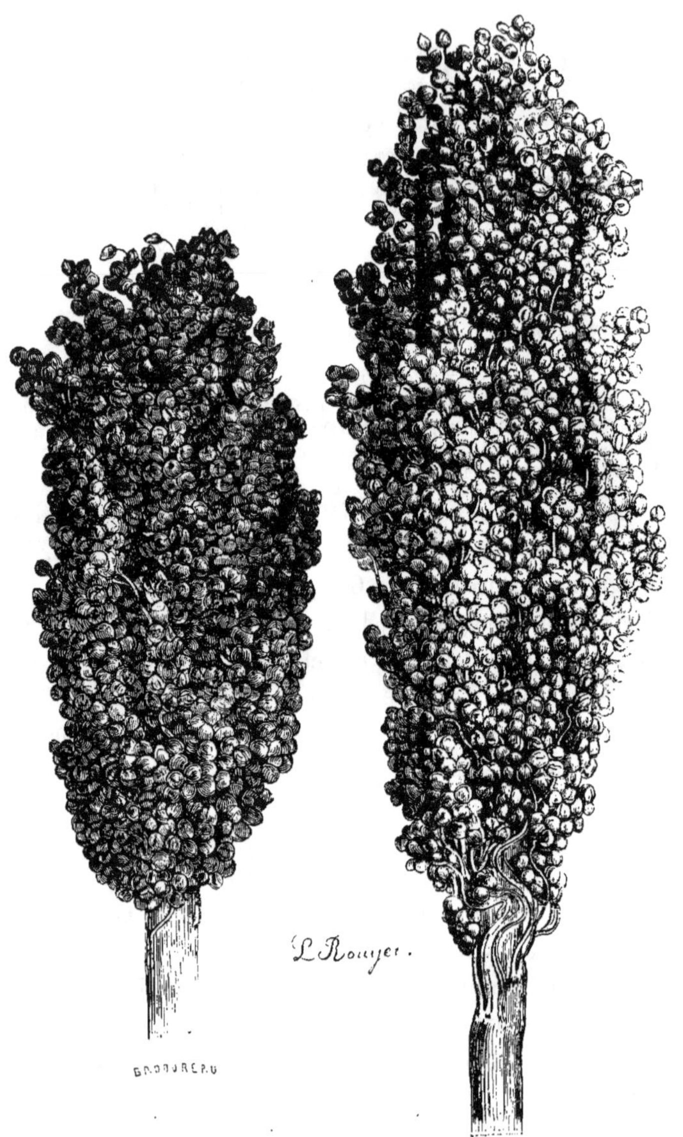


Fig. 36. — Sorgho à épi rouge brun.      Fig. 57. — Sorgho à épi rougeâtre.

Les cinq variétés cultivées au Sénégal sont connues sous les noms suivants : *fela, basé, sakhoullé, diaknot* et *samba-samki*.

Les sorghos à épis raides et serrés cultivés par les Cafres Zulu, sont appelés : *koom-ba-na, shla-goon-di* et *oom-si-a-na*.

En Égypte et en Afrique, on fait avec la farine des galettes et du pain qui est d'une blancheur éclatante. En Arabie et surtout à Gouz, on réduit le grain en farine à l'aide d'un petit moulin et on fait avec celle-ci un pain un peu acide. Ce pain est cuit sous la cendre ; il est destiné aux caravanes. La pâte n'a pas fermentée. Les Circassiens et les Géorgiens la font cuire pendant une demi-heure. Lorsqu'on y ajoute du beurre et du miel, on a le pain que les Arabes appellent *mafrouca*.

La graine du sorgho bicolore, alliée à celle de l'orge, sert à faire la bière que les Arabes appellent *boza* ou *bouza*, et qu'au Zambèse on nomme *boyaloa* ou *valo*.

En résumé, le sorgho doura est une plante alimentaire précieuse pour les contrées où la terre est brûlée par le soleil et pour celles où le regard ne découvre qu'une mer de sable.

### 6. — Sorgho penché

(SORGHUM CERNUUM, Willd.)

| | |
|---|---|
| *Synonymie :* Sorgho incliné. | Barhon incliné. |
| Sorgho blanc. | Douque penchée. |
| HOLCUS CERNUUS, Lin. | HOLCUS CERNUUM, Des. |
| ANDROPOGON CERNUUS Roxb. | SORGHUM ALBUM. |
| HOLCUS COMPACTUS. | |

Tiges de 2 à 4 mètres ; panicules ovoïdes ou oblongues, à pédicelles courts, ramifiés et très-serrés, toujours inclinés vers la terre ; glumes velues ; graines assez grosses, sphériques ou globuleuses et d'un beau blanc.

Ce sorgho est un peu tardif. Il est cultivé dans l'Inde, en Égypte et en Afrique. Il est vigoureux et très-productif.

Les Arabes l'appellent *bechena* ou *righiffa*. Les Maltais le nomment *carambasse* et les Égyptiens *doorâh kamra* ou *doorâh ouâgeh* ou *doora owaygeh*. Dans le Soudan, on le désigne sous le nom de *massakoua*.

En Égypte, son grain est regardé comme un aliment sain et nutritif. En Afrique, on le mange en guise de riz.

---

## SECTION III

### Culture

Semis en Égypte, au Sénégal, en Arabie. — Oiseaux et insectes nuisibles. — Arrosages. — Récolte. — Produit. — Poids d'un hectolitre de graines.

Les sorghos se cultivent comme le maïs (voy. p. 55).

**Semis**. — En *Europe*, on les sème, suivant les localités, en mars, avril ou mai.

En *Égypte*, les semis se font dans la haute Égypte vers la mi-mai et dans la basse Égypte vers le 15 août.

Dans la basse Égypte, assez souvent, on lui demande deux récoltes par an, en le semant d'abord au 15 mai et ensuite au 15 août. Dans ce cas, le sorgho semé le premier est appelé *dourâh-el-keydy* et le second *dourâh-el-nabâry*.

Au *Sénégal*, on le sème au commencement de novembre.

En *Arabie*, les semailles ont lieu en août.

Dans ces diverses contrées, les semis se font en lignes. Par contre, dans la Sénégambie on le sème en poquets en mettant 3 à 4 grains dans chaque trou.

En Égypte, on fait préalablement tremper les graines pendant vingt-quatre heures environ. Quand les plantes ont de 0^m,30 à 0^m,40 de hauteur on les butte avec de la terre à laquelle on a ajouté du *sebagh* ou terre riche en nitrate de potasse. Cette substance à la propriété de hâter la maturité du sorgho.

Dans la Sénégambie, les nègres cultivent entre les lignes de sorghos, des *niébés* ou dolics, des patates douces, des pastèques, etc.

**Oiseaux nuisibles.** — Les sorghos sont souvent attaqués par les oiseaux quand leurs graines sont mûres.

En *Égypte*, ce sont les étourneaux, les passereaux et les pigeons qui causent à ces plantes les plus grands dommages. Aussi est-on forcé, à l'approche de la maturité des graines, de faire surveiller les cultures par des enfants placés sur de fortes buttes de terre ou situés sur des échafaudages de bois de dattier assez élevés pour qu'ils puissent dominer les plantes. C'est par des cris répétés ou à l'aide de pierres lancées par des frondes que ces gardiens parviennent à éloigner ou effaroucher ces oiseaux destructeurs.

Du sommet de leurs observatoires, les enfants découvrent un horizon immense égayé seulement par les têtes de palmiers. Ces gardiens ne souffrent nullement de l'action d'un soleil réellement africain.

Dans la Sénégambie, ce sont des nègres qui sont chargés nuit et jour de protéger les récoltes du *guiarnatt* ou gros mil contre les oiseaux. Ils sont montés sur des huttes de paille.

Au *Sénégal*, ce sont principalement les perruches qui font du tort aux sorghos à l'approche de la maturité de leurs graines.

**Insectes nuisibles.** — Dans la colonie de Natal, et sur la côte du sud-est de l'Afrique dans l'Inde, les *termès* qu'on appelle *fourmis blanches* causent souvent de grands dommages dans les cultures de sorghos. La variété dite *sorgho sucré* est plus ravagée par ces insectes que les autres espèces ou variétés,

**Arrosages.** — Les sorghos peuvent être cultivés à l'arrosage, mais ces irrigations doivent être plus modérées que s'il était question de cultiver le maïs.

Dans le Fayoum (Égypte), il existe ordinairement une rigole d'arrosement à côté de chaque ligne de sorgho.

L'eau qu'on utilise dans ces irrigations est élevée au-dessus du sol à l'aide de *roues à pots* ou *norias* garnies de pots en terre.

**Récolte.** — La maturité des sorghos est plus ou moins hâtive ou tardive selon les espèces cultivées et les époques auxquelles les semis ont été exécutés.

En *France*, dans la vallée de la Garonne et du Rhône, elle se fait à la fin d'août ou au commencement de septembre.

En *Égypte*, on récolte le *dourâh-el-keydy* vers le 15 août et le *dourâh-el-nabâry* pendant le mois de novembre.

Lorsqu'on sème le sorgho tardivement, on ne le récolte qu'en février et mars.

En *Arabie*, on récolte le *dourâh* à la fin de novembre.

Au *Sénégal*, cette récolte a lieu depuis le commencement de janvier jusqu'à la fin de février.

L'égrenage se fait à l'aide du dépiquage ou au moyen du battage.

**Produit.** — Les sorghos, en général, sont plus productifs que les principales variétés du maïs. Leur rendement moyen varie, par hectare, entre 40 et 50 hectolitres.

Dans la Guyane, le produit dépasse souvent 80 hectolitres par hectare.

En Égypte, le *doora sëify* est le sorgho qui donne le

plus grand produit. Dans les bonnes terres , il rend jusqu'à 80 pour 1.

**Poids des graines**. — Un hectolitre de graines de sorgho pèse de 65 à 70 kilogrammes.

Ce même volume de semences, à la Guinée, pèse jusqu'à 80 kilogrammes.

Ces différences ont pour cause la manière d'être des graines, leur régularité et leur densité.

---

## SECTION IV

### Emploi des produits

Composition des grains de sorgho. — Farine, — Gâteaux, — Galettes et couscous. — Alcool. — Les panicules servent à faire des balais. — Boissons enivrantes. — Sucre tiré des tiges du sorgho des Cafres. — Emploi des feuilles. — Tiges utilisées comme combustible.

Les semences de la plupart des sorghos sont très-alimentaires. Voici la composition des graines du sorgho ordinaire :

| | |
|---|---|
| Amidon | 68.70 |
| Sucre | 1.84 |
| Gomme | 1.23 |
| Caséine | 4.71 |
| Protéine | 11.19 |
| Fibres | 4.56 |
| Parties minérales | 5.51 |
| Eau | 16.96 |
| | 100.00 |

100 kilogrammes de graines brutes donnent 58 à 60 kilogrammes de graines mondées ou gruau de sorgho.

La farine qu'on extrait de ces graines est presque privée de gluten, mais elle est plus blanche, plus nourrissante que celle contenue dans les graines des millets. Les gâteaux et les galettes qu'on en fait sont très-nourrissants.

En Afrique, cette farine nourrit la race nègre. En Égypte, elle est la nourriture habituelle des fellahs. Au Sénégal, on en fait du *couscous* ou *moussâ*. Dans la Sénégambie, le *sanglé* est fait avec de la farine fine du sorgho ordinaire associée à de la farine fine du mil à chandelles et du lait doux ou caillé ; la grosse farine sert à faire du couscous.

Dans l'Afrique australe et surtout dans la Zambèse, on fait un pain un peu grossier mais nutritif, en associant le sorgho au maïs.

Les graines des sorghos nourrissent aussi les volailles, et elles fournissent, par la distillation, un alcool ayant un bon goût.

La panicule, égrenée avec précaution, sert à faire des balais, que l'on nomme *balais blancs*, et qu'on utilise à l'intérieur des habitations. (Voy. les PLANTES INDUSTRIELLES, t. I, p. 292.)

Les naturels du pays de Bambouk retirent des graines de cette céréale une liqueur enivrante, et les habitants de la Cafrerie extraient du sucre des tiges du sorgho des Cafres, ou sorgho sucré.

En Nubie, on extrait des graines du sorgho des Cafres une *matière colorante rouge* qui sert à teindre les nattes, la laine et les tapis.

Les feuilles vertes ou sèches sont mangées avec plaisir par tous les animaux appartenant aux espèces bovine et ovine.

Enfin, les tiges des sorghos sont utilisées dans les fours comme combustible, ou elles servent à couvrir les habitations. Dans la Nubie, les chevaux sont nourris pendant plus de six mois avec la paille de cette céréale.

# CHAPITRE III

## ÉLEUSINE

### Eleuzine

(D'*Éleusine*, surnom donné à Cérès, la déesse des moissons.)

*Plante monocotylédone de la famille des graminées.*

Cette graminée ressemble un peu au millet à épi ; elle ap
partient particulièrement à l'agriculture des contrées équatoriales. Les espèces cultivées sont au nombre de trois :

### 1. — Éleusine coracan

(ELEUSINE CORACANA, Gært. — CYNOSURUS CORACANUS, Lin.)

*Synonymie :* Millet africain.

Tiges dressées, comprimées, hautes de 1 mètre à 1$^m$,50 ; feuilles nombreuses, larges, planes à gaine poilue ; épis unilatéraux au nombre de 6 à 7,
dressés, fasciculés, et formés d'épillets sessiles ; glumes à folioles obtuses et
inégales ; graines petites, globuleuses, glabres, brun foncé et ridées transversalement.

Cette céréale est originaire de l'Inde et du Japon, où elle
est cultivée pour ses graines alimentaires. Elle est remarquable par le grand produit qu'elle donne quand elle est
cultivée dans de bons terrains, suivant les procédés en
usage dans la culture du millet.

L'éleusine coracan est connue dans l'Inde sous le nom
de *nutchanee* et *merwah*. Elle végète dans toute la province
de l'Oude, où elle remplace le riz quand celui-ci fait défaut. On la cultive aussi dans l'Asie méridionale et l'Hindoustan.

La farine qu'on extrait de sa graine sert à faire du pain.

### 2. — Éleusine de l'Inde

(ELEUSINE INDICA, Gært. — ELEUSINE STRICTA, Roxb.)

Cette espèce a beaucoup de rapports avec la précédente ;

elle n'en diffère que par ses épis, qui sont plus droits et plus longs. Elle est indigène dans l'Asie méridionale aux îles du Cap Vert, à la Caroline, au Brésil, etc. Les graines sont petites et nombreuses, mais elles sont peu estimées.

Plusieurs botanistes ont désigné cette espèce sous les noms de Cynosurus Indicus, L.; Eleusine distans, Mœnch; Panicum compressum, Forsk.

### 3. — Eleusine Tocusso
(ELEUSINE TOCUSSO, Fres.)

Cette espèce est cultivée en Égypte, en Abyssinie et en Afrique, où elle est connue sous le nom de *dagusso*, *tocusso* ou *takosso*. Dans l'Inde, on l'appelle *mundo*, et dans l'Hindoustan, *nutchami*. Elle est aussi annuelle. Ses *graines sont blanches, rouge brun* ou *noir, suivant les variétés*. Elle réussit très-bien en Abyssinie, entre 1,500 et 2,400 mètres d'altitude.

Ces trois graminées sont nouvelles; elles sont très-productives quand on les sème au commencement de la saison des pluies. Leur grande précocité permet d'en faire successivement, sur le même terrain, deux et trois récoltes chaque année. Toutefois, les graines des éleusines coracan et Tocusso n'ont pas les qualités alimentaires qui distinguent les semences du millet.

On utilise les semences de ces plantes qu'après les avoir décortiquées à l'aide de mortiers et de pilons de bois. On les fait cuire comme le riz ou on les réduit en farine avec lesquelles on fait des bouillies ou des galettes.

# CHAPITRE IV

## POA D'ABYSSINIE

(POA ABYSSINICA, Jacq. — ERAGROSTIS ABYSSINICA, Link.)

(De *Poa*, mot grec qui signifie gazon.)

*Plante monocotylédone de la famille des graminées.*

Cette céréale est cultivée en Abyssinie, où elle est connue sous les noms de *tef*, *teff* ou *tif*. Sa durée de végétation varie entre 45 et 50 jours. Aussi y donne-t-elle deux et trois récoltes par an.

Les habitants du Soudan désignent cette graminée et les quatre variétés qu'elle a produites, sous le nom de *kreb*.

Le poa d'Abyssinie se distingue par les caractères suivants :

Plante annuelle à racines fibreuses; tiges glabres de 0$^m$,65 à 1 mètre ; feuilles linéaires, étroites ; pannicules lâches, droites, diffuses à épillets petits et vert rougeâtre; graine oblongue, petite et blanchâtre.

On le sème dans les hautes montagnes de l'Abyssinie, en juillet et août, c'est-à-dire quand les pluies commencent à tomber.

Les graines que le poa d'Abyssinie produit en abondance sont attaquées à la Caroline par un charançon.

On moud ces graines comme on réduit en farine celles du froment. Le pain que les Abyssiniens ou les habitants de l'Afrique centrale fabriquent avec la farine qu'elles fournit est très-nutritif et agréable au goût.

C'est en vain qu'on a voulu cultiver cette plante alimentaire dans le midi de la France ou de l'Europe.

# CHAPITRE V

## PASPALE ALIMENTAIRE

(PASPALUM FRUMENTACEUM, Rott.)

(De *Paspalos*, nom donné par Hippocrate au millet.)

*Plante monocotylédone de la famille des graminées.*

*Synonymie* · PASPALUM SCROBICULATUM, LIN.  PASPALUM KORA, Willd.
PASPALUS SCROBICULATUS, Flueg.  PASPALUM LONGIFOLIUM, Hort.
PASPALUM COMMERSONII, Pers.

La paspale alimentaire est cultivée dans l'Asie méridionale, à la Nouvelle-Hollande, à l'île Maurice, etc. Dans les Indes orientales, où on la nomme *koda*, sa graine remplace le riz. Cette semence y est connue sous le nom de *samwah*. Au Pérou, on l'appelle *maizillo* (petit maïs). Les Hindous la nomment *varagou*.

Cette plante présente les caractères suivants :

Plante vivace et rampante; tiges dressées, hautes de 0ᵐ,65 à 1 mètre; feuilles linéaires; épis au nombre de 3 à 5 sous forme d'épillets distiques, très-longs et presque cylindriques ; graines arrondies, lisses, brunes et de la grosseur des semences de la moutarde blanche.

Les Hindous cultivent cinq variétés :

1° Le *pouroun-varangou*, qui mûrit en six mois ;

2° Le *doupouli-varangou*, qui mûrit en cinq mois ;

3° Le *kourou-varangou*, qui mûrit en quatre mois ;

4° Le *setou-kejitsan-varangou*, qui mûrit en trois mois ;

5° Le *ola-varangou*, qui mûrit en trois mois.

La paspale alimentaire se cultive comme le millet (voy. p. 229).

# CHAPITRE VI

## ZIZANIE

(ZIZANIA AQUATICA, Willd.)

*Plante monocotylédone de la famille des graminées.*

*Synonymie :* Riz sauvage.  
Riz sauvage des Lacs.  
ZIZANIA MILIACEA, Humb.  
ZIZANIA FLUITANS, Mich.  

Riz du Canada.  
Riz de Minnesota.  
HYDROPYRUM ESCULENTUM, Link.  
ZIZANIA PALUSTRIS, **L.**

La zizanie est originaire de l'Amérique du Nord ; elle se distingue des autres plantes alimentaires par les caractères suivants :

Plante vivace à tige noueuse haute de 2 à 4 mètres ; feuilles oblongues, lancéolées, un peu ciliées, longues de $0^m,05$ à $1^m,20$, larges de $0^m,03$ à $0^m,04$ ; panicules terminales, grandes, pyramidales, dont les rameaux inférieurs portent les épillets mâles et les supérieurs les épillets femelles ; fruits ou caryopes ayant $0^m,016$ à $0^m018$ de longueur, brun roussâtre et munies d'une arête hérissée.

Cette graminée est rustique ; elle est commune dans les eaux boueuses des rivières et des lacs situés à l'ouest de New-York. Elle fleurit, dans l'Amérique septentrionale en août et septembre, et mûrit ses graines en octobre.

Ses semences sont excellentes à manger, parce qu'elles sont sucrées et très-farineuses. Elles sont très-recherchées par les hordes indiennes de l'Ohio, la Pensylvanie, le Michigan, etc. Ces graines y sont connues sous les noms de *Indian rice* et *Tuscarora rice*, ou *riz des Indiens, riz de Tuscarora.* On les vend à l'état vert sur le marché de Savannah, pour la nourriture des bêtes à cornes, sous les noms d'*avoine aquatique* (water oat) et d'*avoine sauvage* (wild oat).

Les graines de la zizanie ont le défaut de se détacher des

17

paniculos avec une extrême facilité. C'est pourquoi les Indiens éprouvent de grandes difficultés pour les recueillir. Ils parviennent cependant à en obtenir de grandes quantités en agitant les tiges avec leurs *pagaies* (avirons), de manière que les graines tombent dans leurs pirogues.

L'enveloppe de la graine est dure et très-adhérente à la partie amylacée. Le mondage des semences ne peut avoir lieu que dans les pileries à riz.

Bien décortiquées, ces graines sont plus nutritives que le riz des États-Unis.

Cette graminée a été introduite en Angleterre par Banks en 1790. On l'a expérimenté pendant plusieurs années dans le comté de Middlesex ; mais c'est sans succès que Bosc, et plus tard Parkinson, ont cherché, en Europe, à faire accepter cette graminée comme une plante alimentaire pour l'homme.

M. Parkinson et le docteur Buchmann espèrent que la graine de la zizanie deviendra un jour le *pain du nord de l'Amérique*, parce que sa farine est supérieure à celle du blé. Je ne crois pas à de tels résultats. Pendant longtemps encore, l'habitant de l'Amérique du Nord préférera le blé, le maïs, le millet, le riz, etc., à la graine de la zizanie.

# CHAPITRE VII

## QUINOA

(CHENOPODIUM QUINOA, Willd.)

(Du grec *chèn* oie, *pous* pied, à cause de la forme des feuilles.)

*Plante dycotylédone de la famille des chénopodées.*

Cette plante est originaire de l'Amérique du Sud. Elle formait la base de la nourriture des habitants de la Nouvelle-Grenade, du Pérou et du Chili au temps de la découverte de l'Amérique. Garcilasso de la Vega l'importa en Espagne ; mais il ne put réussir à faire germer les graines qu'il avait recueillies à la Nouvelle-Grenade.

Cette chénopodée, que l'on nomme aussi *ansérine quinoa*, a été signalée à l'Europe pour la seconde fois, en 1725, par le père Feuillée. En 1748, Antonio d'Ulloa la fit aussi connaître dans l'ouvrage qu'il publia à son retour de l'Amérique du Sud. Enfin, elle y a été introduite de nouveau, en 1785, par le botaniste Dombey, lorsqu'il revint de son voyage dans l'Amérique espagnole.

Voici ses principaux caractères :

Plante annuelle ; tiges hautes de 1 mètre à 1$^m$,60, dressées, anguleuses, glabres, peu rameuses ; feuilles alternes, triangulaires, ovales, dentées, ascendantes, longuement pétiolées, d'abord d'un vert pâle, puis ensuite d'un vert rougeâtre ; fleurs blanc verdâtre, sessiles, disposées en grappes terminales, paniculées, volumineuses et compactes ; graines sessiles, luisantes, aiguës sur leurs bords.

Le quinoa a produit trois variétés bien distinctes :

1° Le *quinoa à graine blanche ;*
2° Le *quinoa à graine noire ;*
3° Le *quinoa à graine rouge.*

Le premier est le plus estimé et le seul cultivé en

Europe; ses semences sont blanc jaunâtre. Les graines du second sont petites et moins farineuses que les graines blanches; elles sont noir grisâtre. Le troisième n'est remar- quable que par le grand développement que prennent ses tiges; ses semences sont rougeâtres.

Les graines du *quinoa blanc*, d'après Vœlcker, ont la composition suivante :

| | |
|---|---:|
| Fécule. | 58.72 |
| Sucre, matières extractives. | 5.12 |
| Gomme | 5.94 |
| Matières grasses | 4.81 |
| Caséine, albumine | 7.47 |
| Substances protéiques. | 11.71 |
| Fibres. | 7.90 |
| Parties minérales. | 4.25 |
| Eau | 16.01 |
| | 100.00 |

Le quinoa est doué d'une grande rusticité; il est très-cultivé sur les hauts plateaux des Andes, sur les hautes terres des Cordillères, localités où l'âpreté du climat ne permet pas toujours la culture du froment, du maïs et du millet. Il n'exige pas des terrains très-fertiles, mais on doit le cultiver de préférence dans des sols de consistance moyenne et de bonne qualité.

On le sème en lignes distantes les unes des autres de $0^m,50$ à $0^m,65$. Les semis se font quand les pommiers sont en fleurs. La graine lève promptement, mais les plantes ne prennent un développement sensible qu'au bout de 15 à 20 jours. Quand le quinoa a environ $0^m,15$ de hauteur, on l'éclaircit de manière qu'il existe entre les plantes un espace de $0^m,30$ à $0^m,40$.

Pendant la croissance des plantes, on opère les binages nécessaires.

Le quinoa, comme les autres chénopodées, est attaqué, en Europe, pendant sa végétation, par la *casside tigrée*, coléoptère qui se multiplie aisément, et qui cause parfois d'importants dommages dans les cultures.

La récolte des graines a lieu quand les plantes sont presque sèches. Les panicules séparées des tiges sont exposées pendant quelques heures à l'action du soleil. On les bat ensuite avec des fléaux légers. Les graines sont nettoyées avec un van ou des cribles de divers numéros.

La culture de cette chénopodée a été tentée souvent en France depuis trente ans ; mais le produit qu'elle y donne, et qui est bien moins considérable que celui qu'on en obtient dans l'Amérique méridionale, a forcé de l'abandonner.

Les graines du quinoa sont très-saines et très-alimentaires. On les nomme *riz indien*, *petit riz du Pérou*, parce qu'au Chili, au Pérou, elles remplacent le riz de l'Hindoustan. Ses graines servent à faire des potages et des gâteaux. Elles perdent, par la cuisson ou par des lavages à l'eau chaude, la légère amertume et l'âcreté qui les caractérisent. Les volailles s'en nourrissent bien.

Les feuilles jeunes du quinoa se mangent comme les feuilles des épinards.

Dans la Micromésie, les graines servent à faire une bière qui est assez agréable.

# CHAPITRE VIII



**PLANTES DIVERSES**

Je signalerai aussi quatre plantes qu'on cultive aussi pour leurs graines ou fruits amylacés :

1° Le *nelumbo des anciens* (NELUMBIUM SPECIOSUM, Will.), était autrefois cultivé dans les fleuves égyptiens. Sa graine, qui est très-farineuse, est la *fève d'Egypte* de Théophraste et de Pythagore. Cette plante est cultivée en Chine. Sa fleur est le *lys rose du Nil* d'Hérodote ; son odeur est suave.

2° Le *nénuphar des Égyptiens* (NYMPHŒA LOTUS, L.) était regardé autrefois en Égypte comme une plante sacrée. Ses fleurs sont blanc carné. Ses graines fournissent aux tribus des bords du Nil blanc une farine qui sert à faire du pain.

3° L'*amaranthe anardhana* (AMARANTHE ANARDHANA OU AMARANTHUS FRUMENTŒCEUS, Buch.) est très-cultivé dans la province de Luchnow et sur les versants des montagnes du Mysore et du Coimbétour (Inde). On mange ses graines après les avoir grillées et fait cuire dans de l'eau additionnée de sucre ou on les réduit en farine.

4° La *macre bicorne* (TRAPA BICORNIS, L. OU TRAPA SINENSIS, Lour.) est cultivée aux environs de Canton. Les fruits de cette plante fluviatile sont plus développés et plus farineux que les fruits de la *macre ordinaire* ou *châtaigne d'eau* (TRAPA NATANS, L.), mais ils n'ont que deux cornes opposées et recourbées au sommet. Les Chinois en possèdent trois variétés dont une a des fruits d'un beau rouge.

# LIVRE IX

## SARRASIN ou BLÉ NOIR

**Fagopyrum**

(Du grec *fagô*, je mange ; *puros*, froment.)

*Plante dicotylédone de la famille des polygonées.*

*Anglais.* — Buckwheat.  
*Allemand.* — Buckweitzen.  
*Hollandais.* — Brockweit.  
*Hongrois.* — Haritska.

*Polonais.* — Gryka.  
*Russe.* — Gretscha.  
*Italien.* — Sarraceno.  
*Espagnol.* — Trigo negro.

Le sarrasin est souvent désigné sous les noms de *blé noir*, *blé sarrasin*, *millet noir*, *millet cornu*, *blé de Barbarie* et *barbarin*. On le nomme *carabin* dans le Maine et l'Anjou, *millorque* dans le Languedoc, *bucail* dans la Picardie et la Flandre et *fajol* dans le haut Roussillon.

Les peuples de l'antiquité, les Égyptiens, les Grecs et les Romains, n'ont pas connu le sarrasin, qui n'a pas de nom sanscrit.

On a souvent répété que cette plante avait été désignée par Théophraste sous le nom d'*erysimon* et, par Pline, sous celui d'*irio*. La plante signalée par ces écrivains est la crucifère que les botanistes modernes ont appelée *Sisymbrium irio*.

On a dit aussi que le sarrasin aurait été cultivé par les Gaulois, et que son nom vient de *had-rasin*, mot celtique qui signifie blé rouge. Rien ne prouve la vérité de cette assertion. Jules César ne parle pas de cette plante qui, en breton, est appelé *ed-du*, mot qui signifie *blé noir*.

D'après de Candolle, le sarrasin aurait été introduit dans les Gaules longtemps après la domination romaine. Aussi est-ce très-gratuitement que Bosc affirme que les Maures l'ont transporté d'Asie en Afrique, et de là en Espagne. Ebn-Baithar, écrivain arabe, né à Séville dans le treizième siècle, et Ibn-al-Awan, écrivain agricole qui vivait aussi à Séville pendant le douzième siècle, n'en parlent pas.

On le trouve mentionné pour la première fois en 1460, dans une charte de la cure d'Avranches (Manche), à propos de la dîme ayant pour titre *decima frumentorum sarracenorum*.

Quoi qu'il en soit, le sarrasin était bien connu en Europe au seizième siècle. En 1552, d'après Tragus, il était cultivé dans l'Odenwald ; en 1565, Mattioli (Matthiole) l'a appelé *frumentum sarracenium ;* en 1583, selon Cœsalpin, on le cultivait en Italie; en 1586, Camerarius l'appelait aussi *frumentum sarracenium ;* en 1616, d'après Dodoens, sa culture était répandue en Belgique. Enfin les *Contes d'Eutrapel*, publiés en 1581, font connaître que le sarrasin, connu en France depuis soixante ans, venait d'être introduit de Lyon à Rennes par Champenois. D'un autre côté Schookius, savant hollandais, racontait en 1661, dans son ouvrage intitulé *De cervisia* (la Cervoise), qu'il n'y avait pas un siècle qu'il avait été introduit en Pologne, en Allemagne et en Flandre.

D'après tous ces faits, on est en droit de dire que le sarrasin a été introduit en Europe comme plante alimentaire à la fin du moyen âge.

De nos jours, en France, le sarrasin occupe chaque

année de grandes surfaces dans la Bretagne, le Maine, la Vendée, la Sologne, le Cotentin, le Morvan, le Bourbonnais, la haute Auvergne, la Bresse, le Limousin et le haut Roussillon. Il est peu ou pas cultivé dans la Beauce, la Brie, l'Alsace, le Languedoc, la Provence et le Poitou.

Cette plante est aussi cultivée très en grand en Allemagne, en Autriche, en Pologne, en Russie, en Tartarie, dans le nord de l'Asie, dans l'Inde septentrionale, au Japon, au Ceylan et dans l'Amérique. Elle est presque inconnue en Italie, en Espagne et en Afrique. Elle n'est cultivée en Suisse que dans les cantons de Vaud et de Genève.

Le sarrasin occupe en France, chaque année, de 670,000 à 700,000 hectares. Voici les dix départements dans lesquels cette plante couvre annuellement les plus grandes surfaces :

|  | Hectares. |
|---|---|
| Ille-et-Vilaine | 97,414 |
| Côtes du Nord | 67,565 |
| Manche | 61,282 |
| Morbihan | 59,564 |
| Finistère | 55,584 |
| Haute-Vienne | 52,418 |
| Loire-Inférieure | 50,718 |
| Loir-et-Cher | 24,750 |
| Mayenne | 21,505 |
| Creuse | 22,077 |

La production totale de la France a été évaluée, en 1862, à 10,877,934 hectolitres. En 1852, elle avait été appréciée à 10,511,479 hectolitres.

Le produit moyen par hectare, qui était en 1840 de 13 hectolitres, s'est élevé en 1852 à 14$^h$,82 et en 1862, à 16$^h$,26.

Le sarrasin arrivé à maturité est souvent attaqué par les oiseaux et surtout par les perdrix.

# CHAPITRE PREMIER

## CONDITIONS CLIMATÉRIQUES

Le sarrasin exige un climat plutôt humide que sec. — Les brouillards et les vents marins lui sont très-nuisibles. — On le cultive avec succès jusqu'à 1,000 mètres d'altitude. — Il redoute au printemps les gelées tardives et en automne les gelées précoces. — Les vents secs et chauds *brûlent* souvent les fleurs. — Le sarrasin en fleur peut être détruit par l'électricité atmosphérique. — Culture du sarrasin dans les régions de l'ouest et du centre de la France.

Le sarrasin appartient à l'agriculture septentrionale de l'Europe, parce qu'il demande un climat tempéré, mais plutôt humide que sec. C'est pourquoi il est très-peu cultivé dans les plaines du midi de la France, de l'Espagne, de l'Italie et de l'Asie.

Le climat de la région de l'Ouest et ceux de la Belgique, du nord de l'Allemagne, de la Pologne et de la Russie du Nord favorisent sa végétation d'une manière toute spéciale.

L'Angleterre cultive fort peu le sarrasin à cause des brouillards très-intenses et des vents marins du sud-ouest qui y règnent souvent et qui lui sont presque toujours très-nuisibles.

L'altitude du sol assure aussi la réussite de cette plante. Ainsi, si sa culture est presque impossible dans les plaines du Languedoc, de la Guienne et de la Provence, parce que l'air y est trop sec pendant l'été, on le cultive avec succès jusqu'à 1,000 mètres au-dessus du niveau de la mer dans les parties accidentées et élevées de la haute Auvergne, du haut Roussillon, du Périgord, du Quercy, des Cévennes et des Pyrénées.

Le sarrasin est une plante délicate. Il redoute au printemps les gelées tardives, pendant l'été les grandes chaleurs ou les sécheresses intenses et, durant l'automne, les brouillards, les pluies continuelles et les gelées précoces.

Le climat de l'Ouest, par sa manière d'être, permet au blé noir d'être productif sur les terres bien cultivées. Toutefois, pour qu'il végète librement dans cette partie de la France, il est indispensable qu'il ne subisse pas, lorsqu'il est en fleur ou quand son grain vient d'être formé, l'action de vents secs et très-chauds, et l'influence si nuisible que les vents de mer exercent sur les végétaux délicats. Cette action est si pernicieuse pour le sarrasin, qu'il n'est pas rare de voir, pendant les mois d'août et de septembre, de magnifiques champs de blé noir, être détruits complétement ou en partie en quelques heures.

L'électricité atmosphérique est aussi nuisible au sarrasin en fleur, ainsi que l'ont observé Duhamel en France et Thaër en Allemagne. J'ai plusieurs fois fait la même remarque dans la région de l'Ouest lorsque le temps était chaud et orageux.

Quand de tels faits ont lieu, le sarrasin ne présente plus que des tiges ayant leurs parties supérieures comme *brûlées*.

Ce sont ces accidents qui, dans la Bretagne et la Vendée, rendent de temps à autre la culture du sarrasin si peu lucrative.

Le sarrasin, il est vrai, est cultivé chaque année en Sologne, ancienne province où le climat est bien moins humide que le climat de la région de l'Ouest. Mais, dans cette partie de la France, on ne le sème qu'en juillet après la récolte des céréales, et ses fleurs qui sont toujours moins nombreuses et moins chargées d'humidité et portées par des tiges peu élevées, n'y subissent pas directement l'action de vents qui viennent du sud-ouest après avoir traversé l'Océan.

En résumé, la surface occupée par les terrains granitiques et schisteux et qui s'étend des côtes de la Normandie et de la Bretagne jusqu'aux limites méridionales des montagnes du centre de la France, forment une zone dans laquelle le sarrasin accomplit généralement avec facilité toutes ses phases d'existence.

Lorsqu'on a intérêt à cultiver le sarrasin dans des sols secs et sur des terrains découverts, on doit choisir de préférence le *sarrasin de Tartarie* (voir page 270), surtout lorsque le grain de cette plante est destiné à nourrir des volailles ou des bêtes porcines. Cette espèce est évidemment celle qui supporte le mieux les sécheresses et les fortes chaleurs.

# CHAPITRE II

## ESPÈCES ET VARIÉTÉS

Espèces cultivées. — Le sarrasin ordinaire et ses variétés : le sarrasin argenté et le sarrasin de Russie. — Le sarrasin de Tartarie. — Cette espèce est surtout cultivée en Asie. — Le sarrasin émarginé ou sarrasin du Népaul.

L'agriculture cultive trois espèces de sarrasin, savoir :

### 1. — Sarrasin ordinaire

(POLYGONUM, FAGOPYRUM, L.)

*Synonymie :* POLYGONUM ESCULENTUM, Mœnch.        FAGOPYRUM VULGARE, Nees.

Racine fibreuse; tige herbacée, cylindrique, dressée, creuse, glabre, mais légèrement pubescente aux points d'insertion des stipules (fig. 38) ; feuilles sagitées, condiformes, alternes aiguës : les inférieures portées par de longs pétioles, les supérieures sessiles; fleurs blanches ou rosées ou légèrement purpurines[1] et disposées en épis aux aisselles des feuilles et en corymbes aux extrémités des ramifications; calice persistant et à six divisions; fruits polyédriques, à faces-triangulaires et à arêtes arrondies brun noirâtre ou rouge brunâtre, lisses ou unis, et dépassant le périanthe, qui est persistant.

Cette espèce est annuelle et originaire du nord de l'Asie; elle comprend deux variétés :

1. *Le sarrasin argenté,*

2. *Le sarrasin de Russie.*

Le premier est très-apprécié dans le nord de l'Allemagne. Son grain est un peu plus petit que le grain du sarrasin ordinaire, mais il est plus arrondi et d'un beau gris argenté. Cette variété a été introduite au Canada par les Allemands. En Belgique, on la nomme *sarrasin de Silésie* ou *sarrasin suédois.*

Le second est cultivé très en grand en Russie; son grain est gros et à trois angles très-saillants. Il fournit par 100

---

[1] Yvart s'est trompé lorsqu'il a dit, en 1823, que les fleurs du sarrasin étaient d'un *rouge incarnat* plus ou moins intense.

kilogrammes de grain, moins de gruau ou de farine que le sarrasin ordinaire et le sarrasin argenté. On l'a appelé *sarrasin à gros fruits*.

## 2. — Sarrasin de Tartarie

(POLYGONUM TARTARICUM, Gærtn.)

*Synonymie :* Sarrasin russe.            Millet de Tartarie.
           Sarrasin de Suède.            Blé de Tartarie.

       FAGOPYRUM TARTARICUM, Lin            FAGOPYRUM DENTATUM, Mœnch.

Tiges rarement rougeâtres; feuilles d'un vert plus blond; fleurs plus petites, d'un blanc verdâtre et disposées en grappes ou panicules interrompues plus allongées et pendantes; graines rugueuses ou rudes au toucher, à trois angles épais et sinués dentés.

Cette espèce est plus rustique et moins délicate que le sarrasin ordinaire. Son grain renferme moins de fécule

Fig. 58. — Rameau de sarrasin avec des stipules.

et une farine légèrement amère et moins blanche que celle que contiennent les semences de l'espèce précédente.

En Europe, on cultive principalement le sarrasin de Tartarie pour utiliser ses semences dans l'alimentation ou l'engraissement du bétail et des volailles. Ailleurs, on le cultive comme plante alimentaire. On le nomme quelquefois *sarrasin de Sibérie*. Les Russes le désignent sous le nom de *dikuscha* ou *dikoucha* et les Tartares sous celui de *kyrlyn*; les Hindoustans l'appellent *papheur*.

Cette espèce est surtout cultivée en Russie, en Sibérie, où elle est indigène, dans quelques parties de l'Allemagne, au Canada, en Perse, dans la Chine septentrionale, et dans les provinces himalayennes de l'Inde.

C'est vers le milieu du siècle dernier que le sarrasin de Tartarie a été introduit de Sibérie en Angleterre.

### 3. — Sarrasin émarginé

(POLYGONUM EMARGINATUM, Roth. — FAGOPYRUM EMARGINATUM, Meisn.)

Tiges rougeâtres; feuilles longuement accuminées; fleurs grandes et disposées en grappes paniculées; graines trigones, plus développées; leurs angles sont relevés en ailes larges, minces et cartilagineuses.

Cette espèce est quelquefois désignée sous le nom de *sarrasin du Népaul*, parce qu'elle est indigène au Népaul et en Chine; elle est très-rustique, vigoureuse et tardive, mais elle est bien moins appréciée en Europe que le sarrasin ordinaire. On la cultive en Chine, au Népaul et dans les parties septentrionales de l'Inde.

Le sarrasin émarginé a été introduit du Népaul en Angleterre à la fin du siècle dernier.

# CHAPITRE III

## COMPOSITION DU SARRASIN

Le sarrasin diffère peu quant à sa composition du froment et du seigle. — Analyses du sarrasin. — Poids de l'enveloppe. — Grains composant la fécule. — Composition de la paille. — Cendres fournies par le grain et la paille. — Composition de ces cendres.

Le grain du sarrasin n'a pas de rapport physique avec le grain du blé ou du seigle; mais, examiné dans sa composition, il n'en diffère pas d'une manière très-sensible, surtout si l'on n'a point égard à la faible proportion de gluten qu'il contient.

Voici, d'après M. Boussingault, quelle est la composition du grain du sarrasin ordinaire :

| | |
|---|---:|
| Amidon, sucre, etc | 64.00 |
| Matières azotées | 13.10 |
| Matières grasses | 3.90 |
| Ligneux et cellulose | 5.50 |
| Sels minéraux | 2.50 |
| Eau | 15.00 |
| | 100.00 |

M. Salisbury a constaté que le sarrasin cultivé en Amérique contenait :

| | |
|---|---:|
| Matières sèches | 87.125 |
| Eau | 12.875 |
| | 100.000 |

La densité des graines de 1,081.

Les matières sèches renfermaient : amidon, 42,47; sucre et matières extractives, 6,16; dextrine ou gomme, 1,60; parties solubles dans une solution caustique, 10,10; albumine et caséine, 7,48; huile, 0,47; matières insolubles dans l'eau, 2,66; épiderme, 14,42; eau, 12,88; perte, 1,76.

L'enveloppe brune entre pour 15 à 20 p. 100 dans le poids du grain.

Au-dessous de cette enveloppe, qui est assez dure, se trouve une pellicule grisâtre qui, mêlée à la farine, rend celle-ci un peu grise.

M. Tenneck a reconnu que la graine du sarrasin, séchée au soleil, contenait les éléments ci-après :

| | |
|---|---:|
| Amidon. | 52.295 |
| Gluten | 10.473 |
| Albumine. | 0.227 |
| Gomme. | 2.803 |
| Matière extractive | 2.537 |
| Matières saccharines. | 3 060 |
| Résine | 0.363 |
| Fibres | 26.943 |
| Matières minérales. | 0.681 |
| Eau | 0.609 |
| | 100.000 |

La fécule est composée de grains polyédriques très-inégaux.

La paille, suivant M. Malaguti, a la composition suivante :

| | |
|---|---:|
| Amidon, sucre, ligneux, cellulose, matières grasses. | 81.79 |
| Matières azotées | 3.01 |
| Sels terreux | 3.10 |
| Eau | 12.00 |
| | 100.00 |

D'après Sprengel, elle contient les substances suivantes :

| | |
|---|---:|
| Potasse | 10 36 |
| Chaux. | 21.98 |
| Magnésie. | 40.34 |
| Albumine | 0.81 |
| Silice | 4.37 |
| Fer et manganèse. | 1 47 |
| Chlorure de soude | 4 90 |
| Acide sulfurique | 6.77 |
| Acide phosphorique. | 9.00 |
| | 100.00 |

Le grain donne, en moyenne, à l'incinération, 2 p. 100

de cendres et la paille 4 p. 100. Voici la composition des résidus des graines et de la paille :

|  | Grain. | Paille. |
|---|---|---|
| Alcalis | 21.84 | 15.00 |
| Chaux | 6.66 | 55 98 |
| Magnésie | 10 38 | 15.99 |
| Fer, magnésie | 1 05 | 2.70 |
| Acide phosphorique | 50.22 | 0 67 |
| Acide sulfurique | 2.16 | 0 30 |
| Acide silicique | F.63 | 7.72 |
| Acide chlorhydrique | » | 1 64 |
|  | 100.00 | 100.00 |

La grande proportion d'alcalis et d'acide phosphorique constatée par MM. Bichon et Malaguti dans les cendres des graines du sarrasin, s'identifie complétement avec celle que M. Salisbury, de New-York, a trouvée dans les graines du sarrasin cultivé en Amérique.

Ces résultats expliquent très-bien pourquoi le sarrasin végète facilement dans la région de l'Ouest sur les terres schisteuses ou granitiques sur lesquelles on a appliqué du noir animal, engrais qui renferme jusqu'à 70 p. 100 de phosphate de chaux.

Ils indiquent aussi pourquoi le sarrasin ordinaire réussit mieux sur les terres granitiques que sur les sols calcaires. On sait que les premières, par suite de la décomposition du feldspath, fournissent aux plantes une notable proportion de potasse.

# CHAPITRE IV

## MODE DE VÉGÉTATION

Le sarrasin germe vers le huitième jour. — Forme des cotylédons. — Temps
qui favorise son développement. — Les temps froids et très-secs lui sont
nuisibles. — Époque de l'épanouissement des fleurs. — Coloration des corymbes. — Caractères de maturité. — Couleur que prennent les tiges et les
grains. — Aspect des grains qui n'arrivent pas à parfaite maturité. — Facilité avec laquelle le sarrasin perd ses graines.

Le grain du sarrasin, dans les circonstances ordinaires,
germe le septième ou le huitième jour qui suit la semaille.
Les deux cotylédons qu'il produit sont larges et arrondis.
Lorsque ces feuilles séminales apparaissent à la surface
du sol, elles ont toujours une nuance jaune verdâtre,
teinte qui persiste jusqu'à l'apparition de la première
feuille.

Cette feuille primordiale n'est pas très-développée, mais
celles qui lui succèdent sont beaucoup plus grandes, surtout s'il survient un temps à la fois chaud et pluvieux.

Quand le sarrasin est favorisé dans ses premières phases
d'existence par une température douce, il se développe rapidement et ne tarde pas à couvrir complétement la couche
arable. Ses feuilles sont alors larges et d'un vert tendre
très-remarquable.

Si la température continue à lui être favorable, c'est-à-
dire s'il survient de temps à autre de petites pluies, la tige
ne tarde pas à s'élever et à donner naissance à quelques
ramifications. Les nouvelles feuilles qui apparaissent quand
la tige se ramifie se distinguent bientôt par leur grand développement.

Si le temps persiste à être beau sans être très-sec, les

plantes continuent à s'élever et à se ramifier, et l'on ne tarde pas à-voir apparaître quelques fleurs.

Quand le temps, au lieu d'être à la fois chaud et humide, est froid ou très-sec, le sarrasin languit et végète très-lentement. Dans le premier cas, ses feuilles perdent leur belle couleur native et prennent une nuance jaune verdâtre, qui indique bien que les plantes sont arrêtées dans leur développement. Dans le second cas, les feuilles restent vertes et planes le soir, pendant la nuit et le matin ; mais, durant le jour elles apparaissent comme fanées ou crispées, ou elles s'inclinent plus ou moins vers le sol. Cet état presque stationnaire retarde sensiblement le développement des parties florales.

C'est vers la fin de juillet ou au commencement d'août qu'apparaissent ordinairement les premières fleurs. Celles-ci sont plus ou moins nombreuses, selon la force végétative du sarrasin. Quand les plantes se sont développées normalement, les fleurs se montrent depuis la partie médiane de la tige jusqu'à son sommet. Toutefois les grappes florales qui se développent à la base des ramifications secondaires sont toujours moins fournies ou moins développées que les corymbes terminales.

Enfin il arrive bientôt un moment, si le blé noir continue à être favorisé dans son développement par une température convenable, où les fleurs, par leur nombre, forment au-dessus de la production verte une magnifique décoration d'un beau blanc pur ou blanc rosé, coloration qui se marie très-agréablement en Auvergne avec le vert émeraude des prairies, qui sont le plus bel ornement des vallées cantaliennes.

Toutes les fleurs du sarrasin ne sont pas fertiles. Celles qui existent à la partie supérieure des corymbes et qui, par conséquent, subissent continuellement l'action de la lumière et de la chaleur du soleil, sont très-rarement fécondées. Aussi est-on obligé, à l'époque de la maturité des graines, lorsqu'on veut savoir si la récolte en grains sera bonne, médiocre ou mauvaise, d'incliner fortement les corymbes terminales pour apprécier le nombre des graines qui se sont développées sur leur surface inférieure.

Les parties florales ou les fleurs qui sont ombragées par les feuilles comportent relativement plus de graines que les corymbes supérieures.

Dans les circonstances ordinaires, les tiges du sarrasin ont, en moyenne, $0^m,65$ de hauteur.

Lorsque la plupart des fleurs fertiles renferment des grains bien formés et ayant déjà une certaine consistance et une nuance brunâtre, les tiges commencent à perdre leur belle couleur verte pour se *colorer en rouge*, nuance qui se développe de la partie inférieure de sa tige jusqu'aux sommets des ramifications, et qui arrive à avoir une teinte très-vive lorsque la plupart des graines sont arrivées à maturité.

C'est en septembre ou octobre, suivant les terrains, l'époque à laquelle les semis ont été faits et la manière d'être de la température de l'été, que le blé noir termine ses dernières phases d'existence. Alors les feuilles tombent chaque jour de plus en plus, les fleurs non fécondées se dessèchent et prennent une teinte rousse, et les tiges apparaissent plus rouges; alors aussi on distingue aisément à leur couleur rouge brunâtre les grains arrivés à maturité complète. Ces semences pendent sous les corymbes.

Les grains qui n'ont pu mûrir ont une nuance rougeâtre; ceux qui sont encore laiteux sont un peu verdâtres. Ces divers grains achèvent presque toujours de mûrir quand les tiges ont été coupées et disposées en javelles dressées sur le sol.

Tous les grains du sarrasin, ainsi qu'on vient de le voir, n'arrivent pas à maturité au même moment. Ceux qui sont très-mûrs à l'époque de la récolte tombent à terre avec une grande facilité quand on agite par un temps sec les tiges auxquelles ils sont attachés.

La facilité avec laquelle le blé noir perd ses graines mûres oblige à le récolter un peu prématurément. En outre, la promptitude avec laquelle ces mêmes graines germent sur pied quand les automnes sont très-pluvieux, force le cultivateur à prendre toutes les mesures voulues pour que le battage soit exécuté le plus tôt possible ou que la récolte soit engrangée aussitôt que l'état des plantes et le temps le permettent.

Le sarrasin qu'on cultive comme *plante à enfouir en vert* ou comme *plante fourragère*, occupe le sol bien moins longtemps que le sarrasin qu'on cultive pour ses graines, puisqu'on l'enterre ou on le fauche lorsqu'il commence à fleurir.

# CHAPITRE V

## TERRAIN

errains favorables ou nuisibles. — Réussite du sarrasin sur les terres de landes. — Le sarrasin de Tartarie réussit bien sur les terres calcaires. — Préparation du sol. — Influence exercée par les terres molles. — Disposition du sol à plat et en billon. — Fertilité du sol. — Engrais qu'il convient d'appliquer. — Action des engrais calcaires phosphatés.

**Nature.** — Le *sarrasin ordinaire* ne réussit bien que quand il est cultivé sur des terres légères ou de consistance moyenne.

Les terres argilo-siliceuses, les sols granitiques, les terrains schisteux, les sols siliceux ou silico-argileux et les terrains volcaniques sont les terres où le blé noir se plaît le mieux.

Les terres profondes et un peu fraîches favorisent toujours le développement de cette plante. Par contre, les terres fortes, les sols compactes et les terres calcaires ou crayeuses ne lui sont pas favorables.

Enfin le sarrasin réussit très-bien sur les sols de bruyères ou les landes nouvellement défrichées, et sur les sols tourbeux bien assainis et convenablement divisés.

Le *sarrasin de Tartarie* végète facilement sur tous les terrains précités, mais il est le seul qui donne des produits satisfaisants sur les terres calcaires. Aussi le cultive-t-on assez en grand dans la Bourgogne et la Champagne.

**Préparation.** — Les terres destinées au sarrasin ordinaire doivent être bien divisées par plusieurs labours.

Le proverbe breton dit : *Le blé noir doit être semé dans la cendre et avec de la cendre.* Ce dicton est exact. L'expérience, en effet, démontre chaque année, dans la région de l'Ouest, que cette plante végète bien quand sa graine a été confiée à des terres meubles et sur lesquelles on a répandu des engrais pulvérulents.

Le sol est disposé à plat et en planches.

De nos jours, en Bretagne comme en Vendée, les terres qu'on destine au sarrasin sont plus rarement disposées en petits billons qu'il y a vingt ou trente ans.

On termine la préparation du sol par un ou deux hersages, afin que la couche arable soit aussi meuble que possible superficiellement.

**Fertilisation**. — Le sarrasin n'est pas très-exigeant, et il vient très-bien sur des terres de qualité ordinaire.

Toutefois, lorsque les terrains sont pauvres en humus soluble, on doit répandre avant la semaille du noir animal, des cendres non lessivées ou des charrées. Ces engrais alcalins agissent sur les matières organiques encore acides et les rendent plus assimilables pour les plantes.

Ces engrais pulvérulents sont indispensables quand le blé noir est cultivé sur des landes nouvellement défrichées ou sur des sols tourbeux. On peut, au besoin, sur ces derniers terrains, remplacer le noir animal ou la charrée par de la chaux en poudre ou du superphosphate pulvérisé.

Dans la Bretagne et la Vendée, on ajoute souvent au noir animal ou à la charrée des cendres provenant de *brulis*, c'est-à-dire de fougère, ajoncs et bruyères incinérées au printemps après avoir séjourné une partie de l'hiver aux abords des bâtiments d'exploitation ou sur les chemins.

Sur les anciennes terres, on fertilise souvent la couche arable avec du fumier à demi-décomposé. Cet engrais est enfoui par le dernier labour préparatoire.

# CHAPITRE VI



Semis de la culture spéciale. — Mode de semailles. — Semis de la culture
dérobée. — Époques. — Quantité de grains à répandre par hectare dans la
culture spéciale et la culture dérobée. — Germination des graines.

La pratique des semailles varie selon que le sarrasin est
cultivé en culture spéciale ou en culture dérobée.

**Semis de la culture spéciale.** — C'est en mai et
et en juin qu'on sème le blé noir lorsqu'on le cultive
comme récolte principale.

Les semis ne peuvent avoir lieu en mai que quand on n'a
plus à craindre des gelées à glace ou des gelées blanches
très-intenses.

Dans la région de l'Ouest, comme dans les montagnes
du centre de la France, on ne sème jamais le sarrasin après
le 25 juin (la Saint-Jean), parce que les plantes provenant
de semis très-tardifs résistent très-difficilement aux chaleurs des mois de juillet et d'août.

C'est aussi vers la fin de mai qu'on sème le sarrasin en
Amérique. En Suisse, on le sème ordinairement pendant la
première quinzaine de juillet.

Les semis se font toujours à la volée.

Quand on répand la graine sur des terres labourées à
plat, on l'enterre à l'aide d'une herse ordinaire. Lorsque
la semence est projetée sur des terres disposées en petits
billons de quatre raies, on l'enfouit au moyen d'une herse
convexe ou à l'aide du dernier labour, qui est alors très-
superficiel.

En général, un seul hersage suffit pour que la graine

soit convenablement enterrée, lorsque la terre a été bien préparée.

**Semis de la culture dérobée.** — En Sologne, dans le pays toulousain, etc., où le sarrasin est ordinairement cultivé comme *plante dérobée*, on opère les semailles en juillet, aussitôt que le seigle ou le froment a été récolté.

Ces semis se font sur un labour de déchaumage.

On enterre la graine par un simple hersage.

Quoi qu'il en soit, il est très-important de faire les semis le plus tôt possible, afin que les plantes puissent mûrir leurs graines avant les premières gelées d'automne.

**Quantité de semences.** — La quantité de semences à répandre par hectare n'est pas considérable, parce que le blé noir se ramifie facilement quand il végète bien, et qu'il produit toujours moins de graines quand les semis sont trop drus ou lorsque les plantes sont rapprochées les unes des autres.

Dans la *culture spéciale*, la quantité de graines à répandre par hectare varie entre 40 et 50 litres, suivant la fertilité et la fraîcheur de la couche arable.

La quantité de semence qu'on répand dans la *culture dérobée* varie entre 50 et 75 litres, parce que les plantes doivent être plus rapprochées, les semis étant faits plus tardivement.

Les semences doivent être de bonne qualité et de la dernière récolte.

Les graines âgées de deux ans ne germent pas toujours très-bien, surtout lorsqu'elles se sont échauffées en tas dans les aires ou dans les greniers.

**Germination.** — La graine du sarrasin qu'on a confiée à une terre meuble ou bien préparée, germe au bout de 6 à 8 jours.

# CHAPITRE VII



## SOINS D'ENTRETIEN

Circonstances où les sarclages sont nécessaires. — Plantes nuisibles : la mercuriale, la ravenelle. — Le sarrasin d'eau. — Mode de destruction. —
Arrachage et fauchage.

Le sarrasin qu'on cultive sur des terres de landes ou de
bruyères nouvellement défrichées et sur d'anciennes terres
bien conduites, n'exige pendant va végétation aucun soin
d'entretien.

Quand le blé noir a été semé sur des terres mal préparées ou sur des terres dont la propreté laisse beaucoup à
désirer, lorsque cette plante a été contrariée dans son développement par des sécheresses prolongées ou des temps
froids, le sol est souvent envahi par les plantes suivantes :

1° La *mercuriale* (MERCURIALIS ANNUA, L.) n'est pas très-
élevée, mais souvent elle abonde sur les terres que le sarrasin n'a pas suffisamment ombragé pendant les mois de
juillet et août. Cette plante est aussi connue sous le nom
de *Ramberge* ou *Rhomberge*.

2° La *ravenelle* (RAPHANUS RAPHANISTRUM, L.) est plus élevée
et tout aussi nuisible. Non-seulement elle est très-épuisante, mais ses siliques se mêlent, pendant le battage, aux
graines du sarrasin, et obligent à répéter les opérations de
nettoyage.

3° Le *sarrasin d'eau* ou *persicaire* (POLYGONUM PERSICARIA,
L.) est aussi épuisant et aussi nuisible que la ravenelle,
parce qu'il étend ses tiges un peu horizontalement. Les
graines de cette plante son petites, noires, luisantes et tri-

gones. On ne peut les séparer des semences du blé noir qu'au moyen du tarare et du crible.

Lorsque la ravenelle et la ramberge sont nombreuses, on doit les faire arracher avant qu'elles aient atteint leur entier développement et avant aussi que le sarrasin soit bien fleuri.

Ce sarclage, sans doute, est coûteux, mais on ne doit pas oublier que bien exécuté, il empêche les mauvaises herbes de souiller la terre pendant plusieurs années, par suite des nombreuses graines qu'elles produisent. En outre, il favorise d'une manière particulière la végétation du sarrasin.

Quand ces plantes indigènes couvrent le sol et étouffent le blé noir, on fait faucher les endroits qu'elles ont envahis et sur lesquels on observe peu de sarrasin.

La production verte qu'on obtient peut être donnée aux bêtes à cornes, quoique la rhamberge ne soit pas une bonne nourriture.

Les plantes qu'on arrache par le sarclage ne doivent pas rester sur le champ. On les réunit en tas sur les cheintres ou sur un endroit situé en dehors du champ, ou on les utilise dans la fabrication de composts.

# CHAPITRE VIII

## RÉCOLTE

Maturité du sarrasin. — Coupe prématurée et coupe tardive. — Emploi de la faucille et de la faux dans la culture spéciale et la culture dérobée. — Mise des tiges en javelles et en faisceaux. — Dessiccation des tiges. — Battage en plein air et à la machine à battre aussitôt après la récolte. — Conservation des tiges dans les granges et battage pendant l'hiver. — Nécessité d'employer des fléaux à battes légères. — Précautions à prendre pour empêcher la fermentation des grains dans les greniers. — Conservation de la paille.

**Maturité.** — La récolte du sarrasin a lieu en septembre et en octobre, selon le terrain où cette plante est cultivée, l'action exercée sur son développement par les agents atmosphériques et la maturité de ses graines.

Les plantes peuvent être coupées lorsque leurs tiges ont pris une nuance rougeâtre, lorsque leurs corymbes ne présentent plus supérieurement qu'un très-petit nombre de fleurs, quand la plupart des grains situés sous ces inflorescences ont pris une teinte gris brunâtre, qu'ils se laissent aisément couper par l'ongle et qu'ils présentent une cassure amylacée ou farineuse.

Le blé noir ne doit pas être coupé ni trop tôt ni trop tard.

Lorsqu'il est *récolté trop prématurément*, la plupart des grains qui sont encore laiteux, mûrissent fort mal et conservent, pour la plupart, une nuance rougeâtre qui fait dire au battage : *Le sarrasin n'est pas beau, il contient beaucoup de rouge.*

Quand on le *coupe trop tardivement*, c'est-à-dire lorsque tous les grains sont bien formés et brunâtres, les ouvriers chargés d'opérer la récolte en égrènent beaucoup, soit en coupant les tiges, soit en les mettant en javelle, soit en les disposant en faisceaux.

Le vent, par sa violence, lorsque le sarrasin est bien mûr, peut aussi faire tomber à terre un grand nombre de graines et amoindrir par là très-notablement son rendement.

**Coupe des tiges.** — Le blé noir doit être coupé avec des *faucilles unies à lames bien tranchantes*. Les faucilles dentées en scie ont l'inconvénient d'agiter les tiges et de faire tomber les grains arrivés à parfaite maturité.

On a souvent essayé de couper avec la *faux* le sarrasin cultivé en culture spéciale, mais on a dû renoncer à l'emploi de cet outil parce qu'il égrène beaucoup les tiges qui ont $0^m,75$ à 1 mètre de hauteur.

On ne peut se servir de la faux que lorsqu'il est question de récolter du sarrasin ayant des *tiges peu élevées* et cultivé en *culture dérobée*. Dans cette circonstance, on doit armer la faux d'un playon ou d'un crochet, de manière à avoir des andains réguliers et continus.

Quand le temps est très-sec et chaud il faut, pour éviter d'égrener le sarrasin, opérer de préférence le matin de très-bonne heure, cesser le travail vers dix ou onze heures, le reprendre vers deux heures de l'après-midi, pour le continuer jusqu'à l'arrivée de la nuit.

Avant de fauciller ou de faucher un champ de blé noir, il est utile de bien examiner l'état des plantes qu'on doit récolter, parce que toutes n'arrivent pas toujours à maturité au même moment.

En général, le sarrasin mûrit plus tôt sur les parties siliceuses que sur les endroits argileux, moins tardivement dans les parties sèches et aérées que dans les lieux ombragés et frais.

Aussi, souvent, dans la *culture spéciale*, est-on forcé de récolter à un moment donné un quart, la moitié ou les deux tiers de la surface d'une pièce pour n'opérer sur l'autre partie qu'au bout de deux, quatre ou six jours.

Les ouvriers chargés de couper le blé noir avec la faucille doivent toujours suivre le sens de la verse des tiges, si celles-ci ont été plus ou moins inclinées, soit par le vent, soit par la pluie. En opérant ainsi, ils égrènent moins de sarrasin parce qu'ils séparent plus aisément les tiges coupées et maintenues dans leur main gauche, de celles qui sont encore attenantes au sol par leurs racines.

Au fur et à mesure que les tiges sont coupées, on les dépose sur le sol en *javelles*. Ces tas de tiges sont plus ou moins volumineux, selon la manière d'être du temps et le degré de maturité du sarrasin. Lorsque les tiges ont encore beaucoup de feuilles vertes, on fait les javelles moins fortes, surtout si le temps présage de la pluie.

Chaque jour, vers la fin de la journée, on relève les javelles qui sont étendues sur le sol pour les dresser presque perpendiculairement, en les réunissant deux à deux ou trois à trois, selon leur grosseur. Ces *faisceaux* ne résistent aux vents violents que quand ils ont été bien établis. On les dispose sur des lignes parallèles et suffisamment écartées pour que les véhicules puissent circuler librement à l'intérieur du champ.

Deux ouvriers sont nécessaires pour exécuter la mise du sarrasin en faisceaux. Voici comment ils opèrent :

Chacun d'eux saisit une ou deux javelles de sarrasin, en évitant de faire tomber des grains, et ils les réunissent en appuyant leur partie supérieure l'une contre l'autre et en écartant leur extrémité inférieure, afin que la petite gerbe, une fois dressée sur le sol, ait toute l'assiette ou la solidité voulue pour résister à l'action du vent.

Une femme ou un enfant termine l'opération en liant chaque faisceau ou *pigeon*, ou *poupée*, ou *quintaux*, ou *moquette*, au-dessous de la plupart des corymbes chargés de grains, à l'aide de quelques tiges de sarrasin.

Ainsi disposé, le blé noir achève de mûrir, et il perd de son eau de végétation. Quand il a été bien arrangé, il peut supporter des alternatives de pluie et de beau temps pendant huit jours, sans souffrir beaucoup.

Chaque matin, on visite le champ pour redresser, si cela est nécessaire, les faisceaux que le vent a renversés.

Les grains des tiges qui restent en javelles sur le sol et les graines des faisceaux que le vent a renversés et qu'on a négligé de redresser, germent facilement quand le sarrasin reste en contact, pendant plusieurs jours, avec un sol humide ou détrempé par la pluie.

Lorsque le *sarrasin doit être conservé en grange* pour être battu pendant l'automne et l'hiver, on *le met en gerbes* avec des liens de paille de seigle. Ce travail doit être fait le matin ou dans l'après-midi, afin d'égrener le moins possible les tiges.

On peut, au besoin, se dispenser du liage, réunir les tiges en javelle et charger directement le blé noir dans des voitures. Cette manière d'opérer oblige à prendre toutes les précautions voulues afin de perdre le moins possible de grains.

Le *transport du sarrasin* du champ à la ferme, doit être fait dans des voitures bien planchéiées ou garnies intérieurement d'une toile.

**Battage.** — Le battage du blé noir cultivé en *culture*

*spéciale* est toujours exécuté dès que les tiges et les grains sont suffisamment secs.

Conservé dans les granges, par suite de l'humidité que contiennent encore les tiges et les feuilles, il ne tarderait à s'échauffer et à fermenter, état qui nuirait beaucoup à la qualité des grains et à celle de la paille.

Le sarrasin cultivé en *culture dérobée* étant toujours sec quand on le moissonne, est le seul qu'on puisse engranger sans danger lorsqu'on le rapporte à la ferme par une belle journée.

Le battage du sarrasin se fait en *plein air* dans la région de l'Ouest, soit au fléau ou avec la gaule, soit à l'aide de machines à battre.

Le *battage au fléau* ne peut avoir lieu en plein air que lorsque le temps est beau et quand le sarrasin est sec.

La veille du jour où ce travail doit être commencé, on conduit près de l'aire à battre une ou deux voitures remplies de tiges. Ces véhicules restent chargés pendant la nuit.

Le lendemain matin, lorsque la rosée a disparu ou aussitôt que le soleil a séché l'aire à battre, on couvre la surface de celle-ci d'une couche de tiges non battues et placées presque perpendiculairement.

Voici comment on dispose le sarrasin sur les aires :

On place au centre de l'aire un faisceau autour duquel on en appuie trois ou cinq autres en les obliquant un peu. Quand cette première rangée circulaire a été placée, on en dispose une deuxième, puis une troisième, puis une quatrième, et ainsi de suite jusqu'à ce que les deux tiers au moins de la surface de l'aire soient couverts. Toutes les tiges doivent être très-inclinées de l'extérieur vers le centre de l'aire.

Quand tous les faisceaux ont été ainsi disposés, on constate que le centre de l'airée est plus élevé que les autres parties, et l'œil ne découvre sur la partie circulaire occupée par le sarrasin que des ramifications chargées de graines.

Lorsqu'une voiture est déchargée, on s'en sert pour aller chercher d'autres faisceaux. A ce moment de la journée, la rosée qui s'était déposée sur le blé noir situé dans les champs a complétement disparu.

Tous les batteurs doivent avoir des fléaux à *verges petites et rondes.*

La facilité avec laquelle s'égrène le sarrasin bien mûr et convenablement récolté n'oblige pas à frapper sur chaque airée avec autant de force et de rapidité que quand il est question d'égrener du froment et du seigle.

Tous les batteurs battent ensemble, c'est-à-dire tous élèvent et abaissent leurs fléaux au même moment, en tournant continuellement de la circonférence au centre de l'aire et *vice versa.* Ce travail, appelé dans la région de l'Ouest *une batterie,* ne présente pas cette animation qu'offre toujours le battage en plein air et au fléau du blé ou du seigle.

Lorsque les tiges ont été battues une ou deux fois selon leur degré de maturité ou de siccité, on les retourne sens dessus dessous, en renversant la rangée la plus externe sur la surface inoccupée qui la circonscrit. Ceci fait, on retourne la seconde rangée, puis la troisième et ainsi de suite jusqu'à ce qu'on soit arrivé au centre de l'airée qui présente alors une place circulaire vide. Ce travail se fait toujours très-promptèment et à l'aide de fourches en bois.

Quand toute l'airée a été ainsi retournée, les ouvriers

saisissent de nouveau leurs fléaux et opèrent un second battage en agissant comme précédemment. Ce deuxième égrenage est toujours plus rapide que le premier.

Aussitôt qu'il est terminé, on soulève et l'on secoue la paille avec des fourches et on la porte sur l'endroit où le *paillier* doit être établi.

Lorsque la paille a été enlevée, on râtelle la surface de l'aire avec un râteau en bois à dents écartées, pour débarrasser le grain des plus longues courtes-pailles et des grandes feuilles. Après cette opération, on râtelle de nouveau l'aire avec un râteau à dents plus rapprochées, et on balaye le grain avec une grande branche de *bouleau* (BETULA ALBA) garnie de ses feuilles, en agissant très-légèrement. Ces deux dernières opérations ont pour but de pousser en dehors de l'aire les petits débris qui couvrent le grain et qui, en s'accumulant sur le sol, rendraient le battage moins prompt et moins parfait.

Lorsque l'aire a été nettoyée on la couvre de nouveau de tiges non battues en agissant comme on a opéré au commencement du battage.

On continue ainsi jusqu'à la fin de la journée.

Le battage est rapide et parfait si le sarrasin est bien mûr et sec, et si le temps est beau.

Une heure environ avant de cesser le travail, on enlève la paille battue de la dernière airée, et l'on nettoie encore la surface du grain.

Quand l'aire a subi un bon nettoyage, avec des pelles en bois ou des *rables*, ou au moyen d'une planche légèrement inclinée et traînée par une corde que tirent deux hommes, on réunit le grain en un tas conique sur le point le plus élevé de l'aire. On a soin, après cette opération, de bien balayer le sol pour qu'il y reste le moins possible de grains.

Le tas de graine doit être couvert d'une toile et ensuite de paille, afin que l'eau, s'il survenait de la pluie pendant la nuit, ne puisse le pénétrer. Lorsque le grain doit rester en tas pendant plusieurs jours, on évite qu'il s'échauffe en le remuant chaque matin quand le soleil a déjà une certaine intensité.

Le lendemain et les jours suivants, s'il y a lieu, on continue le battage.

L'égrenage se fait mécaniquement avec des *machines à battre* mues par des animaux ou mises en mouvement par la vapeur. Ces appareils sont ceux qui servent à l'égrenage des céréales.

Toutefois, comme les tiges du sarrasin sont grosses, molles et encore humides, et que le grain de cette plante est facilement écrasé ou divisé, on est forcé, si l'on veut opérer un bon battage :

1° D'éloigner plus ou moins le contre-batteur du tambour;

2° D'imprimer au tambour-batteur ou au manége une impulsion moins grande que de coutume;

3° D'alimenter moins fortement la machine, afin d'éviter que les tiges s'enroulent autour du batteur et que la *machine bourre* de temps à autre.

Lorsque les machines à battre sont ainsi réglées et desservies, le battage du sarrasin se fait bien plus rapidement et d'une manière plus économique que quand l'égrenage est exécuté à l'aide du fléau.

Le battage du sarrasin cultivé en *culture dérobée* est très-facile : on l'opère dans les granges soit avec le fléau, soit à l'aide d'une machine à battre.

**Nettoyage du grain.** — Le nettoiement du grain se fait sur l'aire ou dans la grange, à l'aide d'un tarare ou *moulin à venter.* Il a pour but de séparer du grain la plupart des débris qui sont alliés aux graines.

Le sarrasin qu'on a égrené avec une bonne machine à battre est toujours plus propre que celui qui a été battu avec le fléau.

Quand le sarrasin déposé dans les aires a subi un premier nettoyage, on le soumet quelquefois à un nouveau tararage avant de le porter dans les magasins ou greniers ; on agit ainsi, afin qu'il soit aussi propre que possible.

Les débris de tiges et de feuilles que le tarare sépare du grain, sont en grand nombre ; on les réunit en tas pour qu'ils se transforment en terreau pendant l'hiver. Cet engrais est utilisé dans la fertilisation des prairies naturelles. On le répand pendant les mois de février et de mars.

**Conservation du grain.** — Le blé noir nouvellement égrené doit être étendu dans les greniers en couche mince et sillonnée, disposition qui rend la dessiccation du grain plus prompte et plus parfaite.

Le sarrasin sèche très-lentement : aussi est-il indispensable de le remuer souvent pour éviter qu'il s'échauffe. Ce pelletage a aussi pour effet de détacher des grains les enveloppes calicinales qui sont adhérentes.

Quand le grain est en partie sec, on le ventile de nouveau et on l'étend encore, mais en couche beaucoup plus épaisse, sur l'aire du bâtiment.

Au bout d'un mois ou six semaines, et après l'avoir remué chaque semaine, on le ventile une troisième fois, ou, ce qui vaut mieux, on le nettoie à l'aide d'un crible ou *grêle.* Le criblage détache mieux les enveloppes des grains que le tararage.

La poussière noire grossière que l'on nomme *poux* en Bretagne, et que le tarare ou le crible sépare du blé noir déposé dans les greniers, est assez considérable. C'est pourquoi ce grain éprouve un grand déchet pendant sa dessiccation; cette diminution de volume s'élève souvent au dixième de la masse déposée dans les greniers après le battage.

Le grain qu'on dépose encore humide en couche épaisse dans les magasins, et qu'on abandonne complétement à lui-même, s'échauffe toujours très-promptement; alors sa fécule prend une nuance jaunâtre, et elle acquiert une saveur peu agréable. Un tel grain a naturellement perdu une partie de sa valeur alimentaire et de sa valeur commerciale.

**Conservation de la paille**. — La paille de sarrasin se conserve bien en meules ou *barges*, lorsque ces meulons sont bien arrangés, étroits et élevés.

Quand les *pailliers* de sarrasin sont très-larges, la paille, à cause de son humidité, y sèche difficilement et souvent même elle y moisit avec rapidité.

La paille de sarrasin, après le battage, a une nuance jaunâtre-rougeâtre très-prononcée. Avec le temps et surtout lorsqu'elle est mal conservée, elle prend une teinte brune assez foncée.

# CHAPITRE IX


## RENDEMENT

Rendement par hectare en grain dans la culture spéciale et la culture dérobée. — Poids de l'hectolitre des semences du sarrasin ordinaire, argenté,
de Tartarie et du Népaul. — Rendement en paille. — Rapport du grain à
la paille.

Le rendement du sarrasin en graines et en paille est
très-variable. Dans certaines années, lorsqu'il est bien cultivé, il donne 30 et quelquefois 40 hectolitres par hectare.
Dans d'autres, au contraire, c'est à peine s'il fournit, sur
la même surface, 4 à 6 hectolitres.

Ces différences si considérables ont lieu non-seulement
en France, mais aussi en Allemagne. C'est pourquoi Bürger
a pu dire, il y a quarante ans, que la culture du sarrasin
pouvait être comparée à une loterie, et que *le cultivateur
doit attendre la récolte pour savoir s'il a perdu ou gagné !*

Les grandes variations qu'on remarque dans les produits de cette polygonée alimentaire résultent unique_
ment des influences favorables ou nuisibles que les agents
atmosphériques exercent sur ses divers organes pendant
sa floraison.

Lorsque, pendant l'été, la température continue à être
normale, le blé noir se couvre de nombreuses fleurs, et
celles-ci, ainsi que je l'ai dit précédemment, décorent les
champs d'une nuance éclatante qui rappelle celle de la
neige et qui se marie très-agréablement avec la verdure
des haies vives et des prairies.

Quand le sarrasin conserve cette belle parure jusqu'en
septembre, on est presque certain, s'il ne survient pas

pendant ce mois des nuits très-froides, des gelées précoces ou des brouillards intenses suivis d'un soleil éclatant, de pouvoir compter sur une bonne récolte en grains.

Mais les choses se passent d'une manière bien différente si la température présente de grandes variations, depuis la mi-juillet jusqu'à la récolte. Ainsi, survient-il des vents secs et brûlants et surtout des vents du sud-ouest ou *vents marins*, lorsque le blé noir épanouit ses jolies fleurs blanches? la température de l'air s'abaisse-t-elle subitement d'une manière intense, le matin avant le lever du soleil pendant les mois d'août et de septembre? les fleurs et souvent aussi les feuilles perdent instantanément leur éclat, et elles apparaissent immédiatement comme si elles avaient été frappées par le feu.

Cette destruction présente les anomalies les plus curieuses. Tantôt elle apparaît sur toutes les plantes, quelle que soit l'étendue du champ qu'elles occupent ; tantôt, au contraire, on ne l'observe que sur une étendue restreinte, ou sur une ou plusieurs bandes parallèles plus ou moins larges.

Les plantes que des causes tout à fait inattendues, et qu'on ne peut pas toujours bien définir, ont ainsi altérées ou détruites, donnent toujours très-peu de grain, et celui qu'elles produisent laissent presque toujours à désirer sous tous les rapports.

Mais les météores que je viens de signaler ne sont pas les seuls qui rendent très-variables le produit du blé noir. A côté de ces agents se range l'influence toujours fâcheuse, que les pluies abondantes et continuelles, qui surviennent vers la fin de l'été au commencement de l'automne, exercent toujours sur les semences de cette polygonée.

Quand ces pluies deviennent persistantes au moment de la récolte ou lorsque les plantes ont été faucillées et disposées en javelles ou en faisceaux, elles font germer les graines ou elles altèrent sensiblement leur qualité. Alors le rendement du sarrasin subit une diminution qui est une véritable perte pour le cultivateur.

Quoi qu'il en soit, s'il est incontestable que le rendement du blé noir cultivé en *culture spéciale* varie chaque année et d'un champ à l'autre, alors que la terre a la même composition, les mêmes propriétés physiques et le même degré de fécondité, il est possible néanmoins de dire, d'une manière générale, que cette plante donne, en moyenne, lorsqu'elle est bien cultivée, de 18 à 22 hectolitres par hectare.

Ce rendement représente évidemment la moyenne des récoltes extraordinaires, bonnes et très-mauvaises.

Le blé noir *cultivé sur les chaumes* ou en *culture dérobée*, est beaucoup moins productif. Dans les circonstances ordinaires son rendement moyen dépasse rarement 8 à 10 hectolitres par hectare.

**Poids de l'hectolitre.** — Le sarrasin est plus ou moins pesant selon sa manière d'être.

Quand il est encore un peu humide, lorsque sa qualité est secondaire, lorsqu'il contient *beaucoup de rouge* ou qu'il a été mal nettoyé, l'hectolitre ne pèse souvent que 56 à 58 kilogrammes.

Lorsque le grain est de bonne qualité et qu'il peut être réputé *bon marchand*, le poids de l'hectolitre atteint 64 à 65 kilogrammes.

Le *sarrasin à gros grains* qu'on cultive en Russie pèse beaucoup moins que le *sarrasin argenté*, variété si remarquable par son uniformité et la qualité de ses parties amylacées. Le poids de ce dernier blé noir varie entre 66 et 68 kilogrammes.

Le *sarrasin de Tartarie* ne pèse en moyenne que 60 kilogrammes.

Le poids du *sarrasin émarginé* ne dépasse pas 50 kilogrammes.

**Rendement en paille.** — Le sarrasin donne plus ou moins de paille par hectare, selon qu'il est cultivé en culture spéciale ou en culture dérobée, et selon aussi la fraîcheur et la fertilité du sol où il a végété.

En général, dans la *culture spéciale*, le blé noir produit peu de paille quand les années sont sèches et lorsqu'il végète sur des sols secs. Par contre, ses tiges sont toujours élevées et ramifiées dans les années humides et lorsqu'il est cultivé sur des terrains à la fois frais et fertiles.

De Gasparin a dit que le grain était à la paille comme 100 : 72 et qu'on pouvait dès lors compter sur 45 à 50 kilogrammes de paille par hectolitre de grain récolté. Cette donnée ne concerne que la culture dérobée ou le sarrasin cultivé en Sologne.

D'après les faits que j'ai souvent constatés dans la culture spéciale, le grain est à la paille comme 100 : 140.

D'où il résulte qu'on peut compter en moyenne, après le battage, sur 85 kilogrammes de paille par chaque hectolitre de grain ou sur 1,500 à 1,700 kilogrammes par hectare lorsque le produit du sarrasin varie sur la même surface entre 18 et 20 hectolitres de grain.

Dans la *culture dérobée*, le sarrasin ne donne pas, en moyenne, au delà de 500 à 600 kilogrammes de paille par hectare.

# CHAPITRE X

## MOUTURE DU SARRASIN

Mouture du sarrasin à l'aide de moulins à bras et de moulins ordinaires. — Conservation de la farine. — Tamisage de la boulange. — Gruau de sarrasin. — Son de blé noir. — Produits divers fournis par 100 kilogrammes de grain. — Mouture perfectionnée de Betz-Penat.

La mouture du sarrasin est facile, parce que ce grain n'a pas une grande dureté.

On l'exécute au moyen de meules ordinaires, appartenant à des moulins à vent ou à eau, ou à l'aide de moulins à bras analogues à ceux qui étaient en usage autrefois chez les Romains et les Gaulois.

Le sarrasin moulu par les moulins à vent ou les moulins à eau donne toujours plus de farine que quand il a été converti en farine au moyen des moulins à bras. En outre, cette farine est plus fine parce qu'elle y est mieux sassée ; c'est pourquoi le son de sarrasin qui provient des moulins à grandes meules est toujours peu nutritif pour les animaux qui le consomment.

La farine de sarrasin ne se conserve bien que quand elle a été déposée dans un coffre en bois situé dans un endroit sec. Lorsqu'on ne la soustrait pas à l'action continuelle de l'air et quand on la conserve dans un sac situé dans un rez-de-chaussée, elle se pelotonne aisément et perd une partie de ses propriétés alimentaires. Aussi est-on forcé, dans ce dernier cas, de la remuer de temps à autre quand on doit la garder pendant un ou deux mois.

Dans un grand nombre de fermes et d'habitations de la Bretagne, on préfère faire moudre le sarrasin la veille ou le jour même où la farine doit être utilisée. En agissant ainsi, on a toujours de la farine nouvelle.

Cette mouture se fait de deux manières : dans les diverses localités, l'extraction de la farine exige seulement deux opérations : la mouture directe et le tamisage. Dans d'autres contrées, on moud le sarrasin en exécutant trois opération ; le décorticage, la mouture des gruaux et le sassage.

Avant toute mouture, on frotte le grain entre les mains, ou on l'agite vivement dans un sac dans le but de détacher toutes les enveloppes calicinales qui sont encore adhérentes. On le nettoie ensuite avec un crible pour le priver de toute poussière. Après ces deux opérations, on enlève avec la main les pierres, les siliques de ravenelle, etc., qui peuvent s'y trouver mêlées.

Quand le sarrasin a été ainsi nettoyé et qu'il est bien sec, on le moud directement, c'est-à-dire on le soumet à l'action d'un moulin à meules un peu écartées, dans le but de briser les enveloppes des grains ou de concasser ces derniers.

Lorsque les grains de sarrasin ont été divisés ou concassés, on les vanne pour séparer les gruaux des enveloppes brisées. Ces gruaux sont blanc jaunâtre.

Les gruaux, une fois bien nettoyés sont ensuite réduits, en farine à l'aide d'un moulin ordinaire, c'est-à-dire à meules rapprochées.

Quand le sarrasin ou les gruaux ont été moulus, on tamise ou l'on *sasse* la boulange, afin d'obtenir le plus possible de farine. On termine l'opération en criblant le résidu avec un sas plus gros dans le but de séparer les petits gruaux et les parties corticales ou pellicules. Le mélange qui traverse le tamis est désigné sous le nom de *son de sarrasin* ou *fleurain*.

Dans cette circonstance comme dans la mouture directe, l'ouvrier doit éviter d'imprimer à la meule mobile une grande vitesse. Lorsque la mouture se fait trop rapidement ou lorsque les meules ont été trop fortement alimentées, la farine s'échauffe, devient jaunâtre, et elle perd une partie de ses propriétés alimentaires.

La farine de sarrasin ainsi obtenue n'est pas d'une blancheur parfaite, surtout lorsqu'elle provient de la mouture directe ; celle qu'on obtient des gruaux et qu'on appelle *farine gambadée* ou *farine blanche*, est plus belle. Nonobstant, le petit pointillé brun ou grisâtre qu'on observe dans la *farine bise* obtenue à l'aide d'une seule mouture, ne nuit pas sensiblement à ses qualités lorsqu'elle provient de grains bien conservés.

La farine de blé noir qu'on vend dans les grandes villes de la Bretagne, à Nantes, à Rennes, etc., est plus blanche que la farine blanc jaunâtre que donne la mouture des gruaux faite dans les fermes ; mais ses qualités alimentaires ne sont pas toujours égales à celles qui distinguent cette dernière farine, parce qu'on y mêle quelquefois un peu de farine fine fleur de froment.

La farine provenant de grains de sarrasin ayant fermentés dans les greniers est gris jaunâtre, et elle a une odeur et une saveur peu agréables.

Voici les produits que l'on retire, en moyenne, du grain du sarrasin :

| | Poids.<br>kil. | Farines.<br>kil. | Son.<br>kil. | Déchet.<br>kil. |
|---|---|---|---|---|
| 100 litres sarrasin ordinaire. . . | 60 | 44 | 15 | 1 |
| 100 — sarrasin de Tartarie. . | 58 | 40 | 17 | 1 |

M. Betz-Penot a perfectionné la mouture de ce grain. Après l'avoir lavé et desséché à l'étuve, il le décortique, le sasse, le concasse, le moud et le blute. Alors il obtient une farine très-remarquable sous tous les rapports. Voici les produits qu'il obtient de 100 kilogrammes de grain :

| | |
|---|---|
| Farine de gruau. . . . . . . . . . | 17 kilogr. |
| Farine ordinaire . . . . . . . . . | 23 — |
| Semoule et gruau . . . . . . . . . | 8 — |
| Recoupes et pellicules. . . . . . . | 6 — |
| Gros son. . . . . . . . . . . . . | 30 — |
| Déchets . . . . . . . . . . . . . | 6 — |
| Grains avariés . . . . . . . . . . | 6 — |
| | 100 |

En résumé, par ce procédé, on obtient 48 p. 100 de parties féculifères très-alimentaires.

M. Isidore Pierre a fait connaître dans son intéressant travail sur le sarrasin, que les gruaux sont plus azotés que la farine. Voici les faits qu'il a constatés par kilogramme :

| | | |
|---|---|---|
| Farine fine très-blanche, azote. . . . . | | 6 gr. |
| Farine fine bise, | — . . . . . | 10 |
| Gruaux fins, | — . . . . . | 22 |
| Gruaux moyens, | — . . . . . | 32 |

Le sarrasin entier contenait, par kilogramme, 17 grammes d'azote.

# CHAPITRE XI



## EMPLOI DES PRODUITS

Emplois de la farine : galette de sarrasin, grous et bouillie de blé noir. — Gâteaux. — Semoule de sarrasin. — Pain de blé noir. — Emplois du grain, du son et des enveloppes. — Usages de la paille.

Le sarrasin fournit divers produits utiles :

**Farine.** — La farine de blé noir n'est pas panifiable, parce qu'elle contient peu de gluten ; mais elle sert à faire des galettes et des bouillies.

La *galette de sarrasin* est un bon aliment lorsqu'elle est bien faite.

Voici comment on la prépare :

On délaye la farine (environ 500 grammes) avec du lait doux ou du lait caillé (environ 1 kilogramme), puis avec de l'eau (environ 500 grammes). Quand la pâte est prête, on la sale, on la bat, ou pour mieux dire on l'agite très-vivement pendant quelques instants, puis on l'abandonne à elle-même pendant deux heures environ pour qu'elle fermente un peu et qu'elle soit plus liée. Avant de l'utiliser, on y ajoute un peu d'eau ; il est important que cette pâte ne soit ni trop épaisse ni trop claire.

Quand la pâte a été ainsi préparée, on fait chauffer la *galettoire* ou *galetière*, pièce en fonte, ronde et mi-plate, on la graisse avec du saindoux ou du beurre, auquel on a associé un jaune d'œuf, et on y verse de la pâte qu'on étend rapidement en une couche mince ; quand une galette se détache aisément et qu'elle est rose en dessous, on la retourne avec une petite pelle plate et à main, pour la faire cuire de nouveau.

Une galette bien cuite et faite avec de la pâte bien préparée a de nombreux yeux et une belle couleur jaune brun ou doré. On la mange lorsqu'elle est encore chaude, après l'avoir enduite d'un côté de beurre ou de confiture, ou après l'avoir divisée et mise à tremper dans du cidre, du *lait doux*, du *lait cuit* ou du *lait caillé* ou gros lait.

La galette de sarrasin doit être cuite sur un feu modéré, fait avec du menu bois.

On fait aussi des *crêpes* avec la farine de sarrasin. Cet aliment est nommé en Flandre *conkebacques*.

La *bouillie* appelée *grous* se fait de la manière suivante :

On fait bouillir de l'eau dans une bassine en cuivre jaune, on y verse petit à petit de la farine de blé noir en agitant continuellement le liquide, afin que la farine ne devienne pas grumeleuse. Ensuite on fait cuire pendant une demi-heure environ en continuant de brasser. Avant de retirer la bassine du feu, on sale la bouillie.

Les grous sont mangés chauds dans du lait doux ou avec du beurre. Lorsqu'ils sont froids, on les divise par tranches minces qu'on fait frire au beurre dans une poêle.

La *bouillie proprement dite* se fait comme il suit :

On délaye de la farine dans une bassine avec du lait de beurre ou du lait caillé, et on fait cuire le tout pendant une heure environ, puis on sale. Cette bouillie est mangée, lorsqu'elle est encore chaude, soit avec du beurre, soit après avoir été mise dans du cidre.

Le sarrasin *grossièrement moulu* sert dans l'engraissement des porcs et des volailles, mais ne vaut pas la farine de maïs.

**Gâteaux.** — On fait d'excellents biscuits de Savoie avec la farine.

**Semoule.** — La semoule de sarrasin sert à faire d'excellents potages au lait.

**Pain de blé noir**. — A Vire, Condé, Domfront (Normandie), on associe la farine de blé noir à celle de froment. Ce mélange sert à faire des petits pains qu'on vend 0 fr. 05.

On les mange avec du beurre lorsqu'ils sont encore chauds. Ils pèsent environ 120 grammes.

**Graines**. — Le grain du sarrasin est utilisé dans l'alimentation des chevaux et dans l'engraissement des bœufs et des porcs. On le donne à l'état normal aux premiers, soit seul, soit allié à l'avoine; on l'administre aux seconds après l'avoir fait cuire ou tremper dans l'eau.

Les volailles mangent bien le sarrasin, mais ce grain excite moins les poules à pondre que l'avoine.

**Déchets**. — Le *son de sarrasin* est donné aux bêtes porcines, ou il sert à faire des buvées blanches aux vaches.

Le *poux* ou *déchet*, provenant du tararage des grains de blé noir nouvellement battus, est laissé en tas pour être appliqué, à la fin de l'hiver, sur les prairies naturelles.

**Paille**. — La *paille fraîche* de sarrasin est mangée par les bêtes à cornes et les bêtes à laine. Lorsqu'elle est sèche, on ne peut la donner qu'aux bêtes à laine.

Nonobstant, on l'emploie, soit fraîche, soit sèche, comme litière dans les étables et les bergeries. Cette paille est très-absorbante et se décompose assez facilement.

La paille de sarrasin qui a moisi dans les meules ne doit pas être donnée comme aliment aux animaux. On doit même, lorsqu'elle est couverte de byssus, l'étendre au soleil pendant plusieurs heures avant de l'employer comme litière, afin de lui faire perdre l'odeur désagréable qu'elle dégage et qui peut nuire au bétail.

# CHAPITRE XII

## PRIX DU SARRASIN

Le prix du sarrasin dépasse ordinairement la moitié du prix du froment. — Valeur du grain qui a fermenté dans les greniers. — Nécessité, avant d'acheter du sarrasin, de s'assurer de sa qualité.

Le prix du sarrasin ordinaire varie suivant la valeur commerciale du blé et sa rareté ou son abondance sur les marchés.

Ordinairement, la valeur de ce grain dépasse un peu la moitié du prix du froment. Ainsi, quand cette dernière céréale se vend 25 ou 30 francs les 100 kilogrammes, le blé noir de bonne qualité est vendu 14 à 18 francs les 100 kilogrammes, ou 9 à 12 francs l'hectolitre.

Quand, dans une contrée, la récolte a été mauvaise, le prix des 100 kilogrammes s'élève quelquefois jusqu'à 20 et 22 francs, et celui de l'hectolitre à 13 et 15 francs.

Le blé noir qui n'est pas très-sec et celui qui a fermenté dans les greniers sont peu recherchés sur les marchés et leur valeur est toujours moins grande.

Avant d'acheter du sarrasin, on doit s'assurer de son degré de siccité en le pressant dans la main, examiner s'il n'a pas une mauvaise odeur et constater la couleur des parties amylacées qu'il contient (*voy.* p. 394).

---

BIBLIOGRAPHIE.


**Saniewski.** . . . . . *Mémoire sur le sarrasin*, in-8°, 1840.
**D'Ossonville.** . . . . *Mouture perfectionnée du sarrasin*, in-8°, 1867.
**Isidore Pierre.** · · · *Recherches analytiques sur le sarrasin*, in-8°, 1860.

# DEUXIÈME PARTIE

## LES PLANTES LÉGUMINEUSES

OU PLANTES A COSSES

—◦—

## LIVRE PREMIER

### HARICOT

**Phaseolus**

(De *Phaseolos*, mot grec qui signifie chaloupe ou forme des gousses.

*Plante dicotylédone de la famille des légumineuses.*

*Anglais.* — Kidney bean.
*Allemand.* — Schmink bohne.
*Hollandais.* — Turcks boonen.
*Égyptien.* — Loubié.
*Italien.* — Fagiuolo.

*Espagnol.* — Habichuela.
*Portugais.* Feijão.
*Péruvien.* — Frijol.
*Arabe.* — Al-loubiâ.

Les anciens peuples n'ont pas connu le haricot. C'est pourquoi cette légumineuse, qui est originaire de l'Asie occidentale, n'a pas de nom sanscrit.

Théophraste est le premier écrivain qui ait parlé du haricot. Caton et Varron ne l'ont pas connu, parce qu'il a été importé de Grèce en Italie, beaucoup plus tard. Colu= melle parle du *phaselus* et *faseolus*, qu'on sème en octobre, et Virgile du *faselus*. Ces noms représentent-ils le haricot? C'est très-douteux. Nonobstant, Palladius dit qu'on sème le *faselus* jusqu'aux ides d'octobre. Pline, au livre XVIII, § 55, a aussi mentionné les *faseoles*, qui se mangent avec leurs gousses[1]; mais au livre XVIII, § 7, il ajoute que la feuille du faseole est veinée, et dans le livre XVI, § 92, il s'est borné à parler du *dolic* ou *dolichos*.

Le haricot a été introduit en France il y a fort longtemps. Charlemagne a ordonné dans ses Capitulaires (*de Villis fisci*, 800) de le cultiver dans ses domaines.

Cette plante a été introduite vers 1597 en Angleterre, en 1602, sur la côte de Massachusetts, dans l'Amérique du Nord, en 1622 à Terre-Neuve, en 1644 à New-York, et en 1648 dans la Virginie. On ne la cultive en Norvége que depuis le dix-huitième siècle.

Toutes choses égales, d'ailleurs, le haricot est aujourd'hui très-connu dans l'ancien et le nouveau monde. Au milieu du siècle dernier, on le désignait en France sous les noms *fève de Rome, fève de Lombardie, faséoles, fasoles, fasioles, phasioles, favéoles, févettes, favioles, petites fèves, fèves peintes* ou *bannetos*.

De nos jours, les Provençaux appellent le haricot *fayoou*, et les Languedociens *moungeto*.

Les haricots à tiges volubiles et élevées sont appelés *haricots à rames* ou *haricots grimpants*, et ceux qui ont des tiges basses, *haricots nains, haricots sans rames, haricots en touffes*. En outre, on nomme *haricots à parchemin* ou *haricots à parche*, toutes les variétés qui ont des gousses revêtues intérieurement d'un cartilage herbacé. Les gousses qui n'ont pas cette membrane coriace ou parchemin appartiennent aux variétés appelées *haricots sans parchemin*, qu'on nomme aussi *haricots beurrés, haricots sans parche*

---

[1] Faseolorum cum ipsis manduntur granis.

ou *haricots mangetouts*. Les cosses de ces dernières variétés et les graines qu'elles contiennent sont très-comestibles quand elles sont vertes.

Les haricots arrondis sont désignés souvent sous les noms de *mongette*, *mongil* ou *mogette*.

Les haricots cultivés pour leurs *grains secs* occupent en France chaque année 156,000 hectares, et les haricots cultivés pour leurs *gousses vertes* et leurs *grains verts*, 58,000 hectares.

Les premiers sont surtout cultivés dans les départements des Landes (12,103 hect.), Basses-Pyrénées (7,871 hect.), Vendée (6,113 hect.), Hautes-Pyrénées (5,826 hec.), Gironde (5,704 hect.), Dordogne (5,018 hect.), Haute-Garonne (4,079 hect.), Gers (4,466 hect.), Ariége (3,955 hec.), Pyrénées-Orientales (3,935 hect.). Tous ces départements appartiennent à la région du Sud-Ouest.

Les seconds sont principalement cultivés dans les départements de Seine-et-Oise (3,259 hect.), Seine-Inférieure (2,232 hect.), Oise (1,924 hect.), Yonne (1,515 hect.), Calvados (1,462 hect.).

Le haricot est cultivé très en grand en Italie, en Espagne, dans les·provinces de Guipuzcoa et de Santander; en Grèce, dans le Zambèze, au Brésil, au cap de Bonne-Espérance, dans l'Abyssinie, au Mexique, au Chili, etc.

# CHAPITRE PREMIER

## CONDITIONS CLIMATÉRIQUES

Le haricot appartient à la culture européenne. — On le cultive pour ses cosses vertes ou ses grains secs. — Sa culture est incertaine au delà du 50ᵉ degré de latitude quand on ne lui demande que des haricots secs. — Chaleur totale qu'il exige. — Il redoute au printemps les froids tardifs et les pluies abondantes, en été les grandes sécheresses, et en automne, les pluies prolongées et les froids hâtifs. — Sa culture à l'arrosage dans le midi de l'Europe. — Expositions qu'il exige

Le haricot peut être cultivé dans toutes les contrées de l'Europe lorsqu'on ne lui demande que des *cosses vertes* ou des *haricots verts*. Il n'en est pas de même quand il doit donner des *grains secs* ou arrivés à parfaite maturité. Dans ce cas, on ne peut le cultiver que dans les contrées tempérées ou celles situées en Europe en deçà du 50ᵉ degré de latitude. Au delà de cette limite, le haricot, semé au mois de mai, végète bien, mais ce n'est que très-accidentellement qu'il mûrit ses grains quand il est cultivé en dehors des jardins. C'est pour ce motif que l'agriculture anglaise cultive de préférence, comme plantes alimentaires, les fèves et les pois. Les mêmes faits sont constatés chaque année dans l'Allemagne septentrionale.

Le haricot végète rapidement; mais pour bien mûrir ses graines il a besoin de 1,500 à 1,600 degrés de chaleur.

Cette légumineuse est une plante assez délicate. Si elle résiste bien aux chaleurs ordinaires de l'été du centre et du midi de la France, elle redoute, pendant les mois d'avril et de mai, des pluies abondantes ou des froids tardifs. Les premières font pourrir les graines, et les seconds détruisent ou rendent maladives les plantes qui viennent de naître.

Les grandes sécheresses estivales sont aussi très-nuisibles au haricot. Elles font jaunir ses feuilles, elles dessèchent ses gousses et font rider ses graines.

Mais si le haricot a besoin de chaleur pour bien végéter, il réclame aussi, pendant l'été et à l'intérieur du sol, une certaine fraîcheur, surtout lorsqu'on lui demande, dans le midi de l'Europe, des gousses nombreuses et tendres. C'est pourquoi, depuis longtemps, on le cultive à l'arrosage dans la Provence, le comtat d'Avignon, le bas Languedoc, en Italie, en Espagne et en Égypte.

Dans le midi de la France, on cultive souvent le haricot entre les lignes de maïs et sur les terrains occupés par l'olivier, le figuier, le mûrier et la vigne disposée en ouillières. Ces arbres ou ces arbrisseaux lui sont très-favorables, en ce qu'ils modèrent très-heureusement l'action desséchante du soleil pendant les mois de juin, juillet et août.

Les pluies continuelles à la fin de l'été et les froids hâtifs en automne sont aussi très-défavorables aux haricots. Les premières altèrent les gousses et tachent les graines; les seconds, en suspendant la vie des plantes, empêchent qu'elles mûrissent leurs cosses et leurs graines.

Le haricot ne végète donc normalement que dans les contrées où l'air, pendant l'été, est à la fois chaud et humide.

En général, dans le centre et le nord de la France, les haricots auxquels on demande des *grains frais* ou des *grains secs* doivent être cultivés à une exposition chaude. Par contre, les plantes destinées à produire des *haricots verts* de seconde saison doivent occuper principalement des terrains exposés au levant ou au nord.

# CHAPITRE II



## ESPÈCES ET VARIÉTÉS

Espèces cultivées en Europe et dans les pays très-tempérés. — Le *Phaseolus vulgaris* et ses sous-espèces. — Variétés à rames à cosses avec parchemin et à cosses sans parchemin. — Le *Phaseolus lunatus* ou haricot de Lima et de Siéva. — Le *Phaseolus multiflorus* ou haricot d'Espagne ou haricot multiflore. — Le *Phaseolus spherospermus*.

Le haricot se distingue des autres légumineuses alimentaires par les caractères ci-après :

Tiges glabres ou pubescentes, volubiles, de grandeur variable, grimpant de droite à gauche dans les espèces ou variétés à rames, et très-basses dans les variétés naines ; feuilles pinnées à trois folioles ovales, trapéziformes, acuminées, nervées et rudes ; fleurs blanches, violacées, rouges ou bicolores, géminées, disposées en grappes au sommet de pédoncules axillaires plus courts que les feuilles ; gousses comprimées à deux valves, pendantes, bosselées, mucronées ou terminées par un bec aigu ; graines aplaties, allongées ou ovoïdes de couleurs très-diverses.

Les *espèces cultivées principalement en Europe* sont au nombre de trois, savoir :

### 1. — Haricot ordinaire

#### (PHASEOLUS VULGARIS, Lin.)

Tiges ordinairement volubiles, presque glabres ; folioles ovales acuminées ; légumes pendants, comprimés, plus ou moins arqués et mucronés, bossués ; graines ovales, allongées, sphériques, comprimées blanches, jaunes, rouges, mordorées, panachées, etc.

Cette espèce est originaire des Indes orientales.

### 2. — Haricot d'Espagne

#### (PHASEOLUS MULTIFLÒRUS, Willd.)

Tiges volubiles, ramiées, presque glabres, folioles ovales acuminées, légumes pendants comprimés, rugueux, tortuleux et bossués ; fleurs rouges ; blanches ou bicolores en grappes pédonculées plus longues que les feuilles ; bractéoles plus courtes que le calice ; graines grosses et ventrues de même couleur que les fleurs.

Cette espèce est originaire de l'Amérique du Sud ; elle est

connue aussi sous le nom de *faviole à bouquet* ou *haricot à bouquet*. Elle est plus délicate que le *Phaseolus vulgaris*.

### 3. — Haricot luné

(PHASEOLUS LUNATUS, L.)

Tige grimpante, glabre, élevée ; feuilles ovales, accuminées, lisses ou pubescentes ; gousses velues ; fleurs petites avec ailes blanches passant au jaune verdâtre, geminées, disposées en grappes pédonculées assez courtes, étendard arrondi, bractéoles petites appliquées sur le calice ; gousse lisse et arquée ; semences ovales et très-aplaties.

Cette espèce est originaire des Indes. Elle est plus délicate que le *Phaseolus multiflorus*. On l'a appelée *haricot du Bengale*.

Les *espèces cultivées principalement en Asie, en Amérique et en Afrique*, sont plus nombreuses. Voici celles qui sont les plus répandues :

| | |
|---|---|
| 1° *Phaseolus tunkinensis*, Lour. | 7° *Phaseolus derasus*, Schr. |
| 2° *Phaseolus calcaratus*, Roxb. | 8° *Phaseolus barbadensis*, Dill. |
| 3° *Phaseolus aureus*, Roxb. | 9° *Phaseolus trilobus*, Ait. |
| 4° *Phaseolus torosus*, Roxb. | 10° *Phaseolus radiatus*, Lin. |
| 5° *Phaseolus mungo*, Lin. | 11° *Phaseolus lignosus*. |
| 6° *Phaseolus lathyroides*, Lin. | 12° *Phaseolus alysicarpus*. |

Ces espèces, dont plusieurs appartiennent aujourd'hui au genre *dolic*, sont cultivées au Népaul, au Bengale, au Mysore, à Ceylan, en Chine, dans l'Inde, la Cochinchine, l'Amérique du Sud, au Pérou, etc. Le *Ph. lignosus* est appelé *Pois savon*, et le *Ph. alysicarpus* est appelé *Pois noir muscate* (*voy.* liv. III).

### Phaseolus vulgaris

L'agriculture nabathéenne, d'après Ebn-Al-Awan, ne connaissait que 12 variétés du *phaseolus vulgaris*. Celles connues de nos jours dépassent 250.

M. Decaisne n'admet que trois sous-espèces du *haricot commun* (PHASEOLUS VULGARIS) ;

1° Haricot comprimé = PHASEOLUS COMPRESSUS.
2° Haricot gonflé      = PHASEOLUS TUMIDUS.
3° Haricot sphérique = PHASEOLUS SPHŒRICUS.

Martens, modifiant les classifications de de Candolle, de Savi et de Hayne, a admis six sous-espèces. Voici celles que j'ai cru devoir adopter pour classer ou grouper les variétés qui appartiennent réellement à l'agriculture et à l'horti-culture.

### 1. — Haricot commun
#### (PHASEOLUS VULGARIS, Savi.)

Tiges assez élevées; gousses légèrement arquées, un peu bossuées et lon-guement mucronées; grains oblongs, peu aplatis et très-légèrement concaves du côte du hile.

### 2. — Haricot comprimé
#### (PHASEOLUS COMPRESSUS, Mart.)

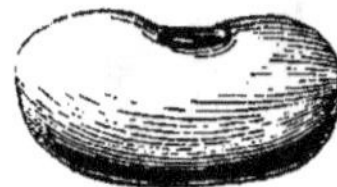

Fig. 39. — H. de Soissons à rames.

Fig. 40. — H. flageolet.

Tiges élevées ou naines; gousses comprimées, larges, un peu mucronées; graines aplaties, espacées ordinairement dans les cosses, rarement tronquées, oblongues, très-réniformes ou hile ordinairement très-enfoncé.

### 3. — Haricot anguleux
#### (PHASEOLUS GONOSPERMUS, Sav.)

Fig. 41. — H. nègre.

Fig. 42. — H. de Chartres.

Tiges de hauteur variable; gousse un peu courbée, peu mucronée, bossuée; graines serrées ou bout à bout dans les cosses, un peu comprimées, courtes, irrégulièrement tronquées ou anguleuses.

### 4. — **Haricot oblong**

(PHASEOLUS OBLONGUS, Savi.)

Fig. 43. — H. suisse rouge.

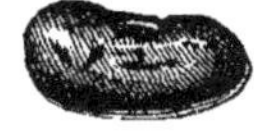

Fig. 44. — H. de Bagnolet.

Tiges ordinairement naines ; gousses presque cylindriques, assez droites, très-mucronées, étroites ; graines légèrement réniformes, cylindracées, deux fois plus longues que larges, ordinairement rouges, rarement noires et très-estimées dans les pays méridionaux.

### 5. — **Haricot ovoïde**

(PHASEOLUS ELLEPTICUS, Mart.)

Fig. 45. — H. de Chine.

Fig. 46. — H. de Prague rouge.

Tiges souvent volubiles, mais moins élevées ; gousses assez droites, plus ou moins bossuées ; graines assez petites, ovoïdes, renflées et répandues dans les pays septentrionaux.

### 6. — **Haricot sphérique**

(PHASEOLUS SPHERICUS, Mart.)

Fig. 47. — H. prédhomme.

Fig. 48. — H. princesse.

Tiges élevées ou naines; gousses bossuées, presque droites ou peu arquées ; graines grosses, presque globuleuses, convexes ordinairement du côté de l'œil ou hile, le plus souvent plutôt colorées que blanches.

Toutes les variétés qui appartiennent aux six sous-espèces du *phaseolus vulgaris* doivent être divisées en deux groupes :

1° Haricots à rames ;
2° Haricots nains.

Les uns et les autres se subdivisent en deux classes :

1° Haricots avec parchemin ;

2° Haricots sans parchemin.

En général, les haricots nains sont moins délicats, réussissent mieux et sont plus productifs que les haricots à rames.

TABLEAU SYNOPTIQUE DES VARIÉTÉS DU PHASEOLUS VULGARIS.

1. *Grains blancs, unicolores.*
- peu réniformes et peu aplatis, 1, 29, 55, 56.
- comprimés et réniformes, 2, 3, 4, 30, 31.
- anguleux ou peu arrondis, 5, 6, 13, 32.
- sphériques, 7, 16, 59.
- ovoïdes, 14, 15, 58, 57, 58.
- oblongs un peu aplatis, 33, 34, 35, 36, 37.

2. *Grains rouges, unicolores.*
- comprimés et réniformes, 10.
- anguleux, 11.
- sphériques, 20.
- allongés, un peu aplatis, 39, 40.

3. *Grains brun marron.* . . un peu aplatis, 8.

4. *Grains jaune rougeâtre.* . ovoïdes, 45.

5. *Grains fauve olivâtre.* . . allongé, 18.

6. *Grains jaunes.* . . . . .
- comprimé, 9.
- oblong, jaune foncé, 44.
- ovoïdes, jaune nankin, 61.
- sphériques, jaune soufre, 62.

7. *Grains noirs.* . . . . . .
- allongé peu comprimé, 17.
- comprimé, 19.
- oblongs, 41, 42.
- sphériques, 21, 63.

8. *Grains verdâtre ardoisé.* . à ombilic blanc, 60.

9. *Grains café au lait.* . . . oblongs, 43.

10. *Grains panachés ou marbrés.* . . . . . . . . . .
- oblongs
  - fond rouge brique, 46, 47, 48, 49, 50.
  - fond couleur de chair, 24.
  - fond chocolat, 51.
- allongé, anguleux
  - café au lait, 22.
  - fauve jaspé. 23.
- sphériques, fond blanc veiné, 25, 26, 27, 66.
- dimidiés, 28, 67.
- zébrés rougeâtre et noir, 12.
- à ombilic coloré, oblongs, 52, 53, 54, 64, 65.

## I. — VARIÉTÉS A RAMES

PREMIÈRE DIVISION

## Cosses avec parchemin

PREMIER GROUPE

VARIÉTÉS A GRAINS BLANCS

PREMIÈRE SECTION

*Grains peu aplatis et peu réniformes.*

### 1. — Haricot blanc commun

(PHASEOLUS VULGARIS ALBUS, Hab.)

Tige de 1ᵐ,20; feuilles moyennes; cosse un peu étroite, longue de 0ᵐ,13 à 0ᵐ,16, légèrement recourbée; grain blanc sale, un peu aplati, régulier, à peine réniforme, allongé et de moyenne grosseur.

Cette variété, que l'on appelait autrefois *phasiole blanc commun*, est répandue, mais la qualité de son grain est bien inférieure à celle du haricot de Soissons. Elle est très-commune dans les contrées du Midi.

DEUXIÈME SECTION

*Grains comprimés et très-réniformes.*

### 2. — Haricot de Soissons à rames

(PHASEOLUS COMPRESSUS CANDIDUS ALBUS, Hab.)

*Synonymie :* Haricot romain.          Haricot géant.
          Haricot à grain plat.          Haricot navarrin.
          Haricot blanc de Soissons.
          PHASEOLUS ROMANUS, Sav.

Tige de 2 mètres ; feuilles grandes ; fleurs blanches ; cosses longues, larges, arquées, passant au jaune à la maturité ; grain blanc, très-réniforme, long, un peu aplati, luisant, très-farineux.

Ce haricot est cultivé très en grand dans le nord de la France, surtout aux environs de Soissons, Laon, d'Angy, de Vasseny, de Ciry-Salsogne et de Noyon. Son grain en sec est le plus estimé de tous les haricots, quand il a végété sur des terres légères et fertiles, parce que son enveloppe ou peau est alors très-mince ou d'une finesse remarquable.

Le grain de cette variété, qui est tardive, perd une partie

de ses qualités alimentaires quand on la cultive dans les terres compactes.

### 3. — Haricot de Liancourt
(PHASEOLUS COMPRESSUS CANDIDUS ALBUS, Hab.)

*Synonymie :* Haricot de Picardie.               Haricot picard.
                Haricot rognon de coq.           Haricot de Caux.

Tiges de 2 mètres; fleurs blanches; gousses arquées, très-développées ; grain blanc, très-réniforme et très-gros.

Ce haricot est une sous-variété du haricot de Soissons. Il séduit par la beauté de son grain, qui est de qualité secondaire. Sa peau, qui est dure, oblige à le manger de préférence écossé frais.

Le grain de cette sous-variété est le plus gros de tous les haricots qui appartiennent au *phaseolus vulgaris*.

### 4. — Haricot sabre à rames
(PHASEOLUS COMPRESSUS MACROCARPUS, Mart.)

*Synonymie :* Haricot blanc d'Allemagne.         Haricot Schwerz.
                Haricot à très-longue cosse.      Haricot sabre d'Allemagne.
                Haricot sabre de Hollande.

Tiges élevées ; feuilles grandes ; fleurs blanches ; gousse passant au jaunâtre à la maturité, large, arquée, longue de 0^{m},20 à 0^{m},30, un peu aplatie ; grain blanc de crème, réniforme, quelquefois un peu arqué, allongé, comprimé, de bonne grosseur, mais moins beau que le haricot de Soissons.

Le grain de cette variété est excellent en sec et aussi agréable que le haricot de Soissons. Ses tiges atteignent de deux à trois mètres et elles exigent, par conséquent, de très-grandes et fortes rames.

Le haricot sabre à rames est un peu tardif, mais il est productif, surtout lorsqu'il a été cultivé dans la région septentrionale sur des terres substantielles.

A la Martinique, on l'appelle *pois blanc*.

### TROISIÈME SECTION
*Grains anguleux petits, un peu arrondis.*

### 5. — Haricot riz
(PHASEOLUS GONOSPERMUS ORIZOÏDES, Mart.)

*Synonymie :* Haricot riz à rames.               Haricot riz de la Chine.

Tige de 1ᵐ,50; fleurs blanches ; grain blanc jaunâtre, glacé, un peu anguleux, presque ovoïde et très-petit.

Le grain de cette variété se mange en vert et en sec,
mais il est de moins bonne qualité que le haricot de Soissons.

### 6. — Haricot comtesse de Chambord

(PHASEOLUS GONOSPERMUS ORIZOÏDES, Mart.)

Tige de 1ᵐ,50; fleurs blanches ; gousses d'abord violacées, passant au blanc
jaunâtre à la maturité, longues de 0ᵐ,10 à 0ᵐ,12 ; grain oblong, un peu transparent, blanc jaunâtre.

Cette variété a beaucoup d'analogie avec le haricot riz,
mais son grain est un peu plus gros. Il est aussi très-
tardif ; on mange ses grains écossés frais ou en sec.

QUATRIÈME SECTION

*Grains sphériques.*

### 7. — Haricot coco blanc

(PHASEOLUS SPHÆRICUS ALBUS, Mart.)

Tige de 2 mètres ; feuilles larges presque lisses ; fleurs blanches ; cosse
moyenne, assez droite ; grain blanc de crème, ovoïde, gros, mais peu régulier.

Cette variété est tardive, mais elle produit beaucoup.
Dans diverses contrées, on la regarde comme excellente en
sec. Elle a des rapports avec le *haricot Sophie* (16).

DEUXIÈME GROUPE

VARIÉTÉS A GRAINS COLORÉS MAIS UNICOLORES

CINQUIÈME SECTION

*Grain peu aplati et peu réniforme brun marron.*

### 8. — Haricot lentille

(PHASEOLUS VULGARIS BADIUS, Sav.)

Tige de 1ᵐ,50 à 2 mètres ; fleurs rougeâtres ; grain petit, allongé, un peu
aplati, légèrement réniforme et brun marron.

Ce haricot est très-cultivé au cap de Bonne-Espérance.

*Grains comprimés jaunes.*

### 9. — Haricot de Soissons jaune

(PHASEOLUS COMPRESSUS LUTEUS, H.)

Tige de 2 mètres; fleurs blanches; grain comprimé réniforme, jaune aurore.

Cette belle variété est tardive, mais elle n'est pas très-productive. Son grain est excellent écossé frais ou en sec. Il blanchit à la cuisson.

SEPTIÈME SECTION
*Grains comprimés rouges.*

### 10. — Haricot de Soissons rouge

(PHASEOLUS COMPRESSUS PURPUREUS, H.)

Tige de 1$^m$,75 à 2 mètres; feuilles larges; fleurs lilacées ou rougeâtres; gousses longues et larges; graine comprimée, large, réniforme et d'un très-beau rouge.

Cette variété est remarquable par la beauté de son grain, qu'on mange en sec. Elle est peu productive.

HUITIÈME SECTION
*Grains anguleux rouges.*

### 11. — Haricot de Chartres

(PHASEOLUS GONOSPERMUS PURPUREUS, Mart.)

*Synonymie :* Haricot rouge d'Orléans.          Haricot nain rouge.
Haricot anguleux pourpre.
PHASEOLUS VULGARIS AURELIANENSIS.

Tiges de 1$^m$,20 à 1$^m$,50 ; feuilles finement cloquées; fleurs blanches; cosses légèrement arquées, longues de 0$^m$,10 à 0$^m$,12; grain rouge brun ou rouge foncé, presque carré à ses extrémités, ayant une marque plus foncée sur le côté de l'ombilic.

Cette variété est très-répandue dans le centre de la France; elle est précoce et productive. Son grain est estimé en sec, à l'étuvée ou en purée. *On ne rame pas ce haricot quand on le cultive en plein champ.*

C'est par erreur que Bosc a dit que le haricot de Chartres avait des fleurs rouges.

## TROISIÈME GROUPE
### GRAINS PANACHÉS OU ZÉBRÉS

### NEUVIÈME SECTION
*Grains panachés de rougeâtre et de noir.*

### 12. — Haricot zèbre gris
(PHASEOLUS VULGARIS ZEBRA GRISEUS, DC.)

*Synonymie :* Haricot rubanné.          Pois gars.
Haricot gris rayé.

.Tige moyenne; fleurs lilacées; gousses moyennes peu arquées; grain à fond gris rougeâtre avec des bandes arquées noirâtres; ombilic entouré d'un cercle jaune ponctué de noir.

Cette race, comme tous les haricots zébrés, n'a pas de fixité et souvent elle produit des grains à panachures très-variées. Elle est peu productive, mais son grain est de bonne qualité.

On cultive aux îles du Cap-Vert une variété excellente à grain assez rond et rayé qu'on appelle *Bonghé.*

### DEUXIÈME DIVISION
## Cosses sans parchemin

### PREMIER GROUPE
### VARIÉTÉS A GRAINS BLANCS

### DIXIÈME SECTION
*Grains anguleux.*

### 13. — Haricot friolet
(PHASEOLUS GONOSPERMUS ALBUS, Mart.)

*Synonymie :* Haricot frisole.          Haricot de Bonnac.

Tige de 1$^m$,30 à 1$^m$,70; feuilles légèrement cloquées; cosse droite devenant jaune à la maturité, longue de 0$^m$,08 à 0$^m$,09; grain blanc sale, long, épais un peu carré à ses extrémités, souvent déprimé et marqué d'une tache jaunâtre à l'une ou à ses deux extrémités.

Cette variété est productive; elle est regardée à bon droit comme un excellent mangetout.

ONZIÈME SECTION

*Grains ovoïdes*

### 14. — Haricot princesse à rames

(PHASEOLUS ELLIPTICUS SACCHARATUS, Mœnch.)

*Synonymie :* Haricot blanc perle.            Haricot princesse sans parchemin.
PHASEOLUS TUMIDUS, Nob.

Tiges de 2 mètres à 2$^m$,50 ; feuilles légèrement cloquées et d'un vert blond ; fleurs blanches ; cosses devenant jaunes à la maturité, longues de 0$^m$,12 à 0$^m$,15, contenant seulement de 5 à 9 graines, blanches, presque ovoïdes et plus grosses et plus transparentes que les grains du *haricot prédhomme* (15).

Cette variété est excellente en vert ; elle est la plus hâtive des haricots mangetouts. Son grain est très-fin.

### 15. — Haricot prédhomme

(PHASEOLUS ELLIPTICUS SACCHARATUS, Mœnch.)

*Synonymie :* Haricot riz à rames.           Haricot predommet.
Haricot pois blanc.           Haricot riz de Lausanne.
Haricot perle.                Haricot blanc sans parchemin.
Haricot prudhomme.           Haricot frisole normand.
Haricot prodemme.            Haricot prodommet.

Tiges de 1$^m$,50 ; feuilles ordinairement arrondies ; cosse passant au jaune à la maturité, droite, longue de 0$^m$,09 à 0,10 ; grain blanc légèrement grisâtre ou blanc terreux, petit et presque ovoïde.

Cette variété est tardive, mais elle produit beaucoup ; elle est très-estimée en sec et comme mangetout. Ses cosses sont plus grandes que celles du *haricot friolet* (13). Sa culture est répandue en Normandie.

DOUZIÈME SECTION

*Grains sphériques.*

### 16. — Haricot Sophie

(PHASEOLUS SPHERICUS ALBUS, Mart.)

*Synonymie :* Haricot de Prague blanc.            Haricot rond blanc sans parchemin.

Tiges de 2 mètres à 2$^m$,50 ; fleurs blanches et blanc jaunâtre ; cosse droite ou légèrement arquée, longue de 0$^m$,12 à 0$^m$,13, passant au jaune blanchâtre à la maturité ; grain blanc jaunâtre, de moyenne grosseur, très-veiné, presque rond et un peu plus développé que le *haricot de Prague rouge* (20).

Cette variété est assez tardive ; son grain est peu estimé à cause de la dureté de sa peau. Ses cosses sont excellentes quand on les mange en vert ou comme mangetouts.

DEUXIÈME GROUPE

GRAINS COLORÉS MAIS UNICOLORES

TREIZIÈME SECTION

*Grains allongés peu comprimés et peu réniformes.*

A. *Grain noir.*

### 17. — Haricot nègre américain

(PHASEOLUS VULGARIS NIGERRIMUS, Zuc.)

*Synonymie :* Haricot turc noir.          Haricot négro.
PHASEOLUS OBLONGUS TURCICUS.

Tige ne dépassant pas 1 mètre à 1<sup>m</sup>,30 ; fleur très-colorée, d'un beau bleu violet ou rouge pourpre ; grain allongé, presque droit, petit et très noir.

Cette variété est très-cultivée en Amérique, où elle est très-estimée par la race nègre. Elle est aussi cultivée sur les bords de la Loire, où elle est connue sous le nom de *haricot nègre de Touraine*. Les Brésiliens l'appellent *feijao*.

On cultive au Mexique une *variété* appelée *rijoles negros*, dont le grain est plus court, plus petit et un peu tronqué.

B. *Grain fauve olivâtre.*

### 18. — Haricot olive

(PHASEOLUS VULGARIS LIVIDUS, Mart.)

Tige de 1<sup>m</sup>,50 à 2 mètres ; cosses très-longues et larges comme celles du *haricot sabre* (3) ; grain moyen, long, un peu cylindrique, gris fauve olivâtre.

Ce haricot est très-productif. Ses cosses sont franchement sans parchemin.

QUATORZIÈME SECTION

*Grains comprimés noirs.*

### 19. — Haricot sabre noir

(PHASEOLUS COMPRESSUS NIGER, Mart.)

*Synonymie :* Haricot de Soissons noir.          Haricot Saulnier.
Haricot noir des Arabes.          Haricot d'Alger.

Tiges de 2 à 3 mètres ; gousses très-larges, longues de 0<sup>m</sup>,25 à 0<sup>m</sup>,50, dé=

primée et jaune à la maturité; grain noir très-déprimé, analogue au grain du *haricot de Soissons nain* (30).

Cette variété est très-vigoureuse et très-productive. Elle exige de grandes rames. La couleur de son grain nuit beaucoup à sa propagation.

QUINZIÈME SECTION

*Grains sphériques.*

A. *Grains rouges.*

**20. — Haricot de Prague rouge**

(PHASEOLUS SPHÆRICUS PURPUREUS, Mart.)

*Synonymie :* Haricot rouge.　　　　Haricot coco rouge.
Haricot châtaigne.　　　　Haricot pois rouge.
Haricot rouge sans parchemin.　　　Haricot pois.
Haricot sanguin.　　　　Haricot cardinal.
Haricot à gousse sans fil.　　　Haricot boule rouge.

PHASEOLUS SPHÆRICUS PRAGENSIS.　　PHASEOLUS SPHÆRICUS ATROPURPUREUS.

Tiges de 2 mètres à 2$^m$,50 ; feuilles blondes, ovales et pointues ; fleurs lilacées; cosse arquée, légèrement veinée de rouge pâle, longue de 0$^m$,13 à 0$^m$,15 ; grain presque rond rouge violet ou rouge sombre.

Cette variété est productive quand on la cultive dans de bons terrains ; elle est tardive et mûrit mal dans la région du Nord. Son grain est très-farineux et d'une excellente saveur, mais sa peau est un peu épaisse. On mange aussi ses gousses en vert. Elle exige des rames assez élevées.

B. *Grains noirs.*

**21. — Haricot d'Alger**

(PHASEOLUS SPHÆRICUS NIGER, Mart.)

*Synonymie :* Haricot d'Alger à rames,　　Haricot d'Italie à gousses jaunes.
Haricot beurre noir.　　　Haricot cire.
Haricot beurre sans parche-　　Haricot de Riga.
min à rames.　　　Haricot translucide.

Tiges de 2$^m$,50; feuilles allongées ; fleurs lilas ; cosse arquée, arrondie, longue de 0$^m$,12 à 0$^m$,14 et prenant promptement une très-belle teinte jaune clair ; grain noir brillant, régulier, presque rond, gros et à ombilic blanc.

Cette variété est cultivée depuis longtemps en Lorraine ; elle est tardive et redoute les étés très-pluvieux, mais elle produit beaucoup. Sa cosse est excellente en vert, comme mangetout ; en cuisant elle devient aussi blanchâtre. Son grain en sec est de qualité secondaire.

TROISIÈME GROUPE

GRAINS PANACHÉS, MARBRÉS OU BICOLORES

SEIZIÈME SECTION

*Grains allongés, anguleux.*

A. *Grains café au lait marbré.*

### 22. — Haricot de Villetaneuse

(PHASEOLUS GONOSPERMUS VARIEGATUS, Sav.)

*Synonymie :* Haricot sans pareil.

Tiges de 1ᵐ,50 à 2 mètres ; fleurs blanches ; cosses un peu arquées, longues de 0ᵐ,15, jaune très-clair et panaché de rose à la maturité ; grain café au lait, fouetté ou marbré ou gris moucheté de rouge brun, long, anguleux et un peu aplati.

Cette variété est tardive, mais elle est très-estimée pour son grand produit. Elle est très-répandue dans les environs de Paris.

B. *Grains fauve jaspé de brun clair.*

### 23. — Haricot Lafayette

(PHASEOLUS GONOSPERMUS CASTANEUS, Savi.)

Tiges de 2 mètres à 2ᵐ,50 ; feuilles grandes, très-cloquées ; fleurs blanches ; cosse droite, plate, vert intense, longue de 0ᵐ,20 à 0ᵐ,25, devenant jaune à la maturité ; grain un peu réniforme, fauve jaspé de brun clair et nuancé de brun rougeâtre autour de l'ombilic.

Cette variété est originaire d'Amérique ; elle produit beaucoup, mais elle est tardive. Son grain est de bonne qualité. Elle exige de grandes rames.

DIX—SEPTIÈME SECTION

*Grains oblongs, marbrés, contenus dans des cosses violettes.*

### 24. — Haricot à gousse violette

(PHASEOLUS OBLONGUS HÆMATOCARPUS, H.)

Tige de 2 à 3 mètres ; pétioles et fleurs violettes, gousses très-longues, charnues, de couleur pourpre ou rouge violet ; grain long, réniforme, assez mince, couleur de chair, marbré ou fouetté de brun.

Cette belle race est très-vigoureuse. Ses gousses deviennent vertes à la cuisson. Son grain est de qualité ordinaire. On la regarde comme la plus productive de toutes les variétés sans parchemin.

DIX-HUITIÈME SECTION

*Grains sphériques.*

A. *Grains blancs veinés de rose ou de rouge.*

### 25. — Haricot coco rose

(PHASEOLUS SPHÆRICUS ATROVARIEGATUS, H.)

Tiges de 2 mètres ; fleurs blanc rosé ; cosse droite, marbrée de rose à la maturité ; grain arrondi, un peu ovale, blanc de crème veiné ou marbré de rose, à ombilic saillant entouré d'un cercle jaune.

Cette race est sortie du *haricot de Prague marbré* (26). Son grain est très-estimé en vert et en sec.

### 26. — Haricot de Prague marbré

(PHASEOLUS SPHÆRICUS HÆMATOCARPUS, Sav.)

*Synonymie :* Haricot jaspé.　　　　Haricot à la reine.
　　　　　　　 Haricot coco panaché.　Haricot marbré d'Alger.
　　　　　　　 Haricot chou.　　　　　Haricot de Naples.

Tiges de 2 mètres à 2^m,30 ; fleurs lilas ; cosse droite, très-marbrée de rouge sur un fond vert pâle, mais passant au jaune blanchâtre à la maturité ; grains presque ronds, blanc rosé, marbrés de rouge.

Le grain de ce haricot est très-farineux ; il est excellent en sec, quoique sa peau soit un peu épaisse ; sa saveur est agréable et rappelle un peu celle de la châtaigne.

Cette variété est répandue dans la région septentrionale ; elle est moins tardive et plus rustique que le *haricot de Prague rouge* (20) et le *haricot de Prague bicolore* (28).

B. *Grains blancs veinés de rouge violet.*

### 27. — Haricot Saint-Joseph

(PHASEOLUS SPHÆRICUS PURPUREO VARIEGATUS, H.)

*Synonymie :* Haricot beurre Saint-Joseph.

Tige de 1 mètre à 1^m,50 ; gousse longue de 0^m,12 à 0^m,15, peu arquée, panachée de carmin violet ; grain arrondi, de moyenne grosseur, blanc laiteux ou jaune terne marbré de violet brun.

Ce haricot ressemble beaucoup au *haricot de Prague marbré* (26), quant à son ensemble. Il est très-hâtif.

A. *Grains dimidiés rouges et panachés.*

### 28. — Haricot de Prague bicolore
(PHASEOLUS SPHÆRICUS BIPUNCTATUS, Mart.)

*Synonymie :* Haricot coco bicolore.              Haricot à la reine.
Haricot Lachaume.

Tiges de 2^m,50; fleurs lilas et blanc rosé; cosse arquée lavée de rose pâle sur un fond jaune à la maturité, longue de 0^m,12 à 0^m,14; grain presque sphérique ou un peu ovoïde, panaché longitudinalement par moitié, rouge foncé du côté de l'ombilic et ponctué ou pointillé de rouge à l'opposé.

Cette variété est tardive, mais elle produit beaucoup. Son grain est excellent en sec, quoique sa peau soit un peu dure; son goût est bon.

## II. — VARIÉTÉS NAINES

PREMIÈRE DIVISION

## Cosses avec parchemin

PREMIER GROUPE

VARIÉTÉS A GRAINS BLANCS

DIX-NEUVIÈME SECTION
*Grains allongés, peu aplatis et peu réniformes.*

### 29. — Haricot du Brésil
(PHASEOLUS VULGARIS ALBUS, Hab.)

Tige de 0^m,40 à 0^m,50; fleurs blanches; gousse verte marbrée de rouge; grain allongé, gros, un peu aplati, blanc à ombilic jaune.

Ce haricot est excellent en sec. Il est cultivé dans la basse Provence et le bas Languedoc.

VINGTIÈME SECTION
*Grains comprimés et réniformes.*

### 30. — Haricot de Soissons nain
(PHASEOLUS COMPRESSUS HUMILIS, DC.)

*Synonymie :* Haricot gros pied.              Haricot romain nain.
Haricot nain couronné.

PHASEOLUS SUESSONICUS, Corr.

Tiges de 0^m,40 à 0^m,45; fleurs blanches; cosses très-droites, jaunes à la ma-

turité et longues de 0^m,13 à 0^m,15; grains blancs réniformes, un peu irréguliers, légèrement jaunâtres près de l'ombilic et de moyenne grosseur.

Cette variété est précoce et assez productive; son grain
est excellent frais écossé et en sec. Elle doit être cultivée
dans des terres légères et de bonne qualité. Elle est sujette
à filer.

### 31. — Haricot sabre nain.

(PHASEOLUS COMPRESSUS MACROCARPA NANA; Mart.)

Tige de 0^m,50; feuilles très-larges, arrondies et cloquées; fleurs blanches;
cosses peu arquées, très-larges, longues de 0^m,18 à 0^m,20, grains blancs,
réniformes, aplatis, souvent bossués, irréguliers et assez petits.

Cette variété est demi-hâtive. Elle est délicate et redoute
les sols frais. Son grain est très-fin, de parfaite qualité;
mais il est souvent taché quand les automnes sont pluvieux,
parce que les gousses touchent ordinairement à terre.
Quand ce haricot réussit, ses touffes sont fortes, très-ramifiées et très-productives.

### VINGT ET UNIÈME SECTION
*Grains anguleux, arrondis et petits.*

### 32. — Haricot riz nain

(PHASEOLUS GONOSPERMUS ORIZOÏDES NANUS, H.)

*Synonymie:* Haricot cocolette.          Haricot riz de Lausanne.

Tiges de 0^m,50 à 0^m,60; feuilles moyennes; fleurs blanches; cosses presque
droites, passant au jaune à la maturité, longues de 0^m,08 à 0^m,10; grains
glacés blanc jaunâtre, transparents, très-petits, anguleux et presque ovoïdes.

Cette variété est un peu secondaire. Son grain se tache
facilement pendant les pluies de septembre, et après avoir
été cuit, il est un peu dur sous la dent. Il mûrit tardivement. On le mange écossé frais ou en sec. Dans ce dernier
cas, les grains augmentent de volume à la cuisson.

### VINGT-DEUXIÈME SECTION
*Grains oblongs, un peu aplatis.*

### 33. — Haricot flageolet

(PHASEOLUS OBLONGUS LAUDUNENSIS, Mart.)

*Synonymie :* Haricot nain hâtif de Laon.     Haricot de Laon.
              Haricot flageolet blanc.        Haricot parisien.

Tiges de 0<sup>m</sup>,35 à 0<sup>m</sup>,40 ; feuilles petites ; cosses généralement incurvées, longues de 0<sup>m</sup>,14 à 0<sup>m</sup>,15, passant au jaune à la maturité ; grains blanc verdâtre, allongés, étroits, presque cylindriques et légèrement réniformes.

Cette variété est très-naine, précoce et très-productive. Elle fournit des cosses vertes excellentes, et des grains écossés frais qui sont très-estimés. Son grain en sec est inférieur en qualité au *haricot de Soissons* (30). Elle est très-répandue dans les environs de Paris ; elle demande pour bien végéter des étés à la fois chauds et pluvieux, et des terrains légers et frais.

La sous-race, appelée *haricot flageolet à grain vert*, fournit des grains qui sont très-recherchés par les fabricants de conserves.

### 34. — Haricot hâtif à feuille d'ortie

(PHASEOLUS OBLONGUS URTICÆFOLIUS, H.)

*Synonymie :* Haricot flageolet à feuilles cloquées.      Haricot à feuilles gaufrées.

Tige de 0<sup>m</sup>,30 à 0<sup>m</sup>,35 ; feuilles d'un beau vert foncé ; fleurs blanches ; cosse presque droite ; grain blanc, allongé, étroit, un peu réniforme.

Cette variété est très-précoce et plus productive que le *haricot flageolet ordinaire* (33). Elle est très-naine et peut être cultivée sous châssis comme haricot de primeur.

### 35. — Haricot nain hâtif de Hollande

(PHASEOLUS OBLONGUS LAUDUNENSIS, Mart.)

*Synonymie :* Haricot blanc hâtif.      Haricot à châssis.
Haricot de Flandres.      Haricot d'Argenson.
PHASEOLUS MANUS PRÆCOX HOLLANDICUS.

Tige de 0<sup>m</sup>,30 à 0<sup>m</sup>,35 ; feuilles peu développées ; fleurs blanches ; cosses un peu arquées, étroites, longues de 0<sup>m</sup>,13 à 0<sup>m</sup>,15, devenant jaunes à la maturité ; grains blancs élargis, un peu aplatis, légèrement réniformes, souvent un peu tronqués au sommet.

Cette variété est très-précoce. Elle est la plus recherchée pour la culture forcée ou sous châssis. Son grain en sec est de qualité secondaire ; mais ses gousses, mangées en vert, sont fines, très-tendres et excellentes.

### 36. — Haricot suisse blanc

(PHASEOLUS OBLONGUS ALBUS, Mart.)

*Synonymie :* Haricot blanc gros.  Haricot un à la touffe.
Haricot rognon de coq.  Haricot lingot.
Haricot gros pied.  Haricot de Caux.

Tiges de 0ᵐ,45 à 0ᵐ,50 ; feuilles grandes, cloquées ; cosses droites passant au jaune à la maturité, longues de 0ᵐ,14 à 0ᵐ,15 ; grains droits, blancs, quelquefois carrés à l'une de leurs extrémités.

Cette variété est demi-hâtive, rustique, vigoureuse et productive ; son grain n'est pas très-bon en sec, parce que sa peau est un peu dure, mais il est excellent frais écossé. Elle est répandue en Europe.

### 37. — Haricot nain de la Guadeloupe

(PHASEOLUS OBLONGUS ALBUS, Mart.)

*Synonymie :* Haricot nain blanc de la Réunion.

Tiges de 0ᵐ,50 à 0ᵐ,60 ; fleurs jaune pâle ; cosses nombreuses, longues, plates et presque droites ; grains petits, oblongs et blancs.

Cette race est demi-précoce ; elle est productive. Son grain est de bonne qualité.

VINGT-TROISIÈME SECTION

*Grains blancs ovoïdes.*

### 38. — Haricot rond blanc commun

(PHASEOLUS ELLIPTICUS ALBUS, Mart.)

*Synonymie :* Haricot petit blanc.  Haricot de Bourgogne.

Tiges de 0ᵐ,40 à 0ᵐ,50 ; fleurs blanches ; gousses étroites, un peu aplaties ; grains blancs, petits, ovoïdes, un peu déprimés.

Cette race est très-rustique et très-répandue dans le midi, le sud-ouest et l'ouest de la France. On consomme peu ses gousses comme haricots verts, mais son grain est assez estimé en sec. Elle est très-productive. On l'appelle *escalopet* dans le bas Languedoc et *mongette* dans le Bordelais et la Bretagne.

DEUXIÈME GROUPE

GRAINS COLORÉS MAIS UNICOLORES

VINGT—QUATRIÈME SECTION

*Grains allongés, un peu aplatis.*

### 39. — Haricot sang-de-bœuf

(PHASEOLUS VULGARIS PURPUREUS, H.)

*Synonymie :* Haricot indien.                    Haricot de l'Inde.

Tiges de 0ᵐ,40 à 0ᵐ,50 ; fleurs lilas rougeâtre ; gousses droites, jaune lavé de rouge à la maturité ; grains droits, allongés, légèrement comprimés, d'un beau rouge sang.

Cette variété est un peu tardive, mais elle est productive. Ses gousses sont tendres et son grain est de bonne qualité.

VINGT—CINQUIÈME SECTION

*Grains oblongs, peu aplatis.*

A. *Grains rouge foncé.*

### 40. — Haricot flageolet rouge

(PHASEOLUS OBLONGUS PURPUREUS, Mart.)

*Synonymie :* Haricot datte pourpre.

Tiges de 0ᵐ,45 à 0ᵐ,50 ; feuilles très-petites; fleurs lilas pâle ou lilas jaunâtre; cosses étroites, arquées, passant au jaune clair à la maturité, longues de 0ᵐ,16 à 0ᵐ,19 ; grains allongés, presque cylindriques, légèrement réniformes rouge foncé.

Cette variété est tardive, mais elle est vigoureuse et productive. Elle fournit d'excellentes cosses vertes. Son grain est peu recherché en sec : il est inférieur en qualité au grain du *haricot flageolet blanc* (33).

B. *Grains noirs.*

### 41. — Haricot flageolet noir

(PHASEOLUS OBLONGUS NIGER, H.)

Tiges de 0ᵐ,35 à 0ᵐ,40; fleurs lilacées; cosses droites, presque cylindriques, d'un beau vert, longues de 0ᵐ,20 à 0ᵐ,25 ; grains allongés, légèrement réniformes, assez renflés et d'un très-beau noir.

Cette race est vigoureuse; elle est plus productive, mais un peu moins hâtive que le *haricot noir de Belgique* (42).

Ses gousses, après la cuisson, conservent une belle couleur verte.

### 42. — Haricot noir de Belgique

(PHASEOLUS OBLONGUS NIGER, H.)

*Synonymie :* Haricot noir de Prusse.        Haricot noir nain.
Haricot noir hâtif.        Haricot nègre nain.

Tiges de $0^m,35$ à $0^m,40$; feuilles allongées, finement cloquées; fleurs lilas ou lilacées ; cosses droites, un peu panachées de violet noir, passant au jaune à la maturité, longues de $0^m,14$ à $0^m,15$ ; grains noirs petits, un peu allongés et un peu aplatis.

Cette variété est très-naine et très-précoce. Ses cosses, comme haricots verts, sont peu productives; mais elles sont excellentes, quoique leur couleur ne leur donne pas, après la cuisson, un aspect agréable. Son grain en sec n'est pas très-bon. A cause de sa précocité et de son peu d'élévation, ce haricot peut être cultivé sous châssis.

VINGT-SIXIÈME SECTION

*Grains oblongs à ombilic coloré.*

A. *Grains café au lait.*

### 43. — Haricot ventre de biche

(PHASEOLUS OBLONGUS CARNEUS, Savi.)

*Synonymie :* Haricot suisse café au lait.        Haricot datte couleur de chair.
Haricot suisse ventre de biche.        Pois savon.

Tiges de $0^m,50$; feuilles grandes, finement cloquées; fleurs lilas ; cosses droites, panachées de violet grisâtre et passant au jaunâtre nuancé de violet à la maturité, longues de $0^m,15$ à $0^m,16$ ; grains droits, souvent carrés à l'une de leurs extrémités, ventre de biche avec un cercle brun autour du hile.

Cette variété est demi-hâtive. Son grain n'est pas excellent en sec, parce que sa peau est épaisse. On le mange de préférence en purée. Ses gousses vertes sont très-tendres.

B. *Grains jaune foncé.*

### 44. — Haricot flageolet jaune

(PHASEOLUS OBLONGUS OCHRASEUS, Mart.)

*Synonymie :* Haricot jaune précoce.        Haricot gros jaune.
Haricot nain jaune hâtif.        Haricot datte jaune.
Haricot quarantain jaune.

Tiges de 0ᵐ,40 à 0ᵐ,45; feuilles larges, aiguës; fleurs blanc lilacé; cosses légèrement arquées, rougeâtres, longues de 0ᵐ,15; grains cylindriques, allongés, jaune foncé marqué d'un cercle brun rougeâtre autour de l'ombilic.

Cette variété est très-précoce, mais elle est peu répandue, quoiqu'elle soit excellente à manger en vert et en sec,

VINGT—SEPTIÈME SECTION

*Grains ovoïdes jaune rougeâtre.*

### 45. — Haricot saumon

(PHASEOLUS ELLIPTICUS CARNEUS, Mart.)

*Synonymie :* Haricot du Mexique.

Tiges naines; fleurs lilacées; gousses moyennes, bien remplies; grains ovoïdes, jaune saumonné.

Cette race est remarquable par sa grande précocité. Elle est la première qui donne des haricots à écosser frais. Ses gousses sont excellentes mangées vertes.

TROISIÈME GROUPE

GRAINS PANACHÉS, MARBRÉS OU BICOLORES

VINGT—HUITIÈME SECTION

*Grains oblongs presque cylindriques.*

A. *Grains à fond rouge brique.*

### 46. — Haricot suisse rouge

(PHASEOLUS OBLONGUS SARGENTONE, Sav.)

*Synonymie :* Haricot flagellé de rouge.　　　Haricot de Turquie rouge.
Haricot nain rouge.　　　Haricot rouge petit.
Haricot lingot rouge.　　　Haricot datte pourpre.

Tige de 0ᵐ,40 à 0ᵐ,50; feuilles grandes, finement cloquées; fleurs lilas rougeâtre ou lilas pâle; cosses droites panachées de rose, passant à la maturité au jaune veiné de rouge, longues de 0ᵐ,15 à 0ᵐ,16; grain droit, souvent carré à l'une de ses extrémités, rouge brique marbré rouge brun.

Cette variété est demi-hâtive; elle produit beaucoup, mais elle est sujette à *filer* ou à monter. Son grain est mangé frais écossé ou sec.

### 47. — Haricot de la Flèche

(PHASEOLUS OBLONGUS TRICOLOR, Sav.)

*Synonymie :* Haricot plein.

Tige de 0ᵐ,50 à 0ᵐ,60; feuilles allongées, finement cloquées; fleurs lilas

pâle; cosses droites, panachées de violet foncé à la maturité, longues de
0<sup>m</sup>,13 à 0<sup>m</sup>,15 ; grain droit rouge brun ou rouge violacé, pointillé et marbré
de fauve.

Cette variété est demi-tardive ; elle est très-cultivée dans
le Maine. Ses cosses vertes sont étroites, fines et très-tendres.
Elle a l'avantage de fournir des haricots verts plus longtemps que le *haricot Bagnolet* (48) ; elle ne donne pas beaucoup de haricots secs.

B. *Grains à fond fauve marbré de violet.*

### 48. — Haricot Bagnolet

(PHASEOLUS OBLONGUS TURCICUS, Sav.)

*Synonymie :* Haricot suisse.        Haricot suisse noir.
        Haricot flageolet gris.      Haricot gris de Monthléry.
        Haricot datte turc.        Haricot de Bagnols.

Tige de 0<sup>m</sup>,40 à 0<sup>m</sup>,45 ; feuilles grandes, cloquées; fleurs lilas foncé ; cosses
droites, panachées de jaune et de violet à la maturité, longues de 0<sup>m</sup>.16 ;
grains droits, presque cylindriques, violacés ou noir marbré de fauve ou
fauve marbre de noir ou de brun,

Cette variété est bien naine et demi-hâtive; elle est très-
productive et l'une des meilleures pour manger en vert.
Elle est très-répandue dans les environs de Paris. Elle file
rarement quand elle est franche.

### 49. — Haricot solitaire

(PHASEOLUS OBLONGUS PURPUREO VARIEGATUS, Mart.)

Tiges de 0<sup>m</sup>,40 à 0<sup>m</sup>,50 ; fleurs lilas; gousses jaunâtres, marbrées de violet;
grains droits, allongés, panachés de violet sur un fond jaunâtre ou fauve.

Ce haricot est un peu plus tardif que le *haricot Bagnolet*
(48); il est vigoureux, robuste, très-productif, et il réussit
bien dans les terrains un peu secs. Il est franchement nain.
Son grain écossé, frais ou sec, est excellent.

### 50. — Haricot suisse gris

(PHASEOLUS OBLONGUS ABBREVIATUS, Savi.)

Tiges de 0<sup>m</sup>,40 à 0<sup>m</sup>,50; fleurs lilas ; cosses jaunâtres marbrées de violet ;
grains droits, allongés, presque cylindriques, rouge obscur marbré de noir.

Cette race est aujourd'hui peu cultivée. Elle est peu pro-

ductive et son grain est de qualité très-secondaire. Ses cosses,
vertes, sont bonnes. On l'appelle aussi *haricot suisse noir.*

C. *Grains à fond chocolat.*

### 51. — Haricot Mohawk

(PHASEOLUS OBLONGUS TRICOLOR, Mart.)

Tiges de 0ᵐ,50; feuilles larges; fleurs lilas jaunâtre et lilas clair; cosses
droites, panachées de violet quand elles sont vertes, longues de 0ᵐ,17 à
0ᵐ,20; grains droits, allongés, presque cylindriques, chocolat marbré de jaune.

Cette variété est tardive, très-productive et franchement
naine. Elle est très-cultivée dans l'Amérique septentrionale.
Ses cosses, vertes, sont très-tendres.

VINGT-NEUVIÈME SECTION
*Grains oblongs à fonds blanc et à ombilic coloré.*

### 52. — Haricot à l'aigle

(PHASEOLUS OBLONGUS SAPONACEUS, Sav.)

*Synonymie :* Haricot l'esprit.                    Haricot aigle.
Haricot à la religieuse.              Haricot Victoria.

Tiges de 0ᵐ,35 à 0ᵐ,40; feuilles grandes finement cloquées; cosses droites,
jaunes panachées de violet; grains blancs, cylindriques, marbrés du côté de
l'ombilic d'une panachure et d'une bande noires.

Cette variété est demi-hâtive et ne file pas. Elle est cultivée dans la région du Midi. Son grain en sec est excellent.

### 53. — Haricot sanguin

(PHASEOLUS OBLONGUS CRUENTUS, H.)

Tige de 0ᵐ,40 à 0,50; fleurs blanches; cosses presque droites; grains
oblongs, de grosseur moyenne, à fond blanc, ayant le hile entouré de larges
macules confluentes rouge foncé.

Ce haricot est tardif. Son grain est de médiocre qualité.
Il est peu cultivé.

TRENTIÈME SECTION
*Grains ovoïdes panachés, à ombilic coloré.*

### 54. — Haricot cent pour un

(PHASEOLUS ELLIPTICUS AUREOLUS, Mart.)

*Synonymie :* Haricot de Cantorbéry.

Tige de 0ᵐ,40 à 0ᵐ,45; fleurs lilacées; grain jaune café au lait marbré de
brun clair; à ombilic entouré d'un cercle brun foncé.

Ce haricot est précoce et très-productif. Son grain est délicat, très-savoureux. On le mange frais écossé ou sec.

## DEUXIÈME DIVISION

# Cosses sans parchemin

### PREMIER GROUPE

### GRAINS BLANCS

### TRENTE ET UNIÈME SECTION
*Grains oblongs, presque cylindriques.*

### 55. — Haricot nain blanc sans parchemin
(PHASEOLUS OBLONGUS ALBUS, Mart.)

Tiges de $0^m,50$ à $0^m,60$; feuilles moyennes, assez cloquées; fleurs blanches; cosses arquées, jaunes à la maturité, longues de $0^m,15$ à $0^m,17$; grain blanc, allongé, un peu réniforme et un peu variable de forme.

Cette variété est très-ramifiée et demi-hâtive. Elle est très-répandue dans l'est de la France. Elle produit beaucoup.

### 56. — Haricot nain blanc d'Amérique
(PHASEOLUS LAUDUNENSIS, Mart.)

*Synonymie :* Haricot de Philadelphie.

Tiges de $0^m,30$ à $0^m,55$; feuilles petites; fleurs blanches; cosse un peu arquée, renflée, qui se colore en violet à sa maturité ou en rouge brun à ses extrémités; grains blancs jaunâtres assez petits, un peu allongés et presque cylindriques.

Cette variété est productive, mais elle est un peu délicate, un peu tardive et elle a souvent une grande tendance à *filer*. Ses cosses vertes sont excellentes. Son grain sec est très-estimé.

### TRENTE-DEUXIÈME SECTION
*Grains ovoïdes.*

### 57. — Haricot princesse nain
(PHASEOLUS ELLIPTICUS ALBUS NANUS, H.)

*Synonymie :* Haricot mongette.       Haricot nain anglais.

Tige de $0^m,40$ à $0^m,50$; feuilles assez petites; fleurs blanches; cosses un peu arquées, passant au jaune à sa maturité, longues de $0^m,10$ à $0^m,12$; grains ovales, arrondis, et d'un beau blanc.

Cette variété est estimée en Hollande et elle réussit très-bien dans les régions de l'ouest et du sud-ouest de la France. Elle est assez hâtive. Son grain sec est de bonne qualité.

### 58. — Haricot beurre blanc nain

(PHASEOLUS ELLIPTICUS ALBUS, H.)

Tige de 0<sup>m</sup>,35 à 0<sup>m</sup>,40; fleurs blanches; cosses droites, jaunes à la maturité; grains blancs, ovales, arrondis, renflés, assez gros, mais un peu irréguliers.

Cette variété est très-naine. Ses cosses sont tendres et charnues. Elle est précoce, mais elle produit peu.

TRENTE-TROISIÈME SECTION
*Grains sphériques.*

### 59. — Haricot de Chine blanc

(PHASEOLUS SPHERICUS ALBUS, H.)

Tiges de 0<sup>m</sup>,40 à 0<sup>m</sup>,50; fleurs blanches; cosses droites, jaunes à la maturité; grains ronds de moyenne grosseur, blancs, à ombilic cerclé de jaune brunâtre.

Cette variété est productive. Son grain écossé frais est excellent. On estime beaucoup son grain sec.

DEUXIÈME GROUPE
GRAINS COLORÉS, MAIS UNICOLORES

TRENTE-QUATRIÈME SECTION
*Grains anguleux et allongés.*

### 60. — Haricot du Velay

(PHASEOLUS GONOSPERMUS LIVIDUS, Hab.)

*Synonymie :* Haricot comte de Vougy.

Tige de 0<sup>m</sup>,35 à 0<sup>m</sup>,40; feuilles d'un vert intense; grains assez petits, allongés, un peu aplatis, très-peu réniformes, tronqués à l'une de leurs extrémités, brun verdâtre ardoisé, ayant leur ombilic blanc avec une auréole aune brunâtre.

Ce haricot produit de bonne heure beaucoup de cosses vertes, mais il mûrit ses grains assez tardivement.

### 61. — Haricot jaune du Canada
(PHASEOLUS ELLIPTICUS HELVOLUS, Sav.)

*Synonymie :* Haricot nankin.          Haricot nain jaune sans parchemin.
      Haricot monjette jaune.          Haricot prédomme jaune.
      Haricot jaune nankin.          Haricot de Varèse.

Tige de 0$^m$,40 à 0$^m$,45 ; feuilles très-larges et cloquées ; fleurs lilas ; cosses droites, jaunes à la maturité, longues de 0$^m$,10 à 0$^m$,12 ; grain oblong, jaune nankin plus ou moins foncé, avec un cercle rouge brun autour de l'ombilic.

Cette variété est très-naine, précoce et estimée pour la qualité de son grain sec ou écossé frais. Elle est assez répandue quoiqu'elle ne soit pas très-productive.

Le haricot jaune du Canada file rarement.



A. *Grains jaune soufre.*

### 62. — Haricot de Chine jaune
(PHASEOLUS SPHÆRICUS SULFUREUS, Mart.)

*Synonymie :* Haricot chinois.          Haricot jaune de la Chine.
      Haricot jaune soufre.          Haricot boule jaune.
      Haricot de la Cochinchine.          Haricot doré.

Tige de 0$^m$,30 à 0$^m$,35 ; feuilles grandes, un peu allongées et cloquées ; fleurs blanches ; cosses droites, passant au jaune à la maturité, longues de 0$^m$,12 à 0$^m$,14 ; grains de grosseur moyenne, presque sphériques, réguliers, soufre pâle, quelquefois jaune verdâtre, ayant un petit cercle foncé autour de l'ombilic.

Cette variété est demi-hâtive et d'un grand produit. Son grain est excellent écossé frais et sec ; il blanchit à la cuisson. Ce haricot est très-répandu.

B. *Grains noirs.*

### 63. — Haricot d'Alger noir nain
(PHASEOLUS SPHÆRICUS NIGERRIMUS NANUS, Mart.)

*Synonymie :* Haricot nègre hâtif.

Tiges de 0$^m$35 à 0$^m$,40 ; feuilles petites ; fleurs lilacées ; cosses moyennes, vertes, mais devenant jaune clair à la maturité, longues de 0$^m$,10 à 0$^m$,12 ; grains noirs presque ronds, à ombilic blanc, mais un peu plus petits que les grains du haricot beurre noir à rames.

Cette variété est franchement naine. Elle est précoce et productive. On doit la classer parmi les meilleurs mangetouts.

TROISIÈME GROUPE

GRAINS PANACHÉS BLANCS, MARBRÉS OU BICOLORES

TRENTE-SEPTIÈME SECTION

*Grains ovoïdes.*

A. *Grains fauves veinés de brunâtre.*

**64. — Haricot prédomme chamois**

(PHASEOLUS ELLIPTICUS ATROFUSUS, H.)

*Synonymie :* Haricot princesse café au lait.      Haricot normand sans parchemin.

Tige de 0^m,40 ; feuilles petites ; fleurs lilacées ; cosses assez droites, longues de 0^m,08 à 0^m,10 ; grains petits, ovoïdes, jaune foncé veiné de brunâtre, à ombilic marqué d'un cercle brun.

Ce haricot est franchement nain, très-rameux, demi-hâtif et assez productif. Son grain est de bonne qualité.

B. *Grains gris cendré moucheté de noir.*

**65. — Haricot œil de perdrix**

(PHASEOLUS ELLIPTICUS PUNCTATUS, H.)

*Synonymie :* Haricot gris.      Haricot d'Italie.

Tige de 0^m,40 à 0^m,45 ; fleurs lilas ; cosses arrondies, longues de 0^m,10 à 0^m,12 ; grains petits, épais, courts, gris cendré moucheté ou ponctué de noir.

Cette race est répandue dans les contrées méridionales. On la cultive aussi dans l'est et le nord de la France. Elle est précoce et productive. Son grain est assez fin.

TRENTE-HUITIÈME SECTION

*Grains sphériques.*

A. *Grains blanc rosé, marbrés de rouge.*

**66. — Haricot de Prague marbré nain**

(PHASEOLUS SPHÆRICUS HÆMENOCARPUS, Sav.)

Tiges de 0^m,45 à 0^m,50 ; feuilles larges ; fleurs lilas et blanc rosé ; cosses droites, panachées de jaune et de rouge à leur partie médiane, longues de 0^m,12 à 0^m,13 ; grains blanc rosé, marbrés de rouge vineux, presque sphériques.

Cette variété, que l'on appelle quelquefois *haricot Baudin*, est demi-tardive; elle est productive, mais son rendement n'égale jamais celui du *haricot de Prague marbré à rames*. Son grain est excellent en sec.

B. *Grains démidiés, blanc et rouge blanc.*

### 67. — Haricot de la Chine bicolore

(PHASEOLUS SPHÆRICUS SEMI-VARIEGATUS, Mart.)

Tige de 0^m,45 à 0^m,50; feuilles grandes, un peu cloquées; fleurs blanches; cosses droites, longues de 0^m,14 à 0^m,15; grain blanc, panaché et fouetté de rouge brun sur la moitié, dans le sens longitudinal et du côté de l'ombilic.

Cette variété est très-hâtive. Son grain est très-bon en sec et écossé frais.

## II

# Phaseolus lunatus

PREMIÈRE DIVISION

COSSES AVEC PARCHEMIN

TRENTE-NEUVIÈME SECTION

*Grains aplatis, blancs, veinés de rouge.*

### 68. — Haricot du Cap

(PHASEOLUS LUNATUS MACULATUS, M.)

*Synonymie :* Haricot du Cap marbré.

Tiges de 3 mètres, pubescentes; feuilles à trois folioles ovales, pubescentes; pédoncules axillaires, très-courts, portant 4 à 6 fleurs petites et d'un blanc sale; cosses très-aplaties, lisses, prenant une couleur isabelle en mûrissant; graines grandes, ovales, aplaties, mouchetées de rouge ou de violet.

Cette variété est très-productive, mais elle ne mûrit son grain (fig. 49) que dans les parties méridionales de l'Europe. Sa végétation est forte. En Espagne où elle est cultivée avec succès, elle résiste très-bien à la sécheresse à cause de sa longue racine et de ses tiges qui y deviennent presque ligneuses.

Fig. 49. — H. du Cap.

Le haricot du Cap est originaire du Bengale. Sa culture est très-répandue dans l'Amérique méridionale, au Cap, à Bourbon, etc., contrées où sa tige devient tout à fait ligneuse et s'élève sur les arbres.

DEUXIÈME DIVISION

COSSES SANS PARCHEMIN

QUARANTIÈME SECTION

*Grains en rognons raccourcis.*

**69. — Haricot de Lima**

(PHASEOLUS LUNATUS LUTEO-VIRIDIS, H.)

*Synonymie :* Haricot lunulé.

Tiges de 3 à 4 mètres, volubiles; feuilles lisses luisantes; fleurs très-petites, jaune verdâtre ; cosses larges, courtes, un peu chagrinées ; grain jaune verdâtre, assez gros, mais en rognon raccourci.

Cette variété est tardive et d'un grand produit. Elle exige de très-hautes rames. Son grain est farineux et excellent en sec ou écossé frais. Elle est très-estimée au Bengale et aux États-Unis. On ne peut la cultiver en Europe que dans les contrées méridionales.

A la Martinique, on l'appelle *pois souche.*

On connaît une variété à ombilic violet que l'on a appelée *haricot de Lima taché de violet, haricot de Lima à ombilic noir, pois souche panaché.*

**70. — Haricot de Siéva**

(PHASEOLUS LUNATUS LUTEO-VIRIDIS, H.)

Tige de 3 à 4 mètres ; feuilles lisses luisantes; fleurs très-petites blanc jaunâtre ; grains blanc jaunâtre veinés de rouge ou présentant des macules rouges sur un fond blanc, très-plats, en rognon raccourci plus petits que le grain du *haricot de Lima* (69).

Cette variété est plus hâtive et moins délicate que la précédente. Elle appartient aussi à la culture du midi de l'Europe. Son grain est excellent en sec et frais écossé.

Par exception, le grain du haricot de Siéva est quelquefois à fond presque rouge avec des macules blanches.

### III

## Phaseolus multiflorus

QUARANTE ET UNIÈME SECTION
*Grains blancs.*

### 71. — Haricot d'Espagne blanc

(PHASEOLUS MULTIFLORUS ALBIFLORUS, Lam.)

*Synonymie :* Haricot blanc du Canada.   Haricot de Barcelone blanc.
Haricot fève blanc.   Haricot à bouquet blanc.

Tiges de 3 mètres à 3ᵐ,50, un peu pubescente; fleurs blanches; cosses
velues quand elles sont jeunes et lisses lorsqu'elles sont mûres, presque
droites, longues de 0ᵐ,15 à 0ᵐ,18; grains blancs, très-gros ou renflés, réguliers.

Cette variété, la plus productive de tous les haricots, est
très-tardive ; elle exige de très-fortes rames, ce qui rend
sa culture coûteuse. Son produit est parfois considérable,
surtout lorsque les pluies par leur fréquence ne font pas
couler les fleurs. Son grain (fig. 50) est assez estimé pour
sa qualité farineuse quoique sa peau soit un peu épaisse.
On l'utilise principalement dans la préparation de la farine
de haricot. La cueillette des gousses vertes qu'on peut
écosser prolonge la fructification.

QUARANTE-DEUXIÈME SECTION
*Grains marbrés, rouge et noir.*

### 72. — Haricot d'Espagne rouge

(PHASEOLUS MULTIFLORUS COCCINEUS, Lam.)

*Synonymie :* Haricot à fleur rouge.   Haricot à fleur écarlate.
Haricot d'Espagne écarlate.   Haricot Bayard.
Haricot à bouquet rouge.   Haricot espagnol.

Tige de 3 mètres à 3ᵐ,50; fleurs à étendard, carène et ailes écarlates ou
rouge vif; cosses presque droites, jaunâtres, plus ou moins lavées de violet
sombre; grains très-gros, renflés, rouge ou rose vineux marbré de brun.

Cette espèce est aussi tardive. Elle est peu cultivée en
Europe comme plante alimentaire, parce que son grain
(fig. 51) est peu farineux et d'un goût qui n'est pas très-

agréable. Au Mexique où elle est très-cultivée, où son grain est excellent, on l'appelle *frijol*. Dans l'Amérique méridionale, on la sème en février et on la récolte en avril.

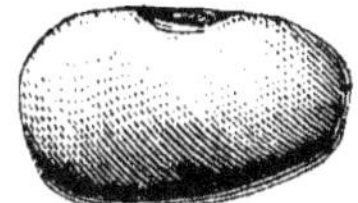

Fig. 50. — H. d'Espagne blanc.

Fig. 51. — H. d'Espagne rouge.

La variété dite *haricot d'Espagne noir* (PHASEOLUS MULTIFLORUS NIGARIMUS) a des fleurs très-coccinées et un grain très-noir. Elle est très-peu cultivée en dehors des jardins.

QUARANTE-TROISIÈME SECTION<br>*Grains bicolores.*

### 73. — Haricot d'Espagne bicolore

(PHASEOLUS MULTIFLORUS BICOLOR, Hort.)

*Synonymie :* Haricot d'Espagne marbré.

Tiges de 5 mètres à 5ᵐ,50; feuilles larges et lisses; fleurs à étendards rouges et à ailes et carènes blanches; grain à fond jaune rosé marbré de rouge vif.

Cette jolie variété est aussi tardive. Son grain n'est pas plus alimentaire que le grain du haricot d'Espagne rouge (72).

IV

## Phaseolus spherospermus

QUARANTE-QUATRIÈME SECTION

### 74. — Haricot mungo

*Grains très-petits et presque ronds.*

(PHASEOLUS MUNGO, L.)

*Synonymie :* Haricot embérique.      Haricot à zigzag.
Haricot velu.      Haricot de la basse Nubie.
Haricot de Clusius.

Tiges flexueuses, cylindriques, velues et en zigzag; gousses hérissées disposées en tête; grain rond violacé, aussi petit que celui du poivre.

Cette espèce est très-répandue dans les contrées équatoriales. On la cultive en Chine, dans l'Inde, à la Réunion, au Brésil, en Géorgie, en Égypte, etc.

Les Arabes l'appellent *al-masch* et les Indiens *kree-moong*. En Tamoul, on la désigne sous le nom de *ouloundou*. En Italie, où elle est aussi cultivée, on la nomme *fagioli verde* ou *fagiolo peloso*. Partout son grain est très-estimé. Dans l'Inde et la Chine on la regarde comme un excellent aliment. On dit à la Réunion que ceux qui en mangent restent gais toute la journée.

On extrait des grains une farine avec laquelle on prépare le *sagou de Bowen* ou le *vadai*, gâteau dans lequel il entre des bananes et du sucre.

Les tiges et les feuilles sont vigoureuses; on les donne sèches au bétail.

Cette espèce a produit une variété qu'on a appelée :

### 75. — Haricot embérique glycine
(PHASEOLUS MUNGO GLYCINIFORMIS.)

*Synonymie :* PHASEOLUS GLYCINOÏDES.          DOLICHOS GLYCINOÏDES.
PHASEOLUS HUMIFUSUS.

Tiges ascendantes ; feuilles lancéolées et obtuses ; fleurs à carène violette et à ailes blanches; gousses très-étroites et longues ; graines globuleuses, petites, mais un peu plus grosses que celles du haricot mungo.

Cette variété est cultivée dans l'Inde. Son grain possède les qualités qui distinguent la semence du haricot mungo (74).

### 76. — Haricot à graines rondes
(PHASEOLUS SPHÆROSPERMUS, DC.)

*Synonymie :* Haricot à fève ronde.

Cette espèce est originaire de la Jamaïque. Ses graines sont rondes à ombilic noir. Elle est cultivée dans l'Amérique méridionale et dans les parties très-tempérées de l'Europe. Son grain, à la Jamaïque, au Brésil et à la Guinée, est regardé comme excellent.

### 77. — Haricot du Népaul

(PHASEOLUS NEPAULENSIS.)

*Synonymie :* PHASEOLUS CITRINUS.                      PHASEOLUS FUSCUS.
          PHASEOLUS CHRYSANTHUS.

Tiges droites, velues ; gousses étroites, courbées à leur extrémité inférieure : graines sub-globuleuses, très-petites, gris blanchâtre ou roussâtres.

Cette espèce a beaucoup de rapports avec le haricot mungo (74).

### 78. — Haricot indien

*Synonymie :* PHASEOLUS PEREGRINUS, Nissol.        PHASEOLUS FARINOSUS, Sav.

Tiges assez élevées ; fleurs rose pâle à étendard rouge foncé ; gousses cylindriques, réticulées, assez longues ; graines de grosseur moyenne, obtuses, vert noirâtre avec un hile blanc.

Cette espèce est cultivée dans les Indes orientales. En langue tamoule, on l'appelle *sadeipayarou*.

### 79. — Haricot des Barbades

(PHASEOLUS BARBADENSIS, Dil.)

*Synonymie :* PHASEOLUS RADIATUS, Roxb.        PHASEOLUS SEMI-ERECTUS, Sav.
          PHASEOLUS ROXBURGHII.

Tiges droites, de 0$^m$,65 ; feuilles ovales, un peu velues en dessous ; fleurs pourpre foncé portées sur de longs pédoncules ; gousses larges, courtes ; graines arrondies, allongées, noires ou vertes, suivant la variété.

Cette espèce est cultivée dans les Indes et l'Amérique méridionale. Les Indiens l'appellent *ouloundou patché-payarou*. Les graines vertes contiennent de la saponine et servent à dégraisser la chevelure.

# CHAPITRE III

## COMPOSITION DU HARICOT

Composition du haricot. — Le haricot est riche en parties amylacées et azotées. — Quantité de cendres qu'il donne à l'incinération. — Analyse de ces cendres. — Forme des globules composant la farine.

Le haricot, quant à sa composition, diffère peu, d'une manière générale, de la lentille, de la fève et du pois vert à purée.

Le haricot blanc commun cultivé et récolté en France, a été analysé par M. Boussingault et par M. Payen. Voici les analyses faites par mes savants collègues :

|  | Boussingault. |
|---|---|
| Légumine . . . . . . . . . . . . . . . . . . . . | 26,9 |
| Amidon et dextrine. . . . . . . . . . . . . . . . | 48,8 |
| Substance huileuse. . . . . . . . . . . . . . . . | 5,0 |
| Lignes et cellulose . . . . . . . . . . . . . . . | 2,8 |
| Sels minéraux. . . . . . . . . . . . . . . . . . | 5,5 |
| Eau. . . . . . . . . . . . . . . . . . . . . . . | 15,0 |
|  | 100,0 |

|  | Payen. |
|---|---|
| Amidon, dextrine . . . . . . . . . . . . . . . . | 55,7 |
| Substances azotées. . . . . . . . . . . . . . . . | 25,5 |
| Substances grasses. . . . . . . . . . . . . . . . | 2,8 |
| Cellulose . . . . . . . . . . . . . . . . . . . | 2,9 |
| Sels minéraux. . . . . . . . . . . . . . . . . . | 3,2 |
| Eau. . . . . . . . . . . . . . . . . . . . . . . | 9,9 |
|  | 100,0 |

Ainsi, d'après la première analyse, le haricot renferme 75 pour 100 de parties féculentes et de substances azotées, et, suivant la seconde, il en contient 81 pour 100. On ne peut méconnaître que les haricots analysés par M. Payen contenaient 5 pour 100 moins d'eau que les grains étudiés par M. Boussingault.

Le même haricot blanc, cultivé et récolté en Italie, a été analysé à Florence par M. Stefanelli. Il contenait :

| | |
|---|---|
| Matière organique azotée. . . . . | 21,86 à 24,18 p. 100 |
| Matière organique non azotée. . . | 58,91 à 61,13 |
| Matières minérales. . . . . . . . | 2,04 à 3,64 |
| Eau. . . . . . . . . . . . . . . | 12,68 à 14,60 |

Ces résultats concordent avec les faits constatés par M. Boussingault.

Les haricots incinérés donnent, en moyenne, de 3,20 à 3,50 pour 100 de cendres qui ont la composition suivante :

| | |
|---|---|
| Potasse. . . . . . . . . . . . . . . . . . . | 37.27 |
| Soude . . . . . . . . . . . . . . . . . . . | 10,82 |
| Magnésie. . . . . . . . . . . . . . . . . . | 9,47 |
| Chaux . . . . . . . . . . . . . . . . . . . | 5,78 |
| Acide phosphorique . . . . . . . . . . . . . | 31,73 |
| Acide sulfurique. . . . . . . . . . . . . . | 2,03 |
| Silice . . . . . . . . . . . . . . . . . . . | 0,99 |
| Chlorure de sodium. . . . . . . . . . . . . | 1,28 |
| Chlorure de potassium. . . . . . . . . . . . | 0,07 |
| Oxyde de fer . . . . . . . . . . . . . . . . | 0,15 |
| | 100,00 |

Cette analyse démontre de nouveau l'influence favorable que les terrains calcaires contenant des sels alcalins doivent exercer sur le développement des haricots.

La farine des haricots est formée de globules ovoïdes ou quelquefois sphériques. Ces grains de fécule sont fendus et ils ont 40 à 42 millièmes de millimètre de diamètre.

# CHAPITRE IV

## MODE DE VÉGÉTATION

Germination du haricot. — Forme des cotylédons. — Coloration des feuilles. — Variétés naines et variétés à rames. — Coulure des fleurs. — Les tiges s'enroulent de droite à gauche. — Ce qu'on appelle *fil* dans les gousses. — Durée de la végétation du haricot.

Dans les circonstances ordinaires, les grains des haricots germent en dix ou douze jours. Alors on voit apparaître à la surface du sol des cotylédons arrondis épais et toujours jaune verdâtre, qui sont bientôt dominés par deux petites feuilles primordiales qui restent pliées pendant plusieurs jours. Ces feuilles, quand le temps est beau et chaud, prennent promptement une teinte verte. Par contre, elles restent un peu jaunâtres et se développent lentement si le temps est froid.

Les variétés naines ne s'élèvent pas à plus de $0^m,40$ à $0^m,50$. Lorsqu'elles ne sont pas franchement naines elles filent plus ou moins, c'est-à-dire émettent des rudiments de tige qui ont quelquefois jusqu'à $0^m,50$ de longueur.

Les variétés naines n'ayant pas un grand nombre de feuilles ne peuvent végéter très-espacées les unes des autres. Lorsque leurs fleurs ne sont pas protégées en partie par les feuilles de l'action directe du soleil, souvent elles *coulent* ou elles produisent des gousses qui ne constituent pas des haricots verts très-tendres, parce qu'elles durcissent assez promptement.

Les variétés à rames (fig. 52) produisent des tiges plus ou moins élevées et qui s'enroulent de droite à gauche. Elles végètent, en général, avec plus de vigueur que les variétés naines. Leurs feuilles sont toujours relativement moins nombreuses que dans les variétés sans rames ; leurs gousses, celles surtout des haricots mange-tout, restent vertes et comestibles pendant assez longtemps, parce que ces cosses sont en partie ombragées par les rames et les tiges volubiles qu'elles soutiennent.

Les gousses sont toutes plus ou moins bossuées. Les unes sont revêtues intérieurement d'une membrane coriace ; les autres en sont complétement privées. Enfin diverses variétés produisent des gousses sur la suture desquelles on remarque un filament appelé *fil*. Ce filament est assez résistant ; on a la précaution de l'enlever quand ces mêmes gousses doivent être mangées comme haricots verts.

Fig. 52. — Tige de haricot à rames.

Les haricots végètent pendant quatre, cinq ou six mois.

Ils sont mûrs ou tous leurs organes sont atrophiés lorsque toutes leurs parties sont presque sèches et qu'elles ont pris une teinte jaune plus ou moins foncée.

J'ai dit précédemment que les variétés étaient très-nombreuses. En général, celles qui se distinguent par leur précocité doivent être cultivées de préférence aux autres, dans les contrées septentrionales.

Les haricots cultivés dans les pays tempérés sont ordinairement tardifs. Ces variétés ne sont pas toutes connues en Europe ; elles ont l'avantage de résister aux plus fortes chaleurs. Toutefois, la plupart des légumineuses que l'on désigne au Brésil, dans l'Inde, etc., sous le nom de *haricots*, appartiennent au genre *dolic* (voy. p. 371).

Les variétés du haricot proprement dit se modifient avec une extrême facilité ; c'est pourquoi on peut arriver avec le temps à posséder des races offrant toutes les nuances voulues. Pour conserver une variété avec tous les caractères et les qualités qui la distinguent, il est nécessaire de l'isoler des autres variétés et surtout de celles qui produisent des grains bigarrés.

# CHAPITRE V



Terrains favorables ou nuisibles. — Le haricot est une plante épuisante ; il
exige des terres légères de bonne qualité et des engrais d'une décomposition facile. — Préparation du sol. — Nécessité de bien ameublir la
couche arable.

**Nature.** — Le haricot doit être cultivé sur des terres
meubles, légères, profondes et substantielles.

Les terres argileuses, glaiseuses ou compactes ne lui conviennent pas. Il en est de même des sols arides, des terrains crayeux et des terres humides.

Cultivées sur de tels sols, les graines germent ou végètent très-difficilement, et elles ne donnent que de très-fai-
bles produits.

Les terres où le haricot se développe le mieux sont les
terrains chauds et frais, les terres calcaires graveleuses,
les alluvions sablonneuses, les terres granitiques profondes et les sols silico-calcaires.

Les terres gypseuses ne lui conviennent pas. Les grains
que produisent les plantes cultivées sur de tels sols sont
toujours d'une cuisson difficile.

**Fertilisation.** — Le haricot, quoi qu'on en dise, est
une légumineuse épuisante. Aussi doit-on éviter de le cultiver sur des terres pauvres ou arides.

Les terres qu'on lui destine doivent être de moyenne fécondité, et fertilisées avec des engrais qui manifestent
promptement leur action.

Le fumier à demi décomposé, la poudrette, les boues de
ville qui ont fermenté, etc., sont d'excellents engrais pour
le haricot.

Ces matières fertilisantes sont généralement appliquées quelques jours avant la semaille, ou en même temps que les semences.

**Préparation.** — La préparation des terres qu'on destine aux haricots doit être aussi parfaite que possible.

Dans les circonstances ordinaires on donne au sol deux labours et les hersages nécessaires. L'expérience prouve chaque année qu'on ne saurait trop ameublir, diviser et nettoyer les terres sur lesquelles on a l'intention de cultiver le haricot.

Le sol est toujours labouré à plat ou en planches plus ou moins larges.

Lorsque les terres sont un peu fortes ou argileuses, on divise ou détruit les mottes qu'on y observe avant les semis, en opérant un ou deux roulages, suivis par un ou plusieurs hersages.

Enfin, il est très-important d'opérer tous les travaux préparatoires que réclame la couche arable pour que celle-ci, au moment de la semaille, soit meuble et surtout exempte de racines appartenant à des plantes vivaces et traçantes.

Dans la grande et la moyenne culture, la préparation du sol se fait toujours à l'aide des instruments aratoires. Dans la petite culture, on l'opère à l'aide de la bêche ou de la houe plane ou fourchue.

Lorsqu'on se propose de semer des haricots sur des coteaux bien exposés, on dispose le sol en petites planches dirigées transversalement à la pente du sol. Les raies qui séparent ces planches arrêtent les eaux pendant les pluies et les empêchent de raviner la couche arable si, à un moment donné, elles deviennent très-abondantes.

# CHAPITRE VI

## SEMAILLES

Époque des semis en Europe et en Égypte. — Haricots semés pour fournir des haricots verts, des haricots frais écossés et des haricots secs. — Faculté germinative des graines. — Semis exécutés en poquets et en rayons dans la moyenne et la grande culture. — Espacement des poquets et des lignes. — Recouvrement des graines. — Arrosement qui précèdent le semis. — Trempage des semences. — Quantité de graines nécessaire par hectare.

**Époque**. — On sème ordinairement les haricots lorsque les pommiers sont en fleurs, quand ces légumineuses sont cultivées sur des terres de consistance moyenne et perméables.

Ainsi on sème le haricot en

*Égypte*, en janvier et février ;

*Italie*, en février ou mars ;

*France*, en avril ou mai.

Semé trop tôt, dans ces diverses contrées, le haricot pourrit au lieu de germer.

Les provinces méridionales sont les seules contrées en France dans lesquelles on sème encore pendant le mois de juillet les haricots qu'on doit récolter en sec.

En général, en France, on sème les haricots plus tôt dans le Midi et le Sud-Ouest que dans les régions du Centre et du Nord.

Les haricots qu'on sème en pleine terre de très-bonne heure, dans le but d'avoir des haricots verts précoces, doivent être abrités par des paillassons contre la froidure des nuits.

Dans la petite et aussi souvent dans la moyenne culture,

on exécute des semis successifs tous les douze ou quinze jours, depuis la fin d'avril jusqu'à la fin de juin ou à la mi-juillet. Ces semis sont faits dans le but de pouvoir livrer à la consommation, d'une manière continue, pendant plusieurs mois, soit des *haricots verts*, soit des *haricots frais écossés*.

La moyenne et la grande culture qui cultivent le haricot pour vendre son grain sec, font deux semis en temps ordinaire, c'est-à-dire en avril et en mai, suivant la nature du sol. Dans les provinces méridionales, les semis se font ou avant ou après la récolte du froment.

Les gousses des haricots semés très-tardivement dans le nord de la France, mûrissent difficilement, et elles sont sujettes à être altérées, à la fin de l'été ou au commencement de l'automne, par des pluies abondantes et continuelles.

**Semences.** — Les semences de haricot conservent très-longtemps leur faculté germinative lorsqu'elles restent dans leurs cosses. On a fait germer des graines qui étaient restées dans l'herbier de Tournefort pendant près d'un siècle.

Quoi qu'il en soit, dans les circonstances ordinaires, on ne doit pas faire usage de graines ayant plus de deux à trois années.

Il importe, en outre, de bien choisir les semences, eu égard à la variété qu'on veut cultiver ; bien peu de variétés conservent tous les caractères ou les qualités qui les distinguent, surtout lorsque plusieurs variétés sont cultivées les unes à côté des autres.

Enfin, on ne doit pas oublier que les graines qui ont été altérées par la pluie avant la récolte et qui ont des taches brunes, ne germent pas toujours très-facilement.

**Exécution des semis.** — La culture du haricot varie suivant le but qu'on se propose.

On peut demander aux haricots :

1° Des haricots verts et des haricots secs ;

2° Des haricots verts et des haricots écossés frais ;

3° Des haricots écossés frais et des haricots secs.

On sème le haricot de deux manières :

1° En poquets ou en touffes ;

2° En lignes ou en rayons.

La culture en rayons n'est pas celle qu'il faut adopter quand on veut récolter des haricots verts. Dans cette circonstance, on doit semer les haricots en poquets.

Lorsque les *haricots nains* semés en *touffes* ou *augets* ont bien végété, les plantes, à cause de leur nombre, se protégent mutuellement par leurs feuilles et fournissent de l'ombre aux gousses, ce qui permet à celles-ci d'être plus fines et surtout plus tendres.

Les touffes faibles se défendent mal de la sécheresse ou des grandes chaleurs, et elles sont toujours moins productives en haricots verts que les touffes fortes et bien garnies.

Mais si les touffes bien fournies sont très-favorables à la production des *haricots verts* et même à celle des haricots frais écossés, elles ont de grands inconvénients quand on ne leur demande que des *haricots secs*, parce que leurs gousses mûrissent moins bien et moins promptement, privées souvent, comme elles le sont vers la fin de l'été, de l'action directe de la lumière et de la chaleur solaire.

Les *poquets*, ou *fossettes*, ou *trochées*, se font avec la binette ou la houe pleine. On les dispose en échiquier ou, ce qui vaut mieux, en quinconce, et on les éloigne en moyenne les uns des autres de $0^m,50$ à $0^m,35$, et quelquefois, dans les sols riches, de $0^m,40$ à $0^m,50$.

Chaque poquet, profond de $0^m,05$ à $0^m,07$, reçoit de 5 à 6 graines, selon leur grosseur et la fertilité du sol. On a soin de les espacer les unes des autres.

Dans la petite et la moyenne culture, on recouvre le premier poquet avec la terre provenant de l'auget suivant ou du poquet voisin. Lorsqu'on sème ainsi les haricots, les ouvriers vont devant eux, et les femmes ou les enfants qui les accompagnent marchent à reculons.

Les terres chaudes, bien exposées, ou les terrains en coteaux situés au midi dans la région septentrionale, conviennent très-bien pour les semis hâtifs.

Les *semis en lignes* ou en *rayons* sont surtout en usage dans la culture du haricot sec.

Dans la moyenne culture, on trace les rayons à l'aide d'une *charrue légère* ou d'un *rayonneur*. La petite culture ouvre ces raies avec une binette à lame étroite ou une serfouette, sans se servir d'un cordeau.

Les rayons, dans les circonstances ordinaires, sont distants les uns des autres de $0^m,40$, $0^m,50$ ou $0^m,65$, suivant le développement que peuvent prendre les tiges. Ces raies ont aussi de $0^m,06$ à $0^m,08$ de profondeur, selon la grosseur des graines qu'elles peuvent recevoir et la nature de la couche arable.

La profondeur des rayons, dans les terres les plus légères et les plus meubles, ne doit pas excéder $0^m,10$ à $0^m,12$.

Les femmes ou les enfants chargés de répandre les semences dans les rayons suivent la marche du rayonneur ou de la charrue, ou elles accompagnent les ouvriers. Les graines qu'elles déposent de fond des sillons doivent être espacées de $0^m,10$ à $0^m,15$ quand elles sont volumineuses, et de $0^m,07$ à $0^m,08$ lorsqu'elles sont petites.

On recouvre les graines avec le *râteau* ou à l'aide d'une *herse légère* à dents courtes et un peu rapprochées.

Quand, dans le midi de l'Europe, on sème des haricots après une récolte de froment, on irrigue le sol, si cela est possible, pendant deux ou trois jours. Alors on le laboure et on opère le semis. Les haricots ainsi cultivés mûrissent leurs graines pendant le mois de septembre ou octobre.

Les graines que l'on enterre trop profondément pourrissent aisément quand le temps devient pluvieux après le semis, ou lorsque des froids tardifs retardent leur germination.

Les semences de haricot de bonne qualité germent ordinairement du douzième au quinzième jour.

Quand on est forcé de semer des graines ayant deux à trois ans, on a intérêt à les faire tremper avant de les confier à la terre. Ce *trempage* rend la germination moins lente.

Les *haricots à rames* doivent être semés en lignes sur des terrains labourés en planches ayant 1$^m$,30 à 1$^m$,50 de largeur. Cette disposition a l'avantage de rendre la cueillette des gousses plus facile et plus prompte.

Chaque planche comprend trois ou quatre lignes de haricots.

**Quantité de semences.** — La quantité de semences nécessaire pour semer un hectare varie suivant la grosseur des graines, l'espacement des poquets ou des lignes et la richesse du sol.

En général, il faut pour ensemencer convenablement un hectare de 120 à 150 litres.

Les haricots conservent leur faculté germinative pendant deux à trois ans (voy. p. 554)

# CHAPITRE VII



## SOINS D'ENTRETIEN

Hersage après le semis pour faciliter l'apparition des cotylédons. — Premier,
second et troisième binages. — Arrosages. — Nécessité d'agir avec précaution. — Rames nécessaires pour soutenir les tiges qui s'élèvent. —
Nécessité de les implanter de manière qu'elles ne s'opposent pas à l'action
de la lumière et de la chaleur et qu'elles ne rendent pas la cueillette des
gousses très-difficile.

**Hersage**. — Quand, après le semis, il survient des
pluies battantes, on ne doit pas hésiter, si la terre se dur-
cit superficiellement, d'opérer un râtelage ou un hersage
sur toute la surface du champ. Par cette opération, on
ameublit et on divise la couche arable et on facilite par là,
la sortie des cotylédons des haricots.

Ce hersage ne doit pas être fait avant que le soleil ait
séché en partie la surface du sol.

**Binages**. — On opère le *premier binage* des haricots
lorsque les plantes ont de deux à trois feuilles ou 0$^m$,10 à
0$^m$,15 de hauteur.

Quand, sur les terres un peu argileuses et sur celles qui
se durcissent après les grandes pluies, on n'exécute pas le
râtelage ou le hersage dont je viens de parler, on opère le
premier binage lorsque tous les haricots sont levés.

On donne le *second binage* quand les haricots commencent à fleurir.

En exécutant cette seconde façon, on a soin de *butter* ou
de *chausser* les touffes ou les lignes. Ce buttage maintient
plus de fraîcheur à la base des plantes, et il leur permet de
mieux végéter pendant les grandes chaleurs.

On ne doit jamais biner les haricots quand leurs feuilles sont mouillées.

Lorsqu'on cultive le haricot pour son grain sec, on exécute quelquefois un *troisième binage* quand toutes les gousses sont bien formées.

**Arrosages.** — En Égypte, en Italie, en Espagne, dans le midi de la France, etc., on cultive très-souvent à l'arrosage les haricots auxquels on demande des haricots verts ou des haricots écossés.

Ces arrosements ne se font pas par déversements. Ils ont toujours lieu par infiltration. Ainsi, on ouvre des rigoles entre les lignes des haricots et on y fait arriver l'eau en évitant qu'elle se répande sur le sol, ce qui nuirait aux plantes. L'eau qui séjourne dans les rigoles s'infiltre dans la couche arable et l'imbibe suffisamment pour que les haricots résistent aux plus fortes chaleurs.

Ces arrosements sont répétés une ou deux fois chaque semaine selon la nature du sol et la température de l'atmosphère.

Il est prudent d'agir avec la plus grande circonspection ; lorsqu'on arrose trop fréquemment, les haricots *s'emportent* ou végètent avec trop de vigueur ; alors ils produisent peu parce qu'ils fleurissent mal ou qu'un grand nombre de leurs *fleurs coulent* ou avortent.

**Rames.** — Si les opérations concernant l'ameublissement et le nettoiement du sol sont à peu près les mèmes dans la culture des haricots à rames et dans celle des haricots nains, on ne doit pas oublier que les variétés grimpantes ne peuvent se soutenir d'elles-mêmes et qu'elles exigent par conséquent des tuteurs plus ou moins élevés selon la hauteur à laquelle leurs tiges parviennent normalement.

Les *rames* à l'aide desquelles on soutient les tiges volubiles des haricots sont des *gaulettes* de châtaignier, de pin
maritime ou de saule, ou de petites branches de châtaignier, de chêne, etc., ayant de 1$^m$,65 à 2 et
même 3 mètres de longueur.

Avant de les ficher en terre on les appoin-
tille.

C'est lorsque les haricots commencent à
*filer* qu'on pose les rames. Il est très-utile
de les implanter de manière qu'on puisse
circuler librement dans les sentiers qui séparent les planches.

On les fiche en terre comme l'indique la
figure 53.

Fig. 53. — Haricots ramés.

Ainsi disposées, les rames ne s'opposent
pas à l'action de la lumière et de la chaleur
sur les tiges, les feuilles et les gousses, et
elles ne rendent pas la cueillette des cosses plus difficile.

Les haricots grimpants qu'on cultive avec le maïs ou le
sorgho, n'ont pas besoin de tuteurs. Ces céréales leur servent de rames.

# CHAPITRE VIII

## RÉCOLTE



**Maturité**. — La cueillette des *haricots verts* se fait dès que les gousses sont bien formées et avant qu'elles renferment des grains bien apparents. Alors elles sont petites, fines et très-tendres, et leur valeur commerciale est beaucoup plus élevée que lorsqu'elles ont atteint un plus grand développement.

La récolte des cosses qui doivent fournir des *haricots écossés frais* a lieu quand les grains ont assez de consistance pour ne pas être écrasés très-aisément entre les doigts.

Les cosses qui doivent donner des *haricots secs* sont récoltées lorsqu'elles sont jaunâtres et sèches et qu'elles renferment des graines mûres.

**Époque de la récolte.** — En Égypte, on récolte les haricots secs depuis le mois d'avril jusqu'en juin.

En France, cette récolte a lieu depuis le mois d'août jusqu'en septembre, suivant la précocité des variétés.

Les *haricots verts* et les *haricots écossés* frais sont récoltés en France pendant les mois de juillet, août et septembre.

**Cueillette des haricots verts.** — La récolte des haricots verts se fait le matin après la rosée.

Il est très-utile dans cette récolte de ne laisser sur les touffes que les gousses qui sont trop peu développées pour être vendues avec avantage et celles qui sont très-développées et qui s'allieraient mal avec les haricots verts fins.

L'uniformité dans le produit récolté a une grande importance aux yeux des acheteurs.

Les femmes qui sont chargées de la cueillette des haricots verts ont devant elles un grand tablier relevé en forme de poche ou elles ont à côté d'elles un panier ou vendangeoir.

On renouvelle cette récolte une fois au moins chaque semaine.

**Récolte des haricots écossés frais.** — Les gousses des *haricots nains* qui sont trop fortes pour être vendues comme haricots verts continuent à végéter. Lorsqu'elles renferment des grains bien formés, on les récolte et on les vend pour être écossées et fournir des *haricots frais*.

La récolte des mêmes gousses se fait aussi successivement sur les *haricots à rames*. Ces gousses, au moment où on les cueille, sont plus ou moins développées et vert jaunâtre selon le volume des grains qu'elles renferment.

Dans les circonstances ordinaires, les gousses qui fournissent des haricots écossés frais sont arrivées au deux tiers de leur maturité.

**Récolte des haricots secs.** — La récolte des haricots secs présente certaines difficultés, parce que les gousses mûrissent inégalement.

Les *haricots à rames* sont ceux qu'on récolte plus lentement. On doit cueillir les gousses à mesure qu'elles mûrissent, en évitant de rompre les tiges.

Les cosses qu'on a ainsi récoltées sont étendues sur une toile au soleil ou dans un grenier aéré. Quand elles sont sèches, on les réunit en tas en ayant le soin de les remuer de temps à autre afin de prévenir toute fermentation.

Les *haricots nains* ayant toujours une végétation plus régulière que les haricots à rames, peuvent être arrachés

quand leurs dernières gousses sont en partie sèches ou
presque mûres et lorsque la plupart de leurs feuilles sont
tombées (fig. 54).

On ne doit pas oublier que les grains des gousses arrivées

Fig. 54. — Haricots nains arrivés à maturité.

à maturité et qui touchent une terre humide, se tachent
avec une grande facilité.

Les femmes chargées d'opérer l'arrachage des haricots
doivent agir de préférence le matin ou le soir, si les cosses
sont assez sèches pour s'ouvrir sous l'action du soleil et
laisser échapper une partie des graines qu'elles contiennent.

A mesure qu'elles arrachent les tiges, elles frappent les
racines sur leurs chaussures pour en détacher la terre et
elles les tiennent ensuite dans la paume de la main gauche,
les têtes dirigées vers le sol.

Les tiges après avoir été arrachées sont réunies par *poignées* et mises ensuite en *petites bottes* avec de la paille de seigle, du roseau à demi fané ou du jonc.

On les rapporte à la ferme dans des véhicules garnis intérieurement d'une toile.

Ces bottes sont ensuite accrochées, les racines en haut, à des clous fixés sur la façade de bâtiments protégée par un avant-toit très-prononcé, ou on les fixe aux pointes des échalas ou des treillages formant des clôtures, ou bien encore on les met à cheval sur des perches placées horizontalement sous des hangars, dans des granges ou dans des greniers.

Cette aération a pour but la dessiccation définitive des gousses ou la maturité complète des graines. Elle n'est parfaite que lorsque les tiges et les cosses ne subissent pas l'action de la pluie.

**Expédition des haricots verts.** — Les haricots verts ne peuvent être expédiés sur les marchés que dans de grandes *mannes en osier* ou dans des *paniers*.

Il est très-important que ces produits herbacés ne subissent pas de pression pendant leur transport.

Les gousses vertes qu'on expédie dans des sacs ou celles qui, emballées dans de mauvais paniers, sont fortement pressées pendant les expéditions, brunissent promptement et perdent par conséquent de leur fraîcheur et de leur bon aspect pour la vente.

Enfin les haricots verts qui ont plusieurs jours de cueillette se flétrissent, deviennent un peu mous et ils ont moins de valeur commerciale.

Les cosses qui contiennent des haricots à écosser frais peuvent aussi éprouver des détériorations si elles subissent de fortes pressions dans les paniers et dans les sacs.

Les haricots verts et les cosses contenant des grains frais ne doivent pas être emballés en grande masse lorsqu'ils sont chargés d'humidité.

**Battage des cosses.** — Le battage des cosses sèches a lieu pendant l'automne et l'hiver sur une aire de grange aussi propre que possible.

On l'opère au fléau ou à la gaule en agissant avec modération, afin de ne pas écraser les grains.

Quelquefois au lieu de battre les gousses du haricot de Soissons ou du haricot sabre, on les écosse à la main pendant les soirées d'automne ou d'hiver.

Après le battage au fléau ou à la gaulette, on nettoie les haricots avec le van ou au moyen du tarare, puis, s'ils sont encore un peu humides, on les étend dans une chambre ou d'un grenier pour qu'ils achèvent de sécher.

Plus tard, on peut les mettre dans des sacs pour les soustraire à l'action de la poussière qui a l'inconvénient de les ternir et de modifier défavorablement leur couleur normale.

On a intérêt à n'opérer le battage qu'au fur et à mesure des besoins, parce que, en général, les *haricots se conservent mieux dans leurs cosses* que quand ils ont été égrenés.

Les haricots blancs qui subissent longtemps l'action de l'air perdent toujours leur belle couleur blanche et prennent une teinte blanc grisâtre ou blanc jaunâtre terne.

**Triage des haricots.** — Avant de livrer les haricots secs à la vente, on les trie sur une table pour séparer les belles semences des grains cassés ou tachés.

Ce *triage* est un peu coûteux, mais il permet de livrer à la consommation des haricots ayant une plus grande valeur commerciale.

# CHAPITRE IX

## RENDEMENT

Rendement moyen et maximum. — Produit du haricot vert et du haricot
écossé. — Rendement en paille. — Poids d'un hectolitre de haricots.

**Grains**. — Le haricot n'est pas très-productif. Dans les
circonstances ordinaires, lorsqu'il est bien cultivé, il donne
par hectare de 15 à 18 hectolitres de grains secs.

Les espèces les plus productives, cultivées sur des terres
légères, mais substantielles et favorisées par une température convenable, donnent, en moyenne, de 20 à 25 hectolitres sur la même surface.

La production moyenne de la France a été évaluée, en
1862, à 16 hectolitres de haricots secs.

Il faut des circonstances exceptionnelles pour espérer,
comme en Italie et en Alsace, des récoltes s'élevant quelquefois jusqu'à 30 et même 40 hectolitres.

Dans les bonnes cultures, on récolte par are :

| | |
|---|---|
| Haricot vert. | 40 à 50 kilogr. |
| Haricot écossé frais. | 8 à 12 litres. |
| Haricot sec. | 2 à 5 — |

**Paille**. — Le rendement en paille des haricots nains varie entre 1,000 et 1,500 kilogrammes par hectare. Le poids
de la paille des haricots à rames s'élève jusqu'à 5,000 et
6,000 kilogrammes.

**Poids de l'hectolitre**. — Un hectolitre de haricots de
bonne qualité pèse de 78 à 80 kilogrammes.

# CHAPITRE X



## EMPLOIS DES PRODUITS

Haricots verts, haricots écossés frais et haricots secs. — Haricots mangetouts. — Nécessité de faire cuire les haricots secs dans l'eau de pluie. —
Conservation des haricots verts. — Farine de haricots. — Emploi de la
paille.

Le haricot est mangé en *vert*, *écossé frais* et en *sec*.

Les gousses des *haricots mangetouts* sont consommées
quand elles sont encore vertes et lorsque les graines
qu'elles contiennent sont bien formées.

Les haricots secs durcissent toujours quand on les fait
cuire dans une eau sélénitcuse, par suite de l'espèce d'in-
crustation qui les couvre lorsqu'ils sont cuits.

On doit, autant que possible, les faire cuire dans l'*eau
douce* ou l'*eau de pluie*. Quand, par nécessité, on est forcé
d'employer de l'*eau crue*, ou qui ne dissout pas le savon,
il faut mettre parmi les haricots un nouet contenant des
cendres de bois non lessivées. Les cendres ainsi utilisées
fournissent à l'eau de la potasse et de la soude, sels alcalins qui rendent la cuisson plus parfaite.

Les haricots vieux sont bien inférieurs en qualité aux
haricots nouveaux.

Le commerce, dans les grandes villes, fait quelquefois
tremper des haricots vieux dans de l'eau tiède pendant une
heure environ, dans le but de les laver, de les débarrasser
de la poussière qui y adhère et de leur donner le brillant
qu'ils ont perdu. Après ce trempage, on les fait sécher
dans des couvertures de laine.

Les haricots vieux ainsi préparés pèsent moins que les

autres par suite de leur augmentation de volume et ils doivent être livrés à la vente dans un court délai, parce qu'ils s'altèrent promptement.

Lorsqu'on veut *conserver des haricots verts*, on ôte les pointes ainsi que les fils des gousses en ayant soin de ne pas les casser; puis, on les jette dans l'eau bouillante. Au bout de quelques minutes on les retire, on les laisse égoutter, et quand elles sont ressuyées, on les dessèche dans un four après la cuisson du pain. On les conserve dans des boites à l'abri de l'humidité. Avant de faire cuire ces haricots conservés, on les laisse séjourner quelques heures dans l'eau tiède pour qu'ils gonflent et qu'ils reprennent leur couleur verte.

La *farine* de haricot n'est pas panifiable, mais elle sert à faire d'excellents potages et des bouillies ou purées. Cette farine est impalpable.

Avant de les moudre, on les fait bien sécher.

Quelquefois, on utilise la farine provenant de haricots blancs déjà vieux pour falsifier la farine de froment. Le pain que fournit la farine de blé ainsi fraudée est lourd et mat.

La *paille* de haricot est utilisée comme litière; on en donne aux bêtes à cornes ou aux bêtes à laine.

On peut l'employer aussi comme combustible quand elle est bien sèche.

# CHAPITRE XI



## VALEUR DES HARICOTS

Le prix des haricots secs suit ordinairement le prix du blé. — Valeur commerciale des haricots verts. — Prix des haricots frais écossés. — Valeur des haricots verts de primeur.

La valeur commerciale des *haricots secs* varie suivant les années, et surtout selon la valeur du blé.

Quand le froment se vend, en moyenne, 52 francs les 100 kilogrammes, les haricots, dans la région septentrionale de la France, ont sur les marchés la valeur suivante :

| | |
|---|---|
| Haricot de Soissons, extra . . . . . | 52 à 55 fr. l'hectol. |
| — — ordinaire . . . | 50 à 52 — |
| Haricot de Liancourt . . . . . . . | 26 à 28 — |
| Haricot flageolet. . . . . . . . . | 26 à 28 — |
| Haricot suisse blanc. . . . . . . . | 24 à 25 — |
| — rouge. . . . . . . | 20 à 22 — |
| Haricot de Chartres. . . . . . . . | 22 à 24 — |

Les haricots vieux, c'est-à-dire de trois ans, ont moins de valeur commerciale. On les vend néanmoins sur tous les marchés. J'ai dit, page 567, comment on les utilisait.

Le cultivateur qui ne peut vendre les haricots qu'il a récoltés parce que les prix du commerce ne sont pas suffisamments rémunérateurs, doit les conserver dans leurs cosses. Lorsque celles-ci sont suspendues dans un bâtiment à l'abri de la pluie ou de l'humidité, les grains conservent très-bien leur couleur normale et leur brillant.

En général, l'agriculteur a intérêt à vendre ses haricots vers la fin de l'automne et avant le moment où ces graines sont généralement utilisées dans les ménages. Après cette époque, à moins de circonstances exceptionnelles, leur vente est plus difficile et elle se fait toujours à des conditions moins avantageuses.

Les haricots verts et les haricots écossés, dits *haricots de primeur*, ont une valeur commerciale beaucoup plus élevée.

Les *haricots verts*, en temps ordinaire, c'est-à-dire en pleine saison ou au mois de juillet, se vendent de 30 à 50 centimes le kilogramme, suivant la finesse et la couleur des gousses.

Lorsque les haricots verts se vendent à Alger, en mars 2 à 3 francs, en avril 1 fr. 40 et en mai 0 fr. 25 le kilogramme, on les livre à Paris, à la même époque, aux prix de 5 à 6 francs, 3 à 4 francs et 1 fr. 50 à 2 francs.

Les provinces du midi de l'Europe récoltent des haricots verts plus tôt et plus tardivement que les contrées septentrionales.

Les *haricots frais écossés* sont vendus pendant l'été de 60 à 75 centimes le litre, selon qu'ils appartiennent à la variété dite *haricot flageolet* ou à celle appelée *haricot de Soissons*.

## BIBLIOGRAPHIE


**Rozier.** . . . . . . . . Cours d'agriculture, 1784, t. V, p. 417.
**Parmentier,** etc . . . Instruction sur la culture des légumineuses, in-8°.
**Bosc.** . . . . . . . . Cours d'agriculture, 1822, t. VIII, p. 53.
**Laure.** . . . . . . . . Cultivateur provençal, 1839, t. II, p. 59.
**Schwerz.** . . . . . . . Cult. des plantes à grains farineux, 1840, p. 456.
**De Gasparin.** . . . . . Cours d'agriculture, 1848, t. III, p. 772.
**Berti-Pichat.** . . . . Corso di agricoltura, 1866, t. V, p. 59.
**Vilmorin.** . . . . . . . Bon jardinier, 1872, p. 489.

# LIVRE II

## DOLIC ou DOLIQUE

### Dolichos

(De *Dolichos*, mot grec qui fait allusion à la longueur des tiges.)

*Plante dicotylédone de la famille des légumineuses.*

Les dolics, que l'on appelle aussi *haricot-dolics*, *banettes*, *mongettes*, sont cultivés en Égypte depuis fort longtemps. Ils ont beaucoup de rapport avec les haricots. Comme ces légumineuses, leurs tiges sont volubiles ou naines et leurs feuilles se composent de trois folioles munies de stipules. Toutefois, il est facile de ne pas confondre ces deux espèces l'une avec l'autre, si on se rappelle qu'elles présentent les caractères distinctifs suivants :

| HARICOT. | DOLIC. |
|---|---|
| 1° *Étendard* recourbé en arrière ; | 1° *Étendard* arrondi et ouvert ; |
| 2° *Carène* contournée en spirale avec les étamines et le style ; | 2° *Carène* non tordue ou contournée, recourbée à angle droit ; |
| 3° *gousse* à deux valves non-divisée intérieurement par des cloisons transversales. | 3° *Gousse* divisée intérieurement et transversalement par des cloisons celluleuses. |

Les dolics appartiennent à l'agriculture des pays tempérés. Leur culture est répandue en Italie, en Espagne, en Grèce, en Égypte, en Perse, au Brésil, dans l'Inde, au Japon, etc., et en France, dans la région méditerranéenne.

A la Jamaïque, à la Réunion, etc., les graines des dolics sont souvent désignées sous le nom de *niébés*.

# CHAPITRE PREMIER

## CONDITIONS CLIMATÉRIQUES

Les dolics sont plus délicats que les haricots. — Leur culture n'est possible
que dans les pays tempérés. — Dans le centre et le nord de la France,
leurs feuilles se rouillent aisément et leurs graines arrivent difficilement
à maturité.

Les dolics sont des plantes plus délicates que les haricots ;
ils ne peuvent être cultivés que dans les contrées très-tempérées ou dans les pays chauds. En France, leur culture
n'est possible que dans la région de l'olivier, qui comprend
le Roussillon, le bas Languedoc, le comtat d'Avignon, la
Provence et le comté de Nice.

Au delà de cette région ou plus au nord, non-seulement
ces légumineuses mûrissent difficilement leurs graines,
mais leurs feuilles et même leurs tiges prennent facilement
la rouille pendant le mois de juillet, lorsque le soleil agit
avec intensité le matin, alors que la rosée n'a pas encore
été dissipée.

Ces plantes ont un mérite que ne possèdent pas les haricots, celui de pouvoir végéter avec vigueur dans les parties
méridionales sans le concours des arrosages.

Dans les pays très-tempérés, comme dans l'Inde, aux
Antilles, etc., les tiges de plusieurs espèces deviennent
ligneuses et vivaces. En Europe, ces mêmes espèces sont
cultivées comme plantes annuelles.

Les dolics dans les pays chauds sont plus productifs que
les haricots.

# CHAPITRE II

## ESPÈCES ET VARIÉTÉS

Dolics à rames : dolics lablab, à longues gousses, à onglet, quadrangulaire, de
la Chine, à deux fleurs, à gousses étroites, tubéreux jaune, ligneux ; —
Dolics nains : dolics asperge, en sabre, en forme de fève, du Japon. —
Espèces qui n'ont pas encore été bien étudiées.

Le genre dolic comprend plus de cent espèces.

Les dolics cultivés comme plantes alimentaires sont
nombreux. Voici les espèces les plus répandues.

### PREMIER GROUPE

#### DOLICS A RAMES

### 1. — Dolique lablab

(DOLICHOS LABLAB, Lin.)

*Synonymie :* Lablab commun.  
Lablab à fleurs violettes.  
Pois de Bonarie.

Dolic commun.  
Dolic d'Égypte.  
Dolic d'Égypte à fruit noir.

LABLAB NIGER, Manch.  
LABLAB VULGARIS, Savi.  
LABLAB VULGARE, Dec.

PHASEOLUS ÆGYPTIACUS, Pin.  
PHASEOLUS LABLAB NIGER, Alp.  
PHASEOLUS AMERICANUS NIGER, Hans.

Tiges volubiles de 3 à 4 mètres de hauteur ; pédoncules rameux et multi-
flores ; fleurs grandes, violet pourpre, disposées en grappes et odorantes ;
gousses aplaties, rugueuses, très-recourbées, longues de $0^m,06$ à $0^m,08$ ;
graines moyennes, obrondes ou ovales, aplaties, *brun noirâtre*, bordées longitudinalement du côté de l'ombilic de blanc, ou *blanches* bordées de
noir (fig. 55).

Cette légumineuse est annuelle et très-productive dans

Fig. 55. — Dolic lablab.

les pays chauds. Elle est cultivée en Égypte depuis les

temps les plus reculés. Sa culture est aussi répandue en Italie, en Espagne et surtout dans l'Inde.

On lui connaît les variétés suivantes :

### A. — Dolic lablab blanc

(DOLICHOS LABLAB BENGALENSIS, Jacq.)

*Synonymie :* Dolique à fleur blanche.
Dolique d'Égypte à fleur blanche.
DOLICHOS BENGALENSIS, Murr.
PHASEOLUS ÆGYTIACUS, Pin.
DOLICHOS MYODES, Hort.

Cette légumineuse a des fleurs blanches et des graines d'un blanc un peu verdâtre ou ferrugineuses.

### B. — Dolic lablab jaune

(DOLICHOS LABLAB LUTEUS, Sav.)

Les fleurs de ce dolic sont jaunes ; ses semences sont jaunes légèrement brunâtres.

### C. — Dolic lablab nankin

(DOLICHOS LABLAB NANKINENSIS, Sav.)

*Synonymie :* LABLAB NANKINICUS, Nobb.
PHASEOLUS JAMAÏCENSIS, Pluck.

Les graines de ce dolic sont ovales et arrondies, et elles ont une couleur café au lait un peu foncé ; le hile est à l'une de leurs extrémités et il est bordé de blanc.

### D. — Dolic pourpre

(DOLICHOS LABLAB PURPUREUS, Jacq.)

*Synonymie :* Dolic à fleur pourpre.
DOLICHOS PURPUREUS, L.

Ce dolic a des fleurs pourpres et des graines pourpre foncé.

### E. — Dolic lablab à gousses violettes

(DOLICHOS LABLAB HÆMATOCARPUS)

Les fleurs et les gousses de ce dolic sont violet foncé ; ses graines sont brunes, pointillées de jaune brun.

### F. — Dolic lablab à petites gousses

(DOLICHOS LABLAB MICROCARPUS, DC.)

Les siliques ou gousses de ce dolic sont très-petites. Cette variété est la seule qui présente cette particularité.

### G. — Lablab à gousses jaunes

*Synonymie :* DOLICHOS MADAGASCARENSIS.

Les gousses de cette variété sont courtes et renflées ; elles renferment des graines noires, presque rondes, ayant un hile blanc et saillant.

Le dolic lablab est originaire des Indes orientales. Ses graines sont appelées *pois bouscousous* par les créoles de la Guadeloupe.

Dans les Indes, elles forment la base de la nourriture des Cipayes.

Au Sénégal, cette légumineuse est connue sous le nom de *niebé.* A Pondichéry, on l'appelle *sakaré motchékotté* ou *mutchay cotté.* Les Télingas le nomment *annapa chikurkai.*

### 2. — Dolic à longues gousses

(DOLICNOS SESQUIPEDALIS, L. — VIGNA SESQUIPEDALIS, W.)

*Synonymie :* Dolique asperge.     Pois rigoise.
Haricot asperge.     Pois de Jérusalem.
Haricot américain.

Tiges volubiles de 2 à 3 mètres de hauteur; feuilles grandes, ovales lancéolées; pédoncules à une fleur ; fleurs grandes, blanches ou jaune verdâtre à étendard replié; cosses lisses, étroites, pendantes, fines, cylindriques, longues de 0^m,30 à 0^m,45 et terminées par une pointe crochue; graines petites, réniformes, aplaties sur le dos, brun chamois, à ombilic blanc entouré d'un petit cercle noir.

Cette espèce est très-cultivée dans l'Amérique méridionale, en Égypte, dans les Indes orientales, à la Martinique, en Espagne, en Italie, etc. Elle exige des lieux chauds et abrités. A Saint-Domingue, les produits qu'elle fournit sont très-abondants et très-estimés.

Les gousses du dolic asperge, n'ayant pas de parchemin, sont excellentes à manger en vert.

Le dolic à longues gousses a produit les variétés ci-après :

### A. — Dolic asperge à gousse moyenne

(DOLICHOS SESQUIPEDALIS MINUS)

### B. — Dolic asperge à gousse violette

(DOLICHOS SESQUIPEDALIS VIOLACEUS)

Cette dernière variété est peu cultivée comme plante alimentaire. Ses gousses sont très-ornementales.

### 3. — Dolic à onglet

(DOLICHOS UNGUICULATUS, L. — VIGNA UNGUICULATA, W.)

| | |
|---|---|
| *Synonymie :* Dolic onguiculé. | Dolic mongette. |
| Dolic à œil noir. | Dolic banette. |
| Dolic mingette. | Mongette de Provence. |
| Dolic des Barbades. | Pois de Brésil. |
| DOLICHOS MELANOPHTHALMUS, DC. | VIGNA MELANOPHTHALMUS, W. |

Tiges volubiles de 1 mètre de hauteur; feuilles ovales, aiguës; fleurs grandes rose, lilacé intérieurement et blanc verdâtre à l'extérieur, disposées en ombelles au sommet de pédoncules plus longs que les feuilles; gousses cylindriques, terminées par un bec droit ou peu recourbé, longues de $0^m,20$ à $0^m,25$; graines blanc sale ou blanc jaunâtre ridées transversalement, réniformes, courtes, presque rondes, carrées aux deux extrémités, à ombilic noir (fig. 56).

Cette espèce est cultivée dans le midi de l'Europe, en Amérique, en Chine, au Gabon, au Sénégal, dans les Bar-

Fig. 56. — Dolic à onglet.

bades, dans les Indes orientales. On l'appelle *mongette*, *favette*, *banette*, *habine*, *niébé* ou *haricot niébé*. Ses gousses sont très-bonnes en vert. La farine qu'on extrait de ses graines, au Gabon et sur la côte d'Afrique, sert à faire du couscous qu'on appelle *couscous de niébés*.

Ce dolic est très-productif quand il est cultivé dans un sol profond, léger, chaud et frais sans être humide. Il

forme la base de la nourriture des indigènes dans la Sénégambie.

### 4. — Dolic quadrangulaire
(DOLICHOS TETRAGONOLOBUS, L.)

*Synonymie :* Pois carré des Européens.

PSOPHOCARPUS TETRAGONOLOBUS, DC.

Tiges volubiles de 1$^m$,50 à 2 mètres; gousses quadrangulaires munies de
quatres ailes membraneuses, longues de 0$^m$,12 à 0$^m$,15; graines sphériques
fauves avec le hile blanc et une fente longitudinale au centre.

Cette espèce est cultivée dans les Indes et au Brésil. Ses
graines sont très-farineuses et très-estimées.

Dans l'Inde, où elle est connue sous le nom de *mourou-
kouavré*, on mange ses gousses vertes, qui sont tendres et
délicates.

### 5. — Dolic de la Chine
(DOLICHOS SINENSIS, Lin.)

*Synonymie :* Dolic d'Égypte.           Dolic à œil.

DOLICHOS NILOTICUS, Delile.        DOLICHOS CYLINDRICUS, Mœnch.
DOLICHOS LUBIA, Forsk.

Tiges grêles, glabres, volubiles, de 2 mètres de hauteur; feuilles ovales, acuminées ; fleur rouge pâle ou purpurines; gousse pendante, étroite, cylindrique et bosselée; graines petites, allongées, de couleurs variables.

Ce dolic est très-cultivé en Chine, en Cochinchine, en
Égypte et dans les Indes orientales. Les brahmes l'appellent
*sanvali* et les Italiens, *fagiuolo dall' occhio*.

On lui connaît, dans l'Inde, trois variétés :

### A. — Dolic de la Chine blanc
(DOLICHOS SINENSIS ALBUS)

Les graines sont ovoïdes, blanches et marquées de noir
à l'ombilic.

### B. — Dolic de la Chine brun
(DOLICHOS SINENSIS BADIUS)

### C. — Dolic de la Chine noir
(DOLICHOS SINENSIS NIGER)

Les gousses de ces variétés sont mangées en vert quand

elles sont jeunes. Leurs graines sont très-farineuses. Leur hile est ordinairement déprimé.

### 6. — Dolic à deux fleurs
(DOLICHOS BIFLORUS, L.)

*Synonymie :* Dolic biflore.

Tiges glabres ayant 1 mètre environ de hauteur, lisses, dressées; feuilles glabres, ovales, lancéolées et aiguës; fleurs jaunes, géminées au sommet de chaque pédoncule qui sont axillaires et très-courts; gousses dressées, arquées, de moyenne longueur.

Cette légumineuse est cultivée à la Jamaïque, au Brésil et dans les Indes, où elle est connue sous le nom de *kool-thee*.

### 7. — Dolic à gousse étroite
(DOLICHOS CATJANG, Sav.)

*Synonymie :* Dolic catjang.        Dolic de l'Inde.
Dolic à gousses menues.
DOLICHOS SCYTALIS, Mey.      DOLICHOS ANGUSTISSIMUS, P.
VIGNA CATJANG, W.

Tiges hautes de 1 mètre, dressées; feuilles à folioles glabres, lancéolées, entières; fleurs pourpres situées à l'extrémité de longs pédoncules; gousses glabres, cylindriques, linéaires et géminées; graines petites à surface légère-ment ridée.

Cette espèce est cultivée en Italie, dans le Portugal et dans les Indes orientales. Les Indiens mangent avec plaisir ses graines, parce qu'elles ont un goût très-agréable. Ils l'appellent *parbutee*.

On connaît deux principales variétés de ce dolic :

### A. — Dolic catjang blanc
(DOLICHOS CATJANG ALBUS)

Ce dolic est cultivé au Japon et dans les Indes. Sa graine est la plus recherchée.

### B. — Dolic catjang rouge
(DOLICHOS CATJANG PURPUREUS)

Ce dolic, à graine rouge ou violacée, est bien moins estimé que la variété à graine blanche.

Les variétés appelées *dolic catjang nain* et *dolic catjang fauve* sont peu cultivées.

Le dolic à gousse étroite a été désigné par quelques botanistes sous les noms de *dolichos catiang* et *dolichos categang*.

### 8. — Dolic tubéreux
#### (DOLICHOS TUBEROSUS)

*Synonymie :* Pois patate.                    Dolic bulbeux.
             Pois manioc.

Racine tubéreuse; tiges moyennes; feuilles rondes, aiguës et très-entières; fleurs rougeâtres; gousses allongées, velues; semences d'un beau noir.

Cette légumineuse est cultivée dans l'Amérique méridionale, dans les Indes orientales, aux Antilles, à la Martinique et à la Nouvelle-Calédonie.

Le dolic tubéreux, qui croît à l'état sauvage à la Nouvelle-Calédonie, est appelé *jalé*. Celui que l'on cultive est connu sous le nom de *bat*. Ses fleurs sont d'un beau violet mêlé de pourpre; elles ont une odeur suave. Ses racines pèsent quelquefois 10 kilogrammes. Les nègres les râpent pour obtenir la farine qu'elles contiennent.

On mange ses tubercules bouillis ou grillés. Ses graines sont aussi alimentaires, mais elles ne sont pas très-estimées.

### 9. — Dolic jaune
#### (DOLICHOS LUTEOLUS, Jacq.)

*Synonymie :* Dolic de St-Domingue.          Pois à pigeons.
             Pois jaunes.                    Vigna glabre.
             VIGNA GLABRA, Savi.

Tige grimpante de 1ᵐ,50; feuilles ovales aiguës; fleurs jaunes en capitules, gousses étroites, cylindriques; graines jaunes, très-petites, cylindriques et tronquées.

Ce dolic, que l'on a appelé aux Antilles *casse canany*, est cultivé aux Antilles, à la Jamaïque et à Saint-Domingue. Ses graines sont de bonne qualité; elles sont petites, obrondes, jaune café au lait avec le *hile rouge*.

### 10. — Dolic ligneux
(DOLICHOS LIGNOSUS, Lin.)

Tiges frutescentes, grimpantes, longues de 3 à 4 mètres; feuilles ovales glabres; fleurs roses en ombelles; gousses glabres, très-étroites, longues et comprimées.

Cette espèce est cultivée dans les Indes orientales. Ses gousses sont mangées en vert. Ses semences, à la Jamaïque et aux Antilles, sont appelées *pois savon*. Voici les trois principales variétés cultivées :

### A. — Pois savon blanc

Fleurs petites blanc verdâtre; gousses petites, mais larges; graines petites, blanches, aplaties, très-réniformes.

### B. — Pois savon marbré

Les fleurs et les gousses ont les mêmes caractères. Les grains sont jaunâtres très-marbrés.

### C. — Pois savon rouge

Les siliques sont moins longues et moins larges ; les graines sont très-petites et rouge foncé.

#### DEUXIÈME GROUPE
##### DOLICS NAINS

### 11. — Dolic asperge nain
(DOLICHOS SESQUIPEDALUS NANUS)

Tiges de 0ᵐ,70; fleurs blanches; graines petites, ovales, arrondies, blanches avec une crête blanchâtre sur un des côtés.

Cette variété est cultivée aux États-Unis. Ses gousses vertes sont jaunâtres très-tendres.

### 12. — Dolic lablab nain
(DOLICHOS LABLAB NANUS, H.)

Tiges de 0ᵐ,40 à 0ᵐ,50; fleurs blanchâtres; gousses penchées, longues de 0ᵐ,20 à 0ᵐ,25 ; grain un peu anguleux, gris brun pointillé, hile cerclé de noir.

Cette variété est plus hâtive que le *dolic lablab à rames*.

### 13. — Dolic en sabre

(DOLICHOS ENSIFORMIS, L.)

*Synonymie :* Dolic à grosse gousse.
Pois sabre.
DOLICHOS ACINIFORMIS, Jacq.
DOLICHOS GLADIATUS, Wil.
MALOCCHIA ENSIFORMIS, Sav.

Pois choucres.
Dolic en forme d'épée.
CANAVALIA ENSIFORMIS, DC.
PHASEOLUS MAXIMUS, Slo.
MALOCCHIA GLADIATA, Rhœd.

Tiges de 0<sup>m</sup>,35 à 0<sup>m</sup>,50 de hauteur, glabres; fleurs purpurines ou rougeâtres en grappes solitaires; gousses très-arquées, étroites, longues de 0<sup>m</sup>,30
à 0<sup>m</sup>,50; graines ovales, très-aplaties, grandes, blanc marbré de jaune avec
le hile rouge.

Cette espèce est cultivée dans les Indes orientales, en
Amérique, à la Martinique, au Malabar et aux Antilles. On
mange ses gousses en vert. Ses graines sont très-savou-
reuses, mais leur peau est épaisse et dure. Au Malabar,
on l'appelle *bara mareka*.

Le *pois des dames* est une variété du dolic en sabre; ses
grains sont blancs, ovales, aplatis, avec le hile rouge.

Le grain que l'on appelle au Gabon *haricot de mer*, et
que l'on nomme à la Guadeloupe *pois zombi*, est produit
par le *canavalia rosea*.

### 14. — Dolic en forme de fève

(DOLICHOS FABÆFORMIS, Roxb.)

*Synonymie :* DOLICHOS PSORALOÏDES, Lam.        CYAMOPSIS PSORALOÏDES, DC.

Tiges de 0<sup>m</sup>,65 à 1 mètre, quadrangulaires, ramifiées depuis leur base;
feuilles trilobées, comme gaufrées, rudes au toucher; fleurs bleues; gousses
quadrangulaires, longues de 0<sup>m</sup>,06 à 0<sup>m</sup>,08; graines tronquées à ses deux
extrémités.

Cette légumineuse est commune dans l'Asie et l'Afrique
tropicales. Dans l'Inde, elle ne fournit que des gousses
vertes, parce que ses graines sont peu estimées.

### 15. — Dolic du Japon

(DOLICHOS SOJA, Lin.)

*Synonymie :* Dolic soja.
SOJA JAPONICA, Sav.

Dolic à café.
SOJA HISPIDA. Mœnch.

Tiges de 0<sup>m</sup>,65 à 1 mètre, hispides, droites, roussâtres; feuilles à trois folioles cordiformes, munies de stipules; fleurs violettes, sessiles en grappes

courtes, droites et axillaires ; gousses légèrement arquées, un peu pendantes, très-courtes, bossuées et couvertes de poils roussâtres ; graines ovales, lisses, comprimées, nankin clair, presque mates.

Cette espèce est cultivée en Chine, au Japon et en Asie. Ses fleurs sont blanches, purpurines ou violacées, suivant les variétés.

Les races les plus cultivées, après l'espèce type, sont au nombre de deux :

1. Le *soja noir* (Soja hispida).

2. Le *soja jaune* (Soja ochroleuca).

Les Japonais transforment les graines de ce dolic en une bouillie (*miso*) avec laquelle ils font une sauce (*soja*) qui leur sert à préparer divers aliments.

Cette espèce est annuelle ; elle a été appelée en France *pois oléagineux*. Elle y a été introduite de Chine par M. de Montigny. On la cultive sur quelques points des départements de l'Ariége et de la Haute-Garonne ; elle croît rapidement et résiste bien à la sécheresse.

### 16. — Dolic irritant

(DOLICHOS PRURIENS, L.)

*Synonymie :* Mucuna pruriens, DC.              Stizolobium pruriens, Pers.
Carpopogon pruriens, Roxb.

Arbrisseau de 3 à 4 mètres ; fleurs violettes en grappes axillaires et pendantes ; gousses étroites, arquées, couvertes de poils roussâtres qui causent sur la peau de très-fortes démangeaisons.

Les graines de ce dolic empêchent bien des nègres de l'Afrique australe de mourir de faim. On les réduit en farine, que l'on fait cuire dans l'eau. Les nègres désignent la graine de ce dolic sous le nom de *kitedzi*.

A ces espèces et variétés, j'ajouterai les cinq dolics suivants, qui n'ont pas encore été bien étudiés :

1. *Dolic à ombelles* (Dolichos umbellatus).

2. *Dolic à feuilles hastées* (Dolichos hastatus).

3. *Dolic à couscous* (Dolichos aristatus).

4. *Dolic à fleur de glycine* (Dolichos glycinoides).

5. *Dolic du Chili* (Vigna villosa).

6. *Dolic à feuille d'aconit* (Dolichos aconitifolius).

Le premier est cultivé au Japon, le second dans l'Afrique australe, le troisième dans l'Asie méridionale, le quatrième au Pérou et au Chili, le cinquième au Chili. Le sixième est répandu dans l'Inde.

Je crois utile de mentionner ici une autre légumineuse alimentaire connue sous le nom de

### Agati à grandes fleurs

(AGATI GRANDIFLORA, Desv.)

*Synonymie :* CORONILLA GRANDIFLORA, Wil.   ÆSCHYNOMENE GRANDIFLORA, Lin.
SESBANIA GRANDIFLORA, Poir.

Arbre de 5 mètres de hauteur, peu rameux ; feuilles paripennées à folioles glabres ; fleurs en grappes pauciflores, rouge pâle, blanches ou jaunes suivant les variétés ; gousses comprimés de 0$^m$,50 de longueur.

Cette légumineuse est répandue dans l'Inde, à la Martinique, etc. Les Indiens mangent ses graines. A la Martinique, cet agati est appelé *colibri végétal.*

# CHAPITRE III

## CULTURE

Terrains qui conviennent aux dolics.—Ces légumineuses sont plus épuisantes encore que les haricots. — Époques des semis. — Nécessité d'employer de longs tuteurs pour les dolics à rames. — La culture des dolics est semblable à la culture des haricots.

Les dolics se plaisent de préférence dans les terres ayant un peu de consistance. Ils sont plus exigeants que les haricots, parce qu'ils développent généralement des tiges très-élevées. Aussi doit-on fumer convenablement les terres qu'on leur destine. ·

On les sème, dans le midi de la France, vers la fin d'avril, c'est-à-dire un mois ou six semaines après les haricots, parce que leurs graines, pour germer, exigent plus de chaleur que les semences de ces légumineuses.

En Égypte et en Algérie, les semis se font en janvier ou février.

Les dolics à rames, ayant des tiges volubiles très-élevées, exigent de longs tuteurs.

Pendant leur croissance, on les sarcle et on les bine quand cela est nécessaire. Au besoin, quand cela est possible, on peut les cultiver à l'arrosage.

En résumé, la culture des dolics ne diffère en rien, pour ainsi dire, de la culture des haricots, et leurs gousses et leurs graines sont utilisées comme celles de ces dernières légumineuses.

# LIVRE III

## FÈVE ET FÉVEROLE

**Faba vulgaris**, Mœnch., **Vicia faba**, Lin.

(De *faba*, nom latin donné à la graine.)

*Plante dicotylédone de la famille des légumineuses.*

*Anglais.* — Bean.
*Allemand.* — Bohne.
*Russe.* — Boohii.
*Italien.* — Fava.
*Espagnol.* — Haba.

*Portugais.* — Fava.
*Hébreux.* — Phul.
*Egyptien.* — Foul.
*Arabe.* — Albàquali.
*Javanais.* — Kachang.

La fève est connue comme plante alimentaire depuis la plus haute antiquité. Elle a été signalée par Ezéchiel, David et Samuel, et elle a été introduite en Chine 2822 avant l'ère chrétienne par l'empereur Chin-Nong.

Si les Hébreux ont cultivé cette légumineuse dès les premiers âges du monde, les Égyptiens, pendant longtemps, l'ont regardée comme impure. C'est pourquoi ils n'en mangeaient pas; et c'est pour le même motif qu'on n'en a point trouvé dans les catacombes de la haute et de la basse Égypte.

Les Grecs ont aussi connu la fève; mais tout le monde ne mangeait pas son grain. Pythagore et plusieurs autres philosophes en condamnaient l'usage. Ils croyaient qu'elle engourdissait les sens.

Cette légumineuse, pendant longtemps, a été regardée en Grèce comme sacrée; on l'utilisait alors dans les Éleusinies, fêtes qu'on célébrait annuellement dans le magnifique temple de Cérès construit à Éleusis par Périclès, en l'honneur des dieux des fèves (*kyanetos*).

Les Romains ont aussi regardé la fève comme une plante alimentaire. Ils la reçurent de l'Asie. Sa farine, selon Pline, était appelée *lomentum fabacum*. On l'associait à celle du froment et du millet dans la fabrication du pain. Suivant Varron, ce pain est bon, mais les sacrificateurs ne pouvaient en manger.

A Rome, comme dans la haute Italie, les fèves étaient utilisées dans les cérémonies du paganisme ou les fêtes religieuses. Ainsi, on en offrait aux dieux ou on en mangeait dans les *parentales* ou repas funèbres. On croyait alors que la fleur de cette plante renfermait les âmes des morts et qu'elle contenait des lettres lugubres ; en outre, leur tache noire et leurs ailes blanches étaient considérées comme le symbole du deuil et de la mort.

De nos jours, la fève est cultivée en Europe, en Égypte, en Chine, au Japon, en Amérique, dans le Soudan, à Madagascar, dans le pays des Hottentots, dans le Zanzibar et le Zanguebar. Chaque année, elle occupe de grandes surfaces en France, en Angleterre, en Allemagne et en Italie. On la cultive aussi dans l'Abyssinie.

J'ai dit précédemment (*voy.* p. 262) que les Égyptiens regardaient la fève comme impure ; ils remplaçaient cette légumineuse par la graine d'une nymphacée qui végétait alors dans les lacs et les canaux de la basse Égypte. C'est, en effet, cette belle plante aquatique, à fleurs roses, et à laquelle on a donné le nom de *Nelumbium speciosum*, qui fournissait ces graines oblongues, noirâtres, farineuses, que les Égyptiens appelaient *fèves d'Égypte*, et qui, suivant Théophraste et Hérodote, leur servaient à faire du pain.

Ce nélumbium ou *lis du Nil* a disparu de la basse Égypte, mais il est commun dans le nord de la Chine où il est connu sous le nom de *Lien-wha*. Ses graines sont mangées rôties. La farine qu'ils contiennent est très-estimée (*voy.* p. 262). Aujourd'hui, on ne rencontre dans les cours d'eau de la basse Égypte que le *nénuphar à fleurs blanches* (Nymphæa lotus, L.) et le *nénuphar à fleurs bleues* (Nymphæa cœrulea, L.). Le premier est l'*araïs-el-Nil*, et le second le *bachenim* des Arabes. Les graines de ces deux nymphacées sont aussi farineuses ; les fellahs les font entrer dans la fabrication de leur pain.

La *fève grecque* de Dioscoride était la graine du *micocoulier* (Celtis australis, L.). Cette graine est aussi arrondie ; sa grosseur égale celle du lis du Nil.

En France, la fève occupe annuellement 150,000 hectares. Les départements où elle couvre les plus grandes surfaces sont les suivants :

| | |
|---|---|
| Nord . . . . . . . . . . . . . . . . . . . | 14,222 hectares. |
| Pas-de-Calais. . . . . . . . . . . . . . . | 12,625 — |
| Vendée . . . . . . . . . . . . . . . . . . | 12,467 — |
| Tarn-et-Garonne. . . . . . . . . . . . . . | 8,392 — |
| Haute-Garonne. . . . . . . . . . . . . . . | 7,695 — |
| Bas-Rhin . . . . . . . . . . . . . . . . . | 6,505 — |
| Gers . . . . . . . . . . . . . . . . . . . | 6,278 — |
| Lot-et-Garonne. . . . . . . . . . . . . . . | 5,091 — |
| Charente . . . . . . . . . . . . . . . . . | 4,536 — |
| Gironde. . . . . . . . . . . . . . . . . . | 4,091 — |
| Total. . . . . . . . . . | 81,702 hectares. |

D'après ces données statistiques, la culture de la fève est surtout pratiquée dans la région du Nord et dans celle du Sud-Ouest.

La production totale annuelle s'élève à 2 millions d'hectolitres.

# CHAPITRE PREMIER

## CONDITIONS CLIMATÉRIQUES

La fève et la féverole réussissent dans toutes les contrées où le froment est
cultivé. — La fève commence à végéter quand la température a atteint + 6°.
— La durée de sa végétation est d'autant plus courte qu'elle est cultivée
dans une région plus tempérée. — Limites altitudinales de sa culture.

La fève est une plante robuste et elle peut être cultivée
dans toutes les contrées où le froment mûrit ses grains.

En général, la réussite de cette légumineuse résulte plutôt de la nature du sol et de l'époque des semis que des
conditions climatologiques. Ainsi, cultivée dans des terres
qui lui conviennent, elle réussit aussi bien en Égypte, dans
le Bolonais (Italie) et les moëres de Dunkerque (France), que
dans les lothians (Écosse).

La féverole dite *féverole d'hiver* est rustique, mais elle ne
résiste pas toujours aux grands froids. En général, elle ne
réussit bien que sous un climat marin.

La fève commence à végéter quand la température
moyenne a atteint +6°, mais sa durée de végétation est d'autant plus courte, qu'elle est cultivée dans une contrée plus
tempérée. Ainsi dans Provence on la sème en février et on
la récolte à la fin de juin ; par contre, en Angleterre, les
semis se font en mars et la récolte n'a lieu que vers la fin de
septembre.

On cultive la fève dans le Valais, jusqu'à 1700 mètres
d'altitude. Dans les Andes équatoriales, sa culture s'élève
jusqu'à 3000 mètres au-dessus du niveau de la mer.

# CHAPITRE II



## ESPÈCES ET VARIÉTÉS

Espèces cultivées. — La féverole ou fève à cheval : variété d'hiver et variétés
de printemps. — La fève : variétés à petites et à larges graines, variétés à
graines vertes et à graines violettes. — Fève à fleurs poupres.

La fève a une racine unique, courte, pivotante et ayant
peu de chevelu. Ses tiges sont dressées, droites, creuses,
quadrangulaires, rameuses et hautes de $0^m,60$ à $1^m,50$. Les
feuilles sont alternes, ailées sans impaires, presque sessiles et d'un vert noir ; elles sont formées de deux à quatre
paires de folioles sessiles, ovales, épaisses, glauques, mucronées, munies de deux stipules ovales, larges et semi-
agitées. Ses fleurs réunies au nombre de deux à cinq, sont
portées par de courts pétioles et insérées aux aisselles des
feuilles ; elles sont grandes, blanches et teintées de bleu
avec une large tache noire au milieu des ailes. Ses gousses
sont grosses, charnues, allongées, arrondies ou aplaties,
à plusieurs renflements, pubescentes ou veloutées en dessous tant qu'elles restent vertes, et coriaces et noires quand
elles sont sèches ou mûres. Les graines sont oblongues,
aplaties ou un peu arrondies, suivant les espèces et les variétés ; elles ont leur hile situé à l'une de leurs extrémités ; leur couleur est jaunâtre, rougeâtre, violacée ou
noirâtre.

On cultive deux espèces de fève :

1° La *féverole* (FABA EQUINA),

2° La *fève* (FABA MAJOR).

Ces deux espèces étaient connues des Grecs. Théophraste

les signale et il appelle la première *petite fève* et la seconde *grosse fève*. Les Romains connaissaient aussi deux sortes de fève : La *fève blanche* ou *pâle* et la *fève rouge brun* ou noirâtre. L'agriculture nabathéenne en cultivait trois : la *fève de Syrie* dont la graine était grosse et blanchâtre, la *fève d'Égypte* ou à semence grosse et rouge, enfin la *fève noire* qui était regardée comme la meilleure.

La *féverole a des graines cylindracées*, plus ou moins développées. La *fève a des graines aplaties*, plus ou moins larges et épaisses.

Dans toutes les contrées, la fève est cultivée pour ses graines qu'on mange en vert ou qu'on réduit en farine lorsqu'elles sont mûres.

## I. — FABA VULGARIS EQUINA

### FÉVEROLE

### 1. — Féverole de printemps

(FABA VULGARIS EQUINA VERNA)

*Synonymie :* Fève chevaline.   Fève des champs.
    Fève à cheval.    Petite gourgane.
    Petite fève.     Féverole commune.
    Féverole d'été.

Tige de 1 mètre à 1$^m$,50 ; gousses cylindracées et étroites (fig. 57) ; graines courtes, étroites, arrondies, un peu renflées (fig. 58).

Cette féverole a des cosses nombreuses, mais sa graine n'est pas toujours d'une grosseur uniforme. On la sème en automne dans le midi de l'Europe et à la fin de l'hiver dans les régions de l'Ouest, de l'Est et du Nord.

Cette légumineuse a produit diverses races :

### A. — Féverole d'Alsace

Cette féverole a des tiges très-fortes et de hauteur moyenne. Ses cosses sont longues, nombreuses et grenantes. Ses graines sont oblongues, régulières, presque cylindriques, développées et d'une belle couleur blonde.

Cette race est hâtive. On l'appelle aussi *grosse fève de Strasbourg* ou *grosse fève de Hambourg*.

### B. — Féverole de Lorraine

Cette race a des tiges moins développées que celles de la féverole d'Alsace; elle est aussi moins rustique. Ses cosses sont très-nombreuses; elles renferment chacune de quatre à cinq graines, qui sont petites et rondes.

Cette féverole est souvent désignée sous le nom de *féverole du pays Messin*.

### C. — Féverole picarde

Cette féverole est vigoureuse et un peu tardive. Sa gousse n'est pas très-cylindracée. Ses graines sont de grosseur moyenne, un peu aplaties, assez allongées et régulières.

Cette race est aussi productive que la féverole d'Alsace. Cultivée dans les riches terres de la Flandre ou dans les moëres de Dunkerque, elle produit des graines qui sont très-appréciées sur les marchés du Nord.

Cette race est quelquefois désignée sous le nom de *féverole flamande.*

La féverole est appelée *faverole* par les Flamands.

### 2. — Féverole d'hiver
(FABA VULGARIS EQUINA HYBERNA)

*Synonymie :* Féverole d'automne.

Tiges plus élevées que celles de la féverole de printemps; cosses un peu longues, très-cylindracées; grains petits, arrondis, jaunes ou noirs.

Cette variété est rustique et résiste bien aux froids des hivers ordinaires. Elle est très-productive et très-hâtive quand elle est cultivée sur des terres un peu fortes, fertiles sans être humides à l'excès pendant l'hiver. On la récolte en juin ou juillet suivant les localités dans lesquelles elle est cultivée.

### 3. — Féverole de Mazagan

*Synonymie :* Fève de Mazagan.    Fève de Portugal.

Tiges ayant de 1$^m$,20 à 1$^m$,30 de hauteur ; cosses cylindriques, nombreuses, longues de 0$^m$,10 à 0$^m$,14 et contenant quatre à cinq semences ; graines bien remplies, assez larges, un peu aplaties et d'une belle couleur jaune blanchâtre.

Cette race est hâtive et originaire des côtes d'Afrique. Elle est très-estimée en Angleterre, où elle est cultivée avec succès sur des terrains de qualité inférieure. Jusqu'à ce jour le climat de la France ne lui a pas été favorable.

### 4. — Féverole de Héligoland

Tiges hautes de 1 mètre à 1$^m$,20 ; cosses petites, très-nombreuses, cylindriques, à trois ou quatre semences ; graines oblongues, arrondies et petites.

Cette variété a été très-recommandée en Angleterre, mais chaque année on l'abandonne à cause de la petitesse de ses graines. Cette féverole est aussi rustique et aussi précoce que la féverole d'hiver. En Angleterre on la sème depuis le mois d'octobre jusqu'au mois de janvier.

## II. — FABA VULGARIS MAJOR

FÈVE

PREMIÈRE DIVISION

### Fèves à fleurs blanches et noires

PREMIER GROUPE

FÈVES A TIGES NAINES ET A PETITES GRAINES UN PEU ARRONDIES

PREMIÈRE SECTION

*Semences jaune verdâtre ou jaune roussâtre.*

### 1. — Fève naine hâtive.

(FABA VULGARIS LUTESCENS NANA, H.)

*Synonymie :* Fève naine hâtive.    Fève de Nocéra précoce.

Tiges de 0$^m$,40 à 0$^m$,50 ; fleurs blanches ; cosses étroites, longues de 0$^m$,07 à 0$^m$,09 ; graines petites, allongées, un peu arrondies et marquées au centre par une dépression.

Cette race est remarquable par sa précocité. Elle est assez
productive. A cause de la faible hauteur de ses tiges, elle

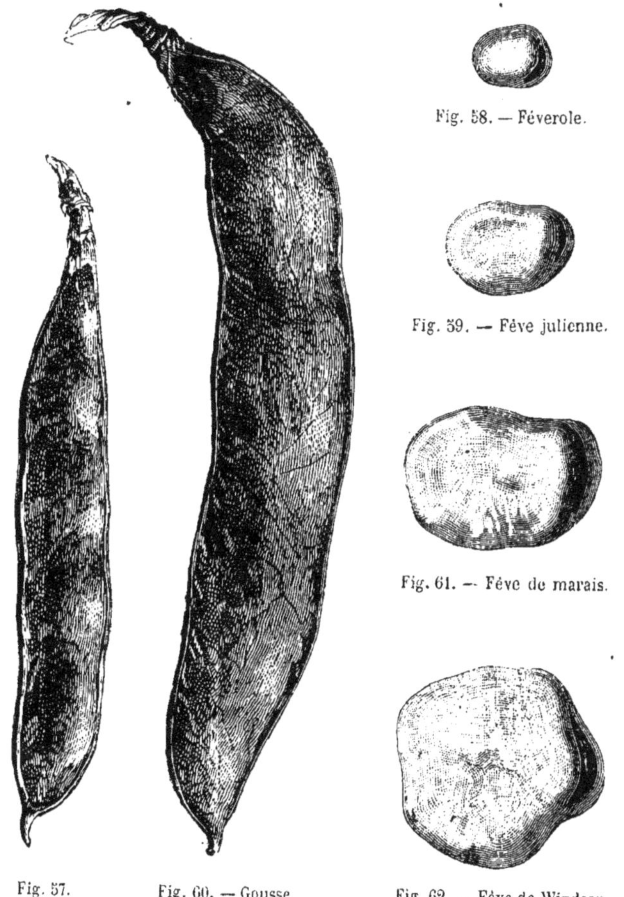

Fig. 58. — Féverole.

Fig. 59. — Fève julienne.

Fig. 61. — Fève de marais.

Fig. 57.
Gousse de féverole.

Fig. 60. — Gousse
de fève de marais.

Fig. 62. — Fève de Windsor.

convient très-bien pour la culture forcée. Aussi la désigne-
t-on souvent sous le nom de *fève à châssis*.

Cette variété est désignée en Angleterre sous le nom de *fève de Marshall*.

### 2. — Fève julienne

(FABA VULGARIS LUTESCENS MINOR, H.)

*Synonymie :* Petite fève.  
Fève naine anglaise.  
Petite fève de marais.

Fève de Portugal.  
Fève de Mazagan.  
Fève mazagane.

Tiges de 0<sup>m</sup>,90 à 1 mètre; fleurs blanches assez petites; cosses étroites, mais nombreuses; graines petites, allongées, plus larges que la *fève naine hâtive* (1), carrées ou tronquées à l'extrémité opposée à l'ombilic et ayant aussi au centre une dépression (fig. 59).

Cette fève est aussi très-hâtive ; elle est cultivée de préfé-rence dans les jardins potagers ou maraîchers. Ce n'est qu'accidentellement qu'elle est acceptée par la grande culture.

#### DEUXIÈME SECTION

*Semences vertes ou verdâtres.*

### 3 — Fève julienne verte

(FABA VULGARIS VIRIDIS MINOR, H)

*Synonymie :* Fève petite verte.  
Fève verte de Gênes.

Fève naine verte.  
Fève verte de la Chine.

Tiges de 0<sup>m</sup>,90 à 1 mètre; fleurs blanches, cosses longues de 0<sup>m</sup>,10 contenant deux à trois semences; graines petites, allongées, quelquefois comme tronquées à l'extrémité opposée à l'ombilic, conservant leur couleur verte en séchant.

Cette variété est plus tardive que la *fève julienne ordinaire* (2). Elle est productive. Ses semences sont de bonne qualité. Leur couleur verte est très-belle. Les Italiens l'appellent *faveta*.

#### TROISIÈME SECTION

*Semences rouge violacé.*

### 4. — Fève rouge naine

(FABA VULGARIS NANA RUBRA, H.)

*Synonymie :* Fève naine rouge.

Tiges très-peu élevées ; fleurs blanches et violacées ; cosses longues de 0<sup>m</sup>,07 à 0<sup>m</sup>,09; graines assez épaisses, quelquefois un peu cylindracées, petites, d'un beau rouge violet ou rouge foncé.

Cette variété est surtout remarquable par sa grande précocité. Ses semences brunissent en vieillissant.

QUATRIÈME SECTION

*Semences noires ou noir violacé.*

### 5. — Fève noire

(FABA VULGARIS MINOR NIGRA, H.)

Tiges élevées de 0<sup>m</sup>,75; fleurs blanches; cosses cylindracées, longues de 0<sup>m</sup>,10; graines moyennes arrondies, un peu aplaties et d'un beau noir terne ou noir bleuâtre.

Cette variété est peu connue en France, mais elle est cultivée en Italie où elle conserve la coloration de ses graines. On l'appelle *fève d'Ascoli*. Elle est précoce.

DEUXIÈME GROUPE

FÈVES A TIGES ÉLEVÉES ET A GRAINES LARGES ET APLATIES

CINQUIÈME SECTION

*Semences jaune verdâtre ou roussâtre.*

### 6. — Fève de marais

(FABA VULGARIS LUTESCENS MAJOR, H.)

*Synonymie :* Fève commune.                    Fève ordinaire.
Grosse fève.                                   Grosse gourgane.
Fève d'abondance.                              Goniches.

Tiges fortes et hautes de 1 mètre à 1<sup>m</sup>,50; fleurs blanches; gousses longues de 0<sup>m</sup>,10 à 0<sup>m</sup>,12, larges de 0<sup>m</sup>,025 à 0<sup>m</sup>,03 et un peu aplaties (fig. 60); graines aplaties, oblongues, plus longues que larges, un peu irrégulières, bossuées et jaunâtres (fig. 61).

Cette fève est la plus estimée; elle est demi-hâtive et vigoureuse. On l'appelle quelquefois *fève domestique*.

### 7. — Fève de Windsor

(FABA VULGARIS LUTESCENS MAJOR, H.)

*Synonymie :* Grosse fève de Windsor.          Fève d'Angleterre.
Fève anglaise.                                 Fève blanche de Windsor.
Grosse fève d'Espagne.                         Grosse fève ronde.
Fève de marais ronde.                          Fève turque.

Tiges hautes de 1 mètre à 1<sup>m</sup>,50; fleurs blanches; cosses grandes, réticulées, longues de 0<sup>m</sup>,10 à 0<sup>m</sup>,12 et larges de 0<sup>m</sup>,03 à 0<sup>m</sup>,035; graines larges courtes, un peu arrondies, régulières et jaunâtres (fig. 62).

Cette fève est très-cultivée en Angleterre. Elle est plus rustique et plus productive, mais moins précoce, que la *fève de marais* (6).

### 8. — Fève à longue cosse

(FABA VULGARIS LONGISILIQUA)

*Synonymie :* Fève d'Angleterre à longue cosse. Grosse fève longue.

Fève hollandaise. Fève à cosse très-longue. Fève d'Espagne.

Tiges de 1 mètre de hauteur ; fleurs blanches ; cosses longues de 0m,15 à 0m,20, un peu renflées ; graines grosses, larges, allongées et un peu déprimées au centre.

Cette variété est très-productive, mais elle est un peu tardive. Elle est répandue en Angleterre et en Espagne. On doit la cultiver sur de bons terrains.

### 9. — Fève de Séville

(FABA VULGARIS MACROCARPA, H.)

*Synonymie :* Fève à très-longue cosse.

Tiges très-développées ; fleurs blanches ; gousses extraordinaires pour la longueur et la largeur, dressées, un peu déprimées ; graines larges, aplaties, très-belles, mais ne répondant pas à la beauté des cosses.

Cette variété est hâtive. Elle est surtout cultivée en Espagne, où elle est très-estimée. En France, elle n'est pas supérieure à la *fève à longue cosse* (8).

SIXIÈME SECTION

*Semences vertes.*

### 10. — Fève de marais verte

(FABA VULGARIS VIRIDIS MAJOR, H.)

*Synonymie :* Fève verte. Fève verte de la Chine. Fève verte commune.

Fève toujours verte. Grosse fève verte. Fève verte de Gênes.

Tiges ayant en moyenne 1m,20 de hauteur ; fleurs blanches ; gousses longues de 0m,10 à 0m,12 ; larges, un peu aplaties ; graines oblongues, larges, aplaties et vertes.

Cette variété est productive, mais elle a le défaut de dégénérer aisément et de produire des graines qui ont une nuance jaunâtre ou roussâtre.

### 11. — Fève de Windsor verte

(FABA VULGARIS VIRIDIS MAJOR)

Tiges hautes de 1 mètre ; fleurs blanches; gousses larges, longues de 0^m,10 à 0^m,12; graines aplaties, larges, arrondies et vertes.

Cette variété est aussi productive que la *fève de Windsor ordinaire* (7), mais, comme la *fève de marais verte* (10), elle dégénère assez aisément.

SEPTIÈME SECTION

*Semences rouge violacé.*

### 12. — Fève violette

(FABA VULGARIS RUBRA MAJOR, H.)

*Synonymie :* Fève rouge.      Fève pourpre.
         Grosse fève violette.

Tiges assez fortes, ayant en moyenne 1 mètre de hauteur ; fleurs blanches ; gousses moyennes, un peu arquées et larges; graines assez minces, larges, peu régulières, d'un beau rouge pourpre ou rouge violet.

Cette variété est vigoureuse, mais elle est un peu tardive; elle n'est pas très-recherchée à cause de la couleur de ses graines et parce que celles-ci perdent aisément leur caractère distinctif.

DEUXIÈME DIVISION

## Fèves à fleurs entièrement rouges

HUITIÈME SECTION

### 13 — Fève à fleur pourpre

(FABA VULGARIS FLOREO-PURPUREA, H.)

*Synonymie :* Fève à fleur rouge.      Fève à graine panachée.

Tiges de 0^m,80 à 0^m,90 de hauteur ; fleurs rouge pourpre ou pourpre noir ; cosse moyenne ; graines allongées jaune verdâtre et pointillées de noir.

Cette fève est remarquable par sa fleur, mais elle est peu cultivée parce que sa graine a une couleur peu agréable et une saveur un peu âcre.

# CHAPITRE III

## MODE DE VÉGÉTATION

La féverole d'hiver est rustique ; la fève de printemps périt souvent sous un
froid de — 4°.— Germination des graines.—Forme des cotylédons. — Tallage
des plantes. — Avortement des fleurs. — Écimage. — Signes de la maturité
des gousses. — Coloration des graines nouvelles et des vieilles graines.

Si la féverole d'hiver résiste bien aux froids ordinaires de
l'hiver, celle de printemps et les diverses variétés de fève
périssent souvent quand elles ont quelques centimètres de
haut, s'il survient des gelées de 3 à 4 degrés au-dessous
de zéro. Aussi est-il prudent de bien connaître le climat
qu'on habite, et de ne faire les semis que quand on n'a plus
à craindre de fortes gelées.

La fève met de 15 à 20 jours à lever, surtout lorsqu'on
la sème de bonne heure, c'est-à-dire en février. En germant, elle montre deux cotylédons épais, larges et presque
arrondis.

En continuant à végéter, la fève s'élève ; et si elle occupe
un sol de bonne qualité, si elle n'a pas été semée trop
drue et si elle est cultivée dans un bon sol, elle *talle* aisément, c'est-à-dire produit une, deux ou trois tiges secondaires.

Ses fleurs, qui sont ordinairement géminées, se développent d'abord au-dessous de la partie médiane de la tige et à
l'aisselle des feuilles. Ces premières fleurs ne persistent pas
toujours. Lorsque les plantes végètent avec vigueur, les tiges s'élèvent rapidement et la plupart avortent ou *coulent*.
C'est dans le but de modérer le mouvement ascensionnel
de la sève que dans les jardins ou dans la petite culture

on pince l'extrémité des fèves. Cet écimage ne leur porte aucun préjudice, car les fleurs qui se montrent au sommet des tiges avortent aussi presque toujours.

La fécondation une fois terminée, les gousses se développent de jour en jour; et il arrive bientôt un moment où elles peuvent être cueillies et livrées à la consommation ou à la vente.

Les féveroles végètent exactement comme les fèves. C'est pourquoi ordinairement, au moment de l'arrachage, on ne remarque que des gousses sur la partie médiane des tiges.

Les féveroles cultivées sur des terres argileuses fertiles développent des tiges très-élevées. Dans les moëres de la Flandre, ces tiges ont souvent 2 mètres de hauteur.

Les plantes ont terminé toutes leurs phases d'existence quand leurs tiges et leurs gousses sont sèches et noires, ou noirâtres.

Les graines de féveroles, comme celles des fèves, prennent une teinte rougeâtre avec le temps. C'est dans le but de pouvoir livrer à la vente des graines de féveroles ayant une belle nuance jaunâtre, qu'on ne procède au battage de leurs cosses que le plus tard possible.

# CHAPITRE IV

## COMPOSITION DE LA FÈVE

Composition de la féverole et de la fève. — Quantité de cendres provenant de l'incinération des graines et de la paille. — Composition de ces cendres. — Influence exercée par les terrains riches en principes alcalins et en parties phosphatées. Rapports des grains aux cosses et à la paille.

La fève n'est pas plus riche que la féverole en principes alibiles ou nutritifs, ainsi que le constatent les analyses suivantes, faites : 1° par M. Payen ; 2° par M. Boussingault.

|  | 1° | Féveroles. | Fèves. |
|---|---|---|---|
| Amidon, dextrine | | 48,3 | 51,50 |
| Substances azotées | | 30,8 | 24,40 |
| Matières grasses | | 5,0 | 2,50 |
| Cellulose | | 1,9 | 5,00 |
| Sels | | 5,5 | 5,60 |
| Eau | | 12,5 | 15,00 |
|  | | 100,0 | 100,00 |

|  | 2° | Féveroles. | Fèves. |
|---|---|---|---|
| Légumine | | 51,9 | 24,4 |
| Amidon, dextrine | | 47,7 | 51,5 |
| Matières grasses | | 2,0 | 1,5 |
| Ligneux et cellulose | | 2,9 | 3,0 |
| Sels | | 5,0 | 5,6 |
| Eau | | 12,5 | 16,0 |
|  | | 100,0 | 100,0 |

Ainsi la féverole, comme la fève, contient de 78 à 80 pour 100 de parties assimilables.

Les analyses faites en Angleterre ont constaté la même proportion de matières minérales, mais elles ont enregistré une plus forte proportion de matières ligneuses.

Les mêmes faits ont été constatés en Amérique, par M. Salisbury.

Les graines donnent, en moyenne, à l'incinération, de

3,50 à 4 pour 100 de cendres ; la paille en fournit de 5 à 6 pour 100.

Voici, d'après Way et Ogston, les analyses de ces résidus :

|                          | Grains. | Paille. |
| --- | --- | --- |
| Soude                    | 0,90    | 4,56    |
| Potasse                  | 42,13   | 21,26   |
| Chaux                    | 8,65    | 21,29   |
| Magnésie                 | 6,53    | 4,88    |
| Oxyde de fer             | 0,36    | 0,90    |
| Silice                   | 0,88    | 3,86    |
| Chlorure de sodium       | 1,90    | 9,05    |
| Chlorite de potassium    | 0,54    | 0,90    |
| Acide phosphorique       | 51,86   | 7,55    |
| Acide sulfurique         | 4,50    | 5,21    |
| Acide carbonique         | 1,94    | 22,74   |
|                          | 100,00  | 100,00  |

Dans plusieurs analyses on a constaté que les cendres de la paille renfermaient jusqu'à 54 pour 100 de potasse et de soude. Ce fait n'a rien qui étonne, parce que les opérateurs n'ont pas dosé séparément l'acide carbonique.

M. Corenwinder a trouvé 40 pour 100 d'acide phosphorique dans les cendres des graines.

Quoi qu'il en soit, ces diverses analyses démontrent bien que les fèves doivent végéter avec vigueur dans les marais de Dunkerque et de la Vendée, terrains qui ont été pendant longtemps couverts par la mer, et qui sont encore très-riches en principes alcalins et parties phosphatées.

Considérée sous le point de vue de ses qualités alimentaires, la paille de fève contient les éléments ci-après :

|                          |         |
| --- | --- |
| Amidon, gomme            | 51,65   |
| Matières grasses         | 2,25    |
| Matières albumineuses    | 16,38   |
| Fibres                   | 25.84   |
| Matières minérales       | 9,45    |
| Eau                      | 14,47   |
|                          | 100,00  |

Les semences des fèves et des féveroles, arrivées à leur

parfaite maturité, sont contenues dans des cosses sèches plus ou moins pesantes. Des observations faites en Angleterre ont constaté les résultats ci-après :

|  | Grains. | Cosses. |
|---|---|---|
| Féverole | 85,71 p. 100 | 14,28 p. 100 |
| Fève de Windsor | 84,40 | 15,60 |
| Fève à longue cosse | 85,78 | 14,22 |
| Fève de Windsor verte | 86,40 | 15,40 |
| Fève rouge ou violette | 86,20 | 15,80 |

Tous les grains contenaient de 11 à 13 pour 100 d'eau.

Le rapport entre le grain et la paille varie suivant la variété adoptée et selon aussi la nature et les propriétés physiques du terrain où les fèves sont cultivées. Dans le nord de l'Europe, le poids de la paille n'est pas tout à fait le double du poids du grain récolté. Dans les contrées tempérées, où les tiges des fèves sont toujours moins élevées et développées, le poids de la paille dépasse seulement d'un quart environ le poids du grain contenu dans les cosses. (*Voy.* page 419.)

# CHAPITRE V



## TERRAIN

Sols favorables ou nuisibles aux fèves et aux féveroles. — Action des parties calcaires et salines. — La fève est épuisante et doit être cultivée sur des terres de bonne qualité. — Labour des terres à la bêche et à la charrue. — Sols disposés à plat ou en billons. — Influence des labours profonds.

La fève est productive si elle est cultivée sur des terrains bien choisis et convenablement préparés.

**Nature.** — Cette légumineuse ne réussit bien, en effet, que lorsqu'on la cultive sur des terrains argileux, argilo-siliceux ou argilo-calcaires. Elle végète mal sur les sols qui manquent de consistance, sur les terrains graveleux, granitiques, sablonneux, perméables et secs, et dans les sols marécageux.

Elle vient aussi très-bien dans les marais desséchés, sur les alluvions fluviales, et les fonds d'étangs qu'on a assainis ou dans les anciennes alluvions marines. Ainsi, elle végète avec vigueur dans les marais de la Vendée et de la Saintonge, dans les marais de l'Authion (Anjou), dans les petites et les grandes moëres de la Flandre, dans les terres fortes de la Toscane et celles situées sur les rives du Pô.

En général, toutes les terres argileuses, profondes et riches en sels calcaires, en parties salines et en matières organiques, sont celles qui conviennent le mieux, soit à la fève, soit à la féverole.

**Fertilité.** — La fève ne se développe bien que quand elle est cultivée sur des sols de bonne qualité, des terres grasses ou des alluvions fertiles.

On a dit souvent que la fève n'était pas épuisante et qu'on

pouvait se dispenser de faire précéder sa semaille par une fumure, si cette plante doit occuper une terre de fertilité ordinaire. Les faits que la pratique enregistre chaque année autorisent à considérer ce principe comme peu judicieux.

Partout et toujours la vigueur et la productivité des tiges de la fève de marais ou de la féverole sont en rapport avec la plasticité, la fraîcheur et la fécondité de la couche arable. Aussi est-il utile, quand la richesse du sol laisse à désirer, de fertiliser celui-ci avec du fumier à demi-décomposé ou à l'aide d'engrais organiques, salins et azotés.

C'est en faisant précéder la semaille par une demi-fumure, ou en combinant les successions de culture de manière que la fève ou la féverole soit le plus possible rapprochée de la fumure, ou qu'elle suive un défrichement de trèfle ou de prairie naturelle, qu'on peut conserver l'espoir de récolter par hectare des produits supérieurs aux récoltes en grain que donne le froment dans les mêmes circonstances culturales.

Dans les sols riches des comtés de Lincoln, de Nottingham et de York (Angleterre), la fève suit ordinairement une avoine. Dans le comté de Bedfort où les terres sont peu fertiles, cette légumineuse précède toujours une récolte de blé. Dans la Flandre, elle suit une fumure et précède un blé d'automne.

En général, les fèves sont placées dans les successions de culture entre deux céréales.

**Préparation**. — On donne aux terres qu'on destine à la fève ou à la féverole la même préparation que s'il était question de les ensemencer en froment d'hiver ou en avoine de printemps.

Quand l'une de ces deux légumineuses suit un blé d'automne, on laboure la terre en juillet ou août, ou en novembre ou décembre, pour l'ameublir de nouveau par une seconde façon quelques jours avant la semaille.

Les labours exécutés avant l'hiver contribuent dans une large mesure à l'ameublissement des terres argileuses ou compactes. Ces labours peuvent être, sans aucun inconvénient, un peu motteux superficiellement.

Les travaux préparatoires disposent le sol à plat, en planches étroites ou en petits billons ayant $0^m,75$ de largeur, suivant les localités et surtout selon la nature de la couche arable et celle du sous-sol.

Un seul labour à la bêche ou à la houe fourchue, suffit ordinairement pour préparer les terres de jardin et celles qui appartiennent à la petite culture.

Les labours que l'on opère dans les marais desséchés ne sauraient être trop profonds. J'ai dit précédemment que la fève avait une racine unique pivotante. Or quand, par suite d'une bonne préparation, elle peut pénétrer sa racine profondément dans la couche arable, les grandes sécheresses lui sont toujours moins nuisibles; et, d'un autre côté, à cause de sa grande vitalité, elle est moins sujette à être attaquée par les pucerons.

# CHAPITRE VI



Époque des semis dans la culture de la fève et de la féverole. — Importance des semailles précoces. — Semis à la volée, en lignes et en poquets. — Exécution des semailles sous raies et au semoir. — Plantation des fèves. — Quantité de semences à répandre par hectare. — Nombre de graines contenues dans un litre. — Trempage des semences.

La semaille des fèves et des féveroles varie dans ses détails suivant les localités.

**Époque**. — La *féverole d'hiver* doit être semée pendant le mois de septembre ou, au plus tard, avant le 15 ou le 20 octobre.

Autrefois, en Grèce et en Asie, on semait les fèves, les gesses et les pois au coucher des *Pléiades*, c'est-à-dire à l'équinoxe d'automne.

Quant aux *fèves* et aux *féveroles de printemps*, on les sème en décembre, en janvier ou au plus tard en février dans la région méridionale de l'Europe et dans les provinces de l'ouest de la France ; dans le nord de la France et en Angleterre, les semis se font en février ou en mars, et en dernier lieu au commencement d'avril.

Les fèves et les féveroles qu'on sème trop tardivement dans les provinces méridionales et dans la région septentrionale sont souvent arrêtées dans leur développement par les hâles d'avril ou les fortes chaleurs de mai. Alors, il est rare qu'elles soient vigoureuses et qu'elles ne soient pas couvertes de pucerons noirs quand leurs fleurs commencent à s'épanouir.

Les fèves qui proviennent de semis hâtifs, exécutés en

automne ou à la fin de l'hiver, *tallent* toujours plus aisément que les plantes qui résultent de semailles opérées quand la terre commence à s'échauffer et à se dessécher.

En *Égypte*, les fèves sont semées en novembre, et récoltées au milieu de février.

**Exécution**. — On sème les fèves ou les féveroles à la volée, en lignes ou en poquets.

1° La *semaille à la volée* est peu pratiquée de nos jours, parce qu'elle rend les binages plus difficiles et plus coûteux.

2° Les *semis en lignes* se font de deux manières :

Dans les jardins et la petite culture, on trace des rayons distants les uns des autres de 0$^m$,50, avec la binette ou la houe pleine. Ces rayons une fois ouverts, on y dépose les graines, en ayant la précaution de les espacer les unes des autres de 0$^m$,06 à 0$^m$,10, selon leur grosseur et le développement que les tiges sont susceptibles de prendre. On comble ensuite ces rayons soit avec le râteau, soit à l'aide de la binette. On peut, au besoin, remplir le premier rayon, quand il a été ensemencé, avec la terre qu'on enlève pour ouvrir la seconde rigole, qui doit être parallèle à la première ligne.

La grande culture opère plus rapidement et plus économiquement. Voici comment elle agit :

Lorsqu'on fait exécuter le dernier labour, un enfant ou une femme suit le conducteur et laisse tomber la graine dans le fond de la raie ouverte par la charrue, de manière qu'on puisse compter de 12 à 15 grains de féverole par mètre courant.

Quand le laboureur a renversé deux ou trois bandes de terre sur la raie ensemencée, l'aide qui l'accompagne jette de nouveau de la semence derrière la charrue. Il continue

ainsi jusqu'à ce que l'attelage ait labouré toute l'étendue
du champ.

Lorsque les bandes de terre soulevées et renversées par
la charrue ont, en moyenne, $0^m,20$ à $0^m,22$ de largeur, les
lignes sont éloignées les unes des autres de $0^m,45$ ou
$0^m,65$.

Dans le nord de la France, les lignes ensemencées sous
raies sont espacées de $0^m,35$ environ. En Angleterre et dans
le département de la Haute-Garonne, la distance qui sépare les lignes est quelquefois de $0^m,70$.

Les fèves, à cause de leur largeur, ne peuvent être dis-
tribuées avec un semoir ; mais il n'en est pas de même des
graines de féveroles. Ces semences, étant toujours plus petites et plus arrondies, sont semées très-uniformément
avec les semoirs de Smith, de Garett, etc., lorsque ces appareils fonctionnent sur des terres bien préparées et par un
beau temps.

On peut, dans les jardins et les champs d'une faible étendue, faire *planter les fèves à l'aide du plantoir;* mais ce mode
de semis, qui est parfait quand il est bien exécuté, a l'inconvénient d'être très-coûteux.

3° Les *semis en poquets* ou *en touffes* sont plus expéditifs
que la plantation. Pour les exécuter, on ouvre, avec une
binette ou une houe plate, une petite fosse profonde de
$0^m,08$ à $0^m,10$, et on y dépose 3 à 5 graines. On recouvre
ces semences avec la terre qui provient du deuxième poquet
et ainsi de suite.

Toutes les touffes doivent être espacées en tous sens de
$0^m,33$ environ.

Quoi qu'il en soit, il est important que les fèves soient
placées dans les rayons, les poquets, etc., à $0^m,10$ environ
de profondeur. Les graines situées trop superficiellement

germent plus lentement, et les plantes qu'elles produisent sont plus sujettes à souffrir des sécheresses. Ces semences ne redoutent pas un excès de fraîcheur.

**Quantité de la semence.** — La quantité de semence qu'il faut répandre par hectare est très-variable.

Lorsque les graines sont petites et quand on les sème *à la volée*, on en emploie de 250 à 300 litres. Si on répand les semences de féveroles en lignes espacées de $0^m,35$, on en répand 220 à 250 litres; quand on sème les mêmes graines en lignes distantes les unes des autres de $0^m,50$ à $0^m,65$, on n'en sème que 200 à 230 litres.

Les semis en poquets n'exigent que 150 à 200 litres, selon l'espacement des trous, le nombre de graines qu'on y dépose et le volume des semences.

Dans les moëres de Dunkerque, où les féveroles sont encore semées sous raies, on répand jusqu'à 340 litres de semence par hectare.

Voici le nombre de graines que contient un litre :

| | |
|---|---|
| Féverole . . . . . . . . . . . . . . . . . . | 1200 à 1300 |
| Fève d'Héligoland . . . . . . . . . . . . . | 2200 à 2500 |
| Fève julienne . . . . . . . . . . . . . . . | 700 à 800 |
| Fève à longue cosse . . . . . . . . . . . . | 400 à 450 |
| Fève de Windsor . . . . . . . . . . . . . | 290 à 310 |
| Fève de marais . . . . . . . . . . . . . . | 290 à 310 |

En général, la largeur de semences est en raison directe du développement des tiges et surtout des feuilles et des cosses.

Les graines des fèves et des féveroles mettent ordinairement de 15 à 20 jours à lever, selon la température du sol.

Dans le but de hâter leur germination, on les fait tremper, avant de les confier à la terre, pendant 2 à 3 jours. Cette pratique était connue des Grecs et des Romains.

# CHAPITRE VII

## SOINS PENDANT LA VÉGÉTATION

Hersage après l'apparition des cotylédons. — Nécessité d'exécuter cette opération par un beau temps. — Binages à bras et à la houe à cheval. —
Écimage ou châtrage des fèves. — But de cette opération.

La fève comme la féverole exigent, pendant leur végétation, des soins d'entretien.

**Hersage.** — Dans plusieurs contrées où les fèves sont
semées soit à la volée, soit en lignes, on herse les champs
qu'elles occupent lorsque leurs cotylédons commencent à
apparaître à la surface du sol. Cette opération, bien exécutée, divise le sol superficiellement ; elle le nivelle et détruit
les mauvaises herbes ou les plantes indigènes qui se sont
développées depuis que le semis a été exécuté ; enfin, elle
a pour effet de favoriser le tallement des plantes et de les
rendre plus vigoureuses.

Ce hersage doit être exécuté par un beau temps, et, autant que possible, perpendiculairement à la direction des
lignes, lorsque les plantes ont été semées en rayons.

**Binages.** — Les fèves ainsi que les féveroles, après leur
germination, ne peuvent être abandonnées à elles-mêmes,
comme cela a lieu encore dans diverses localités.

Dans les contrées où la culture de ces légumineuses est
bien comprise, on les bine une première fois, selon les régions, un mois ou six semaines après la germination des
graines, c'est-à-dire quand les plantes ont de $0^m,10$ à $0^m,12$
de hauteur. Ainsi, c'est en mars, dans le midi, et en avril
ou mai dans le nord de la France ou en Angleterre, qu'on

opère le premier binage. On répète cette opération, si cela est nécessaire, en avril ou en juin.

Ces binages, que l'on nomme *brayages* dans la Flandre, se font à bras lorsque les fèves ou les féveroles ont été semées à la volée. On les exécute aussi à bras, mais, ce qui vaut mieux à l'aide de la houe à cheval, quand ces légumineuses ont été semées en lignes.

Ces façons détruisent non-seulement les mauvaises herbes, elles ameublissent aussi le sol et favorisent par là la pénétration des pluies à l'intérieur de la couche arable.

**Écimage**. — Dans les jardins et souvent aussi dans la petite culture, on *pince* ou on écime les fèves quand elles commencent à fleurir.

Cette opération a plusieurs avantages : 1° elle arrête les tiges dans leur développement en hauteur ; elle facilite l'épanouissement et la fructification des fleurs inférieures ; enfin, elle contribue largement au développement des gousses qui en résultent, et elle fait avancer la maturité de 10 à 15 jours ; 2° elle permet souvent de détruire un grand nombre de pucerons, ou elle empêche ces insectes de se réfugier dans les sommités des tiges et de s'y multiplier.

Cet écimage ou *châtrage* se fait avec le pouce et l'index. On a proposé de l'exécuter avec une faucille à lame unie. Ce moyen ne peut être mis en pratique que quand on cultive la féverole et lorsque les tiges de cette légumineuse se sont développées rapidement sous l'influence d'une température à la fois chaude et humide. Alors on se contente de couper tous les bouquets de feuilles qu'on observe au sommet des tiges principales.

# CHAPITRE VIII

## PLANTES ET INSECTES NUISIBLES, MALADIES

Plantes nuisibles aux fèves : l'orobanche et la cuscute. — Insectes nuisibles :
le puceron noir, le bourdon et la bruche des pois. — Maladies ou altérations : le noir et la rouille des tiges et des feuilles.

La fève et la féverole sont attaquées pendant leur végétation par des plantes et des insectes. En outre, leurs feuilles
sont sujettes à prendre le *noir*, altération qui nuit sensiblement à leur développement.

**Plantes nuisibles.** — Ces légumineuses ont pour enne-
mies deux plantes parasites :

1° L'*Orobanche de la fève* (OROBANCHE SPECIOSA, D.; O. FABÆ,
Vauch.; O. PRUINOSA, Lapey) a un stigmate pourpré, une
corolle blanche à lèvre supérieure ferrugineuse. Sa tige est
velue et elle a $0^m,30$ environ de hauteur.

Cette plante se fixe et se développe sur la racine de la
fève et l'épuise; elle est commune dans la Provence. La facilité avec laquelle elle se propage par le concours de ses
graines oblige les cultivateurs à la faire arracher lorsqu'elle
est assez élevée pour qu'on puisse la saisir.

2° La *Cuscute densiflore* (CUSCUTA EPILINUM, Weih) que les
Alsaciens nomment *drossoel*, cause parfois de grands pré-
judices aux fèves, en ce qu'elle s'enroule autour de leurs
tiges et les étouffe. On doit l'arracher, pour éviter qu'elle
puisse mûrir les graines qu'elle produit en abondance.

**Insectes nuisibles.** — La fève et la féverole sont souvent attaquées, surtout quand les printemps sont chauds et
secs, par un *puceron noir*, appelé *puceron de la fève* (APHIS
FABÆ, Bl.). Cet insecte suceur est très-petit; il appartient à

l'ordre des hémiptères. Le mâle est ailé ; il est beaucoup plus petit que la femelle, qui est dépourvue d'ailes.

Ces pucerons se multiplient avec une prodigieuse facilité ; ils vivent au détriment de la sève, à l'aide des piqûres qu'ils font sur les parties herbacées qui terminent les tiges. L'écimage, exécuté en temps opportun, met un terme à leur multiplication.

Les *bourdons* en s'attaquant aux fleurs de la fève pour y prendre du pollen nuisent souvent à la fécondation. Ceux qui sont regardés en Angleterre comme les plus nuisibles sont le *bourdon des mousses* (APIS MUSCORUM, 4) et le *bourdon terrestre* (APIS TERRESTRIS, 4). Le premier est jaunâtre ; le second a le thorax noir et son extrémité postérieure jaune. Latreille a désigné ces hyménoptères sous le nom de *bombus*.

La *bruche du pois* (BRUCHUS PISI, La.) appartient à l'ordre des coléoptères ; elle est petite et brune, et vole et saute bien. Elle introduit ses œufs dans les fèves ou dans les pois et les lentilles, en piquant les cosses lorsqu'elles sont encore vertes et très-petites. Les larves qui en résultent pénètrent dans les graines, se transforment avec le temps en nymphes et en insectes parfois. Les unes et les autres vivent aux dépens de la partie féculifère ; mais comme dans la plupart des fèves ainsi attaquées le germe n'a pas été détruit, il en résulte que beaucoup de graines, quoique rongées intérieurement, germent néanmoins. (*Voy.* liv. VI, ch. VI.)

Ces insectes sont souvent désignés sous les noms de *pucette, puceron, mylabre* ou *cosson* ; dans la Provence, on la nomme *courgoussoun*. Ils diminuent la valeur alimentaire et commerciale des fèves et des féveroles qu'ils attaquent. Ils sont aussi communs en Amérique qu'en Europe.

**Maladies**. — Ces légumineuses, dans certaines années, se couvrent plus ou moins, surtout dans leurs parties supérieures, d'une poussière noirâtre qui adhère assez à l'épiderme des feuilles et des tiges, et que l'on appelle *nielle noire*, *fumagine* ou *miellée*.

Cette poussière noire est une production végéto-animale, c'est-à-dire un champignon microscopique associé à une exsudation de séve occasionnée par les piqûres des pucerons et à des déjections de ces insectes presque microscopiques.

Les fèves ou les féveroles sur lesquelles on observe la nielle noire sont toujours languissantes. On empêche cette maladie de prendre plus d'extension en écimant toutes les cimes des tiges sur lesquelles elle s'est développée.

Ces légumineuses aussi sont exposées à avoir leurs tiges et leurs feuilles attaquées par la *rouille* quand, au moment de la floraison, il survient des temps froids ou humides. Cette mucédinée est rougeâtre ; les botanistes la nomment Uredo fabæ DC. Elle n'est nuisible que quand elle est abondante et persistante.

Schwerz dit qu'un bon moyen de garantir les fèves de la rouille, consiste à répandre un engrais salin pulvérisé sur les feuilles des plantes qui sont sujettes à cette altération, quand ces légumineuses ont de $0^m,12$ à $0^m,16$ de hauteur.

# CHAPITRE IX



### RÉCOLTE

Époque de la récolte des fèves et des féveroles. — Caractères de la maturité. — Coupe, arrachage et mise des tiges en bottes et de celles-ci en faisceaux ou en chaînes. — Battage au fléau et à la machine à battre.

La récolte des fèves et des féveroles est facile, parce que ces plantes, comme le fait remarquer Théophraste, sont les seules légumineuses à tiges droites.

**Époque.** — Les féveroles *semées au mois d'octobre* arrivent à maturité vers la fin de juin ou en juillet.

Les fèves et les féveroles *semées à la fin de l'hiver* ou au mois de mars sont mûres selon les localités en août, pendant le mois de septembre ou au plus tard pendant la première quinzaine d'octobre.

Il est très-utile de ne pas attendre la complète maturité des tiges et des cosses pour commencer la récolte. L'expérience a prouvé souvent que les graines des fèves ou des féveroles qu'on récolte un peu prématurément donnent toujours à la mouture une farine plus blanche.

La *cueillette des gousses vertes* a lieu pendant les mois de mai, juin et juillet.

**Exécution.** — La récolte de fèves ou des féveroles arrivées à maturité, c'est-à-dire ayant des *tiges, des feuilles et des gousses noirâtres* et *presque sèches*, se fait de trois manières différentes :

1° Lorsque les tiges sont basses ou plus élevées on les coupe avec la faux armée. L'ouvrier qui *fauche en dedans* (*voy.* t. I, p. 246) est suivi par une femme ou un enfant. Cet aide est chargé de réunir les tiges et de les mettre en javelle. Lorsque le moissonneur *fauche en dehors* les fèves restent sur le sol en andains.

2° Quand les plantes ont végété avec vigueur et qu'elles ont 1 mètre à 1$^m$,50 de hauteur on les coupe avec une faucille et on les met aussitôt en javelles plus ou moins fortes selon leur degré de maturité.

En Flandre et en Angleterre on remplace souvent la faucille soit par le *volant*, soit par la sape (*voy.* t. I, p. 248).

3° Lorsque les fèves ont été cultivées sur des terres de faible consistance, souvent, au lieu de les couper, on les arrache avec la main et on les met ensuite en bottes.

Quand on est forcé de récolter des fèves ou des féveroles très-mûres, on doit éviter d'opérer pendant le milieu du jour lorsque le soleil est ardent afin de ne pas faire tomber les graines que renferment les cosses que la chaleur a fait ouvrir.

Les tiges coupées avant leur complète maturité restent sur le champ pendant plusieurs jours.

Quand elles sont presque sèches, on les met en petites bottes ayant 0$^m$,25 à 0$^m$,50 de diamètre. On réunit ensuite ces bottes en *faisceaux* ou *monts* de manière que toutes les tiges soient inclinées vers le centre du tronc de cône.

Toutes les bottes ainsi réunies sont presque dressées et elles peuvent très-bien supporter sans souffrir des pluies accidentelles ; chaque tas comprend dix à quinze bottes.

Dans d'autres localités on les dresse suivant les lignes en appuyant deux bottes l'une contre l'autre. Cette méthode ou cette *mise en chaîne* est bonne quand le temps est pluvieux et lorsque les vents ne sont pas violents.

Le liage des bottes se fait avec des liens de paille de seigle.

Au bout de huit à quinze jours et lorsque les tiges et les

cosses sont sèches, on les rapporte à la ferme pour les emmagasiner dans une grange.

**Battage**. — Le battage des fèves se fait souvent après les semailles d'automne. On l'exécute ordinairement au fléau sur une aire de grange. Quand on agit pendant l'hiver on doit opérer, de préférence les jours de gelées parce que les cosses sont alors plus sèches et s'ouvrent plus aisément.

On peut opérer l'égrenage avec une machine à battre, en ayant la précaution d'éloigner suffisamment le contre-batteur du cylindre-batteur.

La paille est mise en bottes avec les liens qui avaient servi à réunir les tiges après l'arrachage. On la conserve en meule ou sous un hangar.

Le nettoyage de graines se fait avec le van ou le tarare. Ces semences sont ensuite déposées dans les greniers.

On peut, dans le but de les soustraire à l'action directe de l'air, les renfermer dans des sacs. Ainsi emmagasinées, elles conservent mieux et plus longtemps leur couleur jaunâtre.

# CHAPITRE X



Produit moyen par hectare de la fève et de la féverole.—Rendement maximum.
— Produit en paille. — Rapport du grain à la paille. — Poids d'un hectolitre de graines.

Les produits que donne la féverole ou la fève sont assez
variables.

**Graines**. — Le produit moyen de la féverole cultivée
dans des terres de bonne qualité varie entre vingt à trente
hectolitres par hectare.

Il faut que cette légumineuse soit cultivée sur des terres
fertiles, sur d'anciens marais très-riches et qu'elle soit fa-
vorisée par une température chaude plutôt fraîche qu'humide, pour qu'elle donne des récoltes moyennes s'élevant
à trente-cinq ou quarante hectolitres par hectare.

Le produit le plus élevé signalé jusqu'à ce jour n'a pas
dépassé cinquante hectolitres; aussi est-ce par erreur que
M. de Gasparin évalue le produit maximum à cent vingt
hectolitres par hectare.

Une récolte s'élevant, en moyenne, à vingt-cinq ou trente
hectolitres est regardée en Flandre, dans les marais du
Poitou, les polders de la Belgique et en Angleterre comme
très-belle.

La quantité de *cosses vertes* que la fève peut donner par
hectare varie suivant la variété cultivée et le mode de culture adoptée.

A Paris, 100 kilogrammes de cosses vertes donnent, en
moyenne, 45 kilogrammes de *fèves fraîches ou écossés*.

**Paille**. — La production en paille est d'autant plus

abondante que la féverole est cultivée sur d'excellents terrains.

Dans les circonstances ordinaires, lorsque cette légumineuse produit, en moyenne, 25 hectolitres ou 2,000 kilogrammes de graines par hectare, elle donne sur la même superficie de 3,500 à 4,000 kilogrammes de paille.

La production en paille des féveroles cultivées sur des terres de marais de bonne qualité, s'élève souvent jusqu'à 7,000 kilogrammes, mais dans cette circonstance le produit en grain ne dépasse pas 25 hectolitres par hectare.

En résumé, dans les cultures normales, le grain est à la paille :: 50 : 100 ; dans celle où les tiges ont pris un grand développement au détriment des cosses et de leurs grains, le grain est à la paille :: 35 : 100 ; enfin lorsque les fèves ont été pincées ou châtrées et que leur produit s'élève à 25 hectolitres, le grain est à la paille :: 75 : 100.

**Poids de l'hectolitre.** — Les *fèves* à grosses semences pèsent de 65 à 70 kilogrammes l'hectolitre.

Les *féveroles* réputées belles pèsent de 78 à 80 kilogrammes. Le poids de celles qui laissent beaucoup à désirer pour leur qualité, varie entre 70 et 75 kilogrammes.

Un hectolitre de *fèves vertes fraîches* pèse 62 à 65 kilogrammes.

# CHAPITRE XI

## EMPLOIS DES PRODUITS



Les fèves fournissent des gousses vertes et des graines sèches, et les féveroles des grains secs seulement.

**Fèves vertes**. — Le grain vert de la fève est mangé cru ou cuit. Dans les deux cas, on le regarde comme un excellent légume.

C'est dans le midi de la France et de l'Europe que le grain de la fève est mangé cru et assaisonné avec du sel.

Les fèves sont très-alimentaires, mais elles sont difficilement digérées par les personnes délicates.

**Grain sec**. — Le grain de la féverole fournit une farine blanc jaunâtre qu'on associe souvent en Europe, en Abyssinie, etc., à la farine de froment dans le rapport de 3 à 8 p. 100. Ce mélange permet de fabriquer un pain savoureux et très-nutritif. Il était connu au temps de Pline.

En Flandre, la farine de fève dite fleurs *bourgeoises* est principalement destinée à entrer dans la panification. Les Abyssiniens emploient souvent la farine de fève seule à faire du pain.

La *farine de la féverole* se compose de grains ovoïdes, quelquefois sphériques, très-fendus et ayant en moyenne 40 millièmes de millimètre de diamètre.

Dans le bas Languedoc et la Provence, on fait rôtir les

fèves au four pour les vendre sur les marchés. On les nomme alors *favos taurados*. Elles sont dures et elles ont une saveur peu agréable pour les personnes qui ne sont pas dans l'usage d'en grignoter.

Dans la Provence, aussitôt après la récolte, on décortique les fèves en les brisant à l'aide d'un moulin, puis on sépare les parties amylacées des enveloppes. Ces *fèves décortiquées* et les *fèves cassées* sont conservées dans un lieu sec. Elles servent à faire des potages et des purées. En Provence, on les nomme *favetto*. Ailleurs on les appelle *fèves mondées* ou *fèves dérobées*.

Les grains de la féverole sont utilisés avec succès dans l'alimentation ou l'engraissement des animaux.

Les chevaux qui en consomment ont le poil luisant, la peau souple et la chair ferme. On les leur donne avec modération parce qu'elles sont très-alibiles et très-échauffantes, soit concassées, soit après les avoir fait tremper dans l'eau.

Ces graines ne sont données aux bêtes bovines et aux porcs qu'après avoir été réduites en farine et délayées dans l'eau. Ainsi administrées, elles les engraissent très-bien ou secondent puissamment la sécrétion du lait.

**Paille.** — La paille de fève ou de féverole qu'on a bien récoltée et conservée est mangée avec assez d'avidité par les chevaux, les bêtes à cornes et les moutons. On la leur donne hachée ou divisée.

En Égypte, elle est aussi utilisée dans la nourriture des chameaux et des chèvres.

Dans le nord de la France et en Alsace, cette paille sert souvent de combustible ou on l'emploie comme litière.

# CHAPITRE XII

## VALEUR COMMERCIALE

La féverole est cotée sur les marchés sous le nom de fève. — Sa valeur commerciale moyenne. — Les fèves piquées ou attaquées par la bruche. — Les fèves dont les graines ont pris une nuance rousse. — Prix des fèves fraiches.

La valeur commerciale du grain de la féverole est cotée sur un grand nombre de marchés dans l'Europe septentrionale. Le plus ordinairement, on le désigne sur ces marchés sous le nom de *fève.*

Suivant sa provenance, on l'appelle en France fève de Picardie, fève de Lorraine, fève de la Vendée, etc. La féverole de Lorraine a moins de valeur que la féverole de Picardie.

La féverole se vend, en moyenne, de 15 à 16 francs l'hectolitre ou 18 à 20 francs les 100 kilogrammes.

Les *fèves piquées* ou attaquées par la bruche et les fèves anciennes perdent plus ou moins de leur valeur commerciale selon qu'on les destine à la nourriture de l'homme ou à celle des animaux.

Les fèves nouvelles ont une couleur blonde ; celles qui ont deux années présentent une couleur rousse. Plus tard, elles prennent une nuance rouge plus ou moins foncé.

Les *fèves en cosses vertes* se vendent 4 fr. 50 c. à 6 fr. l'hect., et les *fèves écossées* de 25 c. à 40 c. le litre.

La *farine de fève* vaut moitié moins que celle de froment.


## BIBLIOGRAPHIE

**Bosc** . . . . . . . . . *Cours d'Agriculture,* 1820, t. VI, p. 413.
**Gaujac** . . . . . . *Annales de l'Agriculture,* 1809, t. XXXVII, p. 263.
**Cordier** . . . . . . . *Agriculture de la Flandre,* 1823, p. 366.
**Schwerz** . . . . . . *Cult. des plantes à grains farineux,* 1840, p. 408.
**De Gasparin** . . . . *Cours d'Agricult.,* 1847, t. III p. 779.

# LIVRE IV

## LENTILLE

**Ervum**

(De *Erw*, nom celtique des lentilles.)

*Plante dicotylédone de la famille des légumineuses.*

*Anglais.* — Lentil.  
*Allemand.* — Lentzen, linse.  
*Italien.* — Lentichia, lente.  
*Espagnol.* — Lenteja.  
*Portugais.* — Lentilha.  
*Russe.* — Tschetschevitza.  
*Égyptien.* — Ads, ats.  
*Indien.* — Mussoor.  
*Hébreux.* — Adashin.

La lentille est cultivée pour la nourriture de l'homme depuis la plus haute antiquité. Elle est mentionnée dans la Genèse. Chacun sait que Ésaü échangea son droit d'aînesse contre des graines de cette légumineuse[1].

Les Hébreux, les Égyptiens, les Grecs et les Romains ont cultivé la lentille. Les Grecs l'appelaient *phacos*, et les Latins la désignaient sous le nom de *lens*. Pline observe qu'on cultivait en Égypte deux espèces : l'une plus ronde et plus noire ; l'autre ayant la forme de la lentille ordinaire. La première était incontestablement la vesce commune.

Cette plante est cultivée très en grand en France et en Allemagne depuis fort longtemps. Elle a été introduite en 1545 en Angleterre. On la cultive aussi dans la haute Égypte,

---

[1] Pline a justifié cet échange en disant que la lentille donne une *égalité d'humeur* (*æquanimitatem fieri vescentibus ea*, lib. XVIII).

en Syrie, dans l'Abyssinie, au Bengale, dans la Russie méridionale et le Caucase.

Les Kabyles cultivent la lentille avec succès dans leurs
jardins.

Les lentilles occupent chaque année, en France, une
étendue totale de plus de 17,000 hectares. Les départements qui cultivent le plus cette légumineuse sont les suivants :

| | | |
|---|---:|---|
| Meurthe | 2548 | hectares. |
| Haute-Loire | 1590 | — |
| Moselle | 1155 | — |
| Marne | 1122 | — |
| Doubs | 1038 | — |
| Jura | 670 | — |
| Eure-et-Loir | 656 | — |
| Yonne | 612 | — |

Le produit moyen par hectare a été évalué, en 1862, à
13 hectolitres.

On a constaté, en 1856, que chaque habitant consomme
annuellement à Paris 2 kilogrammes ou 2 litres 500 de lentille.

# CHAPITRE PREMIER

## CONDITIONS CLIMATÉRIQUES

La lentille redoute les climats très-secs et les contrées très-pluvieuses. — Zone dans laquelle elle est cultivée en Europe. — Elle réussit très-bien dans les montagnes du Velay, des Pyrénées, de la Kabylie et de l'Abyssinie.

La lentille appartient principalement à la zone centrale de la France et de l'Europe. Ainsi, elle est peu cultivée dans les plaines, le midi de la France et en Angleterre. C'est qu'elle redoute d'une part les très-grandes sécheresses, et, de l'autre, les climats brumeux ou les pluies prolongées.

Sa culture est ainsi répandue en Allemagne, en Autriche, dans les provinces septentrionales de l'Espagne et dans les Calabres.

En général, sa culture, en Europe, est limité au Sud par le 42ᵉ et au Nord par le 51ᵉ degrés de latitude.

L'altitude (700 à 800 mètres) à laquelle on la cultive avec succès dans les montagnes du département de la Haute-Loire, est la preuve la plus évidente que cette légumineuse appartient bien à l'agriculture des contrées tempérées, et qu'il faut de toute nécessité la cultiver dans les terres basses ou fraîches ou à une certaine altitude dans les pays équatoriaux ou la semer en automne.

Cette légumineuse est aussi cultivée avec succès dans les parties montagneuses de l'Espagne et dans la Kabylie.

En Abyssinie, la lentille réussit très-bien sur les hauts plateaux ayant une altitude de 1500 à 2000 mètres.

# CHAPITRE II

## ESPÈCES ET VARIÉTÉS

Caractères botaniques de la lentille. — Espèces et variétés cultivées : la lentille commune, la lentille à la reine, la lentille du Puy, la lentille à une fleur et la lentille du Canada.

La lentille ordinaire a été désignée par les botanistes par les noms ci-après :

| | |
|---|---|
| ERVUM LENS, Lin. | CICER LENS, Roxb. |
| ERVUM ESCULENTA, Mœnch. | CICER PUNCTULATUM, Hort. |
| LENS DISPERNUM, Roxb. | ERVUM SUBSPHÆROSPERMUM, God. |

Cette légumineuse est pubescente ; elle présente les caractères suivants :

Tiges de 0$^m$,30 à 0$^m$,40 de hauteur, anguleuses, dressées et rameuses ; feuilles imparipennées, terminées par une vrille simple et composées de 5 à 7 paires de folioles, linéaires et oblongues ; stipules lancéolées et ciliées ; fleurs petites, blanches, veinées de violet, l'étendard étant plus grand que les ailes de la carène ; ces fleurs sont disposées 2 à 3 au sommet de pédoncules égalant les feuilles ; gousses planes, oblongues, courtes, larges, comprimées et comme tronquées, renfermant deux graines comprimées et à bords arrondis ou carénés.

En Europe, on cultive cinq lentilles différentes :

### 1. — Lentille commune.
#### (ERVUM LENS MAJOR)

| | |
|---|---|
| *Synonymie :* Lentille de Gallardon. | Grande lentille. |
| Lentille blonde. | Nentille. |

Tige rameuse, haute de 0$^m$,30 à 0$^m$,40 ; folioles ovales, oblongues ; fleurs blanches ; gousses planes contenant des graines larges, jaune, blond doré.

La graine de cette lentille est d'un beau jaune blond, régulière, lisse, bien remplie, plus ou moins large, selon la nature et la fertilité des terres où elle a été cultivée, convexe au milieu et mince sur les bords. Sa largeur moyenne est de 0$^m$,007.

Le commerce, en France, distingue les lentilles ci-après :

**1. Lentille de la Beauce.**
**2. Lentille de la Bourgogne.**
**3, Lentille de la Champagne.**
**4. Lentille de Lorraine.**
**5. Lentille de Soissons.**

Ces graines sont plus ou moins recherchées, selon qu'elles sont plus ou moins larges et qu'elles ont une nuance plus ou moins blonde.

La lentille commune est la plus estimée dans la région septentrionale, quand elle est de belle qualité.

On cultive, dans les parties accidentées du pays toulousain, une variété plus naine que l'on appelle *mérillon*.

### 2. — Lentille à la reine.

(ERVUM LENS MINOR)

*Synonymie :* Petite lentille.                    Lentillon,
          Lentille petite.                    Lentille rouge.

Tiges moins élevées et folioles moins développées que dans l'espèce précédente ; graine aussi plus petite, jaune rougeâtre et un peu bombé.

Cette légumineuse est moins délicate que la grande lentille. Dans quelques localités, on lui accorde la préférence sur cette dernière lentille. Les Romains l'appelaient *Lenticula*.

Il existe une sous-variété qu'on appelle *lentillon d'hiver*. On la sème en automne.

### 3. — Lentille du Puy.

(ERVUM LENS VIRIDE)

*Synonymie :* Lentille verte d'Auvergne.          Lentille verte.
          Lentille du Velay.

Tiges hautes de $0^m,30$ à $0^m,40$, très-déliées ; folioles petites, d'un très-beau vert ; grain vert finement ou pointillé de noir, un peu plus large et plus bombé que le grain de la lentille à la reine.

La lentille verte (fig. 65) est cultivée aux environs du Puy (Haute-Loire), dans les communes de Polignac, Saint-

Paulien et Blanzac, jusqu'à 600 et 800 mètres d'altitude, élévation à laquelle la *bruche* ne l'attaque plus. Elle est plus hâtive à fleurir et plus lente à former sa graine que la *lentille commune* (1). Son grain est très-estimé dans le Dauphiné, le comtat d'Avignon et la Provence.

Fig. 65. — Lentille du Puy.

Cette variété réussit aussi très-bien dans les parties montagneuses de l'Algérie.

### 4. — Lentille à une fleur

(ERVUM MONANTHOS, L.)

*Synonymie :* Lentille d'Auvergne.                    Lentille turque.

Tige simple anguleuse de 0ᵐ,33 de hauteur ; folioles ovales et oblongues ; fleurs blanc jaunâtre, ayant une tache noirâtre sur la carène ; gousses globuleuses, elliptiques, contenant 3 à 4 graines aplaties, lenticulaires, de couleur gris brun marbré de noir.

Les semences de cette légumineuse sont aussi farineuses. Dans diverses contrées, on les mange comme celles de la *petite lentille* (2).

### 5. — Lentille du Canada
(VICIA SATIVA ALBA)

*Synonymie :* Vesce blanche.

Tiges ayant un mètre environ de hauteur, anguleuses et velues; fleurs purpurines; gousses brunes, linéaires, contenant de 8 à 12 graines globuleuses, un peu déprimées, lisses et blanc jaunâtre.

Cette légumineuse, considérée comme plante alimentaire, ne peut être séparée des lentilles, quoiqu'elle appartienne au genre VICIA. Ses graines sont principalement mangées en purée.

Le nom de *lentille du Canada* lui a été donné, en 1789, par des spéculateurs qui, pour tromper le public, vendaient sa graine à un prix très-élevé, en disant qu'elle venait d'être importée du Canada.

Dans quelques localités on mêle la farine qu'on extrait de ses graines à la farine de blé, dans la proportion de 12 à 15 pour 100.

On ne cultive pas la *lentille ers* (ERVUM ERVILIA, 4) comme plante alimentaire, parce que ses graines jouissent de pro priétés qui sont nuisibles pour l'homme.

# CHAPITRE III

## COMPOSITION DE LA LENTILLE

Composition de la lentille. — Ce grain est plus riche en amidon et en dextrine que le haricot et la fève. — Arome spécial contenu dans l'enveloppe du grain.

Les lentilles renferment plus de parties nutritives que les haricots. Voici leur composition :

|  | Boussingault. | Payen. |
|---|---|---|
| Amidon et dextrine | 55,7 | 56,0 |
| Substances azotées | 25,0 | 25,2 |
| Matières grasses | 2.5 | 2,6 |
| Ligneux et cellulose | 2,1 | 2,4 |
| Sels minéraux | 2,2 | 2,5 |
| Eau | 12,5 | 11,5 |
|  | 100,0 | 100,0 |

Les haricots et les fèves contiennent plus de ligneux et moins d'amidon et de dextrine que les quantités constatées dans la lentille par MM. Boussingault et Payen.

Ces graines donnent à l'incinération 2,60 pour 100 de cendres. Ces résidus contiennent 28 à 30 pour 100 de potasse et 9 à 10 pour 100 de soude, sels alcalins indiquant que la lentille doit bien végéter sur les terres granitiques ou volcaniques qui renferment toujours des parties salines dans une notable proportion.

Les lentilles décortiquées ne présentent pas l'arome particulier que possèdent les lentilles ordinaires et qui réside dans leur écorce.

# CHAPITRE IV

## CULTURE



**Terrain**. — La lentille ne peut être cultivée que sur des sols secs, perméables, sablonneux, quartzeux ou graveleux. Elle réussit très-bien aussi dans les terres calcaires siliceuses ou sablo-calcaires, les terrains volcaniques ou sur les sols calcaires tertiaires renfermant de nombreux débris de roches volcaniques.

La lentille verte du Puy est généralement cultivée sur des terres volcaniques rougeâtres de consistance moyenne et perméable.

Les terres argileuses fortes ou plastiques lui sont tout à fait contraires aux lentilles.

Autant que possible, il faut choisir les sols en pente, les versants exposés au midi et abrités des vents du nord.

**Fertilité.** — La lentille est exigeante et doit être cultivée sur des terres de bonne qualité. Elle végète mal sur les terres pauvres ou mal fumées. Par contre, les tiges prennent trop de développement sur les sols à la fois très-fertiles et frais, ce qui nuit à la floraison et à la formation des gousses et des graines.

Quand les terres qu'on destine à la lentille laissent à désirer quant à leur fertilité, on peut, au moment des semis, répandre dans les rayons ou les poquets un peu de poudrette ou de boues de ville bien décomposées. Ces engrais, à cause de la promptitude avec laquelle ils agissent,

suffisent pour que les plantes acquièrent un bon développement.

**Préparation**. — Les terrains que l'on destine à cette
légumineuse doivent être bien préparés. On les divise ordinairement au moyen de plusieurs labours et hersages
exécutés à la fin de l'hiver ou au commencement du printemps.

Dans les environs du Puy, la terre est préparée à la bêche
ou à la *trendine*, sorte de houe fourchue.

Lorsque le dernier labour est déjà ancien et que la terre
s'est durcie superficiellement, on l'émiette de nouveau par
un hersage énergique ou on la divise à l'aide d'un scarifi-
cateur.

Le sol est toujours disposé à plat ou en grandes planches.

En général, les terres dans lesquelles on cultive les lentilles étant légères ou de consistance moyenne, leur préparation est plus facile que celle des terrains propres à la
culture de la fève ou de la féverole.

# CHAPITRE V

## SEMAILLES

Époque des semis en France et dans les contrées très-tempérées. — Semis en lignes et en poquets. — Quantité de semences nécessaires par hectare.

Les lentilles se sèment comme les haricots nains.

**Époque.** — Dans le centre et la région de l'est de la *France*, on sème les lentilles pendant le mois de mars ou au commencement d'avril, quand on ne craint plus de fortes gelées.

Dans la région du Midi, les semis se font ordinairement en novembre ou en février.

En *Égypte*, on sème ces légumineuses en octobre ou novembre.

Les Romains semaient aussi les lentilles pendant le mois de novembre.

**Exécution.** — On sème la lentille en poquets ou en touffes.

Le lentillon d'hiver ou de printemps est la seule lentille qu'on sème à la volée.

Les *poquets* ou *touffes* sont disposés en quinconce ou en échiquier; on les éloigne les uns des autres de 0<sup>m</sup>,35 à 0<sup>m</sup>,45 suivant le développement que les lentilles peuvent prendre.

On opère comme s'il était question de semer des haricots en poquets.

Les *semis en lignes* s'exécutent de la manière suivante :

Un ouvrier muni d'une binette ou d'un rayonneur à main ouvre une raie qu'il ensemence aussitôt ou qui est semée par l'aide qui l'accompagne ; ce travail terminé ou à mesure qu'il s'exécute, le même ouvrier ouvre une seconde raie et utilise la terre qui en provient pour couvrir la semence déposée sur la première ligne. Il continue ainsi la semaille jusqu'à l'autre extrémité du champ.

Les lignes sont espacées de $0^m,20$, $0^m,25$ ou $0^m,55$, suivant la qualité de la couche arable.

La profondeur à laquelle les semences doivent être enterrées a une grande importance. Quand les terres sont légères ou de consistance moyenne et sèches, on peut les enfouir jusqu'à $0^m,03$ ou $0^m,04$. Lorsque les terres sont un peu fortes, que le semis est exécuté de bonne heure et qu'on a à craindre des pluies abondantes, il est utile de les placer plus superficiellement dans les rayons et les poquets.

La graine de la lentille germe au bout de dix à douze jours, selon la température de la couche arable.

**Quantité de semences**. — On emploie généralement de 120 à 150 litres de graines par ensemencer un hectare en poquets.

Les semis en lignes n'en exigent que 80 à 100 litres.

Les semailles à la volée obligent à répandre environ 200 litres de semences.

Les graines doivent être, autant que possible, de la dernière récolte.

# CHAPITRE VI



## SOINS PENDANT LA VÉGÉTATION

La lentille se défend mal des mauvaises herbes. — Binages et buttage.
Sarclage. — Culture de la lentille à l'arrosage.

Les lentilles n'appartiennent pas à la classe qui comprend les plantes étouffantes et elles se défendent mal des mauvaises herbes. C'est pourquoi il est très-utile de leur destiner des terres bien préparées et aussi propres que possible.

Quand elles ont de 0$^m$,06 à 0$^m$,10 de hauteur, on les bine avec la houe à main.

Au second binage, qu'on exécute avant la floraison, on butte légèrement les plantes, qu'elles soient disposées en lignes ou qu'elles végètent par touffes. Cette opération a pour but unique dans les sols secs et brûlants, de fixer plus d'humidité ou de fraîcheur à la base des plantes afin qu'elles résistent mieux aux grandes chaleurs du printemps ou de l'été.

Dans quelques localités, on remplace le deuxième binage par un sarclage. Ce travail laisse souvent à désirer.

Enfin, quelquefois on est forcé d'exécuter un troisième binage. Cette dernière opération est faite quand la fécondation des fleurs a eu lieu.

On peut, dans les contrées méridionales, cultiver la lentille à l'arrosage quand les printemps sont très-secs, mais, dans ce cas, il importe d'agir avec une grande modération, parce que cette légumineuse supporte mieux un excès de chaleur qu'une humidité surabondante et prolongée.

# CHAPITRE VII

## RÉCOLTE



Les lentilles sont mûres quand les plantes sont jaunâtres ou roussâtres et lorsque les graines résistent sous la pression du doigt.

**Époque**. — En *France*, et sous le climat de Paris, les lentilles mûrissent pendant la seconde quinzaine de juillet. Dans la région du Midi, elles arrivent à maturité dans le courant de juin.

En *Égypte*, les lentilles cultivées dans le delta du Nil sont récoltées pendant les mois de février ou mars.

**Exécution**. — Les lentilles ne mûrissent pas toujours toutes en même temps. C'est pourquoi souvent on opère leur récolte en deux et trois fois.

On doit arracher ces légumineuses lorsqu'elles ne sont pas entièrement sèches et par un beau temps. En agissant ainsi, on évite l'égrenage.

Il est utile d'opérer le matin de bonne heure quand les plantes sont couvertes de rosée, si les lentilles ont atteint leur dernier point de maturité.

Les tiges après avoir été arrachées, sont réunies à l'aide de quelques brins de paille de seigle préalablement mouillée ou avec deux tiges de lentille, en petites bottes ayant la grosseur d'une forte poignée (voy. *Haricots*, pag. 564).

Toutes les bottes, surtout dans la région septentrionale et lorsque le temps présage de la pluie, doivent être le jour

même rapportées à la ferme et placées sur des perches situées sous des hangars ou dans des greniers.

Dans la petite culture, les bottes sont accrochées à des
clous situés sur des murailles exposées au midi et garanties
de la pluie par un auvent ou l'égout d'un toit.

Sous toutes les latitudes, on doit éviter de laisser les
lentilles qu'on vient de récolter à l'action de la pluie. Toutes les graines qui subissent l'action prolongée de l'eau
prennent une teinte brune plus ou moins foncée. Cette
coloration ou ces taches noirâtres diminuent considérablement la valeur commerciale des lentilles, surtout de
la lentille blonde ou lentille commune.

**Battage.** — On bat les lentilles au fléau quand leurs
tiges et leurs gousses sont bien sèches. On doit éviter de
frapper avec violence. Les forts coups de fléaux écrasent
ou divisent souvent un grand nombre de graines.

Il est utile aussi de n'opérer le battage que quelques jours
seulement avant la vente, parce que les lentilles conservent
mieux leur couleur blonde quand elles sont encore dans
les cosses que lorsqu'elles ont été égrenées.

On nettoie les graines avec un van, le tarare ou un
crible.

**Conservation.** — Les lentilles doivent être conservées
dans un endroit sec et à l'abri de l'air et de la poussière.

La grande lentille, comme la lentille à la reine, passent
avec le temps de la couleur jaune blond au jaune rougeâtre, puis au rouge et enfin au rouge brun.

En examinant la couleur des lentilles, il est donc toujours facile de distinguer les graines provenant de la dernière récolte de celles qui sont âgées de deux, de trois et
de quatre années.

# CHAPITRE VIII



## RENDEMENT

Rendement moyen par hectare. — Produit maximum. — Poids d'un hectolitre de graines. — Produit en paille. — Rapport du grain à la paille.

**Produit en grains**. —Le rendement de la lentille est très-variable, selon la nature et la richesse des terres, et la variété cultivée.

Il est faible quand il ne dépasse pas 10 à 12 hectolitres par hectare; il est très-satisfaisant quand il s'élève à 20 hectolitres.

En général, on considère un produit de 15 hectolitres comme un bon rendement moyen.

C'est accidentellement que la lentille donne 25 à 30 hectolitres par hectare.

Le lentillon, ou lentille à la reine, ne produit pas au delà de 15 à 16 hectolitres lorsque cette légumineuse est cultivée sur des terres de bonne qualité.

**Poids de l'hectolitre**. — Un hectolitre de lentilles communes pèse de 78 à 80 kilogrammes.

Le poids de la lentille verte varie, en moyenne, entre 80 et 82 kilogrammes l'hectolitre.

**Produit en paille**. —La lentille produit peu de paille. Dans les circonstances ordinaires, les tiges, les feuilles et les gousses sèches sont aux semences : : 150 : 100.

Un hectare qui produit 15 hectolitres ou 1,200 kilogrammes de graines ne donne donc pas au delà de 1,800 kilogrammes de paille.

# CHAPITRE IX



## EMPLOIS DES PRODUITS

Qualité de la lentille blonde et de la lentille verte. — Les lentilles anciennes
cuisent moins promptement que les lentilles nouvelles. — Insecte qui
attaque les grains. — Farine de lentille. — Lentilles décortiquées. —
Emploi de la paille.

**Graines.** — Les graines des lentilles sont très-alimentaires. La lentille blonde est la plus estimée dans la région
septentrionale. Par contre, c'est la lentille verte que l'on
préfère dans la région du Midi.

Les lentilles anciennes cuisent plus difficilement que les
lentilles nouvelles. On doit rechercher celles qui se distinguent par une belle nuance blonde ou jaune rougeâtre.
J'ai dit précédemment que les lentilles prenaient avec le
temps une couleur rouge foncé.

La grande lentille et la petite lentille sont attaquées intérieurement par un insecte que l'on appelle *bruche* ou
*mouche*, et qui est bien la *bruche de la lentille* (BRUCHUS PALLI-
DICORMIS, Schœn). Cet insecte vit aux dépens de la partie
amylacée.

On a proposé de détruire cet insecte en soumettant les
lentilles à l'action de la chaleur d'un four après la cuisson
du pain. Ce procédé est bon, mais il a l'inconvénient de
rendre la cuisson des graines plus difficile.

Les lentilles nouvelles cuites dans l'eau douce sont souvent mangées froides en salade.

Dans les villes, en Europe, on livre à la consommation
de la farine de lentille. Cette farine est impalpable et jaunâtre; elle sert à faire des potages et des purées.

La farine de lentille se fait surtout avec le grain de la lentille à la reine, variété mise à la mode par la reine Marie Leczinska, femme de Louis XV.

Les Arabes transforment les lentilles en une bouillie couleur de chocolat.

J'ai fait connaître, chap. III, que l'enveloppe de la lentille contenait un arome particulier. Cet arome communique aux parties amylacées ou à l'eau dans laquelle on a fait cuire cette graine un goût très-agréable. Le bouillon de lentille est brun ; il sert à faire des soupes qu'on mange avec plaisir.

En Égypte, on *décortique* les graines avec un petit moulin à bras, comprenant deux meules en argile durcie. Les lentilles ainsi préparées cuisent plus aisément et sont d'une digestion plus facile.

Dans la haute Égypte, on réduit souvent les *lentilles décortiquées* en farine, et on mêle celle-ci à la farine de froment ou à la farine de doura pour en faire du pain.

La farine de lentille, à cause de ses propriétés très-alimentaires et rafraîchissantes, sert à faire l'*Ervalenta Warton*, la *Revalenta arabica*, ou la douce et délicieuse *Revalescière du Barry*, qui prévient et guérit toutes les maladies, et qui se vend dix francs le kilogramme !

**Paille.** — La paille de lentille non altérée est un excellent aliment pour tous les animaux. Sa valeur nutritive égale celle du foin de trèfle. En Égypte, elle sert à nourrir les chèvres et les chameaux.

# CHAPITRE X



## VALEUR COMMERCIALE

Valeur commerciale de la grande lentille. — Prix de la lentille à la reine. — Valeur commerciale de la lentille du Puy dans le Velay et sur les marchés du Midi.

La valeur commerciale des lentilles varie suivant les années et le prix du blé.

En général, sur le marché de Paris, les prix moyens varient comme il suit :

```
Lentille de Beauce . . . . . . . . .   55 à 40 fr. l'hectol.
Lentille de Lorraine. . . . . . . .   50 à 52     —
Lentille de Bourgogne. . . . . . . .   28 à 50     —
```

Les lentilles de choix sont désignées sous les noms ci-après :

Belles triées ; — Triées ; — Ordinaires sans mouches.

Ces lentilles se vendent de 10 à 15 et même 20 francs plus cher que les lentilles ordinaires.

Dans les années où le prix du blé est très-élevé, les belles lentilles non tachées et non attaquées par la bruche se vendent souvent jusqu'à 70 et 80 francs l'hectolitre.

La *lentille de Picardie* est le lentillon ou la lentille à la reine. Cette lentille se vend seulement de 20 à 25 francs l'hectolitre.

La lentille du Puy est surtout expédiée sur les marchés de la région du Midi. Elle se vend dans le Velay, en moyenne, 25 francs l'hectolitre, et sur les marchés de Nîmes, Avignon, etc., de 55 à 60 francs, suivant les années. Cette lentille n'est pas attaquée par la bruche.

# CHAPITRE XI

## LA LENTILLE DES ARABES

Le lupin est annuel. — On le cultive dans la basse Égypte comme plante alimentaire. — Procédé en usage pour faire disparaître l'amertume que contiennent ses graines. — Propriétés alimentaires des semences ainsi préparées.

Sous le nom de *lentille des Arabes*, on désignait autrefois la semence du *lupin blanc* (Lupinus albus, L.), légumineuse que les Égyptiens appellent *termès* et que les Arabes nomment *al-bassilab*.

Le lupin blanc est annuel ; on le cultive dans la basse Égypte, sur les terres que le Nil fertilise chaque année. On le sème après le retrait des eaux et on le récolte en même temps que le froment. En Espagne, on le sème aussi en automne.

Les semences de cette légumineuse ont une certaine amertume, mais elles perdent ce défaut quand on les laisse tremper dans un vase contenant d'abord de l'eau froide ou de l'eau chaude et ensuite de l'eau salée. On renouvelle l'eau douce plusieurs fois. Le trempage dure trois jours.

Les graines ainsi préparées perdent leur amertume et acquièrent un goût assez agréable. On les mange à l'huile et au vinaigre ou avec un peu de sel. Souvent on les associe aux fèves et aux haricots parce qu'elles ne contiennent pas de gluten.

Autrefois, les Nabathéens les faisaient sécher après leur avoir enlevé leur amertume, les associaient au froment et à l'orge, les réduisaient en farine et en faisaient du pain de bonne qualité.

# LIVRE V

## GESSE CULTIVÉE

**Lathyrus sativus**, L.; **Cicerella alata**, Mœench.

(De λάθυρος, nom donné à cette plante par les Grecs.)

*Plante dicotylédone de la famille des légumineuses.*

*Anglais.* — Chickling vetch.  
*Allemand.* — Essbarer platterbse  
*Italien.* — Cicerchia, cichero.  
*Espagnol.* — Titos.

*Égyptien.* — Gilbân.  
*Persan.* — Kalar.  
*Arabe.* — Al-adjilbân.

On ignore, jusqu'à ce jour, si cette légumineuse a été cultivée par les Hébreux, les Égyptiens et les Grecs. Les auteurs latins ne la mentionnent pas.

La gesse cultivée a été introduite d'Espagne en France en 1640. Elle n'y est cultivée, comme plante alimentaire, que dans les régions du Sud et du Sud-Ouest.

On la désigne sous les noms suivants : *gesse blanche, lentille d'Espagne, lentille suisse, pois carré, lentille carrée.*

Cette gesse se distingue des autres légumineuses alimentaires par les caractères ci-après :

Tiges faibles, diffuses, anguleuses, glabres et hautes de 0$^m$,35 à 0$^m$,65 ; feuilles à deux ou quatre folioles, oblongues, linéaires, mucronées et terminées par une vrille trifide ; fleurs solitaires, blanches ou blanc bleuâtre ; gousses courtes, ovales, comprimées, glabres, irrégulièrement réticulées sur la suture dorsale avec deux ailes membraneuses et contenant chacune trois à quatre semences ; graines cubiques, grosses, lisses, trigones et blanc jaunâtre.

Les graines de la gesse cultivée sont très-belles (fig. 64), mais celles qu'elle produit en Espagne, en Grèce et en Italie, sont beaucoup plus grosses, plus larges que les semences récoltées en France dans la Provence et le Languedoc.

Fig. 64. — Graines de la gesse cultivée.

Cette légumineuse est annuelle. Elle a le mérite de bien résister aux fortes chaleurs printanières. On la cultive assez en grand en Italie, en Espagne et en Turquie.

La gesse blanche à grosses graines est plus recherchée dans le midi de l'Europe que la gesse cultivée à graines ordinaires.

On cultive aussi dans le midi de l'Europe et en Afrique, mais très-accidentellement, deux autres gesses :

### 1. — Gesse jaune.

(LATHYRUS OCHRUS, D. C.)

*Synonymie :* Pois jaune.

PISUM OCHRUS, L.          OCHRUS PALLIDA, Pers.

Cette espèce est aussi annuelle; ses tiges ont de 0$^m$,50 à 0$^m$,60 de hauteur; ses fleurs sont petites, solitaires, presque sessiles et jaune pâle.

### 2. — Gesse d'Abyssinie.

(LATHYRUS ABYSSINICUS, A. B.)

Cette espèce est annuelle et elle s'élève jusqu'à un mètre; ses fleurs sont bleu d'azur. Ses graines sont de moyenne grosseur.

# CHAPITRE PREMIER

## CULTURE



La gesse cultivée ne réussit pas sur les terres sablonneuses et sur les sols argileux, compactes ou humides.

On doit la cultiver sur des terrains de consistance moyenne ou argilo-siliceux ou, ce qui est préférable, sur des terres calcaires de bonne fertilité et bien préparées.

On la sème en automne ou en février et mars.

Les semis se font en lignes, comme s'il était question de semer des petits pois. On répand de 150 à 160 litres de semence par hectare.

Les tiges de la gesse cultivée n'ayant que $0^m,40$ à $0^m,50$ de haut, n'ont pas besoin d'être soutenues par des rames.

On arrache ou on couche les tiges de cette légumineuse avant que ses gousses et ses graines soient complétement mûres, pour les placer immédiatement à l'ombre.

Les graines arrivées à maturité au commencement de juillet et qui subissent pendant un certain temps l'action d'un soleil ardent, cuisent toujours plus difficilement.

On égrène les cosses à l'aide du fléau.

Le rendement en graines varie entre 15 et 20 hectolitres par hectare.

Un hectolitre de gesse blanche pèse de 75 à 80 kilogrammes, selon la grosseur des graines.

# CHAPITRE II

## EMPLOIS DES PRODUITS

Graines consommées à l'état vert et à l'état sec. — Leur farine est quelquefois alliée à celle du froment. — Emploi des tiges sèches.

Les graines de la gesse cultivée, dans diverses contrées de l'Europe, sont mangées à l'*état vert*, exactement comme les petits pois.

En Espagne et dans toute l'Asie, on vend sur les marchés des gousses vertes de cette légumineuse. C'est par exception qu'on livre à la consommation des graines vertes écossées.

Les semences ne sont pas très-recherchées à l'*état sec*, parce qu'elles sont moins alimentaires que les haricots et qu'elles sont d'une digestion assez difficile.

Quand on les mange sèches, on les met tremper pendant 12 à 15 heures avant de les faire cuire. Ainsi préparée, la gesse blanche sert à faire une bonne purée, parce qu'elle est très-farineuse.

La *farine* de la gesse blanche est quelquefois alliée à celle du froment dans la fabrication du pain.

100 kilogrammes de graines donnent de 82 à 84 kilogrammes de farine.

La *paille* est donnée aux bêtes bovines ou aux bêtes à laine. Quand elle a été rentrée bien sèche, et qu'elle a été conservée à l'abri de la pluie, elle constitue un bon fourrage.

# LIVRE VI

## POIS

**Pisum sativum, L.**

(De *Pis*, nom celtique du pois.)

*Plante dicotylédone de la famille des légumineuses.*

*Anglais.* — Pea.  
*Allemand.* — Erbsen.  
*Italien.* — Pisello.  
*Espagnol.* — Guizante.

*Portugnais.* — Ervilha.  
*Russe.* — Gorock.  
*Égyptien.* — Besilleh.  
*Sanscrit.* -- Harenso.

Le pois est aussi cultivé comme plante alimentaire depuis les temps les plus reculés. Dioscoride, Galien, Pline ont parlé de sa culture et de l'emploi de ses graines. Charlemagne en recommande la culture et le nomme *pisum mauriscum*.

Cette légumineuse était très-cultivée en Europe, pour son grain sec, avant l'introduction de la pomme de terre.

Le plus généralement, on désigne ses *graines vertes* sous le nom de *petits pois* ou *pois écossés*.

Les variétés qui ont des tiges élevées et qui doivent être soutenues pendant leur végétation par des tuteurs ou des rames sont appelées *pois à rames* ou *pois à ramer*. Celles qui ont des tiges basses et qui peuvent végéter sans appuis sont désignées sous le nom de *pois nains*.

Les variétés qui ont des cosses revêtues intérieurement

d'une membrane dure et coriace sont appelées *pois à gousses dures*, *pois à parchemin* ou *pois à parche*. Celles qui produisent des cosses dont l'intérieur est dépourvu de cette membrane sont appelés *pois tendres*, *pois sans parchemin*, *pois gourmands*, *pois goulus* ou *pois sans parche*.

Enfin, les variétés qui produisent des graines ayant un périsperme verdâtre lorsqu'elles sont sèches servent principalement à la préparation des purées de pois. Quand ces graines ont été divisées, on les nomme *pois décortiqués*, *pois cassés*, *pois à purée* ou *pois verts cassés*. Ceux dont le périsperme ne reste pas vert ou verdâtre sont désignés sous le nom de *pois jaunes*.

La petite et la moyenne culture adoptent principalement les variétés naines. Les variétés à rames sont principalement réservées pour les jardins. La grande culture ne cultive guère que les pois verts à purée.

Dans les contrées où la culture du maïs est possible, on associe souvent les pois à rames à cette graminée. Cette pratique est très-suivie dans l'Amérique septentrionale (voy. p. 63).

Le pois est cultivé en Europe, en Égypte, dans l'Amérique et dans l'Inde.

En 1695, l'auteur de la *Vie de Colbert* disait : « C'est chose étonnante de voir des personnes acheter les pois verts 50 écus le litron. » La même année, madame de Maintenon écrivait, le 10 mai : « Le champêtre des pois dure toujours : l'impatience d'en manger, le plaisir d'en avoir mangé, et la joie d'en manger encore ! Ce plaisir se renouvelle chaque année depuis bientôt deux siècles »

# CHAPITRE ·PREMIER

## CONDITIONS CLIMATÉRIQUES

Le pois est plus rustique que le haricot et la lentille. — Semis d'automne et
de printemps. — Mode de végétation dans les contrées septentrionales et
méridionales. — Culture à l'arrosage.

Le pois est rustique et peut être cultivé dans toute l'Europe comme plante vernale. Toutefois, la région septentrionale lui est plus favorable que les contrées méridionales. Dans cette dernière zone, les grandes chaleurs, pendant le printemps et l'été, durcissent promptement ses cosses et conséquemment ses grains. Aussi est-on forcé, dans ces localités, d'opérer généralement les semis soit en automne, soit au commencement de l'hiver, afin de pouvoir récolter les cosses avant que la température soit déjà élevée, c'est-à-dire pendant les mois de mars, avril et mai.

Les pois semés en automne, dans l'Europe septentrionale, ne résistent bien aux gelées intenses que lorsqu'ils occupent des terres saines ou perméables.

Dans les parties centrales et surtout dans les contrées septentrionales, les pois végètent moins rapidement; mais ils ont l'avantage de fournir des gousses et des graines tendres pendant plus longtemps.

On ne peut obtenir des petits pois tendres et sucrés, pendant l'été, dans la région méridionale, que lorsqu'on cultive cette légumineuse à l'arrosage ou sur sol toujours frais.

# CHAPITRE II

## VARIÉTÉS CULTIVÉES

Caractère du pois cultivé. — Pois à écosser frais : variétés à rames ou naines, avec ou sans parchemin. — Pois verts à purée, à rames et nains. — Pois des Indes : pois cajan et pois de Mascate.

Le pois (fig. 65 et 66) présente les caractères suivants :

Tiges d'un vert glauque, plus ou moins élevées et rameuses; feuilles paripennées, terminées par une vrille rameuse; folioles ovales, entières à bord ondulé, souvent opposées, mucronées; stipules ovales, semi-cordiformes, crénelées; fleurs disposées au sommet des pédoncules au nombre de 1 à 2, blanches, ou rouges ou blanches, avec les ailes violettes; gousses allongées, cylindriques ou comprimées, réticulées à endocarpe tantôt coriace, tantôt très-tendre, blanchâtre, verdâtre, bleu verdâtre ou violette; graines plus ou moins grosses, tantôt lisses et rondes, tantôt carrées et ridées, jaunâtres ou verdâtres.

L'espèce que l'on cultive comme plante alimentaire comprend un grand nombre de variétés qu'il est utile de diviser en deux grands groupes.

### PREMIER GROUPE

## Pois à écosser frais

### PREMIÈRE DIVISION

#### COSSES AVEC PARCHEMIN

#### PREMIÈRE SECTION

*Pois à rames.*

A. *Variétés hâtives ou de première saison.*

### 1. — Pois Michaux de Hollande

*Synonymie :* Pois très-hâtif.  
Pois à la reine.  
Pois de Francfort.  
Pois bergère.  
Pois Michaux hâtif.  
Pois de 40 jours.

Tiges de 0ᵐ,75 à 0ᵐ,90 ; feuilles moyennes; fleurs blanches; cosses droites ou peu arquées, longues de 0ᵐ,06 à 0ᵐ,07 ; grain arrondi, jaune blond ou jaune légèrement verdâtre.

Cette variété est remarquable par sa grande précocité;

mais elle est un peu délicate et redoute les sols humides. Semée à bonne exposition en février ou pendant la pre-

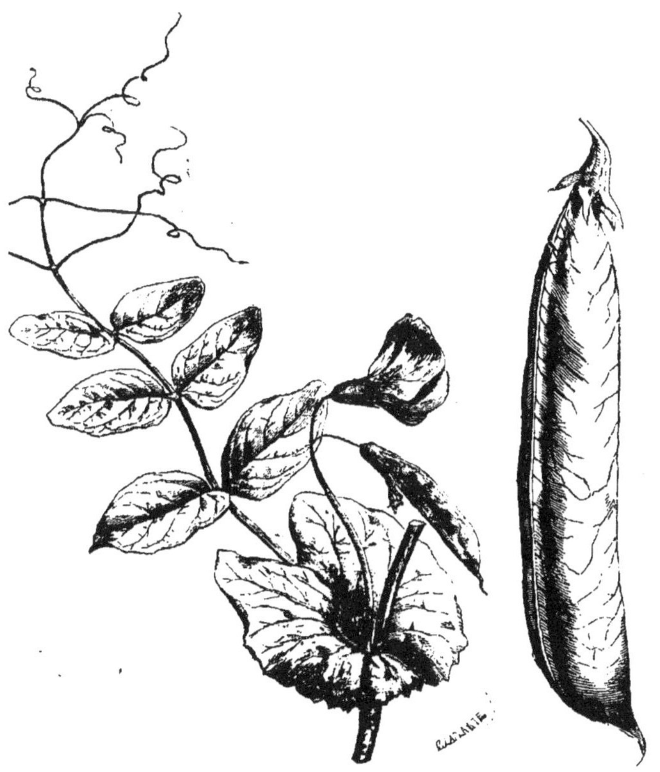

Fig. 65. — Stipules, vrilles et fleurs du pois cultivé.

Fig. 66. Gousse du pois.

mière quinzaine de mars, elle devance le pois Michaux semé vers le 25 novembre (Sainte-Catherine).

Le *pois Prince-Albert* est une sous-race de cette variété ; il est remarquable par sa grande précocité, mais il est plus délicat.

### 2. — Pois Michaux de Rueil

*Synonymie :* Pois de Nanterre.  
    Pois Michaux de Ruelle.  
    Pois Michaux de Nanterre.  
Pois quarantain.  
Pois de Niort.  
Pois Baron.

Tiges de 1 mètre ; feuilles assez larges ; fleurs blanches ; cosses arquées, renflées, longues de 0ᵐ,07 à 0ᵐ,08 ; grains arrondis plus gros que le grain du *pois Michaux ordinaire* (3), parfois déprimé, jaune blond.

Cette variété est peu difficile sur le sol ; elle est plus hâtive que le *pois Michaux ordinaire* (3), et plus rustique, mais moins précoce que le *pois Michaux de Hollande* (1). On doit la *pincer* si on ne la rame pas.

### 3. — Pois Michaux ordinaire

*Synonymie :* Petit pois de Paris.  
    Pois de Ste-Catherine.  
Pois ordinaire de Paris  
Pois dominé.

Tiges de 1ᵐ,20 ; feuilles larges ; fleurs blanches ; cosses droites, longues de 0ᵐ,06 à 0ᵐ,07 ; grain arrondi, régulier, jaune blond.

Cette variété est assez précoce, rustique et productive. On la sème à bonne exposition vers le 25 novembre (Sainte-Catherine) ou pendant le mois de février. Son grain en vert est excellent et très-tendre.

On ne rame pas le pois Michaux ordinaire quand on le soumet au pincement.

B. *Variétés de deuxième saison ou demi-hâtives.*

### 4. — Pois de Clamart

*Synonymie :* Pois carré fin.          Pois de Clamart.

Tiges de 1 mètre à 1ᵐ,20 ; feuilles allongées ; fleurs blanches ; cosses longues de 0ᵐ,06 à 0ᵐ,07, arquées et bien remplies ; grains carrés (fig. 67), un peu ridés, jaune blond quelquefois jaune verdâtre.

Fig. 67. — Pois de Clamart.

Cette variété est très-productive et peu délicate ; elle est très-cultivée dans les environs de Paris. On ne la rame pas quand elle végète en plein champ. Elle est un peu tardive. Son grain est tendre et sucré.

### 5. — Pois d'Auvergne

*Synonymie :* Pois serpette.                    Pois cosaque.

Tiges de 1ᵐ,20 ; feuilles allongées ; fleurs blanches ; cosses très-arquées, longues de 0ᵐ,08 à 0ᵐ,09 ; grain arrondi, régulier et jaune blond.

Cette variété est excellente, productive et peu difficile sur le terrain.

### 6. — Pois de Marly

*Synonymie :* Pois de Gouvigny.                Pois sans pareil.
                Pois de Cahors.

Tiges de 1ᵐ,25 à 1ᵐ,40 ; feuilles larges ; fleurs blanches ; cosses longues, grosses, tronquées à leur extrémité inférieure ; grain très-régulier, gros et jaune blond.

Ce pois est productif, mais il est tardif ; il doit être soutenu par de grandes rames quand il végète dans des terrains fertiles. Son grain est très-tendre.

### 7. — Pois Michaux à œil noir

*Synonymie :* Pois à cul noir.

Tiges de 1ᵐ,30 ; fleurs blanches ; cosses longues ; grains gros, arrondis ayant le hile cerclé de noir.

Cette variété est plus tardive et moins estimée que les autres pois Michaux, parce qu'elle produit assez souvent beaucoup de tiges et de feuilles, et peu de cosses.

### 8. — Pois à la moelle

*Synonymie :* Pois de Victoria.

Tiges de 1ᵐ,40 à 1ᵐ,50 ; feuilles larges ; cosses longues de 0ᵐ,08 à 0ᵐ,09, très-arquées ; grains irréguliers, souvent carrés, un peu ridés et variant du jaune blond au jaune vert pâle.

Cette excellente variété est rustique, mais un peu moins hâtive que les pois Michaux.

C. *Variétés de troisième saison ou tardives.*

### 9. — Pois carré blanc

Tiges de 1ᵐ,50 à 1ᵐ,60 ; feuilles amples ; fleurs blanches ; cosses longues de 0ᵐ,08 à 0ᵐ,09, arquées, très-allongées en pointe ; grains arrondis, déprimés plutôt que carrés, jaune blond.

Cette variété est rustique et exige de grandes rames. Son grain est tendre et sucré. On ne la rame pas quand on la cultive en dehors des jardins. Elle s'emporte quelquefois comme le *pois Michaux à œil noir* (7).

Le *pois carré à œil noir* ne diffère du pois carré blanc que par son ombilic, qui est noir.

### 10. — Pois de Knight

*Synonymie :* Pois ridé à rames.      Pois Champion.
     Pois ridé blanc.      Pois du Brésil.

Tiges fortes de 1$^m$,40 à 1$^m$,50, très-ramifiées; feuilles larges; fleurs blanches; cosses bien remplies, longues de 0$^m$,08 à 0$^m$,09, peu arquées, tronquées inférieurement; grains carrés, très-ridés, jaune blond ou jaune verdâtre.

Cette variété est très-tardive et à grandes rames; son grain est tendre, sucré, excellent et productif.

La variété dite *pois de Knight vert* ou *pois ridé vert à rames* est aussi un excellent pois.

### 11. — Pois turc

*Synonymie :* Pois couronné.      Pois à ombelles.
     Pois à couronne.      Pois américain.
     Pois à bouquets.      Pois turc à fleur blanche.

Tiges de 0$^m$,80 à 1 mètre de hauteur; feuilles petites; fleurs blanches en bouquets ou en couronnes au sommet des tiges; cosses longues de 0$^m$,06 à 0$^m$,07, presque droites; grains arrondis, réguliers, jaune blond.

Cette variété est délicate et peu productive, mais ses grains en vert sont très-sucrés.

### 12. — Pois à cosse violette

*Synonymie :* Pois à fleur rouge.      Pois d'Australie.

Tiges de 1$^m$,50; feuilles moyennes; fleurs violet bleuâtre; cosses droites, longues de 0$^m$,07 à 0$^m$,08, colorées de violet foncé ou de violet pourpre; grains gros, irréguliers, jaune verdâtre.

Cette variété n'est pas très-tardive, mais elle est délicate et peu productive. Son grain a une saveur qui rappelle celle de la fève et qui n'est pas très-agréable.

### DEUXIÈME SECTION
*Pois nains.*

#### A. *Variétés de première saison*

### 13. — Pois très-nain de Bretagne

*Synonymie :* Pois nains de Brest.  Pois roi des nains.
Pois nain de Keroulan.  Pois Tom Pouce.

Tiges de 0<sup>m</sup>,20; feuilles petites très-rapprochées ; fleurs blanches ; cosses arquées, longues de 0<sup>m</sup>,06 à 0<sup>m</sup>,07 ; grains petits, régulièrement arrondis, jaune blond.

Ce pois, le plus petit des variétés naines, est hâtif; il peut être cultivé en bordure. Il est peu productif.

### 14. — Pois nain ordinaire

*Synonymie :* Pois nain de Hollande.  Pois à bouquets.

Tiges de 0<sup>m</sup>,50; feuilles petites; fleurs blanches; cosses légèrement arquées, longues de 0<sup>m</sup>,06 à 0<sup>m</sup>,07 ; grains petits, blonds un peu verdâtre.

Cette variété est franchement naine et peu productive. Son grain est de bonne qualité. On peut la cultiver sous châssis.

### 15. — Pois nain hâtif de Hollande

*Synonymie :* Pois de Hollande à châssis.  Pois nain hâtif de Gontier.

Tiges de 0<sup>m</sup>,40 ; feuilles moyennes ; fleurs blanches ; cosses petites; grains petits, jaune blond.

Cette variété est très-naine et très-propre à la culture forcée. Son grain est très-savoureux, mais il est peu productif. On peut aussi la cultiver en bordure.

#### B. *Variétés de seconde saison*

### 16. — Pois nain gros sucré

Tiges de 0<sup>m</sup>,25; feuilles étroites; fleurs blanches; cosses très-peu arquées, longues de 0<sup>m</sup>,06 à 0<sup>m</sup>,07; grains jaunes très-blonds, ronds et très-réguliers.

Cette variété est bonne et productive, mais elle demande une bonne terre. Elle craint peu les sécheresses. Son grain est plus tendre que le grain du *pois très-nain de Breta-gne* (15).

### 17. — Pois ridé nain

Tiges de 0^m,40 à 0^m,50; feuilles étroites; fleurs blanches; cosses un peu arquées, longues de 0^m,06 à 0^m,07; grains carrés, ridés, jaune blond ou jaune verdâtre.

Cette variété est moins tardive que le *pois ridé à rames* (10). Elle est productive. Son grain est très-sucré.

La sous-race, dite *pois ridé nain vert*, a aussi un grain excellent et très-tendre; mais elle est tardive et assez délicate.

DEUXIÈME DIVISION

COSSES SANS PARCHEMIN

TROISIÈME SECTION

*Pois à rames.*

*Variétés de troisième saison*

### 18. — Pois corne de bélier

*Synonymie :* Pois de St-Quentin.      Pois crochu à larges cosses
Pois sans parchemin à fleurs      Pois faucille.
blanches.      Pois à grandes cosses.

Tiges de 1^m,50 à 1^m,70; feuilles larges; fleurs blanches; cosses longues, larges, très-arquées; grains gros, arrondis, irréguliers, jaune blanchâtre.

Cette variété est vigoureuse et tardive. Elle est regardée comme un excellent pois mange-tout. Son grain est très-farineux. Elle exige de grandes rames et elle est très-productive dans les bonnes terres.

On cultive accidentellement une sous-race à fleur rouge, que l'on nomme *pois corne de bélier à fleur rouge, pois chocolat, pois à bouquet rouge, pois sans parchemin à fleurs rouges.* Cette sous-variété est moins estimée que la précédente. Sa graine est arrondie, brun pâle, marbrée de roux.

### 19. — Pois géant sans parchemin

*Synonymie :* Pois d'Alger.      Pois d'Espagne.

Tiges de 1^m,35 à 1^m,50; feuilles larges, marquées de rouge autour de leur insertion sur les tiges; fleurs blanches; cosses très-longues et très-larges, arquées et très-contournées; grains gros irréguliers, jaune verdâtre pointillé de brun.

Cette variété est vigoureuse, mais elle est peu productive; en outre, ses cosses vertes sont de qualité secondaire.

On cultive quelquefois les deux variétés suivantes :

1. *Pois turc à fleur blanche sans parchemin.*

2. *Pois turc à fleur rouge sans parchemin.*

Ces deux variétés sont aussi peu productives.

QUATRIÈME SECTION

*Pois nains.*

A. *Variété de première saison.*

### 20. — Pois nain sans parchemin

*Synonymie :* Pois sans parche nain.

Tiges de 0$^m$,05 à 0$^m$,75; feuilles assez larges; fleurs blanches; cosses arquées, longues de 0$^m$,07 à 0$^m$,08 ; grains arrondis ou déprimés, jaune
blond.

Cette variété est productive et précoce : ses cosses sont
nombreuses et tendres. On peut la cultiver sous châssis.

B. *Variétés de deuxième saison.*

### 21. — Pois ridé nain sans parchemin

Tiges de 0$^m$,70 à 0$^m$,80; feuilles larges; fleurs blanches; cosses moyennes,
peu arquées; grains un peu carrés, ridés et jaune verdâtre.

Cette excellente variété est assez productive, mais elle
est un peu délicate. Son grain est très-sucré.

DEUXIÈME GROUPE

## Pois vert à purée

CINQUIÈME SECTION

*Pois à rames.*

A. *Variété de troisième saison.*

### 22. — Pois vert normand

*Synonymie :* Pois carré vert.      Pois gros vert.
        Pois vert de Noyon.      Pois bleu à rames.
        Pois vert de Picardie.      Pois gros carré vert.

Tiges de 1$^m$,60 à 2 mètres; feuilles larges; fleurs blanches; cosses longues de 0^m,09 à 0^m,10, presque droites; grains arrondis, déprimés plutôt que carrés, verdâtres ou vert bleuâtre.

Cette variété est productive et remarquable par la belle qualité de ses grains, que l'on mange après les avoir divisés, et que l'on nomme alors *pois verts cassés*. Elle est tardive. Ses semences cuisent facilement.

Comme tous les pois qui appartiennent à ce groupe, les graines de cette variété ont leur partie interne très-verte et une enveloppe vert bleuâtre ou vert glauque.

SIXIÈME SECTION

*Pois nains.*

B. *Variétés de deuxième saison.*

### 23. — Pois vert nain petit

*Synonymie :* Pois vert nain anglais.

Tiges de 0^m,40; feuilles étroites; fleurs blanches ; cosses arquées, longues de 0^m,05 à 0^m,06; grains réguliers, arrondis, petits et verdâtres.

Cette variété a un grain très-sucré, mais elle est un peu délicate.

### 24. — Pois vert nain impérial

Tiges de 0^m,50 à 0^m,60 ; feuilles larges ; fleurs blanches; cosses très-peu arquées, longues de 0^m,08 ; grains déprimés, arrondis, verdâtres ou vert bleuâtre.

Cette variété est productive et d'excellente qualité, mais elle est difficile sur la nature du sol.

### 25. — Pois vert nain gros

*Synonymie :* Pois nain vert de Prusse.          Pois bleu nain.

Tiges de 0^m,60 à 0^m,70 ; feuilles moyennes ; fleurs blanches; cosses longues de 0^m,06 à 0^m,07 ; grains arrondis, réguliers, gros et verdâtres.

Cette variété est rustique et très-productive. Son grain est sucré et il peut être mangé comme petit pois.

Le pois nain vert gros est très-cultivé dans le nord de la France : en Flandre et dans la Picardie.

### TROISIÈME GROUPE

# Pois des Indes

## 1. — Pois cajan

(CYTISUS CAJANUS, Lam.)

*Synonymie :* Cajan jaune.
Pois des Indes.
Pois de Congo.
Pois en arbre.
Pois d'Angole.
Pois de sept ans.
Cytise Cadjan.
CAJANUS INDICUS, Sp.
CAJANUS FLAVUS, DC.

Ambrevades des Antilles.
Catjany du Malabar.
Haricot bomberas.
Cajan indien.
Lentille du Soudan.
Cytise des Indes.
Maïs indien.
CYTISUS PSEUDO CAJANUS, Jacq.
CAJANUS BICOLOR, D.

Arbrisseau appartenant aussi à la famille des légumineuses, de 2 à 3 mètres de hauteur, tiges droites, lisses ; feuilles alternes, pétiolées, à trois folioles lancéolées, veloutées, vert jaunâtre ; fleurs jaunes disposées en grappes axillaires et pédonculées ; gousses nombreuses comprimées, oblongues ; graines rondes, légèrement aplaties, de la grosseur d'un petit pois et roussâtres.

Cette légumineuse est cultivée dans l'Inde, à la Réunion, à la Jamaïque, au Malabar, à la Guadeloupe, à Madagascar, à la Martinique, à l'île Maurice, à Saint-Domingue, aux Antilles, dans la Nubie, au Congo, à Java, en Amérique, etc. Les Hindous l'appellent *Dohl*, les Indiens *Harada* ou *Urhur;* au Congo on l'appelle *Voando owendo.* Ses graines sont alimentaires.

L'Inde cultive trois variétés du cytise Cajan :

1° Le *cytise Cajan à graine blanche;*

2° Le *cytise Cajan à graine rouge;*

3° Le *cytise Cajan à graine noire.*

Ces trois variétés sont très-cultivées dans l'Oude et le Lucknow. La première y est connue sous le nom d'*urhur safed;* la seconde, qui est la plus élevée, sous celui d'*urhur hall;* la troisième, qui est la plus répandue, est appelée *urhur kola.* Le plus ordinairement les graines du cytise Cajan à graine noire ne sont utilisées qu'après avoir été grillées. Alors on les appelle *chabanah.*

Le pois cajan, qui produit des graines rouges, a des tiges rougeâtres, des fleurs pourpres et des gousses maculées.

Cette légumineuse ne peut être cultivée en France que dans une serre tempérée. Ses graines, à la Réunion, aux Antilles, à Madagascar, etc., sont appelées *ambrevades, embrevades, embrevatte jaune* ou *embrevatte rouge*.

Le pois cajan est très-cultivé au Congo, sur les bords du Zaïre.

### 2. — Pois de Mascate

(ALYSICARPUS STYRACIFOLIUS ; HEDYSARUM STYRACIFOLIUM, L.)

Cette légumineuse appartient aussi aux régions intertropicales. Ses graines sont alimentaires ; elles sont contenues dans une gousse articulée. A la Réunion, on les nomme *pois noir de Mascate.*

Les alysicapes sont voisins du genre sainfoin ou *hedysarum.*

QUATRIÈME GROUPE

## Pois asperge

| | |
|---|---|
| *Synonymie :* Lotier tétragone. | Tétragonolobe pourpre. |
| LOTUS TETRAGONOLOBUS, L. | TETRAGONOLOBUS PURPUREUS, Mœn. |

Le pois asperge ou lotier tétragone est annuel. On mange ses gousses vertes avec plaisir. Ces gousses sont linéaires, à quatre ailes et longues de $0^m,07$ à $0^m,09$ ; elles renferment des graines globuleuses et jaunâtres quand elles sont sèches.

Cette espèce a des fleurs solitaires d'un beau pourpre brun.

On cultive en Asie une espèce appelée *Pois égyptien* (PISUM JOMARDI, Sch.) qu'on regarde comme productive.

---

# CHAPITRE III



## COMPOSITION DU POIS

Analyses des pois blancs, des petits pois et des pois à purée. — Analyses des cendres provenant de l'incinération des graines et des tiges. — Analyse du pois cajan.

Le pois est la semence légumineuse la plus riche en parties alibiles. Voici la composition du *pois ordinaire* ou *pois blanc* :

|                        | Payen. | Boussingault. |
|------------------------|--------|---------------|
| Amidon, dextrine       | 58,7   | 59,6          |
| Substances azotées     | 25,8   | 23,9          |
| Matières grasses       | 2,1    | 2,0           |
| Ligneux, cellulose     | 5,5    | 5.6           |
| Sels minéraux          | 2,2    | 2,0           |
| Eau                    | 9,7    | 8,9           |
|                        | 100,0  | 100,0         |

Les *pois verts* renferment les éléments ci-après :

|                        | Petit pois vert. |
|------------------------|------------------|
| Amidon                 | 3,45             |
| Sucre                  | 4,55             |
| Albumine               | 0,90             |
| Matière extractive     | 0,65             |
| Phosphate de chaux     | 0,19             |
| Fibres ligneuses       | 10,31            |
| Eau                    | 80,00            |
|                        | 100,00           |

|                        | Pois à purée sec. |
|------------------------|-------------------|
| Amidon, dextrine       | 58,0              |
| Substances azotées     | 25,4              |
| Matières grasses       | 2,0               |
| Ligneux, cellulose     | 1,9               |
| Sels minéraux          | 2,5               |
| Eau                    | 9,7               |
|                        | 100,0             |

Les pois à purée contiennent donc davantage de substances azotées et moins de cellulose que les pois jaunes

secs ; ce qui justifie la supériorité de leur pouvoir alimentaire.

Les pois donnent, à l'incinération, 3 pour 100 de cendres, et les tiges de 5 à 6 pour 100. Voici, d'après Leichoff,
Braconnot, etc., les analyses moyennes de ces résidus :

|                        | Grains. | Paille. |
|------------------------|---------|---------|
| Potasse                | 56,50   | 12,58   |
| Soude                  | 7,23    |         |
| Chaux                  | 5,56    | 57,57   |
| Magnésie               | 8,54    | 6,53    |
| Acide sulfurique       | 33,52   | 7,23    |
| Acide phosphorique     | 4,59    | 9,00    |
| Silice                 | 1,52    | 20,40   |
| Chlorure de sodium     | 2,16    | 4,88    |
| Oxyde de fer           | 0,98    | 2,01    |
|                        | 100,00  | 100,00  |

La forte proportion de chaux que renferment les cendres
des tiges et des feuilles sèches indique bien que les pois
doivent être cultivés de préférence sur des terres riches en
sels calcaires.

Les graines du *Pois cajan* ou *Pois d'Angole* sont très-
alimentaires. Suivant M. Gastinet, elles ont la composition
ci-après :

|                     |        |
|---------------------|--------|
| Amidon              | 54.00  |
| Matières grasses    | 2.25   |
| Légumine            | 15.25  |
| Matière extractive  | 5.75   |
| Tannin              | 1.50   |
| Cellulose           | 4.50   |
| Matières minérales  | 5.00   |
|                     | 100.00 |

Ces semences sont très-estimées par les nègres des
Antilles et de la Martinique.

# CHAPITRE IV

## TERRAIN



**Nature.** —Les pois cultivés pour leurs cosses vertes ou leurs grains secs demandent des terres de moyenne consistance, des terres calcaires argileuses ou argilo-siliceuses.

Ils ne végètent pas très-bien sur les terrains sablonneux, les argiles plastiques et les sols tourbeux.

Les pois qu'on sème en automne ou au commencement de l'hiver doivent être cultivés sur des terres saines et exposées au midi, ou abritées des vents du nord.

Les pois cultivés comme plantes annuelles doivent être semés autant que possible sur des terres ayant la propriété de conserver une certaine fraicheur pendant les chaleurs printanières.

Ceux qui végètent sur des terrains que le soleil dessèche aisément fournissent toujours peu de cosses, et les grains contenus dans celles-ci durcissent promptement.

Les relais de mer sont très-favorables aux pois.

**Fertilité.** — Le pois est une plante exigeante; aussi est-il nécessaire de le cultiver sur des terres de bonne qualité ou convenablement fertilisées par des engrais d'une décomposition facile.

Il s'accommode très-bien des fumiers à demi décomposés et des boues de ville, engrais qui est très-actif quand il a été bien préparé.

On favorise sa végétation en chaulant ou marnant les terres qu'on lui destine.

**Préparation**. — Les pois demandent des terres bien préparées.

La petite culture prépare ordinairement à bras les terrains sur lesquels elle les cultive. Dans la moyenne culture, cette préparation se fait toujours à l'aide des instruments aratoires.

Les *pois nains*, qu'on sème au printemps ou à la fin de l'hiver, peuvent être cultivés sur des terres labourées à plat ou en planches; ceux qu'on doit semer en novembre ou en février exigent, dans l'Europe septentrionale, que le sol qu'on leur destine soit disposé en ados inclinés vers le midi, afin que la couche arable puisse être plus aisément échauffée par le soleil, soit pendant l'automne, soit à la fin de l'hiver.

En général, les semis d'automne qui réussissent le mieux dans les environs de Paris sont ceux qu'on opère sur des terrains inclinés, de consistance moyenne et exposés au midi ou au sud-est.

Les *pois à rames* doivent être semés sur des terrains disposés en petites planches ayant 1$^m$,20 à 1$^m$,30 de largeur. Ces planches sont ordinairement séparées les unes des autres par un petit sentier.

# CHAPITRE V

## SEMAILLES



**Époque.** — Le pois Michaux ordinaire ou pois de Sainte-Catherine (5) se sème ordinairement vers le 25 novembre ou au commencement de février. Ainsi cultivé, il résiste bien aux froids ordinaires, surtout quand il occupe des terrains sains et exposés en plein midi.

Les autres variétés, dans l'Europe septentrionale, doivent être semées en mars, avril, mai et juin, selon leur précocité et les produits qu'on leur demande.

Lorsque les pois doivent fournir des cosses vertes ou des *petits pois*, on renouvelle souvent les semis, tous les 10, 12 ou 15 jours.

Les variétés hâtives peuvent être semées, à bonne exposition, dès le 15 février. Les pois auxquels on demande des grains secs ne doivent être semés au delà du mois d'avril.

En Grèce, tous les semis se font en novembre.

**Exécution.** — On sème les pois à la volée, en rayons ou en poquets. Les semis à la volée ne sont possibles que quand on cultive le pois vert à purée (22, 24 et 25).

Toutes les autres variétés, celles surtout qui doivent fournir des cosses vertes, sont toujours semées en lignes ou rayons espacés de 0ᵐ,35, 0ᵐ,40 et quelquefois 0ᵐ,50.

Il est très-utile de diriger les rayons du nord au sud, toutes les fois que les circonstances le permettent.

Les pois doivent être espacés les uns des autres dans les

rayons de 0<sup>m</sup>,03 à 0<sup>m</sup>,05, suivant la fertilité du sol et le développement que peut prendre la variété cultivée.

On couvre les graines avec la charrue, ou à l'aide du râteau ou de la binette.

Les semences doivent être placées à 0<sup>m</sup>,05 ou 0<sup>m</sup>,06 au-dessous du niveau de la couche arable, afin qu'elles germent plus facilement et que les oiseaux ne puissent aisément les déterrer.

En général, il vaut mieux semer les pois un peu drus que trop clairs.

Les semis en poquets sont peu pratiqués. Quand on les exécute, on espace les fosses de 0<sup>m</sup>,30, et on met 5 à 6 grains dans chaque poquet.

On doit, autant que possible, semer les pois par un beau temps. Il faut éviter que la terre, après le semis, soit battue par des pluies abondantes.

**Quantité de graines.** — On sème ordinairement par hectare de 200 à 250 litres de semences, selon le développement que les plantes peuvent prendre.

Fig. 68.
Bruche des pois.

Fig. 69.
Bruche grossie.

Fig. 70. — Pois
attaqué par la bruche.

Les pois attaqués par la *bruche* (fig. 68, 69 et 70) ne lèvent pas toujours très-bien (voy. p. 413).

Les semences germent au bout de 8 à 12 jours, suivant la température et l'humidité de la couche arable.

# CHAPITRE VI



## SOINS D'ENTRETIEN

Binages et hersages. — Emploi des rames. — Manière de les disposer. —
Etêtage ou pincement des pois. — Plantes parasites.

Les pois n'exigent pas, pendant leur développement, de nombreux soins d'entretien.

**Binages**. —Quand le sol a été durci par l'action simultanée des pluies et du soleil, et lorsque les mauvaises herbes commencent à envahir la couche arable, on opère un binage qu'on répète, s'il y a nécessité, avant que les plantes aient de $0^m,15$ à $0^m,20$ de hauteur.

Dans la moyenne culture, on fait précéder cette façon d'ameublissement par un *hersage*, lorsque le sol s'est durci après le semis. Ce hersage, en divisant la superficie de la terre, favorise la germination des graines.

Enfin, quelquefois on remplace le deuxième binage par un *sarclage*.

**Rames**. — Les variétés à tiges élevées qu'on cultive dans des terres fertiles et fraîches doivent être soutenues par des rames ou branches ramifiées, sèches et dépourvues de feuilles, afin que les pluies ne les couchent pas sur la terre.

Toutefois, si ces rames sont nécessaires dans les jardins, elles sont rarement en usage quand on cultive les mêmes variétés en plein champ, parce que les tiges de ces plantes, à cause de leur moins grande élévation, se soutiennent alors presque toujours d'elles-mêmes au-dessus du sol.

Quand on doit ramer des pois, on fiche en terre des

branches de chênes ou de châtaigniers émondés ; on les casse à la serpe, à un mètre environ de leur extrémité inférieure, et on rabat leur partie supérieure vers le sol. Une seule rangée de rames ainsi disposées suffit toujours pour deux à trois lignes de pois.

**Étêtage ou châtrage.** —Dans diverses contrées, on pince les pois au moment où apparaissent la 3e ou la 4e fleur.

Cette opération est faite dans le but de favoriser la fécondation des fleurs médianes et le développement des gousses qui en résultent.

On châtre ou on *émonde* les pois en supprimant avec le pouce ou l'index les bourgeons terminaux des principales tiges.

En général, l'étêtage n'est pratiqué que dans les jardins ou par la petite culture.

**Plantes parasites.** — Les feuilles des pois sont sujettes, dans les années humides, à être attaquées par la *rouille.*

Dans les années sèches, les tiges et les feuilles sont quelquefois envahies par un cryptogame appelé *blanquet* (voy. p. 480).

# CHAPITRE VII

## RÉCOLTE

Cueillette des cosses vertes. — Précautions à prendre pour que les gousses conservent leur couleur verte. — Pois fins. — Pois mange-tout. — Récolte des pois secs. — Battage des cosses.

**Pois verts.** — On récolte les pois en vert ou en sec.

La *récolte des cosses vertes* se continue plusieurs fois par semaine.

On doit éviter de les cueillir par la pluie. Celles qu'on récolte par des temps pluvieux brunissent facilement quand elles sont mises dans des sacs ou dans des paniers, et elles perdent par conséquent de leur fraîcheur.

Cette cueillette est plus difficile que la récolte des haricots verts. Les femmes qui sont chargées de l'exécuter doivent marcher dans les sentiers et éviter de fouler ou d'arracher les tiges. Pour ne pas endommager les plantes, elles saisissent par la main gauche la tige qui porte la cosse à cueillir et détachent celle-ci à l'aide de la main droite.

Les cosses ainsi récoltées sont déposées dans un panier ou dans le tablier relevé en forme de poche que chaque cueilleuse a devant elle.

Il est très-important, dans cette récolte, de ne cueillir que des cosses ayant le même développement, afin de pouvoir livrer à la vente des *petits pois* ayant à peu peu la même grosseur.

Lorsqu'on doit livrer des *pois fins*, il est utile de cueillir les cosses en temps voulu. Les cosses récoltées quand elles sont encore peu développées fournissent toujours moins que les autres; mais les grains qu'on en retire par l'*écossage* se vendent beaucoup plus cher.

Les *pois mange-tout* ou *pois goulus* se cueillent plus tardivement, afin que leurs cosses renferment des pois déjà gros.

Les grandes chaleurs et surtout les sécheresses durcissent les cosses et les pois.

**Pois secs**. — La *récolte des pois secs* a lieu après la cueillette des cosses vertes, et lorsque les dernières gousses et les tiges sont sèches.

Les *pois verts à purée* sont aussi récoltés quand les cosses sont mûres.

On coupe les tiges à la faucille ou au volant et on laisse les tiges en javelles. On les met ensuite en bottes à l'aide de liens de paille. On doit opérer par un beau temps et le matin, pour que les cosses perdent le moins possible de graines.

Il est nécessaire de rentrer promptement la récolte. Les pluies ont l'inconvénient de nuire à la couleur normale des graines.

Le battage des cosses se fait au moyen de fléaux légers, afin de ne pas écraser les semences. On l'opère sur une aire de grange quand les tiges et les cosses sont bien sèches.

La récolte des *pois jaunes* secs présente toujours moins de difficulté.

# CHAPITRE VIII

## RENDEMENT

Rendement des pois en cosses vertes. — Poids d'un hectolitre de cosses vertes. — Quantité de petits pois fournie par les cosses. — Poids d'un litre de pois écossés. — Rendement des pois verts à purée. — Produit en jaille. — Poids d'un hectolitre de graines.

**Graines.** — Les pois auxquels on demande des *petits pois* produisent beaucoup, surtout lorsqu'ils sont cultivés dans des terres de bonne qualité.

Dans les circonstances ordinaires, le pois Michaux commun et le pois de Clamart donnent de 50 à 80 hectolitres de *cosses vertes* par hectare.

Un hectolitre de cosses vertes, en temps ordinaire, pèse de 50 à 55 kilogrammes. Il donne à l'écossage de 18 à 20 litres de pois de moyenne grosseur.

En général, il faut de 4 à 6 kilogrammes de cosses pleines pour obtenir 1 kilogramme de petits pois moyens.

Le poids d'un litre de pois écossés frais varie entre 500 et 600 grammes.

Les *pois verts à purée*, cultivés dans de bonnes terres, donnent, en moyenne, de 20 à 30 hectolitres de *pois secs*. En Flandre, leur produit atteint souvent 55 à 40 hectolitres.

**Paille.** — En général, ces légumineuses ne donnent pas, en moyenne, au delà de 5,000 kilogrammes de paille ou de tiges sèches.

**Poids des graines.** — Un hectolitre de graines pèse de 78 à 80 kilogrammes.

# CHAPITRE IX

## EMPLOIS DES PRODUITS

Les petits pois fins, moyens et gros. — Les pois mange-tout. — Emploi des pois secs ordinaires, des pois verts non décortiqués et des pois verts cassés ou décortiqués. — Les cosses vertes peuvent être données au bétail. — Emploi des tiges sèches.

**Petits pois**. — Les pois à parchemin se mangent écossés, sous forme de *petits pois*.

Le commerce divise les *pois écossés* suivant leur grosseur en trois catégories : les *fins*, les *moyens* et les *gros*. Les premiers sont les plus recherchés et les plus chers.

On conserve les petits pois suivant le procédé Appert.

Les *pois mange-tout* ou *pois gourmands* se mangent avec leurs cosses, parce que celles-ci n'ont pas de parchemin.

**Pois secs**. — Les *pois secs* servent à faire des purées.

Les *pois verts* non décortiqués, à cause de la nuance de leur pellicule, sont désignés sur les marchés du nord de la France sous le nom de *pois bleus* ou *pois verts*. Les plus recherchés sont connus sous le nom de *pois verts normands*.

Les *pois verts cassés* ou *pois verts décortiqués* sont débarrassés de leur enveloppe ; ils portent dans le commerce les dénominations suivantes : *Petit-Dreux, Gros-Dreux, Noyon*. Ces deux derniers pois sont les plus estimés. On les vend, en moyenne, de 28 à 32 francs l'hectolitre.

Les *pois ordinaires secs* sont appelés *pois blancs*.

**Cosses vertes**. — Les *cosses vertes* peuvent être données aux vaches laitières, qui les mangent avec avidité.

**Tiges sèches**. — La paille est excellente pour le bétail quand elle n'a pas été altérée par la pluie.

# LIVRE VII

## POIS CHICHE

**Cicer arietinum, L.**

(De χάχυς, force ; allusion aux qualités nutritives des graines.)

*Plante dicotylédone de la famille des légumineuses*

*Anglais.* — Chick pea.
*Allemand.* — Kicher erbse.
*Espagnol.* — Garbanzos.
*Italien.* — Cece.
*Portugais.* — Grão de bico.

*Péruvien.* — Garbanzo
*Égyptien.* — Malâneh.
*Indien.* — Karaw, Gram.
*Arabe.* — Al-Koular.
*Hébreu.* — Ketsech.

Le pois chiche est connu depuis les temps les plus anciens. Les Hébreux, les Égyptiens et les Grecs l'ont cultivé comme plante alimentaire. Théophraste l'a très-bien décrit, et Gallien, Pline, Columelle ont fait connaître comment les Latins le cultivaient. Il a été introduit en 1548 dans le midi de la France.

On le cultive dans la Provence et le Languedoc, en Italie, en Espagne, en Afrique et en Asie. Il est aussi très-cultivé en Égypte sur les terrains qui sont annuellement submergés dans les environs du Caire, de Damiette et de Rosette, et dans les plaines de Saqquârah et de Birket-el-Haggy.

On le connaît en Europe sous les dénominations suivantes : *garvance, cicérole, pois cornu, garvane, pois chiche, pois pointu, ciseron, cicérole, pois colombin, pois tête de bélier, pois égyptien, séséruu.*

# CHAPITRE PREMIER

## CONDITIONS CLIMATÉRIQUES

Le pois chiche appartient à la culture du midi de l'Europe. — Il mûrit imparfaitement ses graines dans la région méridionale. — Cette légumineuse est une plante précieuse pour les climats très-tempérés. — Bosc s'est trompé quand il a dit qu'elle était bisannuelle.

Le pois chiche exige, pour végéter et mûrir ses semences, une température plus élevée que la somme de chaleur qui assure la réussite du haricot.

Il est très-peu cultivé dans la région septentrionale de la France. Le climat de cette région ne permettant pas de le semer avant les mois de mars ou avril, il en résulte qu'il n'y mûrit pas toujours parfaitement ses graines.

Mais, si dans le nord de l'Europe on lui préfère les pois verts à purée, par contre dans le midi de la France, en Espagne, en Italie, en Égypte, etc., on le regarde comme une plante précieuse, parce que, dans ces contrées, il supporte très-bien, au printemps, et les fortes chaleurs et les grandes sécheresses.

Bosc s'est trompé quand il a recommandé de semer le pois chiche après la récolte des céréales, et lorsqu'il a ajouté que cette légumineuse pousse alors rapidement, parvient presque toujours à se mettre en état de résister aux gelées et aux pluies continuelles et qu'elle mûrit son grain l'année suivante. Le pois chiche est une plante annuelle qui doit être semée aussitôt que possible à la fin de l'hiver. Ses graines arrivent à maturité vers la fin de juin ou au commencement de juillet.

# CHAPITRE II

## ESPÈCE ET VARIÉTÉS

Caractères du pois chiche. — Variétés cultivées par les Romains. — Variétés
cultivées aujourd'hui en Europe : le pois chiche ordinaire, rouge et noir. —
Pois chiche denté.

Le pois chiche est annuel (fig. 71). Toutes ses parties
herbacées sont couvertes de poils glanduleux. Voici ses
caractères distinctifs :

Tiges anguleuses de 0$^m$,30 à 0$^m$,50 de hauteur ; feuilles imparipennées, à
pétioles terminés en vrilles ; folioles ovales et dentées, et stipules lancéolées ;
fleurs petites, blanches, axillaires, solitaires et pédonculées ; gousses rhom-
boïdes ou ovales, enflées et à deux graines presque rondes, et terminées par
une pointe courbée du côté de l'ombilic.

Cette légumineuse jouit de la propriété singulière d'avoir
des feuilles sur lesquelles, pendant le mois de mai et sous
l'action du soleil, transsude de l'acide oxalique.

Les Romains cultivaient trois sortes de pois chiche (*ci-
ceri*) : 1° le *pois chiche ariétin*; 2° le *pois chiche colombin*;
3° le *pois chiche noir*.

Le pois chiche colombin était blanc jaunâtre et plus petit que l'ariétin. On l'utilisait dans les cérémonies en l'honneur de Vénus. C'est pourquoi il était souvent désigné sous
le nom de *pois chiche de Vénus*.

Le *cicercula* des Latins était la *jarosse* (LATHYRUS CICERA, L.).
D'après Pline, la graine de cette légumineuse différait du
*cicer* par sa couleur obscure et sombre.

De nos jours, on cultive les variétés suivantes :

### 1. — Pois chiche blanc
(CICER ARIETINUM, L.)

La graine (fig. 72) que fournit cette légumineuse est blanc

jaunâtre ou blanc un peu rosé. Elle est plus ou moins grosse,
selon les terrains et les contrées où le pois chiche est cul-

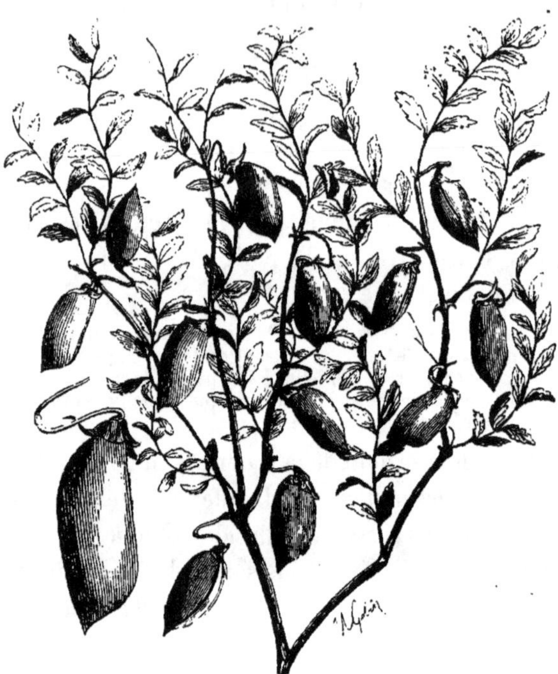

Fig. 71. — Pois chiche.

tivé. En général, les semences qui proviennent de plantes
ayant végété dans un terrain fertile situé sous un climat

Fig. 72. — Graines du pois chiche.

très-tempéré sont plus belles, plus volumineuses, plus
alimentaires que les graines qu'on récolte dans les contrées rapprochées de la région septentrionale.

Dans le commerce on distingue les trois sortes suivantes :

1. Le *pois chiche d'Espagne*, qui est très-gros;

2. Le *pois chiche commun;*

5. Le *pois chiche petit*, qui est plus sphérique que le précédent.

### 2. — Pois chiche rouge
(CICER ARIETINUM RUBRUM, H.)

Cette variété a une fleur rouge ou rose et des graines rouge brun. Elle est cultivée dans le midi de la France, en Italie et en Espagne. Ses graines sont rougeâtres et elles deviennent très-rouges par la cuisson.

### 3. — Pois chiche noir
(CICER ARIETINUM NIGRUM, H.)

La fleur de cette variété est rouge sombre. Ses graines sont d'un beau noir mat.

Ce pois chiche est cultivé en Italie. Au dire de Pline, les graines du *pois chiche noir* et du *pois chiche rouge* (2) sont plus fermes et plus savoureuses que les semences petites ou grosses du *pois chiche blanc* (1).

### 4. — Pois chiche denté
(CICER ARIETINUM DENTATUM, Desv.)

Cette variété est un peu tardive; ses grains ont sur leurs angles des dentelures apparentes. Elle est cultivée à l'île de Bourbon.

# CHAPITRE III

## CULTURE



**Terrain**. — Le pois chiche doit être cultivé sur des terrains secs, graveleux ou pierreux et profonds. Il réussit mal sur les terres tenaces et froides.

Cette légumineuse étant épuisante, il faut lui destiner des sols de bonne qualité et convenablement fumés. Dans le midi de l'Europe, on a toujours constaté qu'elle effritait le sol quand elle était cultivée sur des terrains qui n'avaient pas reçu d'engrais.

La faculté épuisante du pois chiche est telle que beaucoup de baux, dans les provinces méridionales, en défendent complétement la culture.

On prépare le sol par un ou deux labours, selon l'état de la couche arable et la plante qui a occupé en dernier lieu le sol.

**Semailles**. — On sème le pois chiche depuis le mois d'octobre jusqu'à la fin de février.

En Espagne et en Italie, les semis se font toujours en automne.

Dans la Provence et le Languedoc, on les exécute en novembre ou pendant les mois de janvier ou février.

Dans la région du Sud-Ouest et sous le climat de Paris,

on sème le pois chiche en mars ou avril. A Rome, autrefois, on le semait aussi au printemps.

A Pondichéry, les semis se font pendant le mois de janvier.

On sème le pois chiche à la *volée* ou en *lignes* éloignées les unes des autres de 0^m,50 à 0^m,75.

Lorsqu'on cultive cette légumineuse en lignes, on répand les graines derrière le laboureur pour les enterrer à l'aide d'un second trait de charrue.

On peut aussi semer les pois chiches en *poquets* ou par *touffes* (voy. page 555).

On répand, par hectare, environ 150 litres de semence lorsqu'on opère les semis en lignes ou en poquets.

**Soins d'entretien.** — Les pois chiches cultivés en lignes ou en poquets exigent un ou deux binages, que l'on opère en avril et pendant le mois de mai.

On se borne ordinairement à sarcler les pois chiches qui ont été semés à la volée.

Ordinairement, au second binage, on butte légèrement toutes les plantes.

**Récolte.** — On arrache les pois chiches quand leurs gousses sont presque sèches et lorsque la plupart des graines sont mûres.

Il est utile de récolter ces légumineuses un peu prématurément. Si on laisse les plantes trop mûrir ou trop longtemps à l'action du soleil, les semences durcissent et sont difficiles à cuire. C'est pourquoi on doit s'empresser, après l'arrachage et la mise en bottes, de transporter celles-ci sous un hangar ou dans un grenier.

La récolte des tiges se fait ordinairement en juillet dans le midi de la France.

On bat les tiges sèches du pois chiche au moyen du fléau ou à l'aide du dépiquage.

**Maladies**. — Le pois chiche est sujet à une maladie à laquelle on a donné le nom de *blanquet*.

Cette altération compromet parfois sa réussite dans le midi de l'Europe. Elle se présente sous forme de taches blanches pulvérulentes, plus ou moins étendues, et qui couvrent la surface supérieure des feuilles et celle des tiges. Elle est due à de petits champignons ou *érysiphés*. On ne connaît aucun moyen pour la prévenir ou l'arrêter dans son développement.

**Rendement**. — Le pois chiche est assez productif.

Lorsqu'il a bien végété et qu'il n'a pas été envahi par le *blanquet*, son rendement moyen varie entre 15 et 20 hectolitres par hectare; mais, dans les localités où sa culture est encore mal comprise, ce rendement souvent ne dépasse pas 8 et 10 hectolitres.

En Espagne, où cette légumineuse réussit très-bien et où elle occupe annuellement près de 120,000 hectares, son produit moyen s'élève à 45 hectolitres par hectare.

**Poids de l'hectolitre**. — Un hectolitre de pois chiches pèse de 75 à 76 kilogrammes.

# CHAPITRE IV



## EMPLOI DES PRODUITS

Le pois chiche n'est pas d'une digestion facile. — Les semences qui son.
restées longtemps au soleil cuisent plus difficilement. — Action des sels alcalins. — Emploi de la farine. — Pois chiche grillé ou torréfié. — Gousses
mangées à l'état vert.

Le pois chiche est très-nutritif et favorable à la santé ;
il est recherché par les populations du midi de l'Europe et
celles de l'Asie, quoiqu'il ne soit pas pour tous d'une facile
digestion.

Les graines qui proviennent de plantes qui ont végété
dans des terrains contenant une notable proportion de sulfate de chaux, et celles qui, après l'arrachage des tiges,
sont restées longtemps à l'ardeur brûlante du soleil, sont
difficiles à cuire. On les rend mangeables en les faisant
tremper pendant vingt-quatre heures dans une eau à laquelle on a ajouté du tartrate ou du carbonate de potasse
ou des cendres de bois.

Les semences provenant de plantes récoltées avant
qu'elles soient blanc jaunâtre, c'est-à-dire avant la complète maturité des gousses, et déposées sous un hangar à
l'abri du soleil, cuisent facilement dans l'eau qui dissout
le savon sans addition de potasse ou de soude, et elles ont
un goût très-agréable.

Ces *pois secs* sont mangés bouillis et assaisonnés avec
de l'huile et du vinaigre, ou après avoir été transformés
en purée.

Leur *farine* sert à faire la purée aux croûtons ou la
bouillie que les Provençaux appellent *farnade*, et qu'ils
mangent toujours avec plaisir.

Dans la Provence, le jour des Rameaux, on mange toujours des pois chiches à dîner. Voici, d'après M. Laure, l'origine de cette coutume :

Une affreuse disette désolait la Provence. Un bâtiment chargé de pois chiches arriva à Saint-Raphaël le jour des Rameaux. De partout on courut sur ce bâtiment et beaucoup purent assouvir leur faim.

Ce fut en souvenir de cet heureux arrivage qu'on mangea des pois chiches à pareil jour les années suivantes. Plus tard, on attacha un devoir religieux à cette pratique, et ce devoir se continua. Voilà pourquoi il se mange en Provence plus de pois chiches le jour des Rameaux que dans le reste de l'année.

En Espagne, on consomme beaucoup de pois chiches. Charles IV en faisait servir tous les jours sur sa table.

En Égypte, on grille des pois chiches pour en faire une boisson chaude, analogue au café, moins l'arome, ou on les torréfie légèrement dans une bassine pour les manger sans les faire cuire.

Les fellahs mangent souvent les gousses du pois chiche à l'état vert.

Le pois chiche était autrefois employé en médecine. Chrestien, de Montpellier, lui attribue une action spéciale sur les voies urinaires. Cette propriété explique assez bien pourquoi les semences de cette légumineuse sont tant appréciées en Italie, en Espagne, en Turquie, etc.

# TROISIÈME PARTIE

## PLANTES DES RÉGIONS INTERTROPICALES

### CULTIVÉES

pour leurs racines et bulbes alimentaires, leurs troncs féculifères
et leurs fruits comestibles

---

Les plantes alimentaires qui appartiennent à cette division sont principalement cultivées dans les pays intertropicaux. Les unes sont annuelles et les autres sont vivaces ou persistantes.

Ces plantes ont une grande importance. Elles forment souvent la base de la nourriture de populations très-nombreuses.

Les unes sont cultivées pour leurs racines ou leurs bulbes à la fois charnues et féculentes ; les autres produisent des tubercules qui remplacent très-avantageusement la pomme de terre dans les contrées où elles accomplissent aisément toutes leurs phases d'existence. Enfin les troncs de quelques espèces ligneuses appartenant à la classe des végétaux monocotylédonés, contiennent une fécule très-alimentaire qu'on importe depuis longtemps en Europe.

Les plantes à fruits comestibles sont peu nombreuses, mais elles ont une grande importance. On connait aujourd'hui le rôle que jouent les fruits de l'ananas et du bananier dans l'alimentation des peuples de l'Afrique, de l'Asie et de l'Amérique du Sud.

Toutes ces plantes ne sont pas inconnues en Europe. Les unes y sont cultivées avec succès en pleine terre, dans les parties méridionales ; les autres, soumises à une culture spéciale ou artificielle, fournissent des produits très-estimés et qui ont une valeur commerciale assez élevée.

Je me bornerai, dans les pages qui vont suivre, à faire connaître les procédés culturaux adoptés ou suivis dans les contrées où ces diverses plantes végètent en pleine terre. Je laisse aux ouvrages d'horticulture la tâche d'indiquer les difficultés qu'il faut vaincre pour réussir, lorsqu'on entreprend la culture forcée de la batate, de l'ananas, du bananier, etc.

Les fruits du bananier et surtout de l'ananas sont importés chaque année en France en quantité considérable ; mais si ces fruits ont généralement plus de parfum que les fruits obtenus en Europe à l'aide de la culture forcée, ces derniers, à cause de leur beauté et principalement de leur fraîcheur, se vendent toujours à des prix beaucoup plus élevés.

# LIVRE PREMIER

## PLANTES A RACINES ET A BULBES FÉCULIFERES

---

## CHAPITRE PREMIER

### BATATE OU PATATE DOUCE

**Ipomœa**

(Du grec *ips*, volubilis et *homoios*, semblable).

*Plante dicotylédone de la famille des convolvulacées.*

*Anglais.* — Sweet potato.  *Espagne.* — Batatas boniatos.
*Italien.* — Batata.  *Portugais.* — Batata.

Les anciens n'ont pas connu la batate ; c'est pourquoi elle n'a pas de nom ni en grec ni en latin.

Cette plante est originaire des Indes orientales.

Christophe Colomb, à son retour du nouveau monde en Espagne, en présenta plusieurs tubercules à la reine Isabelle. Sa culture se propagea rapidement dans les parties méridionales de ce royaume et en Portugal. Clusius en mangea en Espagne, en 1601, et les trouva excellentes.

Cette plante a été introduite en France en 1757.

En 1526, les Antilles en possédaient déjà de nombreuses variétés. En 1788, la Guyane et Saint-Domingue en cultivaient chacune au moins quinze variétés,

Daléchamps a connu la patate douce ; il dit que ses racines sont brunes en dehors et blanches en dedans, et qu'elles ont la forme d'un navet. Clusius en a décrit trois variétés :

1° La purpurine ou *rubra*;

2°' La rose ou *rosea*;

3° La blanche ou *alba*.

Ces trois variétés sont encore cultivées dans le midi de l'Europe.

En résumé, la patate douce a été importée en Europe de Manille et des Moluques. Plus tard, les Portugais l'ont transportée dans l'archipel Indien. Elle a été importée dans l'Océanie par les Européens.

De nos jours, cette plante est cultivée dans l'Inde, l'Hindoustan, en Chine, en Cochinchine, aux îles Marquises, à Mayotte, dans la Sénégambie, au Paraguay, aux îles Galapagos, à Madagascar, aux îles Comores, aux Açores, aux Antilles, à Madère, à la Guyane, au Brésil, à la Louisiane, dans l'Araucanie, à Nouka-Hiva, aux Philippines, au Congo, à la Nouvelle-Zélande, dans le Zanguibar et le Zambèse, à la Malaisie, à la Guinée, aux États-Unis, en Espagne, en Italie, en Algérie et dans le midi de la France.

Les botanistes ont désigné la patate douce sous les noms suivants :

| | |
|---|---|
| Ipomea batatas, Lam. | Convolvulus batatas, Lin. |
| Batatas edulis, Choisy. | Convolvulus indicus, Moris. |
| Ipomea tuberosa. | |

Gérard, le botaniste, lui avait donné le nom de *sisarum peruvianum*.

Cette plante est connue au Brésil sous le nom de *jetica*; au Mexique, sous celui de *camote*. Les Guinéens l'appellent *yam*; les Caraïbes, *maby*; les Péruviens, *apichu*. Dans le Soudan, on la nomme *dankali* ou *doukali*; à la Nouvelle-Zélande, *koumara*; au Malabar, *kappa-kelenga*; à Fernando-

Poo, *moniatos*; à Cuba, *boniato*; au Brésil, *cara*; au Japon, *imo*. A Taïti, on l'appelle *oumara*; aux iles Sandwich, *ouhi* ou *ouava*; dans la Mélanésie, *oragaw*. Les Malais la connaissent sous le nom de *pisang*; les Javanais, sous celui de *kantang-olanda*. En langue tamoule, on l'appelle *vellé-walli-kijangoú*.

En Europe, on la nomme *patate douce*, *patate sucrée*, *batate asiatique*, *igname du Brésil*.

La batate appartient bien aux pays intertropicaux. Dans les terres chaudes du Mexique et dans les colonies, sa végétation est très-luxuriante. Dans ces contrées, comme en Europe et en Amérique, le plus léger froid peut altérer ses pousses.

Dans le midi de la France et dans l'Europe méridionale, on ne peut confier ses tubercules à la terre que lorsque la température est douce; parce qu'il est utile, pour que ces racines ne s'altèrent pas, qu'elles puissent entrer en végétation le plus tôt possible.

## SECTION I

### Espèces et variétés cultivées

Batates douces: rouge longue, jaune longue, blanche, violette, rose du Malaga. Batate igname. — Sous-variétés de la batate igname. — Batate à feuilles laciniées. — Batate rampante.

Les espèces cultivées comme plantes alimentaires sont au nombre de trois, savoir :

### I. — Batate douce

(IPOMŒA BATATAS.)

La batate douce a des racines féculifères allongées ou ovoïdes; ses tiges sont rampantes ou volubiles; ses feuilles sont pétiolées, cordiformes et aiguës; ses fleurs campanulées sont purpurines ou pourpres.

Cette espèce a produit des variétés qui diffèrent entre elles par la forme de leurs feuilles et la forme et la couleur de leurs tubercules. Les variétés les plus cultivées sont les suivantes :

### 1. — Batate rouge longue

*Synonymie :* Batate rouge de la Martinique.     Batate purpurine.

Les feuilles de cette variétés ont une coloration vert noir. Ses racines, qui sont effilées et en forme de faucille, sont moins estimées que les racines de la batate blanche ; cependant, au Brésil, elles ont le goût de la châtaigne.

### 2. — Batate jaune longue

Cette variété a aussi des racines irrégulières ; elle a produit deux races : la *batate jaune pâle* et la *batate jaune d'abricot*.

Ses racines sont moins appréciées que les racines de la batate blanche et de la batate rose de Malaga.

### 3. — Batate blanche

*Synonymie :* Batate blanche véritable.     Batate de l'île de France,
      Batate blanche de l'équateur.     Batate blanche d'Otaïti

Cette batate a aussi produit deux sous-races : la *batate blanche à grosses racines* et la *batate blanche à petites racines*. Les racines de cette variété sont très-estimées. Dans l'Océanié, à Taïti, on l'appelle *mawhaha*.

### 4. — Batate violette

*Synonymie :* Batate longue violette.     Batate violette de la Nouvelle-Orléans.

Les racines de cette batate sont irrégulières, allongées, violettes ou rouge foncé en dehors et blanches en dedans ; elles se conservent moins bien que les autres.

### 5. — Batate rose de Malaga

Cette batate a une racine ovoïde très-grosse, à peau rose

fortement nuancée de jaune. Sa chair rappelle le goût de la châtaigne.

Elle a produit deux variétés auxquelles on a donné les noms de *batate rose grise* et de *batate rose hâtive d'Argenteuil*.

### 6. — Batate igname

*Synonymie :* Batate blanche ovoïde.          Igname blanche ronde.
      Pépé blanche.                    Igname de six semaines.

Cette variété est très-hâtive et moins délicate que les autres batates. Ses tubercules sont ovales ou ovoïdes et souvent volumineux ; ils se conservent bien.

La batate igname a produit un grand nombre de sous-variétés qui sont cultivées dans l'Amérique du Sud. Les plus intéressantes sont les suivantes :

1° La *portugaise*, qui se conserve longtemps ;

2° La *caplaron*, qui est très-productive ;

3° La *couscouche blanche*, qui est très-féculente ;

4° La *couscouche rouge*, qui est très-agréable à manger ;

5° *De tous les temps*, qui est très-précoce ;

6° La *Sainte-Luce*, qui est tardive ;

7° La *Barbade*, qui est productive ;

8° L'*oreille de lapin*, qui a des feuilles particulières ;

9° L'*oignon*, dont la chair est rosée ;

10° La *Sophio*, qui est très-estimée.

Toutes ces races proviennent de semis ; elles sont inconnues en Europe.

### II. Batate à feuilles lacinées

(IPOMŒA LACINIATA, Will.)

*Synonymie :* Batate dentelée.

Les feuilles de cette espèce présentent de nombreuses dentelures. Ses racines ne sont pas aussi estimées que celles de l'*ipomœa batatas*.

### III. Batate rampante

(IPOMŒA REPTANS, Poir.; CONVOLVULUS ADANSONII, Dest.)

Les racines de cette espèce sont longues de $0^m,16$ en moyenne, mais elles sont peu développées. Ses tiges sont rarement ascendantes; ses fleurs sont pourpres.

Cette espèce n'est cultivée qu'en Chine, où elle réussit bien.

## SECTION II

## Composition de la batate

La racine de la batate renferme de la fécule et du sucre. — Composition de la batate douce cultivée dans l'Inde, en Amérique et en France. — La batate blanche est moins alimentaire que les autres variétés. — Qualité de la batate igname. — Fécule de patate. — Quantité de sucre cristallisable trouvée par Payen.

Les racines de la batate douce contiennent de la fécule et du sucre. Les racines des dioscorées renferment aussi de la fécule, mais elles ne contiennent pas de parties saccharines.

Les racines de la batate analysées par M. Lépine, à Pondichéry, avaient la composition suivante :

| | |
|---|---|
| Fécule. | 7.62 |
| Fibres amylacées. | 12.56 |
| Mucilage. | 0.20 |
| Albumine | 0.60 |
| Gomme | 1.00 |
| Acide pectique | 0.42 |
| Extrait sucré. | 1.50 |
| Résine jaune | 0.15 |
| Gluten. | 0.15 |
| Eau. | 76.00 |
| | 100.00 |

Cette analyse révèle une forte proportion de fibres et une faible quantité de fécule et de sucre. La batate, cultivée à Pondichéry, a toujours été filandreuse. Ses racines pèsent de 200 à 300 grammes.

M. Emmons a constaté que la batate douce cultivée à la Louisiane contenait :

| | |
|---|---|
| Amidon. | 19.975 |
| Sucre. | 5.800 |
| Dextrine. | 0.750 |
| Fibres. | 1.850 |
| Albumine. | 1.050 |
| Caséine. | 0.225 |
| Matières solubles dans une solution al- | |
| caline. | 2.100 |
| Eau | 69.515 |
| | 100.000 |

Les racines obtenues à la Guyane contiennent 16,51 pour 100 de fécule; celles récoltées à Cuba en renferment de 12 à 15 pour 100 : celles obtenues à Madagascar en contiennent 20 pour 100.

Payen a analysé la batate jaune et la batate blanche. Voici les résultats qu'il a obtenus :

| | B. jaune | B. blanche |
|---|---|---|
| Fécule, sucre, matières azo-tées, matières, etc. | 24.57 | 20.0) |
| Cellulose, acide pectique pec-tine | 5.63 | 2.50 |
| Eau | 72.00 | 77.48 |
| | 100.00 | 100.00 |

En général, la batate blanche est moins recherchée en Europe que les autres variétés appartenant à la même espèce.

Les racines de la patate igname contiennent toujours moins de fécule et de sucre que les racines de la batate jaune et la batate rouge.

La fécule est formée par des globules blancs sphériques qui prennent une coloration lilas foncé quand ils sont soumis à l'action de la vapeur de l'iode.

Payen a trouvé jusqu'à 10 pour 100 de sucre cristallisé dans les racines de la batate douce.

## SECTION III

### Culture

Terrain favorable ou contraire. — Fertilité de la couche arable. — Mode de propagation. — Plantation des tubercules. — Culture de la batate à la Caroline. — Soins d'entretien : binage, buttage et arrosage. — On ne doit pas enlever de feuilles aux batates. — Epoque de la récolte des tubercules. — Opération. — Rendement par hectare. — Conservation des racines. — Les batates pourrissent facilement.

Dans le nord de l'Europe, on cultive la batate sur couche. Dans les pays très-tempérés, on plante toujours en pleine terre en suivant les procédés que je vais indiquer.

**Terrain**. — La batate, sous tous les climats intertropicaux, demande un sol de bonne qualité, une terre de consistance moyenne et plutôt légère que forte. Elle redoute les terres humides; mais elle réussit bien sur les terres neuves et les prairies défrichées.

Cette plante a besoin d'engrais et surtout de fumier à demi-décomposé. Le terreau lui convient très-bien. Lorsqu'on la cultive sur des terres trop fortement fumées, elle produit toujours des racines qui sont moins féculentes et moins saccharifères.

**Plantation**. — La batate se propage à l'aide de ses tubercules.

On met ces racines en terre à des époques qui varient suivant les contrées. A la Caroline, on les plante à la fin de mars; en Algérie, on les met en place à la mi-mai; à Madère, les plantations se font en juin, aussitôt après la récolte du froment.

Les tubercules sont plantés entiers ou après avoir été divisés en deux, trois ou quatre parties, selon leur grosseur. Chaque morceau doit avoir plusieurs yeux. On met les uns ou les autres dans des trous pratiqués sur un sol qui a été préalablement bien préparé. Ces fosses sont espacées de $0^m,30$ à $0^m,40$, sur des lignes distantes de $0^m,50$ à $0^m,60$. Après avoir recouvert les tubercules, on herse le sol pour le niveler.

On peut remplacer les poquets par des sillons ouverts à l'aide d'une charrue.

A la Caroline, où la culture de la batate est très-bien comprise, on multiplie souvent cette plante à l'aide de boutures. Voici comment on opère :

On plante des tubercules aussitôt après qu'ils ont été récoltés. On en met trois ou quatre ensemble, en ayant la précaution de les séparer pour que leurs pousses puissent bien végéter. Au bout de quelques semaines, on voit sortir de chaque morceau de racine une ou plusieurs tiges qui deviennent rampantes et sur lesquelles à chaque nœud se développent des racines qui s'attachent à la terre. A la mi-avril, toute la butte est ombragée par des tiges et des feuilles.

Au mois de mai ou de juin, on détache les tiges enracinées pour planter de nouvelles buttes. Chaque tige présente deux nœuds. Ces boutures sont placées de manière à former une sorte de couronne au sommet de chaque monticule. On les couvre avec soin de terre bien ameublie.

**Soins d'entretien**. — La batate, est plus délicate que les dioscorées; elle demande des soins d'entretien pendant sa végétation.

Aussitôt que les pousses apparaissent à la surface de la terre, on commence à exécuter et les binages et les sarclages. On ne doit jamais laisser les plantes indigènes se développer et atteindre les racines des batates. Pendant ces opérations, on doit avoir la précaution de ne pas déranger les racines. Souvent, dans les pays intertropicaux, on profite d'une bonne pluie pour opérer un nouveau binage entre les lignes et autour des plantes. En général, les tiges volubiles de la batate croissent vite, couvrent promptement le sol, et elles préviennent son envahissement par les mauvaises herbes.

On termine les soins d'entretien en opérant un buttage.

En Égypte, la batate est cultivée avec succès à l'arrosage. Il en est de même dans le royaume de Valence en Espagne.

C'est à tort qu'on coupe quelquefois les feuilles de la batate. Cette suppression arrête ou nuit considérablement au développement des tubercules.

En Amérique, les rats et les musaraignes causent parfois de grands dommages dans les cultures de batate.

**Récolte**. — La récolte des tubercules a lieu à des époques qui varient suivant les contrées. A la Caroline, on arrache les racines pendant les mois de novembre et de décembre; en Algérie, en octobre; à Madère, en décembre, etc. En général, les plantations faites à la Caroline en février donnent des tubercules depuis la Saint-Jean jusqu'à la Saint-Louis.

L'arrachage se fait avec une fourche à trois dents. On coupe préalablement toutes les tiges. Il est utile d'opérer par un beau temps et de ne pas laisser longtemps séjourner les racines sur le sol à l'action du soleil.

Les petites racines sont mises de côté pour la plantation future.

Dans les colonies, on envoie les porcs dans les champs quand l'arrachage est terminé, pour qu'ils mangent les racines qui n'ont pas été récoltées.

**Rendement**. — La batate qui a été bien cultivée sur des terres douces et de bonne qualité est ordinairement très-productive. En Amérique, dans l'Inde et en Égypte, le produit qu'elle donne par hectare dépasse de beaucoup les plus forts rendements de la pomme de terre.

Les racines marchandes réputées belles pèsent, en moyenne, de 200 à 300 grammes. Le poids des racines les plus développées atteint 5 et même 4 kilogrammes.

Le produit en tiges et feuilles est aussi très-abondant.

**Conservation**. — Les racines de la batate se conservent mal pendant longtemps sous tous les climats. Aussi est-il indispensable de prendre toutes les précautions voulues pour les garantir contre le froid et l'humidité. ·

Dans beaucoup de contrées, on les laisse temporairement en tas sur les champs où elles ont été récoltées, après les avoir couvertes de terre, si le sol est léger, ou de paille, d'herbes sèches ou de fougère. Plus tard, on les rentre pour les emmagasiner pendant l'hiver dans des locaux secs.

A la Louisiane, on les dépose dans des bâtiments en planches, ayant 1$^m$,30 de hauteur et couverts de chaume. Ces locaux sont disposés de manière que l'humidité intérieure puisse s'échapper sans permettre au froid d'y avoir accès. Les batates qui fermentent pourrissent aisément.

## SECTION IV

### Emploi des produits

Les racines de la batate sont mangées bouillies ou grillées. — l'écule de batate. — Feuilles consommées en guise d'épinards ou utilisées dans la nourriture du bétail. — Boisson vineuse faite avec la batate.

**Racines**. — Les racines de batate sont sucrées, très-agréables et très-alimentaires. On les mange bouillies ou après les avoir fait cuire sous la cendre ou à l'étuvée. Elles sont cuites quand les doigts s'y enfoncent.

Les racines de la batate se vendent facilement sur tous les marchés des contrées où cette plante est cultivée.

D'après M. Siebold, la batate, au Japon, remplace la pomme de terre. Suivant la coutume du pays, on en mange tous les jours. C'est à tort, dit-il avec raison, qu'on a reproché à la batate d'être trop sucrée pour un aliment et pas assez pour une friandise.

A la Nouvelle-Calédonie, les femmes ne peuvent manger des batates qu'un mois après les hommes et ceux-ci un mois après les prêtres.

**Fécule.** — A l'île Maurice, à la Réunion, à la Guadeloupe, etc., on extrait de ces racines une fécule qui est très-belle et très-appréciée et qu'on appelle *fécule de patate*.

A la Réunion, on transforme la fécule en une poudre de toilette qu'on vend sous le nom de *poudre de Sully*.

A Cuba, on fait de l'*amidon* avec la fécule de la batate comestible.

**Feuilles.** — Les feuilles jeunes de la batate sont souvent mangées en guise d'épinards. Quand elles ont atteint leur développement complet, on les donne au bétail qui les mange avec avidité.

**Boissons.** — A la Nouvelle-Orléans, on obtient des racines, après les avoir fait fermenter, une boisson vineuse qui est estimée.

**Valeur commerciale.** — La batate douce se vend à Paris, en moyenne, 0 fr. 75 le kilogramme. Dans le midi de la France, elle est livrée sur les marchés au prix moyen de 0 fr. 40 le kilogramme.

# CHAPITRE II

## DIOSCORÉE OU IGNAME

### Dioscorea

(Plante dédiée à Dioscoride).

*Plante dicotylédone de la famille des dioscorinées.*

Cette plante est ancienne. Elle est très-cultivée dans l'Amérique méridionale, dans l'Indo-Chine, aux Antilles, à Nicaragua, au Mexique, au Brésil, dans l'Océanie, au Japon, à Java, au Congo, à Madagascar, dans l'Abyssinie, le Zanguebar et la Polynésie, à la Guyane, aux îles Comores, à Bornéo, dans la Guinée, aux Açores, à Madère, dans la Nouvelle-Calédonie, etc., etc.

C'est avec raison qu'on la regarde dans les pays tropicaux comme la succédanée la plus sérieuse et la plus utile de la pomme de terre.

Aux Antilles, on l'appelle *cousse-couche;* à Pondichéry, *cambar* ou *crambar;* à Taïti, *ouhi;* à Java, *yam;* dans le Soudan, *goasa.* Dans d'autres contrées on la désigne sous les noms de *papa, ubi* et *ufi.* En langue tamoule, on la nomme *cochay-kijangou.*

· Le mot *igname* est dérivé de *inhame* ou *yam,* mots qui appartiennent au dialecte des nègres de la Guinée.

Les espèces cultivées sont nombreuses; sauf deux, toutes appartiennent aux contrées situées entre les tropiques.

Les unes ont des rhizomes allongés, les autres produisent des racines tuberculeuses; enfin, certaines dioscorées ont des racines d'un poids extraordinaire.

## SECTION I

### Espèces et variétés cultivées

Caractère du genre dioscorée. — Espèces cultivées ; dioscorée ailée de la
Chine, du Japon, globuleuse, rougeâtre, cultivée, jambe d'éléphant à neuf
feuilles, bulbifère, fasiculée, pourpre, à trois feuilles, à feuilles opposées,
épineuse et deltoïde. — Espèces spéciales cultivées au Brésil et aux
Moluques.

La dioscorée est vivace ; ses tiges sont herbacées ou semi-
ligneuses, volubiles ; elles se développent sur un rhizome
ou tubercule charnu, féculent, qui est ordinairement sou-
terrain ; ses feuilles sont généralement en cœur, et opposées
ou alternes ; ses fleurs sont dioïques et disposées aux aisselles des feuilles sous forme d'épis ou de grappes ; les
fruits sont capsulaires, et renferment deux graines aplaties
et membraneuses.

Les espèces cultivées comme plantes alimentaires sont
au nombre de vingt, parmi lesquelles sept sont bien connues.

#### 1. — Dioscorée ailée

(DIOSCOREA ALATA, L.; RIZOPHORA INDICA, Bur.)

*Synonymie :* Igname ailée.                    Igname blanche.

Tubercule oblong, volumineux, brun au dehors, blanc ou blanc légèrement violacé en dedans, de $0^m,40$ à $0^m,50$ de longueur sur $0^m,10$ à $0^m,20$ de
largeur ; tiges longues pourvue de quatre angles qui se relèvent en ailes
membraneuses rougeâtres ; feuilles opposées, cordiformes, lisses, pointues
et sagittées ; épis mâles paniculés, épis femelles simples ou rameux.

Cette espèce est élégante et elle a plus de feuilles que les
autres dioscorées. Elle est souvent désignée dans les colonies sous les noms d'*igname*, *inham* ou *cambar*. Les nègres
de Guinée l'appellent *yam*. En langue tamoule, on la nomme
*cachay-kijangou*.

La dioscorée ailée est cultivée dans l'archipel Indien, à
l'île Maurice, dans l'Asie équatoriale, sur la côte orientale

de l'Afrique, à Madère, dans les îles de la Polynésie, dans
l'Amérique du Sud, dans les îles de l'océan Pacifique. Dans
l'Indo-Chine, on la cultive avec succès jusqu'à 500 et même
600 mètres d'altitude.

Les racines de cette dioscorée pèsent quelquefois jusqu'à
20 et même 25 kilogrammes. Ses qualités alimentaires sont
bonnes, quoiqu'elles soient bien inférieures à celles de la
patate douce. Il est vrai que ces tubercules féculifères ont
une saveur âcre; mais ils perdent complétement ce défaut
par la cuisson.

La dioscorée ailée a produit un grand nombre de variétés
qui se distinguent les unes des autres par la forme, la couleur et la saveur de leurs rhizomes. Voici celles qu'on regarde comme les plus utiles.

*A. Variétés à tubercules allongés.*

1. D. longue jaune.
2. D. longue marbrée.
3. D. longue petit cierge.
4. D. longue à centre jaune.
5. D. longue rosée.
6. D. longue rouge.
7. D. à chair violette.

*B. Variétés à tubercules arrondis.*

8. D. blanche.
9. D. patte de tortue.
10. D. violette ronde.
11. D. rose ronde.

Toutes ces variétés ont été importées de la Cochinchine
en Europe. Elles végètent assez bien en Algérie.

### 2. — Dioscorée de la Chine

(DIOSCOREA BATATAS, Dne.)

*Synonymie :* Igname chinoise.
Igname batate.
Igname de Chine.
Igname patate.

Rhizome descendant verticalement jusqu'à un mètre de profondeur, grêle
dans sa partie supérieure, renflé vers sa base, ayant la forme d'une massue,
brun fauve extérieurement et blanc opalin à l'intérieur; tiges grêles s'élevant jusqu'à 2 et même 4 mètres, cylindriques, volubiles, striées de violet et
de petites taches blanchâtres; feuilles opposées, vertes, triangulaires, cordiformes, à pétioles assez longs, acuminées au sommet; fleurs mâles et épis
axillaires petits et verdâtres; fleurs femelles en épis plus longs situés aussi
aux aisselles des feuilles; fruit capsuleux fauve, ailée et ayant une seule
graine dans chaque loge.

Cette espèce (fig. 75) a été introduite en France, en 1846, par l'amiral Cécile, et en 1850, par M. de Montigny. Elle est douée d'une grande vitalité et assez rustique pour végéter dans toute la France. Peu de rhizomes féculents se conservent en terre aussi bien que ces tubercules.

Cette dioscorée est désignée en Chine sous les noms de *sain-in, chou-yu, ton-tchou, tschou-yu, chan-yo, chan-yu*, dénominations qui signifient *arum de montagne*. En langue tamoule on l'appelle *kai-valli-kijan-gou*. Elle a été très-bien étudiée et décrite par mon savant collègue, M. Decaisne.

La fécule de la dioscorée de Chine est fine et agréable. Malheureusement, par suite de la longueur de sa racine, qui est cassante, elle n'est pas d'une culture facile. Elle est très-répandue au Japon et en Chine, où elle très-appréciée pour la qualité de ses racines.

Fig. 75. — Dioscorée de la Chine.

Cette dioscorée a produit en Chine une variété de tubercules arrondis, irréguliers, de la grosseur d'une pomme de terre ordinaire, mais inférieure en qualité au rhizome de l'espèce. Cette variété a été appelée *Dioscorée de Decaisne* (DIOSCOREA DECAISNEANA).

### 3. — **Dioscorée du Japon**

(DIOSCOREA JAPONICA, Dne.)

*Synonymie :* Batate japonaise.                    Igname du Japon.

Rhizome de même forme que le tubercule de l'igname de Chine; tiges très-grêles, lisses, filiformes; feuilles ovales, oblongues, longuement acuminées et très-aigües au sommet, minces, parsemées en-dessous de très-petits points bruns; épis floraux très-grêles, cylindriques, solitaires, ayant deux ou trois fois la longueur du pétiole.

Cette espèce est ancienne et voisine de la dioscorée de la Chine. Elle est aussi très-répandue au Japon. Ses rhizomes possèdent les mêmes propriétés alimentaires.

Les Japonais la nomment *dsojo imma-imo*.

### 4 — **Dioscorée globuleuse**

(DIOSCOREA GLOBULOSA, Roxb.)

Tubercule blanc très-gros, sub-globuleux; tiges allongées, volubiles; feuilles longuement pétiolées, sagittées-cordées ; fleurs mâles en épis verticillés, longs et pendants; fleurs femelles simples, dressées et odorantes.

Cette dioscorée est très-cultivée dans l'Inde, où elle est aussi connue sous le nom de *kai-valli-kijangou*. Elle demande un sol frais. On préfère ses tubercules à ceux de la dioscorée ailée, quoiqu'ils contiennent une notable quantité d'eau et qu'ils soient moins riches en fécule.

### 5. — **Dioscorée rougeâtre**

(DIOSCOREA RUBELLA, Roxb.)

Rhizome très-long, oblong, rougeâtre à la surface, atteignant jusqu'a un mètre de longueur ; tiges volubiles; feuilles opposées, sagittées-cordées ; fleurs mâles axillaires, en épis simples ou composés ; fleurs femelles en épis axillaires lâches, presque sessiles et odorantes.

Cette plante est cultivée dans l'Inde et aux Moluques. Son rhizome est de qualité inférieure, parce qu'il est très-mucilagineux. En langue tamoule on la nomme *ale-valli-ki-jangou*.

### 6. — Dioscorée cultivée

(DIOSCOREA SATIVA, Rheede.)

*Synonymie :* Dioscorée commune.　　　　Igname commune.
Dioscorée patte de tigre.　　　　Dioscorée des Antilles.

Rhizome développé et un peu irrégulier; tige arrondie, lisse; feuilles alternes, ovales, presque arrondies, terminées par une longue pointe; épis mâles fasiculés-paniculés; épis femelles simples et agrégés.

Cette dioscorée est rustique et productive; elle est cultivée au Japon, dans l'archipel Indien, sur la côte occidentale de l'Afrique, sur la côte du Malabar et aux Philippines.

A la Jamaïque, on l'appelle *negro-yam* ou *yam de l'Inde*; à la Guyane, on la nomme *cousse-couche*.

Cette dioscorée a produit diverses variétés. Les plus estimées à la Guyane sont appelées *calbari* et *pognon*.

### 7. — Dioscorée jambe d'éléphant

(DIOSCOREA ELEPHANTOPUS, Sp.)

*Synonymie :* Jamboise.

TESTUDINARIA ELEPHANTIPES, Bur.　　TAMUS ELEPHANTIPES, L'Héri.

Rhizome très-volumineux et hémisphérique; tiges grêles, dures, semi-ligneuse; feuilles courtes, cordées-ovales, vert glauque; fleurs mâles axillaires, en grappes simples; fleurs femelles en grappes axillaires, solitaires et très-courtes.

Cette dioscorée est originaire du cap de Bonne-Espérance; elle est cultivée dans l'archipel Indien. Elle est remarquable par le volume de ses rhizomes qui ne sont pas très-alimentaires.

En Chine, on la nomme *man-nong-hang*.

### 8. — Dioscorée à neuf feuilles

(DIOSCOREA PENTAPHYLLA. L.)

*Synonymie :* Igname d'Amboine.

Cette espèce est cultivé à Taïti, où elle est connue sous le nom de *patara* ou *paaura*. Elle est aussi cultivée dans le nord de l'Inde.

La fécule qu'on extrait de ses rhizomes, qui sont remarquables par leur âcreté, est grisâtre.

### 9. — Dioscorée bulbifère
(DIOSCOREA BULBIFERA, L.; KELMIA BULBIFERA, Lam.)

Cette espèce se distingue par la grosseur des bulbilles qui se développent à l'aisselle des feuilles. Elle est aussi cultivée dans l'archipel Indien.

La fécule que contiennent ses rhizomes a une couleur chamois. Cette fécule, à la Nouvelle-Calédonie, sert à la nourriture des *Muakagnes* ou fées du pays.

### 10. — Dioscorée fasciculée
(DIOSCOREA FASCICULATA, Roxb.)

Cette dioscorée n'est cultivée que dans les environs de Calcutta. Ses tubercules sont fasciculés, blancs, du volume d'un œuf et très-féculents; ils s'enfoncent peu dans le sol. En langue tamoule, on la nomme *sirou-valli-kijangou*.

La fécule que fournissent ses rhizomes est d'excellente qualité.

### 11. — Dioscorée pourpre
(DIOSCOREA PURPUREA, Roxb.)

Cette plante est cultivée dans les Indes. En langue tamoule, on l'appelle *pontou-kari-valli-kijangou*. Ses tubercules ont les qualités qui distinguent les rhizomes de la dioscorée ailée.

### 12. — Dioscorée à trois feuilles
(DIOSCOREA TRYPHILLA, Lin.)

*Synonymie :* Igname de Buck.

Cette dioscorée abonde à l'état sauvage dans la Malaisie, où elle est connue sous le nom de *gadouang*. Ses rhizomes sont très-gros et amers. On dit qu'ils provoquent des étourdissements.

On cultive cette espèce dans les Indes orientales ; elle est peu répandue dans le sud de l'Inde.

### 13. — Dioscorée à feuilles opposées

(DIOSCOREA OPPOSITIFOLIA, Roxb.)

Cette espèce est cultivée dans les Indes orientales, au Japon et sur la côte Coromandel. Ses rhizomes sont comestibles.

### 14. — Dioscorée épineuse

(DIOSCOREA ACULEATA, Roxb.)

Les tubercules de cette dioscorée sont allongés et blancs à l'intérieur ; les tiges sont spinelleuses.

Cette espèce est très-peu cultivée. Dans l'Inde, où elle végète naturellement, on la désigne sous le nom de *kattou-valli-kijangou*.

### 15. — Dioscorée deltoïde

(DIOSCOREA DELTOIDEA, Wall.)

Cette espèce est cultivée dans l'archipel Indien. Ses tubercules ne sont pas très-appréciés.

Je compléterai cette longue nomenclature en ajoutant les cinq espèces suivantes :

1. *Dioscorée hastée*, D. HASTATA,
2. *Dioscorée tubéreuse.* D. TUBEROSA.
3. *Dioscorée serrée.* D. CONFERTA.
4. *Dioscorée des Moluques.* D. NUMMULARIA.
5. *Dioscorée géante.* D. ALTISSIMA.

Les trois premières sont cultivées au Brésil. La cinquième est remarquable par le volume de ses bulbilles.

## SECTION II

### Composition

Composition des rhizomes de l'igname. — Quantité de fécule contenue dans les tubercules. — Coloration naturelle de la fécule. — Action de l'iode sur les parties amylacées.

Les tubercules ou rhizomes sont plus ou moins farineux, suivant les espèces auxquelles ils appartiennent.

M. Jules Lépine a analysé, à Pondichéry, les tubercules de trois espèces. Il a constaté qu'ils avaient la composition suivante :

|  | Dioscorea pentaphylla. | Dioscorea bulbifera. | Dioscorea alata. |
|---|---|---|---|
| Fécule | 5.75 | 7.10 | 19.52 |
| Gluten | » | 0.55 | 0.51 |
| Matière colorante | 0.10 | 0 12 | 0.62 |
| Résine | 0.40 | 0.54 | 0.12 |
| Mucilage | 0.50 | 4.10 | 1.24 |
| Albumine | 0.20 | 0.55 | 0.42 |
| Gomme | 0.25 | 0.40 | 0.55 |
| Extrait amer | 1.05 | 1.40 | » |
| Fibres amylacées | 9.97 | 9.47 | 49.22 |
| Eau | 80.00 | 76.00 | 28.00 |
|  | 100.00 | 100.00 | 100.00 |

Payen a reconnu que l'igname de Chine cultivée en Algérie et à Paris contenait les éléments ci-après :

|  | Paris. | Algérie. |
|---|---|---|
| Amidon et mucilage | 15.10 | 16.76 |
| Albumine et matières azotées | 2.40 | 2.54 |
| Matières grasses | 0.20 | 0.50 |
| Cellulose | 0.40 | 1.45 |
| Sels minéraux | 1.50 | 1.90 |
| Eau | 82.60 | 72.05 |
|  | 100.00 | 100.00 |

M. Fremy a constaté aussi que la racine de cette dernière dioscorée contenait 16 pour 100 de fécule.

L'igname contient à la Guyane 24,47 pour 100, et à la

Guinée 17,03 pour 100 de fécule. A Cuba, elle en renferme 17,50 pour 100.

Les globules de la fécule sont elliptiques ou sphériques, suivant les espèces. La couleur de cette fécule est aussi variable. Celle du

*Dioscorea alata* est blanche.

*Dioscorea bulbifera* est nankin.

*Dioscorea pentaphylla* est gris clair.

Ces trois fécules, soumises à l'action de la vapeur de l'iode, prennent les colorations suivantes :

*Dioscorea alata*, violet vif.

*Dioscorea bulbifera*, violet foncé.

*Dioscorea pentaphylla*, brun noir.

Ces diverses fécules sont très-fines.


## SECTION III

### Culture

Terrains favorables aux ignames. — Labours profonds. — Mode de multiplication. — Plantation des racines. — Soins d'entretien. — Arrachage des rhizomes. — Conservation. — Rendement par hectare.

**Terrain.** — Les dioscorées doivent être cultivées dans les régions chaudes ou tempérées, mais elles ne sont pas difficiles sur la nature du sol. Toutefois, en général, elles réussissent mieux sur des terres profondes, de consistance moyenne et un peu fraîches que dans les terres fortes. Aux Açores, où leurs rhizomes constituent une ressource importante, on les cultive avec succès dans des sols bas et humides sans être marécageux.

On prépare les terres qu'on leur destine à l'aide d'un labour profond exécuté au commencement de la saison des pluies.

**Plantation.** — On multiplie les dioscorées en plantant des parties de rhizomes munies d'un bourgeon. La mise en place de ces fragments de tubercules a lieu aussitôt que possible, après la saison des grandes chaleurs. On les plante à $0^m,10$ environ de profondeur, en les espaçant de $0^m,65$ sur des lignes distantes les unes des autres de $0^m,80$ à $1^m,20$, suivant le développement que les plantes sont susceptibles de prendre.

**Soins d'entretien.** — Les dioscorées exigent pendant leur végétation les soins d'entretien qu'on donne à la pomme de terre.

**Récolte.** — Les plantes restent en terre pendant six à huit mois. Dans l'Océanie, on les plante en juin et juillet, et on les arrache en octobre.

On récolte leurs rhizomes au commencement de la saison sèche dans toutes les contrées tropicales.

L'arrachage de la dioscorée cultivée et de la dioscorée patte de tigre n'est pas toujours très-facile.

On préserve les rhizomes du froid en les couvrant d'une couche de feuilles ou de paille. La dioscorée de la Chine se conserve très-bien en terre pendant l'hiver.

Dans l'Océanie, les insulaires de l'archipel Tonga célèbrent par des cérémonies religieuses la récolte de l'igname, qu'ils appellent *cahocaho*. Les racines offertes aux dieux sont ornées de fleurs et de rubans rouges. Ces cérémonies ont pour but de les remercier de leur avoir donné une abondante récolte de racines. Dans l'Achanti, ces fêtes nationales ou ces orgies ont lieu en septembre ; elles sont suivies de plusieurs sacrifices.

**Rendement.** — Le rendement des dioscorées est très-variable. La plus productive est la dioscorée cultivée ; son produit atteint souvent 60,000 kilog. par hectare. Le ren-

dement des dioscorées jambe d'éléphant et ailée varie entre
30,000 et 40,000 kilogrammes. La dioscorée de la Chine
peut donner un produit de 25,000 à 30,000 kilogrammes.

## SECTION IV

### Emplois des produits

Extraction de la fécule contenue dans les rhizomes. — La fécule est très-alimentaire. — Les racines doivent être mangées cuites. — Conservation des
racines coupées par tranches et séchées.

On isole la fécule que contient les rhizomes à l'aide d'un
râpage et d'un ou plusieurs lavages.

Cette fécule ou farine a une grande importance dans les
contrées chaudes. A Ferdinand-Poo, on en fait une pâte
qu'on appelle *foufou*, et qui est estimée.

Les racines contiennent un principe amer qui ne permet
pas de les manger sans les avoir fait bouillir dans l'eau ou
cuire sous la cendre. Ces rhizomes perdent cette saveur
âcre par la cuisson et deviennent alors un aliment sain et
nourrissant. Le *waï-onfi* des Océaniens se compose d'ignames bouillies et écrasées dans une émulsion de noix de
coco.

M. Decaisne regarde la racine de l'igname de la Chine
comme supérieure en qualité à la pomme de terre, parce
qu'elle contient un principe azoté qui n'existe pas dans les
tubercules de cette dernière plante.

A la Guadeloupe et à la Guyane, on fait sécher des tranches de rhizomes pour pouvoir les conserver et les manger
après les avoir fait cuire dans l'eau.

# CHAPITRE III

## ARRACACHA

(ARRACACHA ESCULENTA, Banc.)

*Plante dicotylédone de la famille des Ombellifères.*

L'arracacha est originaire des Andes de la Nouvelle-Grenade et des Andes de Popayan. Elle est cultivée sur les hauts plateaux de la Colombie, dans les montagnes de la Jamaïque, dans la province de Caracas, sur les plateaux des Cordillères, etc.

Cette plante, que l'on a désignée quelquefois bien à tort sous le nom de *conium arracacha*, a été introduite en Europe au commencement de ce siècle, en 1829 et en 1846. Elle a été étudiée par Bancrof, Fanning et Goudot. C'est sans succès que sa culture a été expérimentée à Londres, à Paris et à Genève, parce qu'elle exige une température moyenne de 22°.

Cette plante des montagnes de l'Amérique du Sud ou des régions chaudes et pluvieuses, produit de très-belles racines charnues, qui varient de couleur suivant les trois variétés cultivées. Sa tige a de 0ᵐ,60 à 1ᵐ de hauteur. Ses fleurs sont violet foncé et disposées en ombelles. Ses feuilles ressemblent aux feuilles du céleri qu'on cultive dans les jardins.

On ne propage pas ordinairement l'arracacha par graines, parce qu'il en produit très-rarement, même à Santa-Fé de Bogota. On le multiplie de boutures que l'on obtient en divisant la partie supérieure d'une racine en plusieurs parties. Ces bourgeons pétiolaires, que les Espagnols de l'Amérique méridionale appellent *hijos*, sont plantés en février ou mars dans des sols profonds, mais sains; on les espace les uns des autres de 0^m,50 à 0^m,65.

L'arracacha se développe avec une grande rapidité et elle se défend bien des mauvaises herbes. Néanmoins, on la bine deux fois pendant sa croissance.

Suivant les contrées, on arrache les racines au bout de quatre à six mois. Cette récolte a lieu avant la floraison. Alors une légère chlorose dans l'ensemble des plantes indique que les racines sont comestibles. Arrivée à cet état, la racine d'arracacha présente une masse charnue assez irrégulière, qui pèse de 2 à 3 kilogr, lorsque les plantes ont végété dans une bonne terre.

Le rendement total des racines est en moyenne, de 40,000 kilogrammes par hectare.

Les racines de l'arracacha sont très-alimentaires et d'une agréable et facile digestion, mais elles sont moins nutritives que les tubercules de la pomme de terre.

On extrait des racines une fécule analogue à l'arrow-root.

On cultive dans la province de Pasto (Nouvelle-Grenade) une autre espèce que l'on appelle *saccaracacha*, et que de de Candolle a nommée ARRACACHA MOSCHATA, parce que ses racines ont une légère odeur musquée. Cette espèce végète très-bien à plus de 2,500 mètres d'altitude.

# CHAPITRE IV

## MANIOC OU MANIHOT

### Manihot

(De *manihot*, nom du genre en Amérique.)

*Plante dicotylédone de la famille des Euphorbiacées.*

Le *manioc*, *magnioc*, *mandioc* ou *mandioca* est une plante précieuse pour les contrées intertropicales de l'Afrique et de l'Amérique, en ce qu'elle fournit en abondance, par ses tubercules ou rhizomes, une fécule excellente qui remplace avantageusement celle du blé. Cette belle et utile production supplée aussi au riz dans les contrées appartenant à la zone torride. Au Brésil, dans la province de Céara, il existe 14,000 usines agricoles dans lesquelles, chaque année, on prépare 70,000 hectolitres de farine de manioc.

Le manioc est un arbrisseau à tige plus ou moins tordue, cassante, ayant de 2 à 3 mètres de hauteur. Ses fleurs sont disposées en bouquets. Ses fruits, de la grosseur d'une cerise avec six bandes saillantes, sont à trois loges. Ses graines sont luisantes et blanchâtres.

Les racines des espèces cultivées comme plantes alimentaires pèsent, en moyenne, de 1 à 2 kilogrammes.

## SECTION I

### Espèces et Variétés

Espèces cultivées : le manioc utile ou manioc amer; le manioc doux. — Composition des racines. — Variétés les plus estimées à la Martinique.

Le genre manihot comprend un grand nombre d'espèces et de variétés. Les unes se développent en six années ; les autres n'exigent qu'un an pour atteindre leur développement. La province des Amazones, au Brésil, cultive 14 espèces de manioc. Nonobstant, les espèces qui offrent un véritable intérêt agricole sont au nombre de deux :

### 1. — Manioc utile

(MANIHOT UTILISSIMA, Polh.)

| Synonymie : Manioc amer. | Cassave amère. |
|---|---|
| JANIPHA MANIOT, HB. | JANIPHA MANIHOT, Kunth. |
| JATROPHA MANIOT, L. | |

Racine tuberculeuse, cylindrique, allongée, épaisse, très-féculente, à *suc laiteux jaunâtre, âcre, vénéneux ;* tiges de 2 à 3 mètres, dressées, arrondies, peu tortueuses, rameuses, *brun jaunâtre;* feuilles palmées à 3, 5 ou 7 lobes, vert noirâtre en dessus et blanchâtre en dessous, avec *nervures orangées,* longuement pétiolées ; *fleurs fauve pâle.*

Cette euphorbiacée est indigène au Brésil. Elle est aussi cultivée dans l'Inde, sur la côte du Malabar, aux Açores, aux îles du Cap-Vert, aux îles Séchelles, à Zanzibar, à Madagascar, à la Malaisie, au Zambèze, aux Antilles, au Mexique, à la colonie de Natal, à la Guadeloupe, au Gabon, à la Martinique, à Taïti, dans la Sénégambie, à la Trinité, à Pondichéry, à Java, à la Guyane, à l'île Maurice, etc. Elle se plaît surtout dans ces contrées, à une faible distance de la mer.

Le manioc est désigné en langue tamoule sous le nom de *maletcha-karay-vally.* A la Malaisie, on l'appelle *obi-bolanda,* à la Nouvelle-Grenade, *mandi-iuca,* à la Colombie, *jatropha,* au Brésil, *macacheira.*

Voici, d'après M. Payen, la composition de sa racine :

| | |
|---|---|
| Fécule. | 23,10 |
| Sucre, pectine, gomme | 5,53 |
| Cellulose, pectose, acide pectique | 1,50 |
| Matières azotées | 1,07 |
| Matières grasses. | 0,40 |
| Sels minéraux | 0,65 |
| Eau | 67,65 |
| | 100,00 |

Ces diverses substances sont alliées à un principe vénéneux très-volatil ou acide cyanhydrique (acide prussique), que l'eau dissout facilement et que la fermentation ou la cuisson détruisent promptement.

Au Brésil et à la Guyane, la racine de ce manioc contient 25 pour 100 de fécule. Le tapioca qu'on en extrait est désigné sous le nom de *tapioca du Brésil*.

Les racines récoltées sur la côte de Coromandel sont plus fibreuses et moins féculifères que celles que produit la côte du Malabar.

Le manioc utile est appelé quelquefois *manioc amer*; autrefois, on le nommait *juca amarga* ou *mandiiba*.

## 2. — Manioc doux

(MANIHOT AIPI, Plan.)

*Synonymie :* Casave douce.                     Camanioc.
       JANIPHA LŒFFINGII, HB.          JATROPHA LŒFLINGII.

Racines ou gros tubercules féculents, cylindriques, allongées, épaisses, *rougeâtres* et à *suc non vénéneux ;* tiges de 2 mètres de hauteur, tondues, noueuses, rameuses, brun rougeâtre ; feuilles à 5 et 6 lobes ; fleurs rougeâtres.

Cette espèce est aussi originaire du Brésil. Elle a été naturalisée aux Antilles au seizième siècle. Elle était cultivée au Brésil, à la Guyane et au Mexique quand les Européens y arrivèrent pour la première fois. De nos jours, elle est cultivée dans la plupart des contrées où est cultivé le manioc utile. A Cuba, on l'appelle *yucca*

Les racines de cette espèce se développent plus promptement que celle du *manihot utilissima*. Elles renferment 27 pour 100 de fécule.

Le manioc doux était autrefois désigné sous le nom de *juca dulce*. On le nomme souvent *camanioc*, *aypi* ou *camagnoc aipi*. Au Brésil, on l'appelle *aipim*.

Au Brésil, on connaît 46 variétés du manioc doux.

Les variétés les plus recherchées à la Martinique à cause de leur rendement sont au nombre de cinq : 1° le *manioc onassa*; 2° le *manioc onassa cacao*; 5° le *manioc vert*; 4° le *manioc Jacques*; 5° le *manioc Pilotin*.

La fécule de cette espèce est très-alimentaire à la Guyane.

## SECTION II

### Propagation et Culture

Mode de propagation. — Plantation des boutures. — Le manioc est épuisant. — Époque à laquelle on arrache les racines. — Avec le temps les racines deviennent fibreuses et moins féculentes. — Nécessité de les utiliser le plus tôt possible après leur arrachage. — Rendement par hectare.

Le manioc se propage aisément de boutures ou par tronçons de jeunes tiges ayant environ $0^m,50$ de longueur.

On plante ces boutures dans des fosses larges de $0^m,55$, profondes de $0^m,18$ et espacées les unes des autres de $0^m,80$ à $1^m,30$, selon la nature du sol. Chaque fosse reçoit deux boutures inclinées en sens contraire et enterrées de manière que la partie supérieure excède la surface du sol de $0^m,10$ à $0^m,12$.

Le manioc demande une terre profonde, bien ameublie et exposée au sud et à l'est. Au Brésil, où il est très-cultivé, on le regarde dans les provinces du Nord et sur la côte orientale comme une plante très-épuisante.

Les Indiens profitent de la baisse des eaux pendant l'été pour planter sur les bords des rivières les variétés qui développent leurs rhizomes dans l'espace de six mois.

La culture du manioc est très-bien comprise dans la Sénégambie et au Congo.

L'arrachage des tubercules se fait à la fin de la première ou de la deuxième ou troisième année ; au delà de ce terme,

les racines deviennent ligneuses et contiennent alors peu
de parties féculentes. Ainsi les racines que l'on récolte sur
la côte de Coromandel sont plus fibreuses que celles cultivées sur la côte du Malabar, parce qu'elles séjournent
plus longtemps dans la couche arable.

Les racines une fois retirées du sol se détériorent de
jour en jour ; aussi se trouve-t-on dans la nécessité de les
utiliser le plus promptement possible.

Un hectare peut fournir de 400 à 500 kilogrammes de
*tapioca* et de 1,000 à 2,000 kilogrammes de *couac* ou farine grossière.

1,000 kilogrammes de racines fraîches donnent, en
moyenne, 550 kilogrammes de *cassave*, 9 kilogrammes de
*fécule* et 25 kilogrammes de *cassurecp*.

## SECTION III

### Extraction des produits utiles

Manioc à suc vénéneux. — Râpage des racines. — Pulpe soumise à la presse.
— Procédé employé pour blanchir le dépôt féculifère. — Lavage. — Séchage au soleil. — Transformation de la fécule en tapioca. — Mode d'extraction de la fécule suivi au Brésil, dans l'Inde et au Mozambique. —
Manioc à suc doux. — Extraction de la fécule qu'il contient.

Le *tapioca*, le *couac*, etc., sont extraits des racines plus
ou moins aisément, selon l'espèce cultivée.

**Manioc à suc vénéneux.** -- La racine dn *manihot
utilissima* est d'abord lavée pour la débarrasser de la terre
qui y est adhérente, puis on la râpe ou on la met en pâte.
Cette dernière opération se fait à bras ou à l'aide d'une
râpe mécanique ou cylindrique. Les Indiens exécutent ce
râpage avec une planche couverte de parcelles de quartz
brisé et fixées avec une résine. Cette râpe primitive est
appelée *simarri*.

Au Congo, on remplace la râpe par une meule verticale qui écrase les racines.

Le râpage terminé ou à mesure qu'on l'exécute, on lave la pulpe sur un tamis à diverses reprises. L'eau entraîne alors la fécule et vient la déposer dans un récipient. La pulpe est ensuite mise dans des sacs ou des paniers appelés *matapi*, et soumise à l'action d'une presse ordinaire ou d'une presse hydraulique.

Lorsque l'eau a abandonné les parties amylacées qu'elle tenait en suspension, on opère une décantation et on blanchit le dépôt avec de l'eau acidulée de jus de citron et on laisse de nouveau la fécule se déposer. Quand l'eau est limpide, on décante une seconde fois et on retire la fécule pour la faire sécher au soleil sur des toiles ou des nattes.

Le produit qu'on obtient alors est de la *fécule pure*.

Pendant ces diverses opérations, sous l'influence de l'eau et du soleil, le suc laiteux que contenaient les racines a disparu, ainsi que l'acide hydrocyanique, principe très-volatil qui rendait ce suc vénéneux.

On transforme la fécule en *tapioca* en opérant de la manière suivante :

Quand la fécule est en partie sèche, on la distribue au moyen d'un crible sur une plaque métallique chauffée doucement à 100° environ. On a la précaution de remuer constamment la fécule pendant cette granulation. Lorsque la matière gommeuse a soudé entre eux un certain nombre de grains de fécule, on retire le tapioca, on le tamise pour le débarrasser de toute poussière blanche ou *farine*, et on l'expose ensuite au soleil pendant 10 à 12 heures.

Au Brésil, l'extraction de la fécule se fait de la manière suivante :

On laisse les racines dans l'eau pendant 4 à 6 jours. Au

bout de ce temps, on les écrase et on les presse. Puis, on décante, on tamise et on enterre la fécule pour la faire fermenter. On a soin de temps à autre de l'additionner de pâte fraîche. Le manioc ainsi préparé est vendu sur les marchés sous le nom de farine humide (*water mandioc*). Cette farine est celle que l'on consomme de préférence.

Dans le Mozambique, les racines sont nettoyées avec de grandes coquilles et exposées ensuite au soleil ; quand elles sont sèches, on les broie à l'aide de roues armées de pointes. La pulpe est mise dans des sacs et soumise à l'action d'une presse. Le tourteau qu'on obtient après avoir exprimé le suc contenu dans la pulpe est alors brisé, séché sur des plaques de cuivre chaudes.

Il existe dans le Zambèse (Afrique australe) des terrasses spéciales sur lesquelles on fait sécher le manioc.

Enfin, dans d'autres contrées situées entre les tropiques, on opère comme il suit :

On pèle la racine du manihot, on la râpe et on ensache la pulpe pour la soumettre à l'action d'une presse. La fécule qu'on obtient alors est très-fine ; on l'expose ensuite au soleil pour qu'elle sèche. On a soin de la remuer souvent. Par cette exposition à l'air et au soleil, le manioc perd complétement le principe vénéneux auquel il est associé.

Quand la pulpe est bien sèche, on la pulvérise pour la réduire en poudre et avoir la *farine de manioc* qu'on conserve à l'abri de toute humidité.

**Manioc à suc doux**. — La racine du *manihot aipi* ne contenant pas un suc vénéneux qui imbibe la fécule, on opère l'extraction de celle-ci comme on traite les pommes de terre dans les féculeries ou on pèle les racines, on les écrase et on les fait cuire dans un chaudron ou une bassine en cuivre.

Lorsqu'on veut transformer cette fécule en *tapioca*, on la torréfie légèrement dans de larges bassines chauffées à 100°.

La *cassave du manioc doux* est aussi nutritive et agréable que la *cassave du manioc amer*.

## SECTION IV

### Emplois des produits.

Fécule. — Amidon. — Tapioca. — Poudre de manioc. — Cassave. — Pain de manioc. — Cariman. — Couac. — Alcool. — Bière. — Bitter. — Boissons alcooliques diverses. — Cassarecp. — Racines cuites.

Les racines des maniocs fournissent des produits divers :

**Fécule.** — La fécule sert à faire du pain, des potages ou de la colle. Elle contient $0^m,36$ pour 100 d'azote. A la Guadeloupe, on l'appelle *moussache* ou *cipipa*. Elle n'est autre que de la farine fine ou pulvérisée et bien tamisée après avoir été séchée à l'air.

**Amidon.** — L'amidon ou *cipipa* est extrait de la farine. Il se compose de grains très-durs, peu élastiques et qui ne sont pas entièrement solubles dans l'eau froide.

Cette farine est *blanche* ou *jaune*, suivant les variétés. Elle sert à empeser le linge.

**Tapioca.** — Le *tapioca* ou *tapioka de manioc* est obtenu, comme je l'ai dit en chauffant à 100° de la *moussache humide* sur des plaques de tôle dans le but d'agglomérer les grains féculents et de les granuler.

Ce tapioca est plus nutritif que l'anoowroot.

Les habitants de la Nouvelle-Grenade le nomment *tapi iuca*.

Les grumeaux qui composent le tapioca de manioc sont

blanchâtres, sphériques ou demi-sphériques, irréguliers, à couches concentriques et un peu élastiques. Leur diamètre varie entre 15 et 20 millièmes de millimètres.

**Poudre de manioc**. — La poudre rose de manioc qui sert pour la toilette n'est autre que la fécule passée à travers les mailles d'un tamis très-fin, colorée avec de la cochenille et rendue odorante à l'aide de parfums.

**Cassave.** — La *cassave* ou *cassabe* est une farine grossière ou pulpe non séchée et composée de fibres et d'amidon. Elle sert à faire des *gâteaux*, *galettes* ou *biscuits.* Voici comment a lieu cette fabrication : on humecte la farine avec de l'eau froide, et quand la pâte est préparée, on la verse sur une plaque de fer ayant un petit bord et on la fait cuire des deux côtés. On ne doit ni la pétrir, ni la presser. Quand la cuisson est terminée, on a alors un biscuit assez résistant et qui doit sa solidité au mucilage qui unit les parties amylacées.

Les *biscuits de cassave* sont moins nourrissants que les gâteaux faits avec de la farine de maïs. Néanmoins les nègres ou les créoles les mangent avec plaisir secs ou humectés.

Les biscuits ou *pains de cassave, pains de cassabe* qui proviennent de la farine qu'on a détrempée avec de l'eau chaude, n'ont pas beaucoup de consistance.

Le *pain de manioc* se fait avec de la cassave additionnée de farine de froment. A Porto-Rico, on l'appelle *pain indien.*

La cassave se conserve longtemps quand elle a été déposée dans un endroit sec ; elle est blanche ou jaune. On l'appelle souvent *farine de manioc.* A la Trinité, on la nomme *cassada,* à Porto-Rico, *cazabe* ou *farine de yucca.*

**Cariman.** — La farine de manioc qu'on a transformé

en petites boules remplace le gruau. Au Brésil, on l'appelle *cariman*.

**Couac.** — La *couac* ou *couaque* est la pulpe séchée, tamisée et qui a subit un commencement de torréfaction dans des chaudières placées sur un feu modéré. Cette farine est grossière; néanmoins elle sert à faire des potages qui sont très-nourrissants; elle gonfle beaucoup.

**Alcool.** — On extrait de la couac par la distillation un alcool qui a assez bon goût et qui sert à faire l'*eau-de-vie de manioc*.

**Bière.** — Au Brésil, on fait de la bière avec le manioc et le maïs. Cette bière est appelée *caouin* ou *abatiouy*; elle est moins forte que celle fabriquée avec le maïs seul.

**Bitter.** — Le *bitter de cassave* est fabriqué avec les produits secondaires amylacés qui proviennent du manioc.

**Boissons alcooliques.** — On fabrique avec le manioc et la patate douce, des boissons alcooliques qui sont assez estimées.

Le *cachiri* est fait à la Guyanne avec de la pulpe fraîche de manioc et des patates douces. On laisse le mélange fermenter pendant 48 heures.

Le *vicou* se fabrique avec de la pâte fermentée de manioc, des patates douces, de l'eau et du sucre. Cette boisson est rafraîchissante.

Le *paya* se fait avec de la cassave cuite, des patates douces et de l'eau. La fermentation du mélange dure deux jours.

**Cassarecp.** — Le cassarecp est le suc épaissi par le feu ou le soleil de la cassave amère. Il est dans l'Inde, l'élément essentiel des sauces. Il a une propriété antiseptique. A la Guyane, on l'appelle *cabion*, au Brésil, *tucupi*, et dans les Indes occidentales, *pepper-pot*.

**Racines cuites**. — Dans quelques contrées on mange la racine de la cassave ou manioc doux après l'avoir fait cuire sous la cendre. Les racines bouillies ou rôties, aux iles du Cap-Vert, sont appelées *haïpin*.

Au Brésil, les esclaves ajoutent au manioc des fèves et de la viande séchée à l'air qu'ils appellent *carna secca*.

# CHAPITRE V

## MARANTA

### Maranta

(Plante dédiée au botaniste italien Maranta.)

*Plante monocotylédone de la famille des Cannacées.*

Les *marantas* que l'on nomme aussi *galangas*[1], sont des plantes herbacées à rhizomes féculifères. Ces rhizomes, il est vrai, sont âcres et rubéfiants, mais la cuisson les rend comestibles.

Ces plantes sont communes dans les contrées tropicales et dans l'Amérique méridionale. On les cultive aussi dans l'Hindoustan, à la Jamaïque, aux Bermudes, à Fernando-Poo, au Brésil, dans la province des Amazones et à Natal.

C'est de leur rhizome qu'on extrait l'*arrow-root*.

Le maranta vient à Taïti dans les terrains humides au-dessus de 900 mètres d'altitude. Il y est connu sous le nom de *para*. Cette plante végète aussi très-bien aux petites Antilles dans les lieux humides ou non loin des cours d'eau. A la Guyane, les Caraïbes mangent sa racine après l'avoir fait cuire sous la cendre.

Plusieurs marantas sont cultivés en Europe comme plantes d'ornement.

Tous les marantas ont des tiges annuelles et des racines vivaces.

---

[1] On appelle aussi *galanga* le *kœmpferia galanga*, qui appartient à la famille des zingibéracées. Les tubercules de cette plante sont utilisés comme substance médicale, comme condiment et comme parfum.

# SECTION I

## Espèces et variétés cultivées.

Espèces cultivées : le maranta arundinacea et les deux variétés appelées anvert blanc et anvert rouge. — Le maranta indica. — Le maranta allouya. — Le maranta juncea.

Les marantas sont de belles plantes. Leurs feuilles sont grandes et comme veloutées. Les espèces cultivées comme plantes alimentaires sont au nombre de quatre.

### 1. — Maranta arundinacée

*Synonymie :* Galanta à feuilles de balisier.
MARANTA ARUNDINACEA, L.

Rhizomes tubéreux en forme de fuseau et accompagnés de racines fibreuses très-longues ; tiges droites de 1ᵐ à 1ᵐ,50 ; feuilles amples, ovales, lancéolées ; fleurs blanches, assez petites, solitaires, disposées en panicules simples et terminales ; graines blanches rugueuses.

Cette espèce est le *toulola des Caraïbes ;* elle est cultivée aux Antilles, à la Jamaïque, dans l'Amérique du Sud, à la Martinique, où elle est appelée *anvert*, à la Guadeloupe, à la Réunion, à la Guyane et dans les Indes. La fécule que contient son rhizome est désignée sous le nom d'*arrow-root de l'ouest de l'Inde*. Cette fécule y existe dans la proportion de 22 pour 100.

Ce maranta a produit deux variétés au Brésil et à la Jamaïque.

L'*anvert blanc* fournit la fécule que l'on désigne à la Martinique sous le nom de *moussache de Barbade*. L'*anvert rouge* est moins estimé. Au Brésil, la variété à racine allongée est plus estimée dans la province de Para que la variété à rhizomes arrondis.

### 2. — Maranta des Indes

*Synonymie :* MARANTA INDICA, Rosch.          PHRYGNIUM DICHOTONUM, Lindl.

Rhizomes tubéreux semblables aux rhizomes du marante arundinacé ;

tiges vivaces, glabres, dichotomes; feuilles ovales, un peu en cœur; fleurs blanches en panicules terminales, mais dichotomes.

Cette espèce est très-cultivée en Amérique, à Cuba, à la Martinique, à Taïti et dans les Indes. C'est sa racine qui fournit l'*arrow-root indien* ou *arrow-root de l'Inde*. A la Guyane, ses racines contiennent 24 pour 100 de fécule. A Cuba, où elle est très-cultivée, on l'appelle *sayou*.

### 3. — Maranta allouya

*Synonymie :* MARANTA ALLOUYA, Aubl.          PHRYNIUM ALLOUYA, Rosc.

Rhizomes très-gros, ovoïdes, verticaux et auxquels sont attachés plusieurs tubercules ovales ou globuleux; feuilles radicales, ovales, lancéolées et à longs pétioles; fleurs d'un blanc pur disposées en tête presque globuleuse.

Cette espèce est cultivée à la Guyane, à la Guadeloupe et aux Antilles. A la Guadeloupe on l'appelle *moustache de Barbade*. Les nègres des Antilles mangent souvent ses rhizomes après les avoir fait cuire et assaisonnés de piment.

Le *maranta juncea* est aussi cultivée à la Martinique. On le nomme *topinambour*. Il produit un grand nombre de tubercules qui sont très-délicats à manger.


## SECTION II

### Propagation et culture.

Terrains propres aux marantas. — Mode de multiplication. — Arrachage des rhizomes. — Rendement par hectare.

Les marantas demandent un sol profond et toujours frais sans être humide. Ils végètent toujours très-vigoureusement dans les sols légers et fertiles, dans les terres d'alluvion de consistance moyenne et bien assainies.

On les multiplie à l'aide de leurs racines rampantes et vivaces. Ces boutures particulières doivent être plantées sur des terrains divisés et défoncés. On les espace les unes des autres de 1 mètre à 1$^m$,20.

Ces plantes pendant leur croissance, n'exigent que des binages ; on arrache leurs rhizomes à la fin de la première ou de la seconde année.

Un hectare donne, en moyenne, de 500 à 600 kilog. d'*arrow-root* et 1,500 à 2,000 kilog. de *couac*[1].

## SECTION III

### Extraction de la fécule.

Nettoyage et râpage des racines. — Lavage de la pulpe. — Procédé suivi pour blanchir la fécule. — Séchage de la fécule. — Préparation de l'arrow-root.

Les racines après avoir été arrachées, nettoyées ou lavées, sont râpées à la main ou mécaniquement. La pulpe qu'on obtient par ce travail est ensuite lavée et pressurée. L'eau qui a entraîné la fécule est reçue dans un récipient.

Après avoir décanté les eaux de lavage, on blanchit la fécule avec une eau fortement acidulée à l'aide de jus de citron. Lorsque la fécule s'est déposée de nouveau, on décante une seconde fois et on la retire du vase pour la faire sécher à l'air. Quand elle a perdu son humidité, on la met sur des plaques métalliques doucement chauffées et on la remue souvent pour qu'elle se granule.

Lorsqu'elle se présente sous forme de grumeaux on la retire pour l'exposer à l'action du soleil.

L'*arrow-root* qu'on a ainsi préparé a des grains assez gros, blanc nacré et ayant la forme d'une portion de cylindre arrondie à l'une de ses extrémités. Le diamètre de ces grumeaux est, en moyenne, de 30 millièmes de millimètres.

---

[1] La *couac* est le résidu pulpeux ; elle a un peu de rapport avec la pulpe de la pomme de terre.

## SECTION IV

### Emplois des produits.

Arrow-root de l'Inde et de la Jamaïque. — Falsification. — Action de l'iode
sur la fécule de maranta. — Importation de l'arrow-root en Angleterre.
— Emploi de la couac.

L'*arrow-root* est un aliment à la fois nutritif et léger. Il
convient spécialement aux personnes délicates et aux enfants.

L'arrow-root récolté et préparé dans l'Inde, est léger et
possède une odeur particulière. Celui qu'on importe de la
Jamaïque en Europe est plus lourd, plus transparent ou
nacré, plus brillant, et ses grumeaux crépitent sous les
doigts. Ceux préparés aux Bermudes, à Queen-Land, à la
Guyane et à Cayenne sont aussi très-beaux[1].

On falsifie l'arrow-root avec de la farine de riz, de la fécule de pomme de terre ou de la cassave.

La *fécule de maranta* est très-fine; soumise à l'action
de la vapeur d'iode devient violet terne quand elle est pure.
A Cuba, elle sert à faire d'excellentes crèmes. Elle se conserve longtemps dans des bouteilles.

En Angleterre, chaque année, on consomme de grandes
quantités d'arrow-root qu'elle importe de Ceylan, de l'Hindoustan, des Antilles, des îles Bermudes, du Nicaragua et
de la Mélanésie.

La *couac* ou farine grossière est utilisée dans l'alimentation des animaux domestiques.

---

[1] *L'arrow-root de Travancave* est extrait dans l'Inde du *curcuma augus-
tifolia*. On mange aussi dans les Indes les racines du *curcuma amanda*
plante qui appartient, comme la précédente, à la famille des zingibéracées.

# CHAPITRE VI

## BALISIER A FÉCULE

### Canna

(De *cann*, mot celtique qui signifie canne.)

*Plante monocotylédone de la famille des Cannacées.*

Les balisiers à fécule que l'on nomme aussi *cannes à fécule* sont des végétaux très-répandus en Europe comme
plantes d'ornement. Dans les régions intertropicales on en
cultive trois espèces comme plantes alimentaires parce que
leurs rhizomes sont riches en principes amylacés.

### 1. — Balisier comestible

(CANNA EDULIS, Ker.)

Rhizomes tubéreux, volumineux et féculifères ; tiges de 3 à 4 mètres,
arrondies et rougeâtres ; feuilles grandes, ovales, lancéolées, à nervures
très-prononcées ; spathe lancéolée, aiguë, verte, à bords pourpres ; graine
globuleuse.

Cette espèce est originaire du Pérou où elle est cultivée
comme plante alimentaire. On la nomme souvent *toloman.*

On extrait de son rhizome une fécule qu'on a appelée
*fécule de chouchoute, fécule de toloman, fécule de tolomane.*

Le *canna edulis* est désigné à l'île de la Trinité sous les
noms de *toulema* ou *tulema* (tous les mois). La fécule qu'on
en extrait est appelée *fécule de tulema.*

### 2. — Balisier à deux couleurs

(CANNA DISCOLOR, Lind.)

Rhizome à jets nombreux ; tiges de 3 à 4 mètres ; feuilles ovales, oblongues, colorées en dessous en rouge sang ; grappes dressées à sachés rouges ;
fleur rouge très-vif en dehors et jaune pâle en dedans.

Cette espèce est originaire de l'île de la Trinité où elle

est cultivée très en grand. Elle fournit la fécule appelée *canna-root*.

### 3. — Balisier gigantesque
#### (CANNA GIGANTEA, Red.)

Rhizomes tubéreux; tiges de 3 à 5 mètres; feuilles grandes, ovales, de 1ᵐ,20 de longueur sur 0ᵐ,30 de largeur; grappes dressées à fleurs rouge foncé.

Cette espèce que l'on a aussi appelée *balisier à grandes feuilles* (CANNA LATIFOLIA, Rosc.) est originaire du Brésil. Elle est cultivée à la Martinique. Sa fécule est aussi désignée sous le nom de *fécule de toloman*.

### 4. — Balisier pourpre
#### (CANNA COCCINEA, Ait.)

Rhizomes tubéreux; tiges de 1ᵐ,50 à 2 mètres; feuilles ovales, lancéolées et ondulées; fleurs en grappe tache d'un beau rouge écarlate.

Cette espèce est cultivée dans les Antilles; elle fournit aussi de la *fécule de toloman*.

La culture des balisiers est simple et facile. Ces plantes se multiplient par division des pieds ou par semis. Ce dernier mode de propagation est beaucoup plus long que le premier.

Ces plantes demandent une terre un peu fraîche, saine et bien ameublie.

On extrait la fécule que contiennent les rhizomes des balisiers en opérant comme s'il était question d'extraire les parties amylacées que contiennent les racines des *marantas* (voir page 525).

# CHAPITRE VII

## COLOCASE

### Colocasia

(De κολοκασια, nom donné par les Grecs à la racine de cette espèce.)

*Plante monocotylédone de la famille des Aroïdées.*

La colocase est une plante très-ancienne. Elle est désignée en sanscrit sous le nom de *kutschu*. Elle était cultivée autrefois dans le delta du Nil avec le *nelumbium speciosum*, plante dont la culture est maintenant complétement abandonnée par les Égyptiens (voir pages 262 et 386). Pline, Palladius l'ont mentionnée. Enfin, cette plante appartenait à l'agriculture nabathéenne.

La colocase est aujourd'hui cultivée depuis l'équateur jusqu'au 55ᵉ de latitude. Elle est commune aux Antilles, dans l'Hindoustan, l'Asie Mineure, la Syrie. Elle réussit bien dans les oasis du sud de l'Algérie.

Son rhizome est tubéreux et féculifère. Il est vrai qu'il renferme un suc âcre et irritant, mais ce défaut disparaît par la cuisson.

En Europe on désigne souvent cette plante sous les noms suivants : *arum, gouet, caladie, caladion*.

Les colocases sont toutes remarquables par la beauté de leur feuillage. Les unes sont des plantes acaules, les autres sont plus ou moins caulescentes. On les cultive en Europe comme plantes ornementales. Quelques-unes sont assez rustiques pour végéter en pleine terre sous le climat de Paris.

## SECTION I

### Espèces et variétés.

Espèces cultivées : la colocase des anciens. — La colocase comestible. — La colocase de l'Inde. — La colocase à grosses racines. — La colocase à feuilles sagitées. — La colocase de l'Hymalaya. — Le caladium comestible.

Les colocases cultivées comme plantes alimentaires sont au nombre de cinq.

### 1. — Colocase des anciens

(COLOCASIA ANTIQUORUM, Schott.)

*Synonymie :* ARUM COLOCASIA, Lin.        ARUM PELTATUM, Lam.

Rhizome tubéreux, charnu, blanc et farineux; feuilles radicales, ovales, triangulaires, échancrées à leur base en deux lobes arrondis; hampe courte, spathe dressée, cylindrique, beaucoup plus longue que le spadice.

Cet *arum antique* est sans contredit l'une des plantes les plus importantes des tropiques. Il est connu sous les noms suivants : *chou caraïbe, chou des Caraïbes, chou taro, taro, tara, taya, colocase d'Égypte, gouet colocase.*

Cette plante est très-cultivée en Chine, dans l'Inde, l'Asie Mineure, la basse Égypte, la Turquie d'Asie, en Grèce, aux États-Unis, à Ceylan, dans l'île de la Sonde, au Zambèze, aux Moluques, à Malacca, à la Guinée, à la Martinique, à Taïti, en Syrie, dans l'Hindoustan, la Nouvelle-Calédonie, etc. Elle ne réussit pas en Algérie.

A Java, on la nomme *tallus*, mot qui paraît être identique à *tallo*, nom sous lequel on désigne souvent la colocase comestible. Dans l'Hindoustan, on l'appelle *kladi* et à la Guyane *tannia*.

Son aptitude à végéter dans les marais, sur les bords des cours d'eau, dans les sols frais ou arrosés, la fait appeler *plante des marais de l'Inde.*

Sa racine contient 27 pour 100 de fécule composée de grains sphériques.

Le colocase des anciens a produit un grand nombre de variétés.

## 2. — Colocase comestible
(COLOCASIA ESCULENTA, Schott.)

*Synonymie :* Colocase d'Égypte.     Gouet comestible.

CALADIUM ESCULENTUM, Vent.     COLOCASIA EDULE.
ARUM ESCULENTUM, Lin.

Souche féculente; feuilles très-belles, radicales, peltées, entières, lisses, vert glauque, longues de 0$^m$,50 à 0$^m$,70; spathe ovale lancéolée, plus longue que le spadice.

Cette espèce est souvent désignée sous les noms de *tallo, tarro, taro*[1], *tara*[2], *taya, taye, chou-choute, chou-taro*. Dans l'île d'Haïti, on l'appelle *chou des Caraïbes*. Les habitants de l'île de la Trinité la nomment *tania*. En Amérique, on la désigne sous le nom de *malinga*, à Fernando-Pôo, on l'appelle *coco*, à la Nouvelle-Zélande, *eddous*, à Taïti, *eddoës*. Enfin, on la nomme encore *gouet comestible, pain de Caraïbe, taro de l'Océanie* et *taro de la Polynésie*.

Cette aroïdée, la plus riche en amidon des plantes tropicales, est originaire de l'Inde et elle était connue des anciens Égyptiens ; elle est cultivée en grand dans l'Océanie, aux Antilles, dans l'Amérique méridionale, en Chine, à la Nouvelle-Zélande, dans l'archipel des Carolines, aux îles Marquises, à la Martinique, à la Nouvelle-Calédonie, à Taïti, dans la presqu'île de Sumatra, etc. Sa végétation est luxuriante à la Jamaïque.

La fécule qu'on extrait des souches de la colocase comestible est excellente. Elle est appelée *tannia* ou *hog* à la Jamaïque.

---

[1] *Taro*, en langue polynésienne, signifie *pain*.
[2] *Tara*, en langue kanaïke. veut dire *ami*.

### 3. — Colocase de l'Inde

(COLOCASIA INDICA, Kunth. ; ARUM INDICUM, Lour.)

Racine féculente et drageonnante ; tige simple de 2 à 3 mètres de hauteur
c de 0<sup>m</sup>,03 à 0<sup>m</sup>,10 de diamètre ; feuilles longuement pétiolées ; en cœur et à
deux lobes arrondis, longues de 0<sup>m</sup>,65 à 1 mètre ; spathe linéaire, presque
cylindrique ; spadice cylindrique de même longueur que la spathe.

Cette espèce est cultivée dans l'Asie équatoriale, l'Amérique méridionale et à la Nouvelle-Calédonie. Aux Antilles,
on l'appelle *chou caraïbe*.

### 4. — Colocase à grosse racine

(COLOCASIA MACRORHYZA, Schott.)

*Synonymie :* Colocase à grosse souche.

    ARUM MCCRONATUM, Lam.         ARUM MACRORHYZON, Lin.

Racine féculente très-développée ; feuilles petites en cœur, légèrement
sinuées sur leurs bords, échancrées en deux lobes à leur base.

Cette espèce a une grande importance dans les îles de
l'Océanie. On l'appelle aussi *taro*. Elle est très-cultivée
dans l'île de Ceylan, à la Nouvelle-Calédonie et dans l'archipel des Carolines.

### 5. — Colocase à feuilles sagittées

(COLOCASIA SAGITTIFOLIA, Brov.)

*Synonymie :* CALADIUM SAGITTIFOLIUM, Vent.      XANTHOSOMA SAGITTIFOLIA, Schot.
    ARUM SAGITTIFOLIUM, Lin.

Rhizome développé ; feuilles grandes sagittées, longuement petiolées ; hampe
moins longue que les pétioles, terminée par une spathe ovale, concave, plus
longue que le spadice.

Cette espèce est répandue au Brésil, à la Jamaïque et à
Taïti. Elle est aussi appelée *chou caraïbe*. Dans l'Océanie,
on la nomme *tayove* ou *tayove-touka*. Ailleurs, on la désigne
sous les noms suivants : *pain de caraïbe, tayo de Samana,
colocase en fer de flèche, chou grenade*.

Les habitants des parties montagneuses de l'Inde cultivent, de préférence aux autres espèces, celle que l'on a appelée *colocase de l'Himalaya* (COLOCASIA HIMALENSIS), parce

qu'elle est plus rustique et qu'elle réussit bien à une grande altitude.

A ces plantes j'ajouterai une autre aroïdée, qui appartient au genre *caladium* et qui possède les avantages qui distinguent la *colocase à feuilles sagittées* (3) :

### Caladie comestible

(CALADIUM EDULE, Mey.)

*Synonymie :* XANTHOSOMA EDULE, Schot.

Rhizome épais; feuilles grandes sagittées, acuminées et longuement pétiolées; hampe moins longue que les pétioles, terminée par une spathe ovale, concave plus longue que le spadice.

Cette espèce est cultivée dans l'Amérique équatoriale, à la Guyane et aux Antilles, où on l'appelle aussi *chou caraïbe*.

Les rhizomes sont très-féculifères.


## SECTION II

### Multiplication et culture.

Terrains propres aux colocases. — Mode de multiplication. — Plantation des rejets, boutures ou tubercules. — Soins d'entretien. — Insectes nuisibles. — Arrachage des rhizomes. — Rendement par hectare.

Les colocases exigent des terres humides ou fraîches et fertiles. Elles supportent très-bien les arrosages que l'on pratique dans diverses vallées de Taïti. Aussi les regarde-t-on à bon droit comme des plantes aquatiques. On peut au besoin disposer les terrains qu'on leur destine comme s'il était question d'y établir des rizières.

Ces plantes se multiplient au moyen de leurs graines, de leurs rejets ou à l'aide des petits tubercules. Ce dernier mode de propagation est le plus en usage dans les îles Sandwich. On peut encore couper les jeunes tiges au-dessous de leur collet et les planter.

Les rejets, les boutures ou les tubercules doivent être espacés les uns des autres de 0ᵐ,75 à 1 mètre.

On plante les colocases en tout temps.

Pendant la végétation, on donne les binages et les arrosements nécessaires.

Les chenilles sont des ennemis redoutables pour toutes les colocases.

On arrache les rhizomes 12, 15 et 18 mois après la plantation (1). Il est très-important d'exécuter cette opération 15 à 20 jours avant l'apparition des nouvelles pousses. Les rhizomes ne se conservent hors de terre que pendant 12 à 15 jours. Plus tard, ils moisissent; toutefois, à Nouka-Hiva, on les conserve pendant plusieurs mois en les déposant dans des trous revêtus intérieurement de pierres. A Madère, on regarde comme utile de les laisser sur le sol pendant un certain temps avant de les manger.

Ces aroïdées sont très-productives. Dans les contrées équatoriales, elles donnent souvent jusqu'à 80,000 kilogr. de racines fraîches par hectare.

Les racines pèsent, en moyenne, 1 kilogr.

## SECTION III

### Extraction et emplois des produits.

Fécule contenue dans les rhizomes. — Extraction. — Propriétés alimentaires. — Mode de cuisson des racines. — Préparation de la *porée*, du *poc*, etc., par les Océaniens. — Racines bouillies. — Racines de l'arum commun.

La *fécule des colocases* est très-alimentaire. On l'extrait des racines comme s'il était question de retirer les parties amylacées des rhizomes tubéreux du MANIHOT UTILISSIMA (voir

_________

1 A Madère, à 800 mètres d'altitude, on ne les récolte que tous les trois ans.

page 515). La *fécule de caladium* s'extrait comme celle du *manihot aïpi* (voir page 517).

Ces rhizomes contiennent ordinairement 35 pour 100 de fécule qui est fine, blanche et très-agréable.

Cette fécule est quelquefois désignée sous les noms de *fécule de chou choute, fécule de chou taro, fécule de chou caraïbe.* Elle sert à faire des bouillies, des biscuits ou du pain. Elle est aussi alimentaire que la fécule de l'igname ailée (voir page 498).

Les racines fraiches des colocases contiennent un principe âcre, une saveur amère, mais elles sont très-alimentaires après avoir été cuites. Dans les îles de la Polynésie et dans l'Océanie, on les mange après les avoir fait cuire dans des marmites, dans des fours, sur des pierres rougies ou sur des charbons incandescents.

La *porée*, aux îles Sandwich, se fait de la manière suivante : on enveloppe des racines de taro dans des feuilles de bananier et on les fait cuire à l'aide de pierres rougies. Après cette cuisson on les réduit en pâte que l'on conserve pendant un ou deux mois dans des calebasses. Quelquefois, on fait cuire les racines sans eau ou à l'étuvée et on les réduit en pâte qu'on fait ensuite sécher au soleil. Ainsi préparées, les racines se conservent très-bien pendant plusieurs mois.

En général, ce sont les femmes des tribus polynésiennes qui sont chargées de préparer le taro. Pour faire le *poe*, elles pétrissent de la farine de taro et la font cuire dans un four. Dans l'archipel de Taïti, les femmes préparent le *lou-loloï* et le *lou-effanion* en faisant bouillir des feuilles de taro avec du jus ou de la noix râpée de coco. Le *lou-toï* se compose de feuilles de taro cuites avec un peu d'eau de mer. Le *lou-alo-he-bouaka* est très-recherché ; on le prépare en faisant cuire des feuilles de taro avec un morceau de gras de porc qu'on conserve jusqu'à ce que le goût en soit fort.

La racine de taro bouillie, pétrie et fermentée pendant 12 à 15 heures, constitue un aliment qui a une saveur acidule très-appétissante.

A Fernando-Pôo, les feuilles bouillies de la colocase comestible remplacent les feuilles des épinards.

On a conseillé depuis longtemps d'extraire la fécule que renferment les racines du *gouet commun* ou *pied-de-veau* (ARUM MACULATUM), plante herbacée qui est commune en Europe, mais cette opération n'est possible que pendant les grandes disettes. Les racines de cette espèce contiennent un suc âcre, caustique et très-purgatif. Il faut donc, de toute nécessité, quand on veut utiliser leur fécule, les râper et laver la pulpe à diverses reprises. La fécule qui se dépose alors est très-alimentaire et peut être utilisée sans aucun danger.

La racine de cet arum était autrefois désignée en Normandie sous le nom de *racine amidonnière*.

# CHAPITRE VIII

## TACCA

### Tacca

(De *tacca*, nom malais donné à la plante.)

*Plante monocotylédone de la famille des Taccacées.*

Les *taccas* ont aussi des tubercules féculents qui fournissent de l'*arrow-root*.

Ces plantes sont herbacées ; elles ont des feuilles radicales et pétiolées ; elles végètent particulièrement dans les montagnes boisées de l'Afrique, de l'Asie et de l'Océanie. Elles sont cultivées dans la Micronésie, aux archipels des Carolines, aux Moluques, dans les îles des tropiques du Grand Océan, etc., etc.

A l'état indigène, ces plantes produisent des tubercules qui ont une saveur amère et âcre, et qui renferment un principe ayant une grande énergie. Celles qui sont cultivées depuis longtemps dans l'Océanie ont perdu en grande partie de ces mauvaises qualités.

Tous les taccas cultivés diffèrent de ceux qu'on rencontre à l'état sauvage.

## SECTION I

### Espèces cultivées.

Le tacca pinnatifide. — Le tacca cultivé. — Le tacca campanulé. — Fécule contenue dans les tubercules.

On cultive comme plantes alimentaires trois espèces de tacca.

### 1. — Tacca pinnatifide

(TACCA PINNATIFIDA, Forst.; TACCA LITTOREA, Rumph.)

Tubercules féculents, à saveur amère, presque arrondis, de 0<sup>m</sup>,10 à 0<sup>m</sup>,12 de diamètre, muni de petites radicelles; feuilles radicales pétiolées, longues de 0<sup>m</sup>,65 à 1<sup>m</sup>; hampes d'un mètre à 1<sup>m</sup>,50 de hauteur, terminées par une ombelle de fleurs verdâtres, accompagnées d'un périanthe rose; fruits charnus à graines ovoïdes ou anguleuses.

Cette espèce est cultivée à Java, aux Moluques, dans les Indes orientales, aux îles Malaises, aux Philippines, aux Mariannes, à la Nouvelle-Calédonie, à la Nouvelle-Hollande et à Madagascar. Les Océaniens et les insulaires de Taïti et des îles de la Polynésie l'appellent *pia* ou *pya*. A Madagascar, on la nomme *tavoulou*. Ses tubercules sont comestibles; ils fournissent l'*arrow-root de Taïti*.

Les Taïtiennes emploient les fibres des hampes florales pour tresser des chapeaux et des couronnes remarquables sous le rapport de la finesse, du brillant et du travail.

Ce tacca est le *sahest* ou le *pya des Taïtiens*.

### 2. — Tacca cultivé

(TACCA SATIVA, Rumph.; AMORPHOPHALLUS SATIVUS, Blum.)

Tubercules de la même grosseur; feuilles longues d'un mètre environ, pétiole de 0<sup>m</sup>,65 à 1<sup>m</sup> de longueur; hampe haute de 1<sup>m</sup>, portant des fleurs d'un vert grisâtre; baies rouges de la grosseur d'une noisette.

Cette espèce est très-cultivée dans les Indes et aux Moluques. Ses tubercules pèsent jusqu'à 4 kilogr. Ils ont généralement leur base aplatie et renferment 14 pour 100 de fécule. Dans l'Inde, on les appelle *karanei-kijangou*.

### 3. — Tacca campanulé

(TACCA PHALLIFERA, Rumph.; AMORPHOPHALLUS CAMPANULATUS, Blum.)

*Synonymie :* ARUM RUMPHII, Gaudi.          ARUM CAMPANULATUM, Roxb.

Tubercules ayant de 0<sup>m</sup>12 à 0<sup>m</sup>25 de diamètre; feuilles très-amples ayant 1<sup>m</sup> de longueur; hampe courte verruqueuse comme les pétioles, terminée par une spathe jaune verdâtre extérieurement et violacée à l'intérieur; spadice renflé au sommet et dépassant un peu la spathe.

Ce tacca est cultivé dans l'Asie tropicale, à Ceylan, dans les îles de la Sonde et l'Indo-Chine. En langue tamoule, on le nomme *cââkaranei-kijangou*. Son tubercule contient 15 pour 100 de fécule ; il est riche en matière mucilagineuse azotée.


## SECTION II

### Propagation et culture.

Les taccas doivent être cultivés dans les lieux frais et ombragés. — Mode de multiplication. — Plantation des tubercules. — Soins pendant la végétation.

Les taccas ne peuvent être cultivées que dans les vallées humides et ombragées des contrées équatoriales.

On les multiplie au moyen de leurs petits tubercules ou de leurs graines.

C'est à la fin de la première année qu'on opère la récolte des tubercules. Ceux-ci sont souvent nombreux à la base de chaque plante.

Les dimensions que les feuilles de ces plantes acaules sont susceptibles de prendre dans les contrées à la fois chaudes et fraîches, obligent, à l'époque de la plantation des tubercules, à les espacer ceux-ci en tous sens, de $1^m,20$ à $1^m,30$.

Pendant la végétation, on doit avoir le soin de donner les binages nécessaires.


## SECTION III

### Extraction et emplois de la fécule.

Forme des tubercules. — Mode d'extraction de la fécule : râpage des racines, lavage de la pulpe, séchage de la partie amylacée. — Emplois de la fécule et des tubercules.

Les tubercules des taccas sont oblongs ou arrondis. Leur

surface est brune ; leur intérieur est jaune rosé parsemé de points jaune-rougeâtre dus à un suc propre.

Le procédé en usage pour retirer la fécule des tubercules est simple.

On met les tubercules à tremper dans l'eau douce, on les pèle, on les lave avec soin et on les rape. La pulpe ainsi obtenue est ensuite lavée sur un tamis.

L'eau qui provient du lavage de la pulpe est blanche et épaisse. On la laisse en repos pour qu'elle dépose la fécule qu'elle tient en suspension. Quand l'eau est presque claire, on décante, on lave la fécule à diverses reprises, puis on la met à sécher sur des toiles ou des nattes.

La fécule du tacca qu'on appelle souvent *fécule de pia* ou *arrow-root de pia* est blanc-gris, très-nourrissante et supérieure au sagou. Elle se transforme dans l'eau bouillante en une sorte de gelée qui est très-agréable, sous l'action de la vapeur de l'iode, cette fécule devient violet-rougeâtre.

Les Océaniens font un grand usage de la fécule des taccas.

Dans diverses contrées, on mange les tubercules après les avoir fait cuire. La cuisson fait disparaître leur principe âcre.

# CHAPITRE IX

## OXALIDE

### Oxalis

(Du grec ὀξύς, acide ; allusion à l'acidité des feuilles.)

*Plante dicotylédone de la famille des Oxalidées.*

Les oxalides sont cultivées depuis longtemps au Mexique, au Chili, au Pérou, etc., comme plantes alimentaires. Ils produisent des racines tuberculeuses, féculentes qu'on appelle *oca* ou *oca des Péruviens*.

Les tubercules des oxalides sont sains, assez agréables et nourrissants ; ils contiennent de 10 à 12 pour-100 de fécule. Ces tubercules, il est vrai, ont une saveur acidule, mais cette saveur disparaît par la cuisson.

Ces plantes sont peu élevées. Elles ont la propriété de développer de nombreuses tiges souterraines blanchâtres qui se terminent par un bulbe plus ou moins développé et irrégulier. Leurs feuilles sont pour la plupart radicales.

Les oxalides sont cultivées en Europe comme plantes potagères çà et là dans les jardins. Les tubercules qu'elles produisent n'ont pas toutes les qualités alimentaires qui distinguent les tubercules récoltés dans l'Amérique méridionale.

Le soir, les feuilles des oxalides se ferment et s'inclinent sur leurs pétioles, et les corolles des fleurs se contournent sur leur axe. Les unes et les autres ne s'étendent ou s'épanouissent qu'au retour de la lumière.

Deux espèces, parmi celles classées au nombre des plantes utiles, sont cultivées dans les jardins comme plantes d'ornement à cause du brillant coloris de leurs fleurs.

## SECTION I

### Espèces ou variétés cultivées.

L'oxalide crénelée. — Coloration de ses tubercules. — Variété à tubercule rouge carmin. — L'oxalide de Dieppe. — Saveur de ses feuilles. — L'oxalide à quatre folioles. — Qualité de ses tubercules.

Les oxalides cultivées comme plantes alimentaires sont au nombre de trois.

#### 1. — Oxalide crénelée

(OXALIS CRENATA.)

*Synonymie :* Oxalide tubéreuse.      Oca jaune.

OXALIS TUBEROSA, Dougl.     OXALIS CRASSICAULIS, Zucc.
OXALIS ARACACHA, Don.

Racine tubéreuse de la grosseur d'une noix, arrondie, ayant des renflements en forme d'yeux, à peau jaunâtre, lisse et à chair blanchâtre; tiges ascendantes de $0^m,50$ à $0^m,60$ de hauteur, pubescentes, ramifiées, rougeâtres ; feuilles à trois folioles obovales ; fleur en ombelles, à pétales *jaune brillant* striés de pourpre.

Cette oxalidée a été introduite en Angleterre en 1829 ; elle est cultivée dans les Cordillères depuis le Chili jusqu'au Mexique. Sa culture est aussi répandue au Pérou, dans la Bolivie et à la Colombie. Sa culture, dans ces contrées, est encore possible dans les parties montagneuses à 2,000 mètres au-dessus du niveau de la mer.

Ses tubercules après avoir été cuits ont une couleur jaunâtre. On les regarde comme aussi nutritifs que les tubercules de la patate douce.

Cette espèce a produit une *variété* à tubercules rouges carmin que l'on nomme *oca rouge*. Ses tiges sont colorées en rouge violet. A la Nouvelle-Grenade, on la préfère à l'espèce type.

#### 2. — Oxalis de Deppe

(OXALIS DEPPEI, Sweet.)

Racines charnues, renflées, un peu allongées; pétiole de $0^m.12$ à $0^m,15$ por-

tant une feuille à quatre folioles sessiles, ciliées et zonées de pourpre en dessous ; fleur *rouge cuivré* en ombelles et à pétales arrondis au sommet.

Cette espèce est aussi cultivée au Mexique et au Pérou ; elle a été importée en Angleterre en 1827. Ses feuilles ont une saveur plus douce que les feuilles de l'oxalide cré-nelée.

### 3. — Oxalide à quatre folioles

(OXALIS TETRAPHYLLA, Cuv. ; OXALIS ESCULENTA, Link.)

Tubercules moyens ; feuilles longuement pétiolées à quatre folioles presque triangulaires et échancrées au sommet ; fleurs en ombelles à pétales arrondis et pourpre rose sur un fond jaune pâle.

Cette espèce est aussi cultivée au Mexique et au Pérou, mais elle y est moins estimée que la première espèce ; elle a été introduite en Angleterre en 1823.

## SECTION II

### Culture.

Mode de reproduction. — Plantation des tubercules. — Soins pendant la
végétation. — Arrachage des tubercules. — Exposition des tubercules à
l'action du soleil.

Les oxalis se multiplient à l'aide de leurs tubercules ou de leurs graines, mais ce dernier mode de reproduction n'est en usage que dans l'Amérique méridionale.

Au Mexique, on plante les tubercules avant l'hiver. En Europe, on ne peut les mettre en terre que pendant les mois de mars ou avril, suivant les localités. Le sol doit être de bonne qualité et avoir été bien préparé.

Les tubercules sont espacés de $0^m,50$ à $0^m,60$ les uns des autres.

Pendant la croissance des plantes on opère les binages nécessaires. En Europe, dans le but d'augmenter la production des tubercules, on butte les pieds en ayant la précaution d'opérer ce buttage au centre des touffes afin de forcer les tiges à végéter presque horizontalement.

L'arrachage des tubercules a lieu tardivement, mais avant la gelée. Au Mexique et au Pérou, les tubercules ne sont mangés qu'après avoir été exposés au soleil pendant 6 à 10 jours, temps suffisant pour qu'ils perdent leur saveur acide. A la Bolivie, cette exposition a lieu dans des sacs de laine et elle dure plusieurs mois. Les tubercules qui ont été ainsi traités, ont une saveur sucrée ; on les désigne alors sous le nom de *caui*. Ils sont très-recherchés. On les cuit à la vapeur.

A l'arrachage, on trouve quelquefois des tubercules blanchâtres que les Péruviens appellent *oca blanca* ; ils sont moins estimés que les tubercules jaunes.

## SECTION III

### Emplois des tubercules et des feuilles

Quantité de fécule contenue dans les tubercules. — Quantité alimentaire des tubercules. — Les feuilles peuvent remplacer les feuilles de l'oseille.

Les tubercules des oxalides contiennent de 10 à 12 pour 100 de fécule.

Ces tubercules sont d'une cuisson facile. Ils fournissent un aliment sain, léger et agréable ; leur saveur est un peu acide, mais cette acidité disparaît complétement quand on les fait cuire après les avoir fait blanchir à l'eau chaude.

Les feuilles de ces plantes peuvent remplacer les feuilles de l'oseille.

# CHAPITRE X

## OLLUCO

Ullucus tuberosus, Loz.          Melloca peruviana, Moq.

*Plante dicotylédone de la famille des Portulacées.*

Cette plante est originaire du Chili. Elle est cultivée dans les Andes jusqu'à 4,000 mètres de hauteur, au Pérou, à la Bolivie et à la Nouvelle-Grenade.

L'olluco présente les caractères suivants :

Racine obronde, assez grosse, jaune vif, lisse, à chair jaunâtre, se développant sur les coulants qui naissent à la base des tiges : tiges rampantes, ramifiées ; feuilles alternes, épaisses, vertes, à pétioles rougeâtres ; fleurs petites, verdâtres et solitaires.

Au Chili, on désigne l'olluco sous les noms de *melloco*, *ulluco*. Au Pérou, on l'appelle *oca quina*.

Cette plante ne produit des graines que dans les contrées intertropicales.

Ses tubercules sont féculifères. Au Mexique, on les nomme *papa lissa* (pomme de terre lisse) parce que leur peau est très-fine. Les Mexicains les mangent après les avoir fait cuire ; les Indiens seuls les mangent crus. En Europe, ces tubercules ont une saveur insipide.

En résumé, l'olluco est le moins estimé des légumes alimentaires de l'Amérique méridionale ; aussi est-ce sans succès qu'on a cherché à le propager en Europe.

———

# CHAPITRE XI

## CAPUCINE TUBÉREUSE

(TROPEOLUM TUBEROSUM, Ruiz.)

(De τρόπαιον, mot grec qui signifie trophée.)

*Plante dicotylédone de la famille des Tropœolées.*

La capucine tubéreuse est originaire du Pérou ; elle a été signalée en 1794 dans la *Flora peruviana et chilensis* de Ruitz et Pavon et importée pour la première fois en France, en 1856, par Mathews. Les Mexicains la nomment *ysanô* ou *taiacha* ; les Boliviens, *isano* ; les Péruviens, *massua*.

La capucine tubéreuse, ou *capucine esculente*, se distingue par les caractères ci-après :

Racines fibreuses accompagnées de racines tubérifères, ovoïdes, pyriformes, ayant des renflements en forme d'écailles et des yeux fortement enfoncés ; tiges nombreuses, rameuses, hautes de 0^m,50 à 0^m,60, feuilles peltées cordiformes, divisées à la base en cinq lobes cunéiformes ; fleur jaune orangé à pétales entiers ou échancrés au sommet, portées par des pédoncules plus longs que ceux des feuilles et moins grandes que les fleurs de la capucine commune.

Cette plante est cultivée dans l'Amérique méridionale. Elle sert de nourriture aux populations qui habitent les Andes de Popayan, de Surace, villages situés à 2,500 mètres au-dessus du niveau de la mer. Les Américains tirent aussi un excellent parti de ses tubercules féculents, que les Péruviens appellent *massuas*. Ces tubercules ont une peau fine ; ils sont jaunes avec des taches ou macules rouges pointillées d'écarlate ; ils sont de la grosseur d'un œuf de poule.

On propage facilement cette capucine au moyen de ses

racines tubérifères ; celles-ci se développent autour du collet des plantes.

Ces tubercules ne sont arrachés que très-tardivement. Au Chili, on les laisse geler. Sur les marchés, on les vend sous cet état et on a soin de les protéger contre l'action du soleil avec de la laine ou de la paille.

On les mange cuits. Il est utile de les faire blanchir à l'eau avant d'opérer leur cuisson. Leur saveur est légèrement musquée, mais un peu plus forte que celle des navets. Quelquefois on les assaisonne avec de la mélasse.

Les feuilles de cette capucine sont utilisées comme les feuilles du cresson de fontaine. Les Anglais les nomment *indien cress* (cresson indien) et les Italiens *nasturzio d'India*.

Lorsqu'on frotte les tubercules extérieurement, on respire un arome agréable analogue au parfum oriental appelé *mayua*.

La capucine tubéreuse a été très-expérimentée dans le nord de l'Europe comme plante alimentaire. On a reconnu qu'elle y mûrissait difficilement ses racines tubérifères.

Cette plante ne produit des graines que dans l'Amérique méridionale.

# CHAPITRE XII

## APIOS TUBÉREUSE

(APIOS TUBEROSA, Moench.; GLYCINE APIOS, Lin.)

(De ἄπιον, mot grec qui signifie poire.)

*Plante dicotylédone de la famille des Légumineuses.*

Cette plante a été décrite par Jacques Cornut, de Paris, en 1635, dans son *Canadensium plantarum Historia*. Elle est cultivée à la Virginie et au Canada. Les Osages la nomment *Taux*, les Indiens, *Saagaa-ban* et les Américains, *ground-nest*. Suivant Castiglioni, en 1785, les aborigènes de la Caroline mangeaient ses racines tubéreuses avec plaisir et ils l'appelaient *scherzo*. Cornut l'a cultivée au dix-septième siècle à Paris. M. Lamarre-*Piquot* a cru devoir la recommander de nouveau à l'attention des agriculteurs européens en 1849.

L'apios tubéreuse, ou *glycine tubéreuse*, est originaire de la Pensylvanie. Voici ses principaux caractères :

Rhizomes tubéreux en forme de poire; tige herbacée, glabre, de 2 mètres de hauteur, grimpante; feuilles pubescentes, imparipennées, à 5 ou 7 folioles, ovales, oblongues et acuminées; fleurs en grappes axillaires, pourpre foncé, panachées de rose brun et odorantes.

Les tubercules atteignent le volume d'un œuf ; ils sont féculents, assez agréables, et ont le goût du fond de l'artichaut. Suivant M. Payen, ces rhizomes contiennent :

| | |
|---|---|
| Fécule, dextrine, sucre. | 35,55 |
| Matières azotées. | 4,30 |
| Matières grasses. | 0,80 |
| Cellulose et épiderme. | 1,50 |
| Sels minéraux | 2,25 |
| Eau | 54,60 |
| | 100,00 |

Les tiges de cette légumineuse sont grêles et volubiles, mais très-élégantes ; elles doivent être soutenues par de longues rames ; les racines sont longues et serpenteuses ; les tubercules sont au nombre de 8, 10 et 12 par coulant ou racine, mais ils se développent lentement.

L'apios tubéreuse se multiplie à l'aide de ses tubercules. Ces racines tubéreuses doivent être mises en terre pendant l'automne. On ne doit pas les planter profondément.

A cause de ses longues racines traçantes, cette apios a l'inconvénient d'être très-envahissante. Nonobstant, au Canada et à la Floride, on la cultive avec succès dans des sols profonds et fertiles.

On récolte les rhizomes à la seconde année. Cet arrachage est assez difficile et coûteux, parce qu'il faut découvrir toutes les racines, qui ont plusieurs mètres de longueur, pour pouvoir récolter tous les tubercules.

Les dépenses occasionnées par l'extraction des rhizomes et la saveur spéciale de ces tubercules expliquent pourquoi l'apios tubéreuse, jusqu'à ce jour, n'a pas été regardée comme très-utile pour l'agriculture européenne.

Cette plante ne produit des graines fertiles que dans les contrées tempérées.

# CHAPITRE XIII

## PIQUOTIANE

(PSORALEA ESCULENTA, Pursh.)

(De ψωραλέος, galeux ; allusion aux petites glandes qui couvrent le calice.)

*Plante dicotylédone de la famille des Légumineuses.*

Cette plante vivace est connue en Europe depuis 1811 ; elle a été de nouveau introduite en France, en 1849, par M. Lamarre-Piquot. Elle est indigène dans les steppes de l'Amérique septentrionale.

Voici les caractères qui la distinguent :

Souche tubéreuse obronde, charnue et surmontée d'une tige ligneuse très-courte, sur laquelle, chaque année, se développent des tiges herbacées, pubescentes ou velues au nombre de 2 à 3 ; feuilles digitées et composées de sept folioles lancéolées et aiguës, portées par des pétioles ciliés et stipulés ; fleurs bleues disposées en épis allongés et axillaires.

La racine de cette plante est féculente, mais à partir de la deuxième année la fécule diminue et la proportion des fibres augmente. Ainsi la partie amylacée, qui atteint ordinairement au bout de deux la proportion de 72 pour 100, ne dépasse pas à la cinquième année 53 pour 100.

Les Indiens de l'Iowa, dans le Missouri, appellent cette légumineuse *tipsina*, et les Osages *tangre*.

Expérimentée en France et même en Europe pendant plusieurs années, au moment de l'apparition de la maladie de la pomme de terre, cette plante est aujourd'hui complétement abandonnée.

On utilise aussi comme aliment, dans les montagnes Rocheuses du nord de l'Amérique, les racines tubéreuses et féculentes du *Psoralea brachiata*.

# CHAPITRE XIV



## SOUCHET COMESTIBLE

(CYPERUS ESCULENTUS, Lin.)

(De κύπειρος, nom grec de la plante.)

*Plante monocotylédone de la famille des Cypéracées.*

*Anglais.* — Rusch nut.       *Espagnol.* — Chufa.
*Italien.* — Cipero esculento.       *Allemand.* — Ermandel.

Le souchet comestible, ou *souchet tubéreux*, que l'on appelle aussi *amande de terre*, *souchet sultan*, a été introduit en France en 1797 ; il est très-cultivé dans le sud de l'Europe, en Asie et en Afrique. Sa culture est importante à Valence, dans diverses parties de la Galicie (Espagne) et aux environs de Rosette et de Damiette (Égypte).

Dans le Soudan, on le nomme *Nebbon*, en Égypte et dans le nord de l'Afrique, *ab-el-azis*.

Cette cypéracée est une plante rampante. Voici ses principaux caractères :

Rhizomes munis de fibres grêles qui sont terminées chacune par un petit tubercule ovoïde, brun jaunâtre en dehors et blanc en dedans ; tiges triquêtres, glabres et feuillées dans leur partie inférieure ; feuilles longues, planes, rudes, canaliculées et carénées ; fleurs disposées sur chaque tige en une ombelle simple formée par 7 à 10 rayons inégaux ayant chacun de 11 à 14 épis lancéolés ou linéaires.

Le souchet comestible a été aussi désigné sous les noms scientifiques suivants :

CYPERUS SIEBERIAMUS, Link.       CYPERUS AUREUS, Ten.
CYPERUS TENORIANUS, Schu.

C'est bien à tort que quelques botanistes l'ont appelé CYPERUS TUBEROSUS OU SCIRPUS TUBERORUS.

Le souchet comestible se propage par ses tubercules. Il

doit être cultivé sur des terres de consistance moyenne, humides ou très-fraîches et bien ameublies.

Avant de confier ses tubercules au sol, on les met à tremper dans l'eau pour qu'ils gonflent et qu'ils végètent plus aisément et plus promptement. Quand ils ont perdu leur dureté normale, on les plante à la fin de l'hiver en touffes espacées en tous sens de 0$^m$,30 à 0$^m$,40. Chaque poquet doit recevoir 3 à 4 tubercules. On recouvre ces derniers de 0$^m$,03, 0$^m$,04 de terre.

Pendant la végétation des plantes on opère les binages, les sarclages et les arrosages nécessaires.

La récolte des tubercules a lieu en octobre ou novembre. Quand ils sont secs on les conserve à l'abri de l'humidité afin qu'ils ne moisissent ni ne rancissent.

Ces tubercules ont une saveur douce et agréable. On les mange sans les faire cuire ou après les avoir fait rôtir. Les souchets grillés sont très-estimés en Égypte. A l'état naturel, ils servent aussi à faire des boissons rafraîchissantes. On peut en extraire de l'huile.

# LIVRE II

## ARBRES A TRONCS FÉCULIFÈRES

Les peuples des contrées équatoriales cultivent depuis fort longtemps des arbres monocotylédonés dont les troncs contiennent dans leur cavité médiane une abondante moelle féculifère ou un tissu spongieux qui renferme la fécule qu'on a appelée *sagou*, et qui sert d'aliment ou qui remplace avantageusement le pain.

Ces *arbres à sagou* sont remarquables par leurs troncs colonnaires, leur grande élévation et la beauté de leurs palmes ou feuilles pinnées et persistantes.

Tous ces arbres se développent et s'épaississent par l'accroissement des parties de leur circonférence. Ils ont un stipe gros, cylindrique formant un étui ligneux d'une faible épaisseur. Leurs frondes sont pennées et épineuses.

Les uns appartiennent à la famille des palmiers et les autres à la famille des cycadées. On les désigne ordinairement sous les noms de SAGOUTIERS ou de *palmiers-sagoutiers*.

Le sagoutier est appelé *sago* par les Italiens, *sagu* par les Espagnols, *saguiero* par les Portugais, *coelat-sagu* par les Malais, *cay san tua* par les Cochinchinois. Au Malabar, on le nomme *Todda panna*.

# CHAPITRE PREMIER

## GENRES ET ESPÈCES

Les sagoutiers proprement dits : sagoutier de Rumphius et sagoutier lisse. — Les raphiers pédonculé et vinifère. — Le mauritier flexueux. — L'aranga à sucre. — Le dattier farineux. — Le cayote caustique. — Les cycas circinal, révoluté et sans épines. — Le zamier des Cafres.

Les sagoutiers sont nombreux à Java, à Sumatra, dans l'Inde, les îles de Malacca, de la Sonde, de la Malaisie, aux Moluques, à l'île de France, à Bourbon, à Madagascar, à Cayenne, en Afrique, à l'île Maurice, aux Philippines, en Guinée, à Bornéo, etc.

L'île de Céram, dans l'Océanie, renferme une immense forêt de sagoutiers.

Les sagoutiers cultivés dans la zone intertropicale ou dans les régions chaudes du globe appartiennent à six genres différents. Les troncs ou *stipes* des uns et des autres ne contiennent plus de fécule quand les arbres ont produit des fruits une première fois.

A. *Végétaux appartenant à la famille des palmiers.*

I

## Sagoutier.

### Metroxylon

(De μέτρον, mesure et ξύλον, bois.)

Ce genre comprend deux espèces :

#### 1. — Sagoutier de Rumphius

*Synonymie :* Sagus rhumphii, Wild.  Metroxylon rumphii, Mart.
Sagus genuina, Rumph.  Metroxylon sagus, Mart.

Racines rampantes s'étendant à de grandes distances et émettant de nombreux rejets ; tronc de 6 à 10 mètres de hauteur, à écorce formée de fibres épaisses ; feuilles presque dressées, longues de 6 à 8 mètres et ayant leurs pétioles armés de piquants ; fruits presque globuleux et déprimés aux deux extrémités.

Ce palmier-sagoutier a le port et la taille du palmier-dattier ; il est commun dans l'archipel Indien, dans les îles de la Sonde, dans celles de la Malaisie, à Sumatra, aux Moluques, dans l'île de Malacca, dans l'Inde et le royaume de Siam.

Le sagou qu'on extrait de ce palmier est presque toujours consommé par les habitants des contrées où cet arbre est cultivé.

Un tronc de 15 ans peut fournir jusqu'à 300 kilogrammes de sagou.

### 2. — Sagoutier lisse

*Synonymie :* METHOXYLON LÆVE, Mart.          SAGUS INERMIS, Roxb.
          SAGUS LÆVIS, Rumph.

Stipe plus élevé et atteignant quelquefois 10 mètres de hauteur, feuilles très-belles, très-élégantes, à pétioles sans piquants ; fruits presque globuleux.

Ce sagoutier est très-répandu dans les possessions anglaises de l'Inde, en Chine, à Bornéo, aux îles de la Sonde, dans la presqu'île de Malacca et à Sumatra. Il est célèbre par l'excellent sagou qu'il fournit et qu'on importe en Europe.

Ce palmier, comme le précédent, fournit le véritable sagou.


II

## Raphier

RAPHIA

(De ῥαφίς, mot grec qui signifie aiguille.)

Les raphiers sagoutiers sont au nombre de deux .

## 1. — Raphier pédonculé

(RAPHIA PEDUNC LATA, Pal.)

*Synonymie :* RAPHIA RUFFIA, Mart.   SAGUS PEDUNCULATA, Poir.
   METROXYLON RUFFIA, Spreng.  SAGUS FARINIFERA, Gaertn.
   SAGUS RUFFIA, Lam.

Tronc très-élevé, feuilles très-grandes, très-développées ; fruits pyriformes ou obovales, tiès-sillonnés et de couleur marron sombre.

Ce sagoutier est très-cultivé à l'île de France, à Bourbon, à Madagascar, à Cayenne, aux Moluques, dans les Indes occidentales et en Afrique. Aux îles Maurice et Bourbon, on le nomme *mouffia*.

Ce palmier a beaucoup de rapport avec le sagoutier proprement dit. Il est surtout remarquable par le magnifique bouquet que forment ses longues et belles feuilles au sommet des stipes. Son régime est aussi très-beau.

Le sagou qu'on retire de ce raphier est regardé aux Moluques comme le meilleur.

## 2. — Raphier vinifère

RAPHIA VINIFERA, Pal.   METROXYLON VINIFERA, Spreng.
SAGUS VINIFERA, Poir.   SAGUS PALMA-PINUS, Goertn.

Tronc peu élevé ; feuilles longues de 2 mètres environ ; fruits oblongs un peu pointus, écailleux et brun marron pâle.

Ce sagoutier est répandu dans l'Afrique orientale, à Fernando-Pôo, à Madagascar, dans les parties basses de la Guinée, dans les savanes du Brésil, etc. Son tronc a souvent 40 mètres de hauteur.

Le sagou qu'on extrait de son tronc est identique à la fécule que fournissent les autres sagoutiers ; il est recherché par les Malgaches.

La sève de ce palmier est hydro-alcoolique ; elle produit le *vin de palme*, qu'on consomme dans la Guinée et au Congo. A Fernando-Pôo, on l'appelle *tope*. On extrait cette sève par incision.

## III

## Mauritier flexueux.

Mauritia flexuosa, L.                    Sagus americana, Poir.
(Palmier dédié au prince Maurice de Nassau.)

Tronc droit sans épines, très-gros et haut souvent de 30 à 40 mètres; feuilles grandes à pinnules nombreuses et crispées, et à pétioles demi-cylindriques et canaliculées; fruits ovales, presque globuleux et déprimés à leur sommet.

Cette belle espèce, que les habitants des Guyanes appellent *ita*, aime les bas-fonds, les lieux humides. Elle est répandue dans les Indes, les parties septentrionales du Brésil, à la Guinée, à Surinam et sur les bords de l'Orénoque et de l'Amazone.

Le sagou qu'on en extrait est appelé *ipuruma* par les Indiens. Le commerce le nomme *sagou de l'Amérique du Sud*.

Les Indiens préparent avec les fruits de ce palmier une liqueur acide appelée *belteerie* et qui peut empoisonner. Les fibres, qu'ils nomment *arawaak*, leur servent à faire des hamacs.

## IV

## Arenga à sucre.

(Arenga saccharifera, Labill.)
(De *aren*, mot javanais sous lequel il est désigné.)

*Synonymie :* Saguerus rumphii, Roxb.          Gomutus saccharifer, Spreng.
Saguerus gomutus, Rumph.          Borassus gomutus, Lour.

Tronc de 10 à 12 mètres, très-gros, chargé de grosses écailles formées par sa base, persistance des pétioles; feuilles terminales pennées, graines dures et trigones.

Ce palmier est cultivé dans les parties chaudes de l'Inde, à la Malaisie, aux Moluques, dans les îles de la Sonde, en

Cochinchine et aux Philippines. Les Malais l'apellent *anao*, les Javanais *aren*, *gomouti* ou *sangoer*, les Indiens *sagwire* ou *gomuti* et les Amboinais *nawa*.

Le sagou qu'on extrait de son stipe est abondant, mais il est moins estimé que le sagou que fournissent les autres palmiers, parce qu'il est doué d'une saveur particulière qui déplaît aux Européens; néanmoins les Javanais le mangent avec plaisir.

La séve de ce palmier fournit le *vin d'arenga* et de l'*eau-de-vie*. Un arbre de 8 à 10 ans donne 3 litres de séve par jour. Ce liquide s'écoule des sections qu'on fait aux spadices.

On fait avec les amandes des fruits de bonnes confitures.

La pulpe des fruits de l'arenga à sucre contient un suc vénéneux que les Hollandais désignent sous le nom de *hel water* (eau d'enfer). Les Malais s'en servent pour empoisonner leurs flèches.


## V


### Dattier farineux.

(PHŒNIX FARINIFERA, Roxb.)

(De φοινξ, nom donné par les Grecs au fruit du dattier.)


Ce palmier a l'aspect et le port du *dattier cultivé* (PHŒNIX DACTYLIFERA, 4), à cette exception, toutefois, que le stipe, qui est très-gros, n'a qu'un mètre environ de hauteur. Sa moelle renferme en abondance une fécule d'une grande finesse.

Cette espèce est répandue dans toutes les parties de l'Inde. Les Hindous estiment le sagou qu'ils en retirent. Les Arabes appellent ce palmier *nekhla*.

# VI

## Caryote caustique.

(CARYOTA URENS, Lin.)

Tronc très-beau, droit, cylindrique, ayant jusqu'à 20 mètres de hauteur ; feuilles à pinnules un peu coriaces, longues de 5 à 6 mètres et larges de 3 à 4 mètres ; fruits globuleux, déprimés et rouges à la maturité.

Cette espèce est très-répandue au Ceylan, au Bengale, dans les parties méridionales de l'Inde, au Coromandel, au Malabar et aux Moluques.

La fécule qu'on extrait de son stipe est abondante et de bonne qualité. Elle sert à faire le *sagou du Malabar*, qui n'a pas une saveur aussi agréable que celui qu'on retire du palmier sagoutier. Les Indiens l'emploient en bouillie ou ils s'en servent pour faire du pain.

Les feuilles de ce palmier fournissent des fibres résistantes avec lesquelles on fabrique divers objets.

B. *Végétaux appartenant à la famille des cycadées.*

# VII

## Cycas.

### Cycas

(De κύκας, nom donné par les Grecs à un palmier d'Éthiopie.)

Les cycas qui fournissent du sagou sont au nombre de trois :

### 1. — Cycas circinal

(CYCAS CIRCINALIS, L. ; TODDA PANNA, Rheede.)

Tronc colonnaire, de 6 à 8 mètres de hauteur, couronné à son sommet par une gerbe de grandes et belles feuilles pinnatiséquées, presque toujours simple, rarement rameux dans sa partie supérieure ; feuilles à 180 ou 200 paires de folioles à pétioles bordées sur chacun de leurs côtés d'une rangée d'épines ; fruits de la grosseur d'une noix, un peu comprimés, lisses jaune orangé quand ils sont mûrs.

Cette espèce croît de préférence dans les terrains pierreux et sableux. Elle est commune dans la Chine méridionale, en Océanie, aux Moluques, au Malabar et dans l'archipel Indien. Sa fécule, qu'on appelle *faux-sagou*, est utilisée et très-estimée par les Japonais. Le commerce de l'Inde le nomme *sagou indien*.

Dans l'Océanie, on mange les fruits de cette espèce après les avoir fait rôtir ou griller.

### 2. — Cycas révoluté

(CYCAS REVOLUTA, Thunb.)

Tiges de 2 mètres de hauteur; feuilles longues de 1ᵐ à 1ᵐ,50, à pétioles ayant aussi deux rangées d'épines; fruits ovoïdes.

Cette espèce est commune au Japon et en Chine. La fécule que renferme le tronc est aussi très-estimée par les Japonais.

### 3. — Cycas sans épines

(CYCAS INERMIS, Lour.)

Stipe simple; feuilles à pétioles non épineux; fruits ovoïdes légèrement comprimés.

Cette espèce est cultivée à la Cochinchine et en Chine. Les Cochinchinois l'appellent *cây-san-thuè*.

## VIII

### Zamier des Cafres.

(ZAMIA CAFRA, Thunb.)

*Synonymie :* ZAMIA CYCADIS, Lin.          ENCEPHARLATAS CAFFER, Lehm.

Tige cylindracée, ligneuse, très-peu élevée, mais fragile; feuilles longues de 1ᵐ,50, composées de folioles nombreuses, oblongues, lancéolées, très-peu révolutées sur leurs bords.

Cette espèce est répandue dans les parties méridionales de l'Afrique. Son tronc contient aussi une moelle féculente. En Afrique, on l'appelle le *pain des Cafres*.

# CHAPITRE II

## MULTIPLICATION ET CULTURE

Propagation par rejetons et par boutures. — Plantation des plants enracinés
Arrosements. — Labour annuel d'entretien.

Les sagoutiers sont répandus dans l'Inde, l'Hindoustan, la Chine, le Japon, la Mélanésie, etc. Ils occupent ordinairement les vallées marécageuses ou les terrains situés sur le bord des cours d'eau.

Leur culture est très-simple.

Les palmiers se propagent par graines, mais plus spécialement par les rejetons qu'ils produisent en grand nombre.

Les cycadiers se multiplient dans l'Inde par boutures faites avec des tronçons de leurs tiges.

Ces plants enracinés ou ces boutures doivent être plantés dans un sol ameubli et dans un endroit frais sans être humide. Au besoin, pendant l'existence des arbres, on contre-balance la sécheresse de la couche arable par des arrosements modérés.

Chaque année, on laboure au moins une fois le sol qui environne les sagoutiers, afin de maintenir la terre propre et meuble et de faciliter la pénétration des pluies.

Les fruits des palmiers sagoutiers sont presque globuleux et de la grosseur d'un œuf. La floraison et la maturation de ces fruits exigent environ deux années.

# CHAPITRE III

## EXTRACTION DE LA FÉCULE

Age auquel on doit abattre les sagoutiers. — Caractères qui indiquent que le sagou est formé. — Débit des stipes. — Broyage et lavage de la masse cellulaire. — Récolte, dessiccation et mise en pains de la fécule. — Granulation de la fécule. — Degré de torréfaction. — Coloration que prend le sagou. — Extraction de la fécule des cycadées selon le procédé des Cafres.

La *fécule des palmiers* est contenue dans le tissu cellulaire qui occupe l'intérieur de leurs troncs. Ce tissu a ordinairement de $0^m,05$ à $0^m,06$ d'épaisseur.

On doit opérer cette récolte quand les arbres ont de 8 à 12 ans, c'est-à-dire avant leur première floraison et le développement complet de l'immense padice qui termine leurs stipes.

On reconnaît que le sagou existe à l'intérieur d'un palmier quand les feuilles ou palmes formant le spadice se couvrent d'une poudre blanchâtre. Lorsque les troncs colonnaires, à cause de leur grande élévation, ne permettent pas de recourir à ce moyen, on s'assure de l'état de la fécule en opérant une ou deux incisions sur chaque tronc.

Quand le moment d'opérer la récolte est arrivé, on coupe les troncs par le pied et on les débite en billes de 1 à 2 mètres de longueur, qu'on fend longitudinalement en plusieurs parties. Ce travail terminé, on débarrasse la masse cellulaire de son enveloppe, et on la râpe, on la broie ou on l'écrase dans une auge. Puis on lave la pulpe à froid, en ayant soin de bien agiter l'eau, dans le but de séparer la fécule des fibres ou des parties filamenteuses. Alors on verse le tout sur un tamis ou sur une toile placée au-dessus d'un baquet ou d'une cuve. L'eau entraîne avec elle les parties féculentes et le résidu reste sur le tamis. On laisse ensuite l'eau reposer. Quand celle-ci est presque claire, on décante et on trouve au fond du vase une masse pâteuse qu'on expose au soleil pour évaporer l'humidité qu'elle contient. Quand elle est en partie sèche, on la moule en petits pains ayant de $0^m,12$ à $0^m,16$ au carré, à l'aide de paniers faits avec des feuilles vertes de sagoutiers. Ces pains sont ensuite placés à mi-ombre pour qu'ils se durcissent.

Avant d'utiliser la fécule on la lave de nouveau.

En exécutant toutes les opérations qui précèdent, on obtient une poudre féculente ou de la farine. *Cette fécule est le véritable sagou.*

Ce produit conserve très-bien pendant longtemps toutes ses qualités alimentaires quand il est déposé dans un lieu sec, mais, pour pouvoir l'expédier au loin, on est obligé de le granuler.

La granulation du sagou est simple. Voici comment on l'opère :

Avant que la fécule bien lavée et séparée de la pulpe soit entièrement sèche, on la soumet à l'action d'un crible à mailles assez fines. Tout ce qui reste à chaque opération sur le réseau de cet appareil est mis dans un sac qu'on agite modérément et horizontalement pendant 10 à 12 minutes, dans le but de séparer le sagou, qu'on a ainsi perlé des parties fines ou poudreuses qu'il peut encore contenir.

Les granules du sagou ainsi préparé sont très-friables. Pour leur donner la résistance qu'ils doivent avoir, on les dessèche sur des plaques de fer chauffées par le feu. On a soin, pendant cette opération, d'agiter sans cesse les granules avec une spatule de bois.

Au bout de quelques instants, ces granules acquièrent toute la dureté nécessaire. Alors on les crible de nouveau et on les fait sécher à l'ombre une seconde fois.

Quelquefois on humecte la fécule, on la soumet à l'action d'un feu modéré et on la divise pour la transformer en granules ou petits grains.

Suivant le degré de *torréfaction* qu'on fait subir aux granules, on obtient du *sagou blanc* ou du *sagou coloré*. Le sagou reste *blanc* quand la température ne dépasse pas 100° environ ; il prend une teinte *rose* ou *jaunâtre* si elle s'élève à 150° ; enfin, le sagou devient rougeâtre ou jaune roussâtre si la chaleur atteint 200°.

La *fécule des cycadées* est préparée par les Cafres d'une manière différente :

Lorsque la masse cellulaire a été détachée des arbres, on la met dans une peau et on enterre aussitôt celle-ci. On laisse ainsi la masse féculente pendant 30 à 40 jours, afin qu'elle fermente et se modifie.

Après ce laps de temps, on la retire du sol, on l'écrase en la mouillant. La pâte qu'on obtient alors est ensuite pétrie. Elle sert à faire des gâteaux ou des galettes qu'on fait cuire sous la cendre.

# CHAPITRE IV

**EMPLOIS DU SAGOU**

Forme et manière d'être des granules du sagou. — Emplois divers. — Sagou
rosé, — sagou gris ou sagou blanc, — sagou rouge brique. — Coloration
artificielle du sagou blanc. — Sagou exotique et sagou indigène, ou sagou
français. — Importation en France et en Angleterre.

Le sagou qu'on extrait des palmiers est quelquefois désigné sous le nom de *sagou-tapioca*.

Il se présente sous forme de granules globuloïdes, un peu irréguliers, durs, élastiques, et ayant de 20 à 30 millièmes de millimètre de diamètre. Ces granules sont un peu transparents ; ils sont formés de grains de fécules agglomérés par la chaleur. Ils sont insolubles dans l'eau froide, mais avec l'eau chaude ils forment une masse pâteuse, blanche et opaque.

Le sagou sert à faire du pain, des galettes, des bouillies et des potages. A la cuisson, les granules absorbent l'eau, se gonflent beaucoup, deviennent mous et translucides. Le sagou est regardé à juste titre comme un aliment excellent, agréable et léger. On le mêle souvent au chocolat.

Le sagou n'est connu en Europe que depuis 1729. Le premier qui a été introduit en Angleterre provenait des Maldives. On l'a vendu en France en 1740, sous le nom de *sagou de Chine*. Plus tard, on l'a confondu avec le *sagou des Moluques*.

Autrefois, on livrait en Europe à la consommation cinq sortes de sagou : 1° le *sagou des Maldives* ; 2° le *sagou de la Nouvelle-Guinée* ; 3° le *sagou gris des Moluques* ; 4° le *sagou gros gris des Moluques* ; 5° le *sagou blanc des Moluques*.

De nos jours, le commerce distingue trois sortes de sagou : 1° le *sagou blanc rosé*, dont les grains sont remarquables par leur petitesse et leur dureté ; ce sagou est très-estimé. L'iode colore en violet rougeâtre l'eau dans laquelle on les fait bouillir ; 2° le *sagou gris*, qui a une couleur fauve grisâtre ; 3° le *sagou blanc*, dont les grains sont très-petits et blanc grisâtre ; il est moins recherché que les autres parce qu'il gonfle peu à la cuisson. On l'appelle aussi *sagou perle* ; l'iode le bleuit fortement

Le sagou rouge brique vient de la Nouvelle-Guinée ; le sagou blanc jaunâtre ayant une odeur légèrement musquée est importé de Sumatra ; le sagou rouge cuivré vient des îles Maldives (Inde) ; il est très-estimé.

On colore quelquefois le sagou blanc avec le carmin de cochenille pour lui donner une nuance rosée.

Le sagou est d'une immense ressource pour les Malais.

Le *sagou exotique*, que l'on désigne souvent sous la dénomination générale de sagou de l'Inde, ne peut pas être confondu avec le *sagou indigène*, qu'on fabrique en Europe avec la fécule de pomme de terre. Ce dernier sagou est aussi blanc, jaune ou rosé suivant la température à laquelle la fécule a été soumise, mais ses grains se réduisent facilement en poudre quand on les presse fortement entre les doigts. Le sagou de pomme de terre est souvent désigné sous les noms de *sagou français, tapioca français* ; il ne possède pas la saveur qui caractérise le sagou exotique.

Il est entré en France, en 1869, 50,000 kilogrammes de sagou et de salep, ayant une valeur moyenne de 70 francs les 100 kilogrammes. Le sagou importé en Angleterre, en 1860, a dépassé 9,000,000 de kilogrammes.

# LIVRE II

## PLANTES A FRUITS COMESTIBLES

—

## CHAPITRE PREMIER

### BANANIER

**Musa**

(Dédié à *Musa*, médecin du roi de Mauritanie.)

*Plante monocotylédone de la famille des musacées.*

*Anglais.* — Plantain tree.      *Italien.* — Fico d'Adamo.
*Allemand.* — Paradies Feigenbaum.      *Espagnol.* — Higuera de Adamo.

Le bananier est connu en Europe depuis la découverte de l'Amérique. Garcilasso de la Vega affirme que, du temps des Incas, le fruit de cette plante faisait la base de la nourriture des habitants des contrées chaudes et tempérées de l'Amérique.

Le bananier a été introduit en France en 1690. Il est cultivé dans les Indes, l'Amérique intertropicale, sur les côtes d'Afrique, dans la Chine méridionale, dans les îles de l'océan Pacifique, au Malabar, à Batavia, à la Martinique, à la Guadeloupe, au Pérou, à Taïti, au Mexique, au Chili, au

Brésil, à Java, au Sénégal, au Ceylan, dans l'Abyssinie, aux îles Philippines, dans la Colombie, au Congo, en Égypte, aux environs de Rosette et de Damiette, etc.

A Taïti, où il est indigène, on le désigne sous le nom de *vahi*. Dans les îles de la Polynésie, on l'appelle *meira* ; à la Malaisie, on le nomme *ounis*. Les Malais le connaissent sous le nom de *pisang*, et les Brésiliens sous celui de *pacoba*. En langue tamoule, on le nomme *mondam pajam*. Les Égyptiens l'appellent *mouz*.

Cette plante ne peut être cultivée en pleine terre que dans les contrées où la température oscille entre 16 et 28°. Elle ne réussit pas dans les pays équatoriaux au delà de 1,000 à 1,200 mètres d'altitude. Sous les tropiques, les ouragans déchirent ses magnifiques feuilles et ils renversent souvent les plantes les plus vigoureuses.

Il existe dans la Polynésie de belles forêts de bananiers.

En somme, le bananier est une plante précieuse pour les contrées tropicales.

SECTION I

### Espèces et variétés.

Caractères du bananier. — Le bananier commun et ses variétés. — Le bananier des sages. — Le bananier royal. — Le bananier de la Chine. — Le bananier maculé.

Le bananier (fig. 74) est herbacé et vivace ; voici ses principaux caractères :

Rhizome développé à racines fibreuses ; tige herbacée, épaisse, ne se ramifiant jamais, conique et haute de 4 à 5 mètres ; feuilles engaînantes à leur base, glabres et lisses ; fleurs en épis plus ou moins serrées et volumineuses à l'aisselle de grandes bractées ; fruits oblongs, anguleux et pulpeux, disposés en grappes qu'on appelle *régimes*.

Le fruit de cette plante est appelé *banane*, *figue banane*, *figue d'Adam*. Dans la Mélanésie, on le nomme *ounis*. A Madère, on l'appelle *figue du paradis*, parce qu'on croit que la banane est le fruit qui tenta Ève.

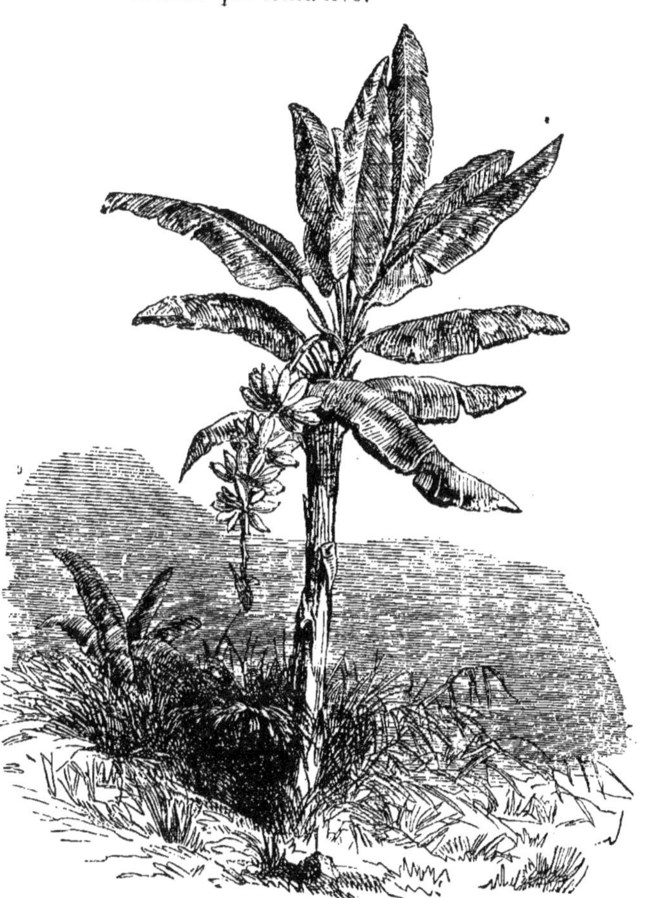

Fig. 74. — Bananier.

Les espèces cultivées sont au nombre de cinq, savoir :

### 1. — Bananier commun

(MUSA PARADISIACA, L.)

*Synonymie :* Bananier du paradis.

Tige très-forte, verte, de 4 à 5 mètres de hauteur ; feuilles très-belles, longues de 2 mètres, ondulées, oblongues ; bractées rouge pourpre ; couvert par une poussière farineuse blanchâtre ; fruit à trois angles, cylindracé, un peu arqué, long de 0<sup>m</sup>,10 à 0<sup>m</sup>,25.

Cette espèce est originaire des Indes orientales. On l'appelle *conquin-tay* à la Guyane, *dominico* à Cuba, *okbó ibroin* à la Guinée. En Europe, on la nomme souvent *banane dominicaine*.

Le bananier commun a produit 14 variétés au Malabar ; 29, à Taïti ; 15, aux îles Tonga ; 16, à la Malaisie, et 80 à Batavia.

Il est très-cultivé à la Martinique, à la Guyane, à la Guadeloupe, dans l'Océanie, etc.

### 2. — Bananier des sages

(MUSA SAPIENTIUM, L.)

Tige très-forte ; feuilles elliptiques, très-larges et à gaînes maculées de brun noirâtre ; bractées vert jaunâtre ; fruit plus court que le fruit du bananier commun, trigone, ellipsoïde et un peu arqué.

Cette espèce est appelée *camburi* en Amérique et *okbo oghéde* à la Guinée. Son fruit est très-sucré et très-agréable.

### 3. — Bananier royal

(MUSA REGIA, S.)

Cette espèce a beaucoup de rapport avec le bananier commun, mais son fruit est plus petit et remarquable par sa saveur, qui est très-délicate. Elle est très-répandue à Cuba, où son fruit est appelé *platanos*.

### 4. — Bananier de la Chine

(MUSA SINENSIS, Sweet.)

*Synonymie :* MUSA CAVENDISHII, Paxt.

Tige ayant 1<sup>m</sup>,50 de hauteur ; feuilles très-amples, oblongues ; bractées violacées ; fruit anguleux, long de 0<sup>m</sup>,10 à 0<sup>m</sup>,15, très-jaune à la maturité.

Cette espèce est très-cultivée en Chine. Elle est remarquable par la rapidité avec laquelle elle se développe. Son régime comprend de cinquante à cent fruits qui sont d'excellente qualité.

### 5. — Bananier maculé

(MUSA MACULATA, Jacq.)

Tige de 2 mètres de hauteur ; feuilles longues de 0ᵐ,75 à 1 mètre ; bractées brunes ; fruit à trois angles, jaunâtre avec des taches ferrugineuses à la maturité.

Ce bananier est cultivé à l'île de France, mais son fruit est moins estimé que les bananes des autres espèces.


## SECTION II

### Composition de la banane

Composition de la banane récoltée à Pondichéry avant et pendant la maturité. — Rapport entre l'enveloppe du fruit et la pulpe. — Composition des cendres du bananier.

Le fruit du bananier est sucré, aromatique et acidule. Voici, d'après M. Jules Lépine, quelle est la composition de la banane récoltée à Pondichéry :

|  | Avant la maturité. | A la maturité. |
|---|---|---|
| Fécule. | 17,75 | 6,50 |
| Gluten. | 0,08 | » » |
| Mucilage. | 0,08 | 1,24 |
| Albumine. | 0,07 | 0,25 |
| Gomme. | 0,62 | 0,45 |
| Sucre cristallisable. | » » | 4,10 |
| — incristallisable. | 0,75 | 9,04 |
| Matière colorante et résine. | 0,40 | 0,57 |
| Fibres amylacées. | 16,01 | 15,55 |
| Sels minéraux. | 1,19 | 1,19 |
| Acide pectique. | » » | 2,80 |
| Eau. | 64,75 | 58,31 |
|  | 100,00 | 100,00 |

Ainsi, la banane mûre contient 15 pour 100 de sucre.

Les bananes vertes, qu'on récolte à la Guyane, contiennent 16,09 pour 100 de fécule.

M. Boussingault a reconnu que la banane cultivée dans

les Cordillères contenait 56 pour 100 d'eau quand elle était arrivée à maturité complète.

M. Corenwinder a analysé la partie comestible de la banane mûre dépouillée de son enveloppe. Il a constaté qu'elle contenait près de 20 pour 100 de matière sucrée, tant cristallisable qu'intervertie.

En résumé, il s'opère pendant les dernières phases d'existence du fruit, c'est-à-dire durant l'acte de la végétation et sous l'influence des acides, un phénomène qui permet de dire que l'amidon se transforme en sucre.

Les cendres du bananier sont très-riches en sels potassiques. M. Lépine a reconnu, en 1860, qu'elles contenaient 55 pour 100 de carbonate et sulfate de potasse. M. Corenwinder a constaté que les cendres des parties qui enveloppent la pulpe renfermaient plus de 75 pour 100 de sels de potasse.

Le poids de l'enveloppe de pulpe est ordinairement double du poids de la pulpe. Voici les faits observés par M. Boussingault :

|  | Banane verte. | Banane mûre. |
|---|---|---|
| Enveloppe | 34,3 | 36,8 |
| Pulpe | 65,7 | 63,2 |
| Totaux | 100,0 | 100,0 |

Soit, en moyenne, sur 100 parties, 35 de pulpe et 65 d'enveloppe.


## SECTION III

### Multiplication et culture

Terrain favorable au bananier. — Défoncement du sol. — Plantation des rejets. — Soins d'entretien et arrosages. — Récolte des régimes. — Rendement par hectare. — Durée d'une bananerie.

Le bananier ne végète bien que quand il occupe une terre

excellente, profonde et un peu fraîche sans être humide. C'est pourquoi on le cultive ordinairement dans le fond des vallées ou à une faible distance des cours d'eau. Dans la Polynésie, il croît naturellement dans les gorges et sur le flanc des montagnes.

Cette plante est d'une culture facile dans les pays tropicaux ; on la multiplie à l'aide des nombreux rejetons qu'elle émet à la base des tiges. On défonce les endroits où ces rejets doivent être plantés. Le plus généralement, on opère par fosses espacées les unes des autres de 2 à 3 mètres. Les rejets, séparés avec un instrument tranchant, doivent avoir de 0$^m$,50 à 0$^m$,60 de hauteur. On les plante un peu obliquement à plusieurs mètres de distance. Chaque plant peut produire plusieurs tiges.

Pendant la croissance des plantes, on exécute deux à trois binages. Aux îles du Cap-Vert, on coupe les vieilles feuilles dans le but de faciliter le développement des nouvelles. On arrose quand on le peut, pour combattre la sécheresse qui nuit beaucoup au développement des régimes. Toutefois, à cause de ses larges feuilles, le bananier supporte mieux les grandes sécheresses que beaucoup d'autres végétaux herbacés.

On récolte les régimes quand ils sont mûrs. Les fruits sont plus ou moins gros, jaunes, rouges, etc., suivant les espèces et les variétés cultivées. Chaque régime pèse, en moyenne, de 10 à 15 kilogrammes. Le poids des régimes les plus développés atteint 30 et même 40 kilogrammes.

Le rendement est toujours en raison directe de la température. Suivant MM. de Humboldt, Boussingault et Goudot, le bananier, dans les Cordillères, donne par hectare les produits ci-après :

Région très-chaude, 27°. . . . . . . . 184,000 kilogr.
— chaude, 26°. . . . . . . . . 150,000 —
— tempérée, 22°. . . . . . . . . 64,000 —

Chaque plante produit pendant l'année qui suit la plantation de deux à trois régimes.

Après la récolte des régimes, on coupe les tiges, mais on laisse en place les rejets à moins qu'ils soient trop nombreux. Dans ce cas, on enlève ceux qui sont les plus faibles.

Une *bananerie* établie sur une terre basse, fertile et bien conduite, peut durer de douze à quinze années.

## SECTION IV

### Emplois des produits

Qualités alimentaires de la banane. — Modes de cuisson. — Extraction de la fécule. — Mets préparé dans l'Océanie avec la banane. — Fruit du bananier textile.

Le fruit du bananier arrivé à maturité est mangé à l'état frais ; il est alors très-nourrissant, sain et très-agréable ; sa saveur est délicieuse.

A Paris, on fait avec la banane des beignets remarquables par leur délicatesse.

Dans les îles de la Polynésie, on grille les bananes ou on les mange après les avoir fait cuire à l'étuvée.

Récoltée à demi mûre ou avant sa maturité parfaite, la pulpe est moins sucrée, mais elle est plus amylacée. Alors on dépouille le fruit de son enveloppe et on le fait cuire sous la cendre, ou on le fait sécher dans des fours après la cuisson du pain pour le manger après l'avoir fait bouillir. La banane sèche est cassante. 100 kilogrammes de fruits verts donnent environ 40 kilogrammes de fruits secs.

C'est lorsque la banane est encore verte qu'on extrait la

fécule qu'elle contient, parce que, à cet état, elle est très-riche en parties amylacées et qu'elle contient peu de sucre. On la dépouille de son enveloppe, on la coupe par tranches qu'on fait sécher au soleil, on la râpe, ou on la moud, ou on la pile dans un mortier de bois. Cette dernière opération terminée, on lave la pulpe afin de séparer la fécule des fibres.

La farine de banane est supérieure à l'arrow-root; son odeur rappelle celle de l'iris de Florence.

Au Pérou, la banane qu'on a fait sécher est mise à tremper et alliée ensuite à de la viande salée (tasajo). Ce mélange, après avoir été cuit, constitue un mets très-agréable et substantiel.

Dans l'Océanie, on prépare avec la banane les aliments ci-après : *waï-hopa*, bananes mûres coupées par tranches et bouillies dans une émulsion de noix de coco ; *mahopa*, pâte de banane fermentée ; *ma matou*, bananes fermentées bien pétries et cuites ; *ma la loï*, bananes fermentées et cuites avec le suc exprimé de la noix de coco.

Les femmes de l'île de Tauna font des poudings avec de la pâte de bananes et de la fécule de taro.

La banane peut être conservée dans un sirop de sucre.

Le fruit du *bananier sauvage* (MUSA TEXTILIS), espèce qui est commune dans les îles Philippines, est peu comestible, mais les fibres des pétioles de ses feuilles sont employées à faire des étoffes d'une grande finesse ou des cordages. Ces fibres sont connues en Angleterre sous le nom de *manila rope*.

La tige du bananier n'est d'aucune utilité; elle périt après la maturité des régimes.

# CHAPITRE II

## ANANAS

### (ANANASSA)

(De *nana*, nom brésilien de la plante.)

*Plante dicotylédone de la famille des broméliacées.*

*Anglais.* — Pine apple.  
*Allemand.* — Ananas.

*Italien.* — Ananas.  
*Espagnol.* — Ananas.

L'ananas est originaire de l'Amérique méridionale. Hermandez de Oviédo en a le premier fait mention dans son ouvrage intitulé *Historia general de las Indias* et publié à Séville en 1535. Suivant Acosta, il a été importé de Santa-Cruz aux Indes occidentales. Il était connu en Chine en 1518.

L'ananas est répandu dans toutes les contrées intertropicales, c'est-à-dire dans les localités où la température ne descend jamais au-dessous de 15°. Il est cultivé avec succès à Java, à Madagascar, au Congo, dans le Soudan, le Natal, le Zanzibar, à la Martinique, à la Jamaïque, à Cayenne, etc. Il a été introduit dans l'Indoustan sous le règne de l'empereur Akbar.

Le fruit de cette plante est excellent ; il possède à la fois le goût et le parfum de tous les autres fruits.

L'ananas ne peut être cultivé en pleine terre que dans les contrées chaudes. Il est vrai qu'on le cultive dans les parties les plus méridionales de l'Espagne et du Portugal, mais les fruits qu'il produit dans ces contrées sont bien inférieurs par leur volume et leur qualité aux fruits qu'on récolte à la Guyane, aux Antilles, au Brésil, dans l'Océanie, etc.

En France, en Angleterre, etc., on ne peut le cultiver qu'à l'aide de la chaleur artificielle. C'est en 1735 qu'on a obtenu en Europe, par ce procédé, les premiers fruits d'ananas.

## SECTION I

### Variétés cultivées

Caractères de l'ananas. — L'ananas commun. — L'ananas de Cayenne. — L'ananas de Montserrat. — L'ananas de la Providence. — L'ananas de la Jamaïque. — L'ananas de la Havane. — L'ananas d'Otaïti. — L'ananas de la Jamaïque violet.

L'ananas (fig. 74) est une très-belle plante vivace et herbacée. Voici ses principaux caractères distinctifs :

Feuilles radicales, divergentes, roides, plus ou moins recourbées et bordées de dents épineuses; tige épaisse, simple, ne se développant que pendant la seconde ou la troisième année, terminée par un épi de fleurs bleuâtres surmonté d'une touffe de feuilles bractées à laquelle on a donné le nom de *couronne;* aux fleurs succède une masse pulpeuse qui ressemble assez exactement à un cône de pin et qui constitue le fruit.

L'ananas a produit un grand nombre de variétés. Les plus remarquables sont au nombre de huit, savoir :

#### 1. — Ananas commun

*Synonymie :* Ananas de la Martinique.

Plante de moyenne grandeur; feuilles larges, glauques, à dents fines et régulières; fruit ovale, moyen, jaune d'or à la maturité.

Le fruit de cette variété a une chair très-juteuse, sucrée, très-parfumée et peu acide. Les confiseurs le préfèrent aux fruits des autres variétés.

#### 2. — Ananas de Cayenne

Plante vigoureuse ; feuilles épineuses ; fruit très-gros, pyramidal, d'abord violet, puis jaune orangé.

Cette variété, que l'on nomme aussi *ananas de Cayenne à*

*feuilles épineuses*, est un peu plus tardive que l'ananas de la Martinique ; son fruit est excellent ; on l'appelle *maipouri* à Cayenne.

Fig. 74. — Ananas.

La sous-variété, dite *ananas de Cayenne à feuilles lisses*, ne diffère de la précédente que par ses feuilles, qui n'ont des épines qu'à leur extrémité.

L'ananas de Cayenne est moins précoce que l'ananas de la Jamaïque.

### 3. — Ananas de Montserrat

Plante de moyenne grandeur; feuilles très-divergentes; fruit très-gros, pyramidal et jaune verdâtre.

Le fruit de cette variété a une chair jaune doré, très-parfumée et d'excellente qualité.

Cette variété est un peu tardive.

### 4. — Ananas de la Providence

Plante très-vigoureuse; feuilles larges ayant de petites épines; fruit très-gros, jaune citron.

Cette variété produit des fruits très-développés, mais qui n'ont pas la finesse des fruits de l'ananas de Cayenne. Son feuillage est très-beau.

### 5. — Ananas de la Jamaïque

*Synonymie :* Ananas aurore de la Jamaïque.

Plante moyenne; feuilles marquées sur chacun de leurs bords par une raie plus verte ou plus violacée; fruit plus développé dans sa partie supérieure que dans sa partie inférieure.

Le fruit de cette variété est de bonne qualité.

### 6. — Ananas de la Havane

Plante assez vigoureuse; feuilles non épineuses; fruit conique, jaunâtre.

Cette variété est de qualité secondaire.

### 7. — Ananas d'Otaïti

Plante moyenne; feuilles épineuses; fruit développé et rond.

Le fruit de cette variété est parfumé; sa chair est d'un beau jaune.

### 8. — Ananas de la Jamaïque violet

Plante très-vigoureuse; feuilles très-longues, de couleur violacée et épineuses; fruit gros, pyramidal et violacé.

Le fruit de cette belle variété ne possède pas les qualités qui distinguent le fruit de l'ananas de Montserrat.

Cette variété a produit une sous-race non épineuse, qu'on a appelée *ananas de la Jamaïque à feuilles lisses.* Son fruit est pyramidal, très-gros et bronzé.

## SECTION II

### **Multiplication et culture**

Plantation des œilletons et de la couronne. — Espacement des plantes. — Binages et arrosements. — Durée de la végétation. — Poids moyen du fruit.

La culture de l'ananas dans les contrées chaudes est simple et facile.

Cette plante se multiplie à l'aide des œilletons qui se développent à la base des tiges. On peut aussi la propager au moyen de la couronne, mais ce bouturage ne présente d'intérêt que quand on soumet l'ananas à la culture forcée, qui est la seule possible dans l'Europe septentrionale.

Quoi qu'il en soit, on plante les rejetons et les couronnes dans des terres bien préparées ; on les espace en tous sens de 1 mètre à 1$^m$,50. On a soin d'arroser de temps à autre jusqu'à la reprise complète des plants.

Pendant la végétation, on ameublit la terre qui enveloppe les plants dans le but de la maintenir propre et divisée. Pendant ce temps, on arrose si cela est possible. L'ananas demande pour végéter avec vigueur une grande somme de chaleur et une atmosphère ni trop sèche, ni trop humide.

L'ananas produit son fruit au bout de quinze à dix-huit mois, suivant les variétés et les contrées où il est cultivé.

Un beau fruit récolté dans les régions équatoriales pèse, en moyenne, 2 à 3 kilogrammes. Les fruits envoyés des contrées chaudes en Europe sont plus petits et moins bons, parce qu'ils ont été récoltés bien avant leur maturité. Dans les contrées tropicales, les fruits ont souvent 0$^m$,20 à 0$^m$,30 de longueur.

## SECTION III

### Emplois des produits

Ananas mangé au naturel ou en compote. — Croûte à l'ananas. — Conserves, confitures et sirops. — Emplois des fibres contenues dans les feuilles.

L'ananas se mange au naturel ou après avoir été pelé et coupé par rondelles transversales qu'on saupoudre de sucre granulé ou en poudre, et sur lesquelles on verse un peu de marasquin. On peut aussi remplacer le sucre par un léger sirop auquel on a ajouté du vin de Champagne ou du rhum, ou, ce qui vaut mieux, du marasquin.

Souvent on passe l'ananas dans du beurre fin, auquel on ajoute une petite quantité de sucre en poudre ; alors on alterne les rondelles avec des tranches de brioche à pâte légère, le tout étant arrosé avec le jus du fruit additionné d'un peu de vin de Xérès. Cette *croûte à l'ananas* est un entremet très-délicat.

A la Guadeloupe, à la Martinique, etc., on conserve des ananas entiers dans des boîtes de fer-blanc soudés. Les fruits plongent dans un sirop à 25°.

Ces fruits servent aussi à faire des confitures et des sirops.

Les feuilles de l'ananas renferment des filaments très-blancs et très-brillants. Ces fibres servent à faire de très-belles étoffes dans l'Asie australe, l'Amérique tropicale, l'Archipel indien, etc. Ces tissus remarquables par leur finesse sont désignés aux îles Philippines sous le nom de *nipis*, *piñas* ou *pinilian* ; ils se lavent très-facilement.

L'Angleterre importe chaque année un grand nombre de fruits récoltés à Bahama. Les caisses dans lesquelles on les emballe contiennent chacune de dix à douze ananas.

# CHAPITRE III

## GOMBO OU KETMIE COMESTIBLE

(HIBISCUS ESCULENTUS, L.; ABELMOSCHUS ESCULENTUS, Medik.)

(De *Khethmy*, nom arabe de l'espèce.)

*Plante dicotylédone de la famille des malvacées.*

Cette plante est très-ancienne ; elle est originaire des Indes occidentales. Elle est cultivée en Égypte, dans la Moldavie, en Syrie, dans le Soudan, à Zanzibar, aux Antilles, à la Jamaïque, à la Martinique, à la Caroline, en Algérie, en Espagne et en France, dans la basse Provence.

Les Grecs l'appellent *grekika kerata*, les Turcs *bamich*, les Italiens *ibisco*, les Espagnols *quibombo*. A la Jamaïque et à la Guyane, on la nomme *okro*, en Égypte *bamiech*, dans le Soudan *karas* ou *bamyeh*, à la Guyane *ochro*.

En Europe, on la désigne souvent sous les noms de *gombod*, *gombeau*, *gombeau* et *bamia*.

Cette malvacée se distingue par les caractères suivants :

Tige de 0$^m$,65 à 1$^m$,50 de hauteur, simple ; feuilles cordiformes à cinq lobes palmés, dentés, d'un vert foncé ; fleurs solitaires, axillaires, campanulées, jaune soufre avec le fond pourpré ; fruit capsuleux pyramidal et sillonné ; graine gris verdâtre, réniforme, de la grosseur de la vesce.

On connaît en Égypte deux variétés de ketmie comestible : le *gombo de pays* et le *gombo de Syrie* ; la graine du premier est ronde et celle du second est longue. Enfin les fruits du gombo de pays ou *gombo beledy* sont plus petits, plus délicats que les fruits du gombo de Syrie ou *gombo chami*.

Le gombo se sème, suivant les contrées, avant ou après l'hiver par une journée chaude, sombre et humide, sur une terre bien préparée. En Égypte, les semis se font en mars. Les lignes doivent être espacées de 0$^m$,50 à 0$^m$,60, et les poquets de 0<sup>m</sup>,40 à 0<sup>m</sup>,50. On met deux à trois graines dans chaque trou. On arrose après le semis si le temps est sec.

Quand les plantes ont de 0<sup>m</sup>,06 à 0<sup>m</sup>,10 de hauteur, on les éclaircit pour ne laisser qu'un seul plant sur les points où les graines ont été confiées à la couche arable.

La culture par transplantation est toujours moins assurée que les semis en place.

Pendant la végétation, on opère les binages nécessaires et on arrose au moins une fois chaque semaine.

Les plantes commencent à fleurir trois mois environ après la germination des graines.

Lôrsque les capsules ont presque atteint leur grosseur (environ 0<sup>m</sup>,03 de diamètre), on les récolte en évitant de détruire les tiges. Ces fruits se succèdent pendant plusieurs mois. Dans l'île de Chypre, où l'on en consomme beaucoup, on en récolte depuis le mois de juin jusqu'en septembre. En Égypte, la récolte se continue depuis la fin de mai jusqu'en janvier.

On mange les fruits du gombo en les mêlant aux potages et aux ragoûts. Ils rendent les uns et les autres plus épais et leur communiquent une saveur acidulée qui n'est pas désagréable dans les contrées chaudes de l'Asie, de l'Afrique et de l'Amérique. Aux Antilles, les nègres les mangent crus en salade ou les font cuire dans de l'eau un peu salée et assaisonnée de piment et quelquefois de tomates. Les peuples de l'Océanie mangent les fruits après les avoir fait cuire à l'étuvée.

Les fruits du gombo servent à préparer le sirop et la pâte de nafé d'Arabie.

Dans l'Orient, les graines torréfiées remplacent assez avantageusement le café.

# CHAPITRE IV

## CHAYOTTE

(SECHIUM EDULE, Schw.; CHAYOTA EDULIS, Jacq.)

(Du grec στχίνω, engraisser, allusion à la qualité nutritive des fruits.)

*Plante dicotylédone de la famille des cucurbitacées.*

Cette plante est originaire du Mexique. Elle est cultivée pour ses fruits alimentaires dans les régions tropicales et dans les parties chaudes de l'Europe.

A l'île Bourbon, on l'appelle *chonchou;* au Mexique *chocho* ou *chayotti;* aux Antilles *christofine;* en Espagne, *tayone,* ou *chochos.*

La chayotte peut être cultivée aux Açores et en Algérie.

Cette plante présente les caractères suivants :

Tiges devenant ligneuses dans les contrées chaudes, nombreuses, très-ascendantes ou grimpantes; feuilles cordiformes, lobées, rugueuses en dessous; vrilles rameuses; fleurs mâles et femelles jaunes; fruits piriformes, sillonnés, hérissés de poils, à chair blanche et compacte.

La chayotte est une véritable liane. Elle doit être cultivée dans des terres de bonne qualité et un peu fraîches.

On la multiplie en mettant son fruit en terre. A la germination, les cotylédons restent à l'intérieur du sol. Pendant la végétation, on opère les binages et surtout les arrosages nécessaires.

Chaque pied peut produire de deux cents à trois cents fruits d'un kilogramme environ.

Les fruits de la chayotte sont riches en principes alimentaires. On les mange cuits et assaisonnés. Ils sont recherchés dans les Antilles. En Espagne et dans les colonies, on les conserve dans l'alcool.

# CHAPITRE V

## FIGUIER DE BARBARIE

(OPUNTIA FICUS INDICA, Mill.)

(De *Opuntus*, ville de la Grèce où cette plante est abondante.)

*Plante dicotylédone de la famille des cactées.*

Cette plante, que l'on nomme aussi *figuier d'Inde, ra-quette*, est commune en Corse, en Espagne, en Sicile, en Algérie, au Maroc, en Tunisie, etc. Son fruit, appelé *figue de Barbarie, figue d'Inde*, est très-estimé.

Le figuier de Barbarie a des tiges dressées ; ses rameaux elliptiques ont de $0^m,30$ à $0^m,40$ de longueur, $0^m,25$ à $0^m,30$ de largeur, et $0^m,03$ à $0^m,04$ d'épaisseur ; ils sont dépourvus d'aiguillons. Les fleurs sont grandes et jaune soufre ; elles produisent des fruits en forme de figue ou ovoïdes marqués de tubercules auréolaires.

Ce cactus est originaire de l'Amérique. Sa culture est très-simple. Elle consiste à planter des raquettes à $0^m,05$ ou $0^m,06$ de profondeur dans un terrain bien préparé et un peu frais ou susceptible d'être arrosé. On espace ces boutures de $1^m,50$ environ les unes des autres. Les plantes avec le temps peuvent atteindre 2 mètres de hauteur.

Dans diverses contrées, on laisse sécher les raquettes pendant quelques jours avant de les planter, dans le but de cicatriser leurs plaies et d'assurer leur reprise.

Les fleurs se développent au printemps et apparaissent toujours sur la tranche des raquettes ; les fruits qui leur succèdent ont la grosseur d'un œuf quand ils sont mûrs. Arrivés à cet état, ils ont une teinte jaunâtre et renferment une pulpe jaune rosé.

La variété à fruits rouges est moins estimée; ses fruits
sont plus épineux que les fruits qui ont une couleur
jaune.

Le fruit du figuier d'Inde est légèrement sucré; il contient de l'albumine, du sucre incristallisable et du mucilage.
Avant de le manger, on enlève la peau qui enveloppe la
pulpe. Cette écorce est parsemée de poils piquants.

On le vend en Algérie et en Sicile de 2 à 2 fr. 50 cent.
le cent. On en mange depuis juillet jusqu'en novembre.

Le figuier de Barbarie sert à faire des haies impénétra-
bles, surtout quand on utilise à cet effet la variété à fruits
rouges.

Les haies de cactus qu'on rencontre en France, dans la
basse Provence, le Roussillon et en Corse, sont moins dé-
fensives que les mêmes haies qu'on trouve en Algérie, etc.,
parce que les plantes qui les forment n'acquièrent pas le
développement qu'elles prennent sous les climats équatoriaux.

# QUATRIÈME PARTIE

## LES GROS LÉGUMES

Les *plantes potagères* doivent être divisées en deux classes : les *légumes fins* et les *gros légumes*.

Les premiers ne peuvent être cultivés avantageusement que dans les jardins ; ils exigent des soins incessants que ne réclament pas les autres légumes.

Les gros légumes sont d'une culture plus facile parce qu'ils sont moins délicats. Le plus ordinairement, on les cultive en pleine terre et sans abris aux environs des villes sur des terres de bonne qualité, ou dans des vallées où le sol est de consistance moyenne et bien fumé.

Ces cultures spéciales ne sont lucratives dans la Provence, le bas Languedoc, le Roussillon, le Comtat, etc., que sur les terres qu'on peut facilement arroser.

Les gros légumes cultivés dans ces contrées et à Roscoff (Finistère), à Bordeaux, etc., devancent de vingt à trente jours les mêmes légumes qu'on récolte dans le centre et le nord de la France.

L'*artichaut* est surtout cultivé dans la basse Bretagne, la Picardie, l'Ile-de-France, l'Angoumois, le Poitou, le Périgord, le Roussillon et le bas Languedoc.

L'*asperge* occupe d'importantes surfaces dans les départements de Seine-et-Oise, de la Seine, de la Seine-Inférieure, de l'Aisne, de la Creuse, de la Vienne, de la Charente et de l'Isère.

Le *melon* est cultivé en pleine terre sur de grandes surfaces dans la Provence, le Comtat, l'Angoumois, l'Anjou et la Normandie.

La *tomate* et l'*aubergine* sont principalement cultivés dans la Provence, le Comtat, le Languedoc et le Roussillon.

Enfin, les *fraises* donnent lieu à des cultures d'une grande importance aux environs de Paris, d'Angers, de Bordeaux et de Toulon.

Saint-Remy (Bouches-du-Rhône) cultive principalement les gros légumes pour les graines qu'ils produisent. Ces graines sont vendues en France ou expédiées en Belgique et en Angleterre.

La culture des gros légumes a pris en France, depuis 1860, une très-grande importance. Voici les quantités qui ont été exportées :

| | |
|---|---|
| 1850. . . . . . . . . . . . | 2,194,805 kilogr. |
| 1858. . . . . . . . . . . . | 4,461,644   — |
| 1860. . . . . . . . . . . . | 14,805,458   — |

Les légumes exportés, en 1869, en Belgique, en Angleterre et en Suisse se sont élevés à 12,801,667 kilogr.

Ces diverses exportations ne concernent que les légumes verts, les oignons et les bulbes.

# LIVRE PREMIER

## LES PLANTES A RACINES CHARNUES

---

## CHAPITRE PREMIER

### CAROTTE

(DAUCUS CAROTA, L.)

*Plante dicotylédone de la famille des ombellifères.*

*Anglais.* — Carrot.  
*Allemand.* — Möhre.  
*Italien.* — Carota.  
*Espagnol.* — Zanahoria.

La carotte est connue depuis les temps les plus anciens.

Elle demande des terres profondes, de consistance moyenne et substantielles. Elle végète mal dans les terres très-sablonneuses, peu fertiles et dans les terrains compactes.

On la désigne quelquefois encore sous le nom de *pastenade.*

Cette plante est bisannuelle ; elle ne produit des graines que pendant la seconde année.

Sa graine est assez aplatie, marquée de côtes saillantes, hérissée de barbes ou aiguillons, et aromatique. Un litre de semences pèse, en moyenne, 250 grammes.

## SECTION I

### Variétés cultivées

Les variétés de carotte les plus cultivées comme plantes potagères sont au nombre de sept, savoir :

A. *Variétés à chair rouge.*

#### 1. — Carotte courte à châssis

*Synonymie :* Carotte grelot.  Carotte toupie.

Racine peti'e, très-courte ; peau rouge ; collet verdâtre.

Cette variété (fig. 74) est très-hâtive et très-sucrée ; elle est recherchée pour les cultures de primeurs.

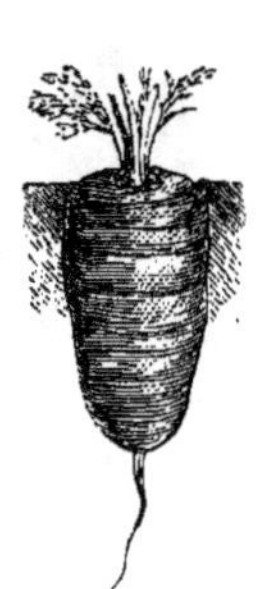

Fig. 74. — Carotte rouge courte à châssis.   Fig. 75. — Carotte courte hâtive de Hollande.   Fig. 76. — Carotte demi-longue.

#### 2. — Carotte hâtive de Hollande

*Synonymie :* Carotte courte de Croissy.   Carotte vitelotte.
Carotte courte hâtive.   Carotte à jus.

Racine n'ayant que 0$^m$,10 de longueur ; peau rouge ; collet verdâtre ; feuilles très-fines.

Cette variété (fig. 75) est hâtive. On la sème ordinairement à bonne exposition et de bonne heure.

### 3. — Carotte rouge demi-longue

*Synonymie :* Carotte de Croissy.

Racine effilée ayant 0ᵐ,15 de longueur; peau rouge; collet verdâtre ; feuilles moyennes.

Cette variété (fig. 76) est demi-hâtive; elle est très-estimée.

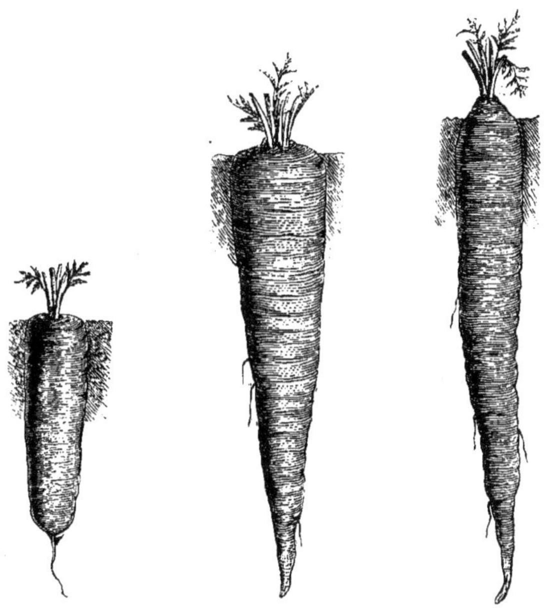

Fig. 77.
Carotte nantaise.

Fig. 78. — Carotte
rouge longue.

Fig. 79. — Carotte rouge
longue d'Alltringham.

### 4. — Carotte rouge nantaise

*Synonymie :* Carotte demi-longue obtuse.

Racine cylindrique, plus longue que la précédente, à bout presque arrondi.

Cette variété (fig. 77) est un peu moins précoce que la carotte rouge demi-longue, mais elle est plus productive.

### 5. — Carotte rouge longue

*Synonymie :* Carotte rouge de Flandres.      Carotte longue de Croissy.
Carotte rouge de Toulouse.

Racine fusiforme, très-régulière; peau rouge; feuilles développées.

Cette variété (fig. 78) est très-répandue; elle est tardive, mais elle est très-productive.

### 6. — Carotte rouge d'Alltringham

Racine très-allongée, presque cylindrique, à collet hors de terre; peau rouge vif; chair foncée en couleur.

Cette variété (fig. 79) est très-cultivée dans les environs de Londres; elle commence à se répandre en France.

B. *Variété à chair marbrée.*

### 7. — Carotte violette

*Synonymie :* Carotte d'Espagne.      Carotte de l'Inde.

Racine effilée, fusiforme; peau variant du violet rougeâtre au violet noir; chair très-sucrée, violacée marbrée de jaune.

Cette variété est peu cultivée parce qu'elle colore le bouillon en rouge vineux.


## SECTION II

### Culture

La carotte se sème en lignes espacées de $0^m,55$ à $0^m,40$. Avant de répandre la graine dans les rayons, on la frotte entre les mains pour la débarrasser des barbes qui rendent sa distribution plus difficile.

Pendant la végétation des plantes, on éclaircit les semis trop drus, on sarcle, on bine et on arrose si cela est nécessaire et possible.

Les semis se font à quatre époques différentes :

1° En janvier et février, sur des plates-bandes abritées des vents du Nord.

On sème alors ou la carotte hâtive de Hollande, ou la carotte demi-longue ou la carotte rouge nantaise.

Ces semis donnent des carottes en juillet et août.

2° En mars et avril.

On sème de préférence les variétés les plus productives.

Ces semis fournissent des carottes pendant l'automne et l'hiver.

3° En mai et juin.

Ces semis se font surtout dans la région méridionale. Les semis exécutés dans la Provence, le Languedoc, etc., à la fin de l'hiver donnent toujours des racines filandreuses. Les plantes provenant de ces semis sont presque toujours cultivées à l'arrosage.

4° En août ou au commencement de septembre.

Ces semis donnent des carottes en avril et mai. La variété dite carotte hâtive de Hollande est la seule qu'on puisse semer aussi tardivement.

Les racines de la carotte résistent très-difficilement aux fortes gelées dans la région septentrionale de la France.

Fig. 80. — Carotte demi-longue munie de ses feuilles.

Dans cette région, au mois de novembre, on coupe les feuilles (fig. 80) sans attaquer le collet, on couvre le sol de feuilles sèches et celles-ci de longue paille pour que le vent ne les enlève pas.

Pendant l'hiver, on arrache les racines à l'aide d'une fourche à mesure des besoins. On enlève préalablement les feuilles et la litière.

On peut aussi arracher toutes les racines avant les gelées et les conserver dans un cellier ou une cave.

Les carottes provenant de semis exécutés à la fin de l'été doivent être garanties des gelées par une grande litière.

Ces couvertures ont pour effet d'empêcher les grands froids de soulever la terre et de déraciner les racines.

Les carottes livrées à la vente depuis la fin de l'hiver jusqu'en automne sont préalablement lavées et mises en bottes du poids de 2 kilogr. 500. Elles conservent leurs feuilles.

Les carottes conservées en terre ou dans les caves sont vendues à la mesure, après avoir été en partie décolletées.

La racine de la carotte contient une matière colorante qui sert souvent à colorer la crème du lait avant le barattage ; cette matière est insoluble dans l'eau, mais elle est soluble dans l'alcool et les huiles.

Les porte-graines se mettent en terre, en octobre ou novembre, dans les contrées méridionales et, à la fin de l'hiver, dans la région septentrionale.

# CHAPITRE II

## BETTERAVE

(BETA VULGARIS, L.)

*Plante dicotylédone de la famille des chénopodées.*

*Anglais.* — Beet root.     *Italien.* — Barba.
*Allemand.* — Runkelrübe.     *Espagnol.* — Betarraga.

La betterave est cultivée comme plante alimentaire depuis les temps les plus anciens. Les Grecs et les Romains en connaissaient deux variétés.

Cette plante a une racine très-sucrée ; elle demande des terres de consistance moyenne et de bonne qualité.

Sa racine est plus délicate que la racine de la carotte. Des froids de — 4° l'altèrent très-aisément.

La betterave est aussi bisannuelle.

## SECTION I

### Variétés cultivées

Les variétés cultivées comme légumes sont au nombre de quatre, savoir :

A. *Variétés à chair rouge.*

#### 1. — Betterave rouge de Castelnaudary

Racine petite, allongée ; chair rouge foncée ou rouge noirâtre ; feuilles petites, de couleur vert ou sanguin.

La racine de cette variété est très-sucrée et très-estimée.

#### 2. — Betterave précoce noire

*Synonymie :* Betterave crapaudine.     Betterave noire demi-longue.
Betterave écorce de chêne.

Racine fusiforme, à collet élargi ; peau brune, rugueuse ; chair rouge vif ; feuilles vertes lavées de rouge, à pétiole rouge vineux.

Cette variété est plus productive que la précédente ; elle est aussi très-estimée.

### 3. — Betterave rouge ronde

Racine presque sphérique ou piriforme ; peau rouge foncé, un peu rugueuse ; chair rouge foncé ; feuilles vertes très-lavées de rouge foncé.

Cette variété est hâtive ; sa chair est très-sucrée.

*B. Variété à chair jaune.*

### 4. — Betterave jaune de Castelnaudary

Racine petite, effilée, à collet élargi ; chair jaune foncé ; feuilles d'un vert blond, à pétioles jaunâtres.

La chair de cette variété est très-sucrée.

## SECTION II

## Culture

On sème la betterave en place ou en pépinière, en février ou mars, dans la région du Midi et, en mars ou avril, dans les contrées septentrionales. Les lignes sont espacées de $0^m,35$ à $0^m,40$.

Quand les plantes ont plusieurs feuilles, on éclaircit les semis pour que les betteraves soient éloignées les unes des autres de $0^m,16$ en moyenne. On donne plus tard deux ou trois binages selon les circonstances.

Dans la région du Midi, on arrose de temps à autre pendant le printemps et l'été. Dans ce cas, la betterave est située au sommet de petits ados ou billons séparés par des sillons dans lesquels on fait arriver l'eau.

Les betteraves ainsi cultivées sont livrées à la consommation depuis la mi-juin jusqu'en septembre.

En général, la culture de la betterave réussit difficilement dans les contrées méridionales sans des binages nombreux et des irrigations fréquentes.

Dans la région septentrionale, on arrache les racines avant l'apparition des gelées à glace, on les décollète et on les emmagasine dans un cellier ou dans une cave.

Les porte-graines se mettent en terre en automne dans la région du Midi, et à la fin de l'hiver dans la région septentrionale. On soutient leurs tiges à l'aide de tuteurs pour que les vents violents ne les renversent pas sur le sol.

La betterave se mange cuite en salade seule ou alliée à la mâche, à la barbe-de-capucin, etc., ou après avoir été sautée dans le beurre. Le plus ordinairement, on la fait cuire sous la cendre, ou, ce qui vaut mieux, dans un four après la cuisson du pain.

# CHAPITRE III

## NAVET

### (BRASSICA NAPUS, L.)

*Plante dicotylédone de la famille des crucifères.*

*Anglais.* — Turnip.  
*Allemand.* — Rübe.  
*Italien.* — Novone.  
*Espagnol.* — Nabo.

Le navet, que l'on appelait autrefois *chou à feuilles rudes*, est cultivé depuis fort longtemps comme plante potagère.

Cette crucifère doit végéter dans des terres légères ou de consistance moyenne et un peu fraîches.

Les navets que produisent les terrains argileux ou compactes sont toujours moins bons de goût et de qualité. Ordinairement ils sont fibreux et coriaces.

En général, les navets cultivés dans le midi de la France et de l'Europe n'ont jamais les qualités qui distinguent les navets qu'on récolte dans le nord de la France, en Belgique et en Angleterre.

Dans la Provence, le Languedoc, etc., les semis qu'on exécute pendant l'été ne peuvent être faits que sur des terres arrosables. Toutefois, les racines ainsi cultivées n'ont jamais la qualité qui distingue les navets qui ont végété sans le concours des irrigations.

## SECTION I

### Variétés cultivées.

Les navets cultivés comme plantes alimentaires ont été divisés en trois catégories :

1° Les *navets secs*, qui ont l'avantage de ne pas se réduire en bouillie pendant la cuisson ;

2° Les *navets tendres*, dont la chair est tendre et sucrée, mais qui se réduisent facilement en bouillie ;

3° Les *navets demi-tendres*, qui jouissent des qualités des uns et des autres.

Les variétés cultivées comme plantes potagères sont très-nombreuses. Voici celles qui sont les plus estimées :

### A. *Variétés à racines blanches oblongues.*

#### I. Navets tendres

##### 1. — Navet long des Vertus

Racine oblongue blanche, à collet vert; chair très-blanche.

Cette variété est hâtive ; sa chair est sucrée.

La sous-race, appelée *navet marteau* (fig. 81), a une racine plus courte et dont la partie inférieure est obtuse et un peu renflée.

##### 2. — Navet de Clairefontaine

Racine blanche très-allongée, cylindrique, lisse, à collet vert hors de terre.

Cette variété est demi-hâtive ; sa chair est sucrée.

##### 3. — Navet long d'Alsace

*Synonymie :* Navet gros de Berlin.      Navet de campagne.
Navet blanc de Tankard.

Racine très-développée, cylindrique, à collet vert hors de terre ; feuilles développées et entières.

Cette variété (fig. 82) est demi-précoce et très-productive.

La sous-race, appelée *navet du Palatinat*, ou *navet long rose de Brest*, ou *navet rouge de Tankard*, a son collet violet.

#### II. Navets secs

##### 4. — Navet long de Meaux

Racine allongée, effilée, cylindrique, à collet hors de terre et verdâtre.

Ce navet se conserve bien ; il est moins précoce que le navet long des Vertus.

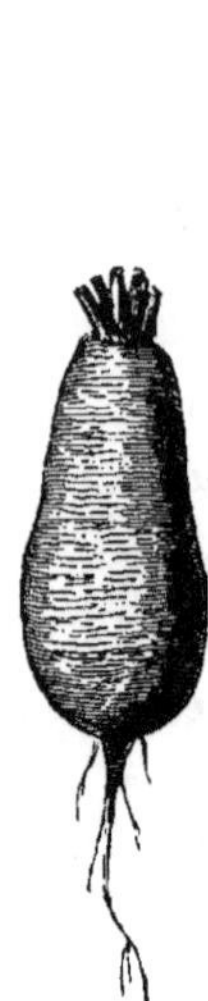

Fig. 81.
Navet marteau.

Fig. 82.
Navet long d'Alsace.

Fig. 83.
Navet de Freneuse.

### 5. — Navet de Freneuse

Racine demi-longue, petite, complétement enterrée, à peau blanc jaunâtre ou blanc roussâtre.

Cette variété (fig. 83) est demi-hâtive ; sa racine est très-estimée.

### 6. — Navet de Berlin

*Synonymie :* Navet de Telteau.

Racine fusiforme, très-petite, entièrement enterrée; peau blanc terne; chair blanc grisâtre ; feuilles petites.

Cette variété (fig. 84) est très-hâtive et excellente. Elle est la plus petite de tous les.navets longs.

*B. Variétés à racines blanches, tendres, rondes ou demi-rondes.*

### 7. — Navet des Sablons

Racine demi-ronde; peau blanche.

Ce navet (fig. 85) est excellent quand il est cultivé dans des terres très-sablonneuses. Sa chair est sèche et sucrée.

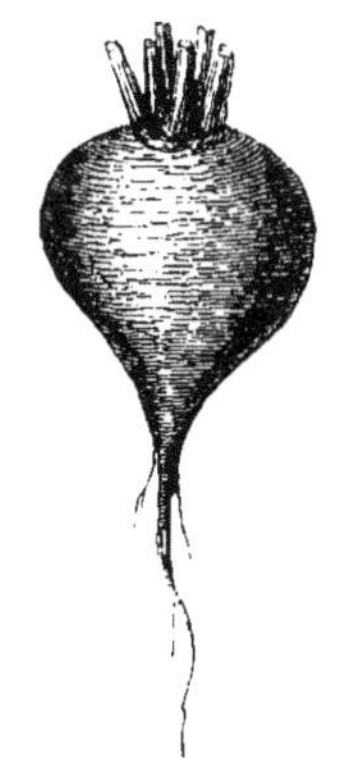

Fig. 84. — Navet de Berlin.          Fig. 85. — Navet des Sablons.

### 8. — Navet rond de Croissy

*Synonymie :* Navet rond des Vertus.

Racine arrondie ou piriforme; peau blanche.

Cette variété est demi-hâtive ; sa racine est très-estimée parce qu'elle est sucrée et de bonne qualité.

*C. Variétés à racines blanches aplaties.*

### 9. — Navet blanc plat hâtif

Racine aplatie ou déprimée et un peu irrégulière; peau blanche; collet verdâtre; feuilles petites.

Cette variété (fig. 86) est très-précoce, mais sa chair, qui est tendre, n'est pas de première qualité.

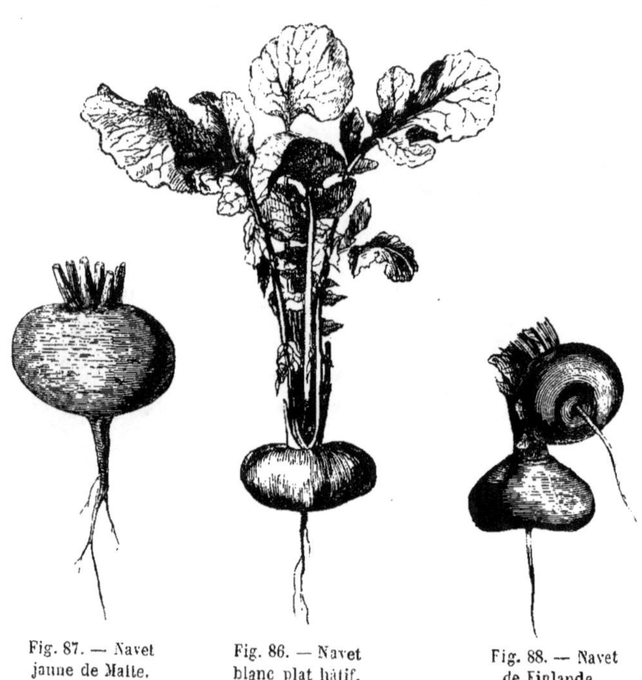

Fig. 87. — Navet
jaune de Malte.

Fig. 86. — Navet
blanc plat hâtif.

Fig. 88. — Navet
de Finlande.

La sous-variété, appelée *navet rouge plat hâtif*, en diffère par son collet, qui est rouge violacé. Sa racine est estimée.

*D. Navets à racines allongées et à chair jaune.*

### 10. — Navet jaune long

Racine allongée, à peau et à chair jaune.

Cette variété est de bonne qualité, mais elle est tardive ; elle appartient à la catégorie des navets secs. Elle est originaire d'Amérique.

E. *Variétés à racines arrondies et à chair jaune.*

### 11. — Navet jaune d'Écosse

Racine ronde, enterrée; peau jaune pâle; chair jaune pâle demi-tendre.

Cette variété est très-hâtive; elle résiste très-bien aux gelées ordinaires.

### 12. — Navet jaune de Hollande

Racine petite, déprimée, enterrée; peau jaune pâle ; chair blanc jaunâtre, sèche.

Cette variété est demi-hâtive ; elle résiste bien aux gelées ordinaires.

### 13. — Navet jaune de Malte

Racine déprimée, très-petite, sortant un peu hors de terre ; peau jaune à collet verdâtre ; chair jaune pâle et sucrée.

Cette variété (fig. 87) est hâtive ; elle appartient à la catégorie des navets demi-tendres.

### 14. — Navet boule d'or

Racine presque sphérique ayant une peau jaune foncé; chair jaune pâle.

Cette variété est un peu tardive. Sa chair est demi-tendre et assez estimée.

### 15. — Navet de Finlande

Racine demi-sphérique, très-déprimée en dessous autour du pivot ; peau jaune; chair jaune pâle.

Cette variété (fig. 88) est hâtive et de très-longue garde. Sa chair est demi-tendre.

F. *Variétés à racines grisâtres ou noirâtres.*

I. NAVETS A RACINES ALLONGÉES

### 16. — Navet noir long

*Synonymie :* Navet noir d'Alsace.

Racine allongée, fusiforme ; peau noir grisâtre ; chair blanche ; feuilles petites et luisantes.

Fig. 89.
Navet noir long.

Ce navet (fig. 89) est rustique. Sa chair est très-sucrée et demi-tendre.

Le navet noir est une variété très-utile. On le cultive avec succès en Alsace, dans le Gévaudan, le Velay, etc. Non-seulement sa chair est très-estimée, mais il possède la propriété de ne pas être altéré par les gelées à glace. C'est pourquoi ordinairement on ne l'arrache qu'à mesure des besoins.

Les autres navets à racines noirâtres sont aussi plus rustiques que les racines blanchâtres.

### 17. — Navet de Saulieu

Racine fusiforme ; peau noirâtre, un peu rugueuse; chair blanc teinté de jaune ; feuilles d'un vert intense.

Cette variété appartient à la catégorie des navets secs. Elle est demi-hâtive.

II. VARIÉTÉS A RACINES OBRONDES OU RONDES

### 18. — Navet gris de Morigny

Racine obronde, à peau grisâtre et à chair blanche, tendre et sucrée.

Cette variété est très-estimée.

### 19. — Navet noir rond

*Synonymie :* Navet noir plat.

Racine ronde et déprimée à peau noire ; chair blanche, serrée et sucrée.

Cette variété est demi-hâtive.


## SECTION II

### Culture.

Les navets se sèment à trois époques différentes :

Ceux qu'on veut récolter pendant l'été doivent être semés suivant les contrées du mois de février au mois de mai.

Ceux qui doivent être consommés en automne se sèment en juin et août.

Les navets d'hiver se sèment selon les localités depuis le mois d'août jusqu'en octobre.

Les semis se font à la volée à raison de 30 grammes de graines par are.

Les semis de printemps et d'été peuvent être faits dans les intervalles des touffes de haricots ou des pieds de tomate, de piment ou d'aubergine cultivés à l'arrosage. Ces plantes protégent les jeunes navets contre l'ardeur du soleil.

La culture des navets n'est possible dans le Midi sans le concours des irrigations qu'à partir de la fin d'août.

Dans la région septentrionale de la France, on arrache les *navets à chair blanche* avant les grandes gelées et on les rentre dans un local sain, ou on les conserve dans un silo. De temps à autre pendant l'hiver, on les visite pour enlever les racines qui commencent à se gâter.

Les *navets à chair jaune* sont encore excellents pendant

les mois de mars et avril. Ces navets restent souvent en
terre pendant l'hiver. On les protége alors contre les
gelées par une couverture de litière ou de longue paille,
après avoir coupé la plupart des feuilles.

Les *navets gris*, qui sont plus rustiques encore que les
navets à chair jaune, passent très-bien l'hiver en pleine
terre.

Tous les navets restent en terre pendant l'hiver dans la
région méridionale; on les arrache au fur et à mesure des
besoins.

Les racines porte-graines sont mises en terre en novembre dans le Midi, et en février ou mars dans la région septentrionale.

Les navets qu'on livre à la vente aussitôt qu'ils ont été
arrachés sont presque toujours mis en bottes. Ils conservent leurs feuilles.

Une botte de navets pèse, en moyenne, 2 kilogr. 500.

Les racines qu'on a conservées en terre ou dans une
cave sont vendues sans leurs feuilles à la mesure ou au
poids.

# CHAPITRE HV



## SALSIFIS ET SCORSONÈRE

*Plantes dicotylédones de la famille des composées.*

Le salsifis et la scorsonère sont cultivés pour leurs racines alimentaires.

Le *salsifis blanc* (TRAGOPOGON PORRIFOLIUM, L.) (fig. 90), est souvent désigné sous le nom de *cercifis*.

Il est bisannuel; sa racine est fusiforme, *blanc jaunâtre*, longue de 0<sup>m</sup>,50 à 0<sup>m</sup>,55; les feuilles sont radicales, entières, linéaires et d'un vert glauque; les fleurs sont terminales, solitaires et *violettes*; ses graines sont étroites, allongées, striées et *brunes* ou *noirâtres*.

La *scorsonère* (SCORSONERA HISPANICA, L.) (fig. 91) est aussi connue sous le nom de *salsifis noir*.

Elle est bisannuelle; sa racine est fusiforme, *noire*, longue de 0<sup>m</sup>,50 à 0<sup>m</sup>,55; ses feuilles sont radicales, oblongues, un peu dentées sur les bords et un peu cotonneuses; ses fleurs sont terminales et *jaunes*; ses graines sont longues, cannelées et *blanchâtres*.

Ces deux plantes se cultivent de la même manière et

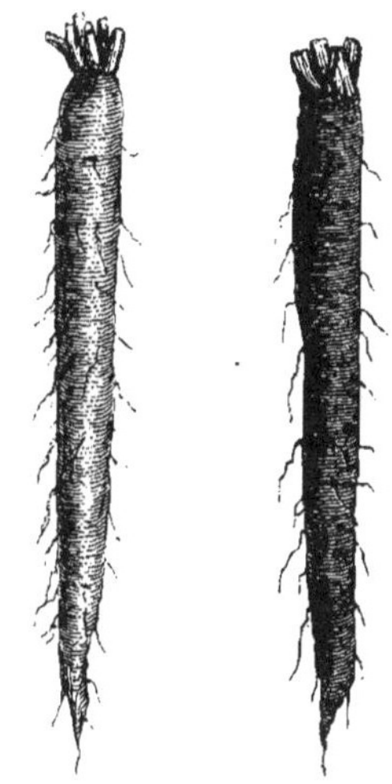

Fig. 90.
Salsifis blanc.

Fig. 91.
Scorsonère.

toutes deux demandent des terres profondes douces, un peu fraîches et bien fumées l'année précédente.

Les semis se font en mars ou en avril, en planches et en lignes espacées de 0^m,20 à 0^m,25. On répand par are 120 grammes de graines de salsifis, et 100 grammes de graines de scorsonère.

Dans les plaines de Toulouse, où le salsifis est cultivé très en grand, on répand la graine à la volée.

On éclaircit les plants si le semis est trop épais. Pendant la végétation, on donne les binages nécessaires.

Dans le Midi, pendant l'été, on opère des arrosages fréquents dans les cultures de salsifis et de scorsonère.

On commence à récolter les racines vers le mois d'octobre. On continue pendant l'hiver et pendant l'année suivante jusqu'au moment de l'apparition des tiges.

Le salsifis et la scorsonère résistent bien aux gelées.

La scorsonère végète très-lentement quand elle est cultivée dans des terres de qualité médiocre. Dans ce cas, on ne doit la semer qu'en août et septembre. Ainsi cultivée, les plantes montent à graine l'été suivant ; alors on coupe les tiges, les plantes poussent de nouvelles feuilles, et les racines grossissent. On livre ces racines à la vente pendant l'hiver suivant ; elles sont très-tendres et très-estimées.

La scorsonère semée dans le Midi, au mois de février, monte à graines dans le courant de juin.

Le salsifis et la scorsonère fleurissent au printemps et mûrissent leurs graines pendant l'été. Ces semences ne doivent pas être récoltées le matin à la rosée.

Les racines de ces plantes ne sont livrées à la vente qu'après avoir été mises en bottes à l'aide de brins d'osier. Ces bottes pèsent de 1 à 2 kilogrammes suivant les contrées.

# CHAPITRE V

## PANAIS

(PASTINACA SATIVA, L.)

*Plante dicotylédone de la famille des Ombellifères.*

*Anglais.* — Parsnip.  
*Allemand.* — Pastinake.

*Italien.* — Pastinaca.  
*Espagnol.* — Pastinaca.

Le panais est aussi cultivé en dehors des jardins. On lui connaît deux variétés :

Fig. 92.  
Feuilles de panais.

Fig. 93.  
Panais long.

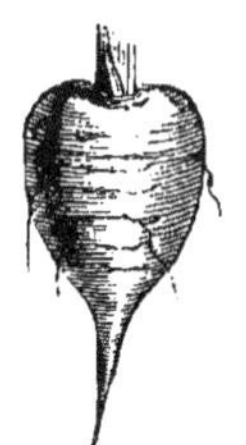

Fig. 94.  
Panais rond.

1° Le *panais long* (fig. 93) a une racine pivotante, cylindrique et fusiforme ;

2° Le *panais rond*, ou *panais court de Metz* (fig. 94), a une racine en forme de toupie.

Ces deux racines sont aromatiques ; elles ont une peau
jaunâtre et une chair blanche. La première, qui est plus tardive que la seconde, exige une terre profonde et de bonne
qualité.

Le panais se cultive comme la carotte ; il est aussi
bisannuel.

A cause de sa grande rusticité, on n'arrache ses racines
qu'au fur et à mesure des besoins.

Le panais est peu cultivé dans la région méridionale. Ce
fait résulte de ce que sa racine, dans les contrées du Midi,
a une saveur très-aromatique qui ne plaît pas généralement.

En Asie, on vend sur les marchés la racine d'une espèce
qu'on ne cultive pas en Europe. Ce panais a été désigné
sous le nom de PASTINACA DISSECTA, Vent. Les Orientaux l'appellent *sckakul*. Il est très-alimentaire.

# LIVRE II

## LES PLANTES CULTIVÉES POUR LEURS BULBES

---

## CHAPITRE PREMIER

### OIGNON

(ALLIUM CEPA, L. ; PORRUM CEPA, R.)

(De *all*, mot celtique qui veut dire chaud.)

*Plante monocotylédone de la famille des Liliacées.*

*Anglais.* — Onion.  
*Allemand.* — Zwiebel.  
*Espagnol.* — Cebolla.  
*Italien.* — Cipolle.

L'oignon est cultivé depuis les temps les plus reculés. Il est aujourd'hui connu dans toutes les parties du globe. Cette plante est-elle originaire de la Palestine ? Cette question, posée souvent depuis bientôt un siècle, n'a pas été résolue. Toutefois, il est aujourd'hui démontré que les peuples de l'ancienne Égypte et de l'ancienne Grèce connaissaient plusieurs variétés d'oignon et que les Chinois et les Mexicains ont connu de tout temps ce légume.

Quoi qu'il en soit, si les oignons récoltés en Syrie, en Espagne, etc., sont très-beaux, ils n'ont jamais ce piquant qui caractérise les oignons qu'on obtient en Europe.

## SECTION I

### Variétés cultivées

L'oignon se distingue des autres liliacées potagères par les caractères suivants :

Bulbe charnu à tuniques internes; hampe fistuleuse, grosse et ventrue à a partie médiane; feuilles fistuleuses, cylindriques et ventrues; ombelle volumineuse, arrondie et munie d'une spathe assez courte; fleurs blanches, verdâtres ou purpurines; graines noires, triangulaires et convexes sur une des faces.

Les variétés cultivées comme plantes alimentaires sont nombreuses. Les principales sont au nombre de seize, savoir :

PREMIER GROUPE

VARIÉTÉS SE REPRODUISANT PAR GRAINES

A. *Bulbes rougeâtres ou cuivrés.*

#### 1. — Oignon rouge pâle

Bulbe demi-déprimé, à collet fin, rouge cuivré.

Cette variété est demi-hâtive; elle est de bonne garde.

#### 2. — Oignon de Niort

*Synonymie :* Oignon de Lencloître.

Bulbe déprimé ou aplati, moyen, à collet fin, rouge cuivré.

Cette variété (fig. 95) est très-estimée; elle se conserve bien.

#### 3. — Oignon poire

*Synonymie :* Oignon pyriforme.

Bulbe allongé, en forme de poire, moyen, rouge cuivré; chair un peu grossière.

Cette variété (fig. 96) est de très-bonne garde, mais elle a moins d'aspect à la vente que les bulbes des variétés précédentes. Sa saveur est forte. Elle est demi-tardive.

### 4. — Oignon de Madère

*Synonymie :* Oignon romain.                    Oignon gros brun.
          Oignon de Bellegarde.

Bulbe très-gros, presque sphérique, rouge pâle et tardif.

Cette variété (fig. 97) est tardive; elle est cultivée dans le midi de l'Europe, en Afrique et en Asie. Elle est très-

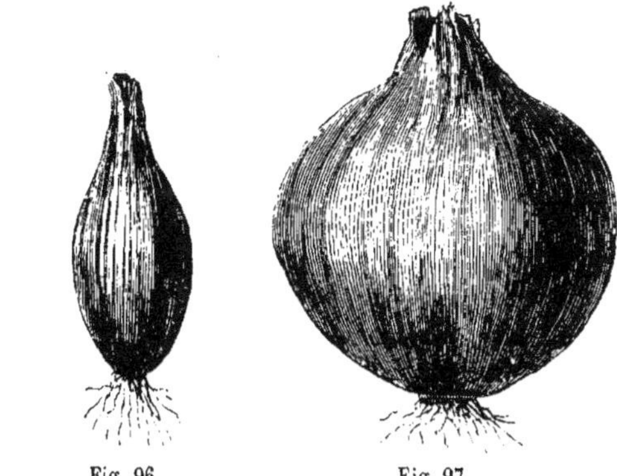

Fig. 95.          Fig. 96.          Fig. 97.
Oignon de Niort.    Oignon poire.    Oignon de Madère.

répandue dans la basse et la haute Égypte. Sa saveur est sucrée.

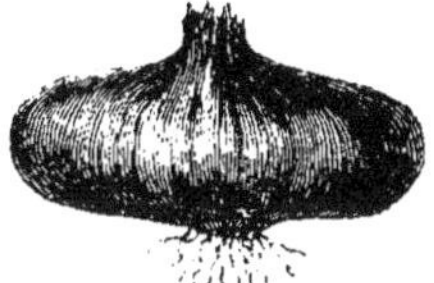

Fig. 98. — Oignon de Tripoli.

Fig. 99. — Oignon rouge foncé.

### 5. — Oignon de Tripoli

*Synonymie :* Oignon plat de Madère.

Bulbe très-gros, aplati ou déprimé, rouge cuivré.

Cette variété (fig. 98) appartient aussi à la culture des régions tempérées. Elle est tardive.

B. *Bulbes pourprés ou très-rouges.*

### 6. — Oignon rouge foncé

*Synonymie :* Oignon rouge de Hollande.      Oignon rouge de Zélande.

Bulbe demi-déprimé, moyen, rouge foncé.

Cette variété (fig. 99) est bonne, mais elle ne se conserve pas toujours très-bien. Elle est répandue dans le nord de l'Europe. Sa couleur ne plaît pas toujours.

### 7. — Oignon de Brunswick

Bulbe demi-déprimé, petit, rouge violacé ou rouge noir.

Cette variété n'est remarquable que par sa couleur.

C. *Bulbes jaunâtres.*

### 8. — Oignon jaune des Vertus

*Synonymie :* Oignon paille.      Oignon jaune de Paris.
     Oignon blond des vertus.      Oignon jaune de Cambrai.

Bulbe large, assez gros, un peu aplati, jaune clair.

Cette variété est très-productive, excellente et de bonne garde. On la préfère dans quelques contrées à l'oignon rouge pâle.

### 9. — Oignon jaune de Dauvers

Bulbe rond, jaune un peu brun.

Cette variété est originaire des États-Unis ; elle est hâtive et de bonne garde.

### 10. — Oignon jaune de Lescure

Bulbe large, plat, jaune foncé.

Cette variété est productive.

### 11. — Oignon soufre d'Espagne

Bulbe plat, soufré, très-gros.

Cette variété est excellente ; sa saveur est douce.

D. *Bulbes blancs.*

### 12. — Oignon blanc hâtif de Nocéra

*Synonymie :* Oignon de Florence.

Bulbe très-petit, rond, blanc veiné de vert.

Cette variété est très-précoce, mais elle est délicate.

### 13. — Oignon blanc hâtif

Bulbe un peu aplati, moyen et blanc.

Cette variété est très-estimée ; elle est souvent cultivée pour être vendue en vert, à l'époque où l'on mange des petits pois.

### 14. — Oignon blanc gros

*Synonymie :* Oignon blanc d'Espagne.

Bulbe presque rond, gros, blanc.

Cette variété (fig. 100) est tardive et elle n'est pas de bonne garde, mais, comme tous les oignons blancs, elle est plus douce et plus sucrée que les autres. Elle est très-estimée dans le midi de l'Europe.

Fig. 100.
Oignon blanc gros.

## DEUXIÈME GROUPE

VARIÉTÉS SE REPRODUISANT PAR BULBILES OU PAR CAÏEUX

### 15. — Oignon patate

Bulbe se développant en terre, demi-déprimé, gros, rouge cuivré.

Cette variété se propage par caïeux qu'on plante avant, ou après l'hiver suivant les contrées. Elle est précoce, mais elle se conserve difficilement.

### 16. — Oignon d'Égypte

*Synonymie :* Oignon à rocamboles.                Oignon bulbifère.

Bulbe demi-déprimé, gros, rouge cuivré, produisant au sommet de sa tige, au lieu de graines, de très-petits oignons.

Cette variété se propage par les bulbiles ou rocamboles. Son bulbe a une chair grossière.

## SECTION II

### Culture

**Terrain.** — L'oignon doit être cultivé dans une terre un peu forte ou argilo-siliceuse ou argilo-calcaire. Il réussit très-bien sur les anciens lais de mer et sur les sols très-rapprochés de la mer. Les marais desséchés lui conviennent aussi très-bien.

Le sol qu'on lui destine doit être bien préparé soit à la bêche, soit à la charrue. On termine cette préparation en piétinant ou plombant la surface de la couche arable.

**Semis.** — L'oignon se sème en place ou en pépinière. Les semis en place sont surtout adoptés dans les contrées septentrionales. Par contre, dans le midi de la France et de l'Europe, les semis en place sont très en usage, surtout quand l'oignon est cultivé sur des terres fortes.

Les cultivateurs qui vendent du plant d'oignon font toujours des semis en pépinières.

Dans les circonstances ordinaires, les semis se font du 15 février jusqu'à la fin de mars ou, au plus tard, au commencement d'avril. On ne peut les exécuter vers la fin de janvier que dans les contrées méridionales, ou lorsqu'on peut les faire sur une côtière ou plate-bande exposée au midi et garantie des vents du nord par un mur ou un brise-vent.

Aux environs de Niort, où la culture de l'oignon occupe chaque année plus de 100 hectares, on opère les semis du 25 août au 25 septembre. Pendant l'hiver, on exécute plusieurs sarclages. Les plants que fournissent ces semis sont livrés à la vente du 1ᵉʳ février au 25 mai.

Les plants provenant de semis exécutés dans la Provence vers la fin de l'été sont transplantés en octobre.

Ces semis d'automne, comme ceux qu'on exécute vers la fin de janvier, doivent être faits sur des terres substantielles, plutôt légères que fortes et situées à bonne exposition.

Souvent, aussitôt après le semis, on plombe le sol à la planche ou avec les pieds dans le but de tasser la terre contre la graine et d'affermir la couche arable.

L'*oignon blanc* se sème ordinairement en septembre sur des terres de consistance moyenne.

**Transplantation.** — Lorsque les plants des oignons ordinaires, semés en pépinière, ont la grosseur d'une petite plume, on les arrache après avoir *mouillé le terrain* si cela est nécessaire, on les met en bottes pour les livrer à la vente ou les transplanter sur des terres bien ameublies.

La plantation se fait à l'aide du plantoir. Avant de l'exécuter, on coupe un peu l'extrémité déliée des racines pour qu'elle ne se replie pas sur elle-même pendant la mise en place des plants. Il est utile de ne pas trop enfoncer les jeunes bulbes. Quand ils sont trop enterrés, ils végètent mal et sont exposés à s'échauffer.

Le sol est ordinairement labouré en planches ayant 1ᵐ,30 à 1ᵐ,50 de largeur, mais dans les contrées où l'oignon est *cultivé à l'arrosage*, on le dispose en petits billons. Dans ce cas, on plante une rangée d'oignons de chaque côté de la ligne médiane.

On espace les plants plus ou moins, selon le développement qu'ils peuvent prendre. En général, pour les variétés ordinaires, on agit de manière qu'ils soient éloignés de $0^m,07$ à $0^m,08$ les uns des autres.

En Égypte, la transplantation se fait de la fin de mars au commencement d'avril, c'est-à-dire 50 à 60 jours après le semis.

L'*oignon blanc*, semé en septembre, est transplanté en octobre. On l'abrite pendant l'hiver avec de la paille si cela est utile.

Les plants provenant de semis exécutés dans les régions de l'Ouest ou du Midi vers la fin de l'été ou au commencement d'octobre, sont ordinairement transplantés pendant le mois de mars.

**Plantation des petits oignons.** — On plante assez souvent, en janvier ou février, selon les localités, de très-petits oignons qu'on appelle *grelots* dans le but d'avoir des oignons hâtifs et développés en juin et en juillet. Ces *picotis* se font sur des terres de bonne qualité et bien ameublies. On espace ces oignons de $0^m,10$ à $0^m,12$ en tous sens.

Les oignons que fournissent les grelots ne sont pas de garde.

**Soins d'entretien.** — Pendant la végétation des oignons, on opère un ou deux binages avec la serfouette à main qui est munie d'une *griffe* A et d'une *lame* B (fig. 101) et on sarcle quand cela est nécessaire.

Chaque semaine ou tous les quinze jours, dans les contrées méridionales, on exécute un arrosage modéré.

On doit cesser les arrosements quinze jours environ avant l'arrachage des oignons.

**Rabattage des feuilles.** — Quand l'oignon est développé et lorsque ses feuilles commencent à jaunir, on couche

toutes celles-ci avec le dos d'un râteau en ayant la précaution de ne pas meurtrir les bulbes.

Cette opération fait grossir et mûrir les oignons.

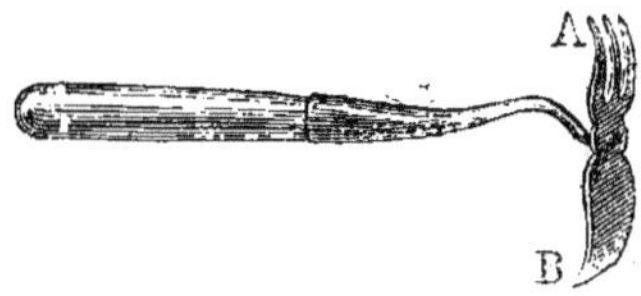

Fig. 101. — Serfouette à main.

**Arrachage**. — Quand les feuilles des oignons sont sèches,
ce qui a lieu en juin et en juillet dans le Midi, en juillet
et en août dans le Nord, on procède à leur arrachage. Cette
opération se fait à la main.

Puis on laisse les bulbes sur le sol, ou on les rapporte à
la ferme pour les exposer sur une aire à l'action du soleil
pendant deux ou trois jours.

Quand les oignons sont ressuyés et lorsque les premières
tuniques se détachent aisément, on les rentre dans des locaux ni trop humides ni trop secs.

**Vente**. — Les oignons se vendent en vragne ou à l'hectolitre, ou après avoir été disposés en tresses ou *liasses* ou
*rès* contenant 30, 40 ou 50 oignons.

Dans les années ordinaires, les oignons se vendent toujours un peu plus cher que le froment.

Les *plants* qu'on fait naître à Niort sont vendus pour être
exportés dans la Saintonge, le Limousin, la Touraine, le
Maine, la Normandie, l'Angleterre et la Belgique.

La *fourniture* se vend en moyenne 16 francs ; elle com-
prends 251 paquets ou 13,000 plants.

**Récolte des graines**. — Les oignons qui doivent fournir
des graines sont plantés en février ou mars. On les espace
de $0^m,15$ à $0^m,20$ en tous sens.

Quand les capsules sont mûres, on coupe les tiges, on les transporte à la ferme et on les fait sécher sur une bâche au soleil. Lorsque les capsules sont ouvertes, on les égrène et on crible ensuite les graines. On doit agir par un temps sec et un beau soleil.

La graine d'oignon est petite, noire, luisante et ridée ; elle conserve sa faculté germinative pendant deux ou trois années.

Un hectolitre de graine pèse de 44 à 48 kilogrammes.

**Usages.** — L'oignon est un excellent aliment. On le mange cru ou cuit, ou après l'avoir fait confire dans du vinaigre.

Les *oignons brûlés* servent à colorer le bouillon ou les sauces. Voici comment on les prépare :

Après les avoir débarrassés de leur pellicule ou enveloppe externe, on les met sur des plaques métalliques à rebords et qui contiennent un peu d'eau. Ces plaques sont ensuite exposées à la chaleur d'un four. Quand les oignons sont cuits on les aplatit, on les arrose avec le jus qu'ils rendent et on les enfourne de nouveau après les avoir placés sur des claies. On répète ces diverses opérations si cela est nécessaire.

Quand les oignons sont secs et noirs, on les conserve à l'abri de l'humidité.

———

# CHAPITRE II

## AIL

(ALLIUM.)

*Plante monocotylédone de la famille des Liliacées.*

*Anglais.* — Garlic.  
*Allemand.* — Knoblauch.  
*Italien.* — Aglio.

*Espagnol.* — Ajo.  
*Portugais.* — Alho.

L'ail est aussi cultivé depuis la plus haute antiquité. Jusqu'à ce jour on ne l'a pas trouvé à l'état sauvage.

Son bulbe (fig. 102) est tuniqué; il se compose de 8 à 10 bulbes secondaires ou *gousses* ou *caïeux* qui sont réunis par une pellicule mince, blanchâtre et persistante. Sa hampe est cylindrique et haute de 0<sup>m</sup>,40 à 0<sup>m</sup>,75. Ses feuilles sont linéaires aiguës, roulées en crosse dans le haut de la tige et légèrement pliées en gouttière. Sa spathe est formée d'une seule vulve prolongée en pointe. Son ombelle est pauciforme. Ses fleurs sont d'un blanc rosé; elles s'épanouissent en juin ou juillet.

**Espèces et variétés.** — On cultive plusieurs espèces et variétés d'ail.

Fig. 102. — Ail.

### 1. — Ail ordinaire

(ALLIUM SATIVUM, L.; PORRUM SATIVUM, R.)

Bulbe composé de caïeux allongés.

Cette espèce a produit les variétés suivantes :

### 2. — Ail rose hâtif

Caïeux revêtus d'une pellicule rosée.

Cette variété n'est remarquable que par sa précocité.

### 3. — Ail d'Orient

(ALLIUM AMPELOPRASUM, L.)

Bulbe très-gros, mais ayant une saveur et une odeur moins prononcées; feuilles planes, grandes; fleurs roses disposées en grosse ombelle arrondie.

Cette variété est surtout cultivée dans le midi de l'Europe et en Asie.

### 4. — Ail rocambole

(ALLIUM SCORODOPRASUM, L.; PORRUM OPHIOSCORODON, R.)

*Synonymie :* Ail d'Espagne.         Ail rouge.
         Ail des Génois.        Échalote d'Espagne.

Bulbe semblable à la gousse d'ail ordinaire ; tige de 0^m,50 à 0^m,75 de hauteur roulée en spirale vers son extrémité et portant des bulbiles ou *rocamboles* entre les pédoncules des fleurs.

Les bulbiles de cette espèce servent à la reproduire.

**Culture.** — Les contrées tempérées sont celles qui conviennent le mieux à l'ail. Les bulbes qu'on récolte dans les contrées méridionales ont, en effet, une saveur moins forte et plus agréable que les bulbes récoltées dans le nord de l'Europe.

L'ail demande une terre douce, un sol argilo-siliceux ou silico-calcaire perméable. Il redoute les sols humides et les terres récemment fumées.

Cette plante bulbeuse produit des graines, mais celles-ci sont rarement utilisées. La multiplication de l'ail par semence oblige à laisser les bulbes deux ans en terre avant de les livrer à la consommation.

On multiplie ordinairement l'ail par caïeux que l'on plante la tête en haut en octobre ou novembre, ou en février ou mars dans la région du midi de l'Europe, et en mars et avril dans les contrées septentrionales. Ces caïeux sont enterrés de $0^m,03$ à $0^m,05$, et séparés de $0^m,10$ à $0^m,12$ sur des rayons espacés de $0^m,50$. Cette plantation se fait dans des trous pratiqués avec le doigt dans une terre bien préparée.

Quand on cultive l'ail à l'arrosage on le plante en ligne sur chacun des côtés de billons qui ont de $0^m,55$ à $0^m,45$ de largeur.

Lorsque les feuilles commencent à jaunir on les réunit par un nœud pour que la séve profite seulement aux bulbes.

On arrache l'ail à la fin de juin dans le Midi, et en juillet dans les contrées du Nord quand les parties herbacées sont sèches. On met ensuite les bulbes en petites bottes dont la grosseur varie suivant les contrées. Ces bottes doivent être conservées dans un local à l'abri de la gelée.

Les bulbes se vendent, en moyenne, 10 à 20 francs les 100 kilogrammes.

**Usages**. — L'ail est utilisé comme condiment. Il aide à digérer les aliments, mais son goût est âpre et son odeur forte, pénétrante et persistante. On le regarde à bon droit comme un excellent vermifuge. Il est échauffant.

# CHAPITRE II

## ÉCHALOTE

(ALLIUM ASCALONICUM, L.)

*Plante monocotylédone de la famille des Liliacées.*

*Anglais.* — Shallot.     *Italien.* — Ascalonia.
*Allemand.* — Schalotte.     *Espagnol.* — Chalota.

L'échalote est originaire de l'Asie Mineure. Son bulbe est ovale ou arrondi, accompagné de caïeux logés sous les tuniques desséchées qui sont rougeâtres. La hampe a de $0^m,20$ à $0^m,50$ de hauteur ; elle est entourée de feuilles seulement dans le bas ; ces feuilles sont étroites, cylindriques, fistuleuses, droites et un peu rougeâtres. Son spathe est plus court que l'ombelle qui est globuleuse et serrée. Les fleurs sont rougeâtres ou violacées ; elles s'épanouissent en juin ou juillet.

**Variétés.** — On cultive quatre variétés d'échalote :

### 1. — Échalote ordinaire

*Synonymie :* Échalote petite.

Bulbes de la grosseur du doigt, allongés, revêtus d'une pellicule jaune rougeâtre ; feuilles longues de $0^m,25$ à $0^m,50$.

Cette variété est hâtive et elle se conserve bien.

### 2. — Échalote grosse

Bulbes de la grosseur d'une noix, allongés, revêtus d'une pellicule jaune brun ; feuilles longues de $0^m,40$ à $0^m,50$.

Cette variété est moins précoce que la précédente et elle se conserve moins bien.

### 3. — Échalote d'Alençon

Bulbes très-gros, arrondis, revêtus d'une pellicule jaune rougeâtre ; feuilles très-longues et très-glauques.

Cette variété est un peu tardive, ses bulbes se conser
vent bien et ont un goût très-agréable.

### 4. — Échalote de Jersey

*Synonymie :* Échalote petite d'Alençon.        Échalote de Russie.

Bulbe développé, assez arrondi, revêtu d'une pellicule rouge jaunâtre
feuilles peu élevées, nombreuses et bien glauques.

Cette variété a une odeur qui rappelle un peu celle de
l'oignon ; elle est très-hâtive, mais elle se conserve moins
que les autres échalotes.

**Culture.** — Ces plantes se multiplient par caïeux. Elles
demandent une terre légère ou de consistance moyenne :
elles redoutent les terrains abondamment fumés et ceux
qui sont humides.

Le sol destiné à l'échalote doit avoir été bien ameubli.
On le divise en planches de 0$^m$,75 à 1 mètre de largeur sur
lesquelles on plante 3 à 4 rangs de caïeux. Les trous se
font avec le doigt. On espace les bulbes les uns des autres
de 0$^m$,12 à 0$^m$,15. On termine la plantation en opérant un
léger râtelage sur la surface des planches.

C'est à l'automne que se font les plantations dans les
provinces méridionales, et à la fin de l'hiver, c'est-à-dire
en février, mars ou avril dans la région septentrionale.

Les caïeux sont quelquefois attaqués par la *larve de la
mouche de l'échalote* (ANTHOMYIA PLANTURA, Mar.).

Pendant la végétation des plantes, on maintient le sol
propre à l'aide de quelques binages.

Quand l'échalote ou le bulbe est formé par la réunion
des caïeux, on *déchausse* les touffes pour éviter qu'elles
s'échauffent et que l'échalote *tourne* ou qu'elle prenne
le *gras*.

Lorsque les fanes sont presque sèches, on procède à l'arrachage et on expose ensuite les bulbes à l'action du soleil

pendant un ou deux jours. Puis on les conserve sur des tablettes ou sur l'aire d'un local bien sec et à l'abri de la gelée.

Cette récolte a lieu ordinairement à la fin de juillet dans le centre de la France.

Quand les feuilles sont bien sèches, on met les bulbes en *liasses* ou en bottes.

On réserve les plus petits bulbes pour la multiplication.

L'échalote se vend de 12 à 15 francs les 100 kilogrammes.

Les bulbes de l'échalote sont employés comme assaisonnement et les feuilles comme fourniture de salade.

———

La *ciboule* (ALLIUM FISTULOSUM L.), remplace quelquefois l'échalote dans certaines préparations culinaires.

La *ciboule de Saint-Jacques* est vivace ; on la multiplie par éclats de pied.

La *ciboule commune* est regardée comme bisannuelle, quoiqu'elle soit vivace. On la multiplie par graines qu'on sème en lignes et en pleine terre depuis le mois de mars jusqu'en juillet.

Les feuilles de la ciboule sont aussi utilisées comme fourniture de salade.

On vend sur les marchés la ciboule à l'état vert.

———

# CHAPITRE IV

## POIREAU

(ALLIUM PORRUM, L.)

*Plante monocotylédone de la famille des Liliacées.*

*Anglais* — Leck.
*Allemand.* — Lauch.

*Italien.* — Porro.
*Espagnol.* — Puero.

Le poireau ou *porée* est aussi une plante alimentaire très-ancienne. Son bulbe est allongé. Sa hampe a de $0^m,70$ à $0^m,80$ de longueur; elle est cylindrique et embrassée par des feuilles vers son milieu ; ces feuilles sont linéaires, aiguës, planes et vert glauque. Son ombelle est globuleuse et munie d'un spathe univalve. Les fleurs sont roses; elles s'épanouissent de juin à août.

**Variétés.** — On cultive quatre variétés de poireau.

### 1. — Poireau long

*Synonymie :* Poireau commun.

Partie blanchâtre et comestible allongée et cylindrique; feuilles très-longues et retombant vers la terre comme si elles avaient été cassées.

Cette variété résiste très-bien aux froids (fig. 103).

### 2. — Poireau gros court

Partie comestible plus développée, mais peu allongée ; feuilles généralement disposées en éventail, dont les extrémités s'inclinent vers le sol en présentant une courbure.

Cette variété (fig. 104) est moins rustique que le poireau long, mais elle est répandue dans les contrées méridionales.

### 3. — Poireau jaune du Poitou

Partie comestible très-grosse et peu allongée ; feuilles très-larges, disposées en éventail et très-blondes.

Cette variété est très-estimée à cause de sa couleur et de son développement.

### 4. — Poireau gros de Rouen

Partie comestible très-développée, mais peu allongée; feuilles disposées en éventail, très-larges et d'un beau vert glauque.

Cette variété est peu sensible aux froids ; elle est très-répandue dans le nord de l'Europe.

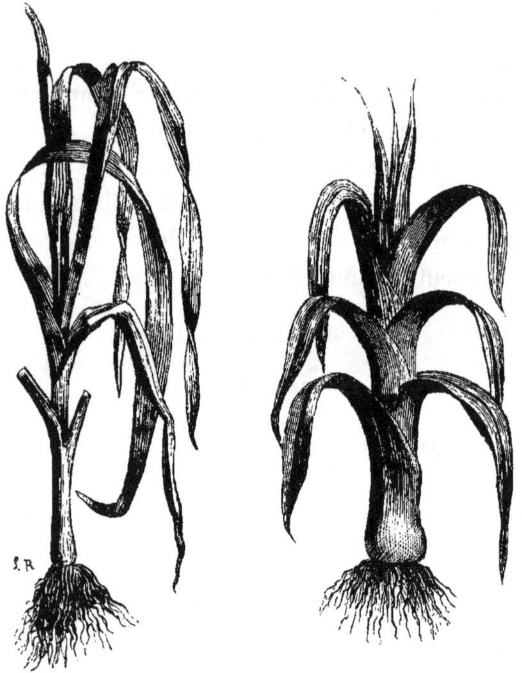

Fig. 103. — Poireau long.          Fig. 104. — Poireau gros court.

**Culture.** — Le poireau doit être cultivé dans des terres substantielles et un peu argileuses.

On le sème en pépinière en février ou mars. Les semis

exécutés en février dans le nord de la France se font toujours sur couche.

On le repique en mars ou avril ou en mai et juin, suivant les latitudes, quand les plants ont la grosseur d'un tuyau de plume. On doit opérer, autant que possible, par un temps pluvieux ou après avoir arrosé le terrain. Avant la transplantation, on habille les plants, c'est-à-dire on coupe les extrémités des racines et des feuilles.

C'est dans des rayons ayant de $0^m,08$ à $0^m,12$ de profondeur et espacés de $0^m,33$ qu'on opère la mise en place. Les plants dans les rayons doivent être éloignés de $0^m,10$ à $0^m,12$ les uns des autres.

Quelquefois on plante ces plants en mai ou juin, une ligne d'oignons entre les rangées de poireaux. Ces oignons sont récoltés en août.

Pendant l'été, on opère les binages et les arrosements nécessaires. Dans le but de faire grossir les pieds, on coupe deux à trois fois les feuilles à leur partie médiane. Les binages en comblant les rayons buttent les poireaux et font blanchir leur bulbe sur une plus grande longueur.

Dans les contrées du Midi, on plante souvent le poireau en automne. Alors on commence à le butter pour le faire blanchir vers la mi-février. Le plus ordinairement, dix à douze jours suffisent pour qu'on puisse le livrer à la vente.

En Italie, on arrose les poireaux tous les quatre à cinq jours, depuis le mois de mai jusqu'en août.

La nature, la fertilité et la fraîcheur de la couche arable exercent une grande influence sur le développement du poireau.

On laisse ordinairement les poireaux en terre pendant l'hiver. Cependant dans la région septentrionale, quand on craint de fortes gelées, on rabat les feuilles et on arrache les pieds pour les rigoler et les couvrir de feuilles ou, ce qui vaut mieux, de grande litière.

Les plantes qu'on livre à la vente sont nettoyées ou lavées et mises ensuite en bottes à l'aide d'un lien d'osier. Chaque botte pèse un 1$^{kil}$,500 à 2 kilogrammes.

Les 100 bottes valent, en moyenne, 6 à 8 francs le 100.

Les poireaux qui doivent produire des graines sont plantés à demeure en automne, ou on les laisse passer l'hiver en terre. Les pieds qu'on transplante au printemps donnent toujours moins de graines et des semences moins belles.

Quand les tiges sont presque sèches, on les coupe, on les met en bottes et on les laisse sécher dans un grenier pendant l'hiver. On ne bat ordinairement les ombelles qu'au printemps suivant, c'est-à-dire un peu avant d'opérer les semis ou de livrer les graines à la vente.

Les graines de poireau sont noires, presque triangulaires et convexes sur une de leurs faces; elles sont plus petites que les semences de l'oignon.

Un hectolitre de graines pèse de 48 à 52 kilogrammes.

Le poireau est d'un usage général; depuis les Romains, il est un des éléments essentiels du pot-au-feu.

# LIVRE III

## LES PLANTES CULTIVÉES POUR LEURS PARTIES HERBACÉES

## CHAPITRE PREMIER

### ARTICHAUT

(CINARA SCOLIMUS, L.)

(De κινάρα, nom grec de l'artichaut.)

*Plante dicotylédone de la famille des Composées.*

*Anglais.* — Artichoke.  
*Allemand.* — Artischoke.

*Italien.* — Carciofo.  
*Espagnol.* — Alcachofa.

L'artichaut est connu en Europe depuis 1548; il est cultivé très en grand dans les environs de Paris, à Roscoff, à Niort, à Perpignan, à Cavaillon, à Laon, etc.

Cette plante est vivace; ses feuilles sont un peu épineuses, bipennatifides et indivises, et tomenteuses en dessous: ses tiges sont dressées rameuses, et hautes de $0^m,65$ à $1^m,20$; ses involucres se composent d'écailles imbriquées, coriaces, tomenteuses, ovales, obtuses ou un peu échancrées; le réceptacle des capitules est charnu, plan et frangé; ses fleurs sont nombreuses et pourpres.

Vulgairement, les involucres sont appelés *têtes*, les écailles *feuilles* et les fleurs naissantes *foin*.

L'artichaut est cultivé pour son réceptacle qui porte les fleurs et qu'on nomme *fond d'artichaut*, et pour sa partie charnue située à la base des écailles composant l'involucre.

L'artichaut est cultivé dans le Roussillon sur une étendue de 400 hectares.

## SECTION I

### Variétés cultivées.

Artichaut de Laon. — Artichaut de Provence. — Artichaut blanc. — Artichaut de maïs. — Artichaut petit violet. — Artichaut rouge.

L'artichaut a produit un assez grand nombre de variétés qui, jusqu'à ce jour, n'ont pas été bien étudiées, mais qui possèdent des qualités aux yeux de ceux qui les cultivent.

#### 1. — Artichaut de Laon

*Synonymie :* Artichaut gros vert de Laon.

Involucre très-gros; écailles très-ouvertes ou renversées en dehors, très-arges et d'un beau vert; réceptacle très-charnu.

Cette variété est très-cultivée dans les environs de Paris.

#### 2. — Artichaut de Bretagne

*Synonymie :* Artichaut camus de Bretagne. Artichaut blanc gros.
Artichaut de Saint-Brieuc. Artichaut gros camard de Nantes.
Artichaut pointu de Morlaix. Artichaut de Niort.

Involucre moyen, globuleux et un peu aplati au sommet; écailles serrées et d'un vert pâle; réceptacle assez charnu.

Cette variété (fig. 105) est plus hâtive que l'artichaut de Laon ; elle est très-répandue dans la région de l'Ouest. On l'appelle quelquefois *artichaut cuivré de Bretagne*, parce que ses écailles sont rousses ou brunâtres sur les bords.

### 3. — Artichaut de Provence

Involucre moins développé que l'artichaut de Laon; écailles allongées étroites, dressées et d'un beau vert ; réceptacle peu charnu,

Cette variété est répandue des provinces du Midi ; on mange ordinairement ses têtes à la poivrade. On l'appelle quelquefois *artichaut pointu précoce d'Alger*.

Fig. 105. — Artichaut de Bretagne.

### 4. — Artichaut blanc

*Synonymie :* Artichaut des quatre saisons.          Artichaut de Gênes.

Involucre moyen ; écailles nombreuses d'un beau vert clair teinté de violet au printemps quand la chaleur est forte.

Cette variété est cultivée à Perpignan depuis 1818, où elle est très-estimée. Elle est précoce, mais elle n'est pas assez rustique pour pouvoir être cultivée dans le Nord de la France. Les bractées sont, comme celles de l'artichaut de Provence, surmontées d'une petite pointe brune.

La variété appelée à Perpignan *artichaut maurisque* est moins précoce que l'artichaut blanc ; on récolte ses têtes du 15 avril à la fin.

### 5. — Artichaut de mai

Involucre développé et pommé ; écailles larges ; réceptacle bien charnu.

Cette variété est cultivée dans le Roussillon et le Languedoc. Elle est très-appréciée quoiqu'elle ne soit pas très-productive. Ses têtes sont fort belles.

### 6. — Artichaut petit violet

*Synonymie :* Artichaut pourpre.          Artichaut violet de Provence.

Involucre petit en cône obtus ; écailles un peu courtes, terminées par une échancrure profonde et armée d'une pointe très-courte.

Cette variété est précoce, mais un peu délicate. Elle est répandue dans les contrées méridionales. On mange ses têtes à la poivrade.

### 7. — Artichaut rouge

*Synonymie :* Artichaut moresque.          Artichaut violet tardif.
      Artichaut violet de Laon.          Artichaut gros violet.

Involucre développé et légèrement aplati ; écailles larges, assez serrées et nuancées de violet foncé ; réceptacle assez bien garni.

Cette variété est cultivée dans les environs de Perpignan. Elle est moins hâtive et moins estimée que l'artichaut violet à petit fruit. Elle est aussi trop délicate pour pouvoir être cultivée dans les contrées septentrionales.

## SECTION II

## Culture.

Mode de reproduction. — Terrain favorable ou nuisible. — Plantation des œilletons. — Méthode suivie dans la Provence et le Roussillon. — Arrosage des plantes. — Binage. — Battage des pieds. — Couverture de feuilles et de litière. — Œilletonage. — Animaux et insectes nuisibles. — Récolte des têtes. — Valeur commerciale des têtes.

L'artichaut se propage par *graines* et par *œilletons*. La

graine ne reproduit pas toujours la variété sur laquelle
elle a été récoltée, et souvent elle donne naissance à des
plantes ayant des têtes épineuses.

En général, on ne peut adopter la multiplication par
graine, que lorsqu'on n'a pas de plants ou d'œilletons, ou
qu'on désire obtenir une variété nouvelle.

**Terrain.** — L'artichaut, à cause de sa racine qui est
grosse et longue, demande une terre un peu argileuse,
profonde, fraîche et substantielle. Les plantes qui végètent
dans des sols fertiles et frais, sans être humides, produisent toujours des têtes plus grosses, plus belles, et qui ont
l'avantage de se conserver fraîches pendant plus longtemps.
De plus, ces plantes donnent, en automne, des têtes plus
nombreuses et plus développées.

L'artichaut végète mal dans les terres marécageuses et
dans les sols calcaires ou sablonneux,
qui sont peu profonds et, surtout, peu
fertiles.

**Plantation.** — Les œilletons, que
l'on appelle *cadels*, *radons cabos*, etc.,
doivent être choisis avec soin. Les
plants faibles, peu vigoureux, doivent
être abandonnés.

Un œilleton (fig. 106) est bon quand
il a été détaché d'un vieux pied, à l'aide
d'un instrument tranchant, lorsque
son *talon* ou portion d'une racine
semi-ligneuse est développée et lorsqu'il a trois à cinq feuilles. On obtient

Fig. 106.
Œilleton d'artichaut.

de bons plants en éclatant les pousses le plus près possible de la souche, sur laquelle elles se sont développées.
Les œilletons ont toujours peu de racines

Avant de les mettre en place, on enlève les feuilles pourries, on rafraîchit le talon avec la serpette et raccourcit les feuilles de manière que l'œilleton ait 0$^m$,20 à 0$^m$,25 de longueur. Cette opération est indispensable, parce que les feuilles des œilletons se fanent promptement. Les pétioles des plants qui ont été ainsi *habillés*, restent presque toujours droits après la plantation.

La mise en place des œilletons se fait avec un *plantoir à bout arrondi*. On doit éviter de trop enterrer les plants. Quand les œilletons sont trop enfoncés dans la terre, ils s'échauffent, et l'œil pourrit s'il survient des pluies abondantes, ou si la plantation est faite dans une terre un peu humide. Ordinairement, on ne les enterre pas au delà de 0$^m$,06 à 0$^m$,09, suivant la nature de la couche arable.

Les pieds d'artichaut doivent être placés en échiquier à 0$^m$,75 ou 1 mètre de distance. Généralement, on plante deux œilletons sur les points que les artichauts doivent occuper, en ayant soin de les séparer l'un de l'autre, de 0$^m$,10 à 0$^m$,12.

La plantation a lieu en avril dans les contrées septentrionales, et en mars ou en juillet et août, octobre et novembre dans les provinces méridionales. On l'exécute sur un sol parfaitement préparé et bien fumé.

Dans le Roussillon et dans la Basse-Provence, depuis bientôt vingt ans, on renouvelle les carrés d'artichauts, en divisant, pendant le mois de mai ou de juin, les pieds qui ont fourni des têtes, de manière à pouvoir planter des tronçons enracinés. Ce procédé permet d'avoir promptement des plantes vigoureuses.

Ailleurs, on renouvelle ordinairement les plants tous les quatre à cinq ans.

**Soins pendant la végétation.** — Après la planta-

tion, on arrose pour attacher le plant à la terre, on répète
de temps à autre les arrosages, si cela est possible, et
on exécute des binages afin de maintenir le sol toujours
meuble et propre.

 Vers la Toussaint et avant l'arrivée des froids ou de la
neige, qui est si nuisible à l'artichaut, on rabat les feuilles
à $0^m,20$ environ du sol et on butte tous les pieds. Quand
la température s'abaisse ou qu'on craint les grandes gelées
à glace, dans l'ouest, le centre et le nord de la France on
étend, sur toute la culture, une forte épaisseur de feuilles
d'arbres, qu'on recouvre d'une légère couche de litière ou
de fumier d'écurie. Durant l'hiver, lorsque le temps se ra-
doucit, on découvre les buttes afin d'aérer les pieds d'artichaut.

Au printemps, pendant la première ou la seconde quinzaine de mars, et lorsque les froids ne sont plus à craindre, on enlève les feuilles et la litière, on détruit les
buttes de terre et on donne un bon labour à bras ou à la
charrue suivant l'espacement des lignes. On profite ordinairement de cette dernière opération pour fumer le sol.

Les artichauts, qu'on cultive à Hyères, Nice, Perpignan, etc., ont rarement besoin d'être garantis des froids
pendant l'hiver par une couverture de feuilles.

Au mois de mars et d'avril, suivant les contrées, quand
les feuilles ont environ $0^m,30$ de longueur, on pratique
l'*œilletonnage*, après avoir déchaussé successivement tous
les pieds. Cette opération consiste à laisser les deux ou trois
plus beaux œilletons, les mieux placés et les mieux attachés, et à éclater les autres en évitant de blesser les racines. Quand un pied a été œilletonné, on le rechausse
avec de la terre bien ameublie.

Depuis plusieurs années, divers cultivateurs des environs

de Niort ne laissent qu'un seul œilleton, afin d'avoir des têtes remarquables par leur développement.

Les œilletons se vendent ordinairement de 2 à 5 francs le 100.

Pour conserver l'artichaut dans les localités où la neige couvre la terre pendant cinq à six mois, il faut pendant la belle saison planter des œilletons en pépinière et les enterrer avant l'hiver dans du sable frais déposé dans une cave ou un cellier. On les met en terre aussitôt après la fonte des neiges.

**Animaux et insectes nuisibles**. — L'artichaut est attaqué par le *mulot*, les *vers blancs* et la *courtillière*. Le mulot détruit souvent un grand nombre de pieds. On éloigne les deux insectes des pieds en plantant des laitues entre les lignes d'artichauts.

**Récolte des têtes**. — L'artichaut bien cultivé produit de nombreuses têtes pendant trois ou quatre ans. Chaque pied donne, en moyenne, une grosse tête, trois têtes de grosseur moyenne et quatre à six têtes petites ; mais les pieds vigoureux fournissent souvent, jusqu'à dix et même quinze têtes, chaque année. Les plus belles têtes pèsent, parfois, plus d'un kilogramme.

L'artichaut produit au printemps et à l'automne. Dans les provinces méridionales, les premières têtes des variétés précoces peuvent être livrées à la vente dès le mois de janvier ou de février. Ces mêmes variétés produisent de nouveau en automne jusqu'en novembre et décembre.

Les premiers artichauts sont vendus à Perpignan de 75 centimes à 1 franc la douzaine ; ceux qu'on récolte en avril, mai et juin sont livrés au prix de 25 centimes la douzaine. A Niort, le prix moyen est de 5 franc le 100.

A Paris, les têtes d'artichaut se vendent à la botte ou en

paquets de 10 têtes. Les grosses valent de 10 à 15 centimes et les moyennes de 5 à 10 centimes. Les paquets de têtes que l'on mange à la poivrade sont vendues de 15 à 20 centimes. Ces derniers artichauts ne doivent pas être couverts de *pucerons noirs*.

En général, on compte par hectare de 10,000 à 12,000 pieds qui fournissent, en moyenne, 100,000 têtes, ou un produit brut de 1,000 francs.

A Senlis (Oise), le produit d'un hectare d'artichaut contenant 10,000 pieds s'élève annuellement à 2,000 francs.

A Cavaillon (Vaucluse), où l'artichaut est cultivé concuremment avec le melon, un hectare ne comprend que 5,400 pieds. Chaque touffe produit, en moyenne, 12 têtes qui se vendent terme moyen 0 fr. 40 à 0 fr. 50 la douzaine. Le produit s'élève donc de 2,260 à 2,700 francs.

Aux environs de Niort, où les pieds sont espacés de 1$^{m}$,80, l'hectare ne contient que 5,000 pieds. Chaque artichaut présente en moyenne trois tiges et chaque tige donne trois artichauts. Un hectare donne donc annuellement 27,000 têtes ou un produit brut de 1,550 francs.

On prolonge la fraîcheur des têtes qu'on récolte en automne, en plantant leurs tiges dépourvues de feuilles, dans du sable humide déposé dans une cave, ou dans une serre à légumes.

Les gros artichauts se mangent cuits farcis, à la sauce blanche ou à l'huile et au vinaigre. Les jeunes têtes sont ordinairement consommées ou à la poivrade.

Les feuilles de l'artichaut sont très-amères ; on ne doit pas les donner aux vaches laitières.

# CHAPITRE II

## ASPERGE

(ASPARAGUS.)

(De ἀσπάραγος, nom donné par les Grecs à l'espèce.)

*Plante monocotylédone de la famille des Liliacées.*

*Anglais.* — Asparagus.  
*Allemand.* — Spargel.

*Italien.* — Asparagio.  
*Espagnol.* — Esparrago.

L'asperge est connue depuis les temps les plus anciens; elle est indigène dans l'Europe méridionale. Pline rapporte qu'elle végétait sans culture dans l'île de Nisita, qui appartenait à la Campanie et à Pouzzoles, près de Naples : mais il signale la beauté des pousses de l'asperge cultivée à Ravenne. Caton, Columelle et Palladius ont aussi fait connaître comment les Romains cultivaient cette plante.

L'asperge est vivace ; son rhizome est horizontal et rampant ; ses tiges sont annuelles, dressées et rameuses ; ses feuilles sont ovales-lancéolées et réunies par faisceaux de six à neuf ; ses fleurs sont dioïques, petites et vertes ; ses baies sont globuleuses, rouges ou noires, et à trois loges dispermes ; ses graines sont noires et triangulaires.

## SECTION I

### Espèces et variétés,

Asperge officinale : asperge commune de Hollande, rose d'Argenteuil et d'Ulm.  
Asperges à feuilles piquantes. — Asperge verticillée.

Les espèces dont les pousses sont alimentaires sont au nombre de quatre, savoir :

### A. *Asperge officinale.*

(ASPARAGUS OFFICINALIS, L.; ASPARAGUS SATIVA, Bauh.)

Cette espèce est la seule qui soit cultivée comme plante potagère; ses baies sont rouges. Elle a produit les variétés ci-après :

#### 1. — Asperge commune

*Synonymie:* Asperge verte.                    Asperge de Pays.
        Asperge d'Aubervilliers.

Pousse très-moyenne, ordinairement verte, mais quelquefois nuancée de violet.

Les asperges produites par cette variété sont les moins estimées.

#### 2. — Asperge de Hollande

*Synonymie:* Asperge violette.                    Asperge de Gand.
        Asperge de Vendôme.                    Asperge de Pologne.
        Asperge de Marchiennes.                    Asperge de Besançon.
        Asperge d'Argenteuil.                    Asperge Lenormand.
        Asperge rose.

Pousse souvent très-développée, ronde, quelquefois aplatie, blanche mais ayant son extrémité colorée en violet.

Cette variété produit des pousses très-belles et très-tendres. Ces pousses atteignent jusqu'à $0^m,16$, et même $0^m,20$ de circonférence, quand les asperges végètent dans des terres très-fertiles et bien cultivées.

La sous-variété, appelée *asperge rose d'Argenteuil*, diffère de l'asperge de Hollande, en ce qu'elle est plus hâtive.

La sous-variété connue sous le nom d'*asperge d'Ulm* ou *asperge d'Allemagne* est aussi hâtive; l'extrémité de ses pousses est d'un violet plus foncé.

### B. *Asperge à feuilles piquantes.*

(ASPARAGUS ACUTIFOLIUS, L.)

Cette espèce a des feuilles piquante et des fleurs jaunâtres et odorantes; ses baies sont noires; elle est assez commune dans les terrains pierreux de l'Europe méridionale.

Les pousses que produit cette asperge sont peu développées ; mais elles sont bonnes à manger. On les récolte dans le Languedoc, la Provence, la Sardaigne, etc.

*L'asperge maritime* qui croît dans les sables le long de la Méditerranée, donne naissance à des pousses qui ont un goût très-amer.

### C. *Asperge verticillée.*

(ASPARAGUS VERTICILLATUS, L.)

Cette espèce est répandue dans l'Asie Mineure, en Grèce, dans le Caucase. Elle a été introduite en France en 1752.

Ses tiges portent de nombreux rameaux divariqués et bien étalés. Ses pousses sont très alimentaires.

Cette asperge n'est pas cultivée en Europe.

## SECTION II

### Culture.

Terrain favorable ou nuisible. — Semis. — Plantation des griffes. — Dimension à donner aux fosses. — Époque de la mise en place. — Binages et terrages. — Importance des engrais. — Insectes nuisibles. — Récolte des turions. — Mise en botte des asperges. — Propriétés de l'asperge.

L'asperge se propage par graines ou à l'aide de jeunes plants que l'on nomme *griffes* ou *pattes* (fig. 107).

**Terrain.** — L'asperge peut végéter dans tous les terrains qui ne sont pas humides, mais elle ne prospère bien que dans les sols de consistance moyenne, profonds, un peu calcaires et fertiles.

Les terrains argileux, compactes et humides ainsi que les sables arides à sous-sol imperméable, ne lui sont pas favorables. Cultivée dans de telles conditions, ses pousses sont toujours grêles et peu nombreuses.

Les terres fraîches, perméables et substantielles sont celles qui lui permettent de produire des pousses remarquables par leur développement.

**Semis**. — Les semis se font rarement à demeure ou en place. Le plus généralement on les exécute en pépinière, dans le but d'avoir des griffes qu'on transplante plus tard sur des terrains disposés d'une manière spéciale.

Ces semis doivent être un peu clairs ; ils se font en lignes espacées de $0^m,20$ sur une terre légère, fertile et bien préparée. On les exécute pendant le mois de mars ; la graine doit être de la dernière récolte. Quand les semences ont été enterrées à 1 ou 2 centimètres, on couvre le sol de fumier pailleux très-divisé ; on arrose, on sarcle, on éclaircit les plantes, si cela est nécessaire.

**Plantation**. — Les plants ou griffes d'asperge ne doivent rester dans la pépinière que pendant une ou deux années.

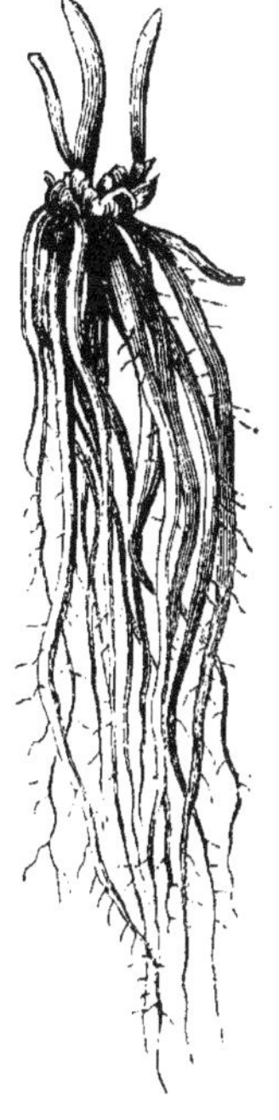

Fig. 107.
Griffe d'asperge.

Autrefois, comme au temps de Columelle, on plantait des griffes de deux ans. De nos jours, les meilleurs cultivateurs d'asperges suivent le conseil donné en 1779 par Filassier. c'est-à-dire plantent des griffes ayant seulement une année. Ils disent avec raison que les plants de deux ans sont relativement moins développés et qu'ils reprennent plus difficilement.

La mise en place des griffes est simple, mais elle est minutieuse. Voici comment on doit l'opérer :

On divise le terrain qu'on destine à l'*aspergerie* en planches de 1 à 1ᵐ,30 de largeur, et on creuse sur le milieu de chacune d'elles une fosse de 0ᵐ,65 à 0ᵐ,75 de largeur, et profonde de 0ᵐ,30, 0ᵐ,40 ou 0ᵐ,50, suivant la nature et l'épaisseur de la couche arable et du sous-sol. La terre provenant de ce travail est disposée en ados sur les parties qui séparent les fosses les unes des autres.

Ce travail terminé, on plombe le fond de toutes les fosses, puis on y répand une couche de fumier consommé qu'on recouvre d'un lit de bonne terre, en ayant la précaution d'établir sur la ligne médiane de la fosse de petits monticules ou cônes élevés de 0ᵐ,04 à 0ᵐ,05, et espacés de 0ᵐ,50 les uns des autres.

Lorsque les fosses ont 1 mètre de largeur, on plante deux rangées de griffes, et celles-ci sont disposées en échiquier.

Quand les fosses ont été ainsi préparées, on procède à l'arrachage des griffes en ayant la précaution, pendant cette opération, de ne pas endommager les racines.

On met en place les plants en étalant leurs racines sur les monticules de manière qu'elles ne se touchent ni ne se croisent, et en les recouvrant de 0ᵐ,08 à 0ᵐ,10 de terre très-meuble et additionnée de terreau ou de fumier décomposé très-divisé.

On termine la plantation en jetant de la bonne terre dans les intervalles qu'on observe entre les monticules, et on nivelle le sol à l'aide du râteau.

La mise en place des griffes se fait en février ou mars dans la région septentrionale, et en novembre et décembre dans les pays méridionaux.

**Soins d'entretien**. — Pendant l'année qui suit la plantation, on sarcle et on bine, afin de maintenir la surface des fosses propre et meuble.

Au commencement de novembre on coupe les tiges et on couvre la fosse de quelques centimètres de terre qu'on prend sur les ados.

A la fin de l'hiver, on couvre les fosses de fumier et on les laboure avec la fourche afin de ne pas endommager les griffes et leurs racines. On peut, avant l'apparition des jeunes turions, opérer un second *terrage*.

Pendant l'année on exécute les binages nécessaires.

Avant l'hiver, on coupe les tiges et répand de nouveau une légère couche de fumier ou, ce qui vaut mieux, du terreau composé de bonne terre, de fumier, de vieux plâtre, de chaux, de terre salpêtrée, etc.

L'asperge est une plante vorace ; elle exige d'abondantes fumures et s'approprie avec succès les sels calcaires et potassiques. C'est en lui appliquant des engrais actifs qu'on parvient à en obtenir des produits abondants et remarquables par leur grosseur.

Au printemps suivant, on opère un second terrage, et on exécute un deuxième labour à la fourche.

Toutes les opérations qui précèdent doivent être répétées chaque année.

Le plus ordinairement, quand l'aspergerie est en rapport, on la laboure en février ou au commencement de mars, et on renouvelle cette opération aussitôt après la récolte des asperges.

**Insectes nuisibles**. — Les tiges de l'asperge sont attaquées par deux insectes :

Le *criocère de l'asperge* (CRIOCERIS ASPARAGI, L.) est bleuâtre, avec un corselet rouge ; les élytres sont noir bleuâtre ;

Le *criocère douze points* (CRIOCERIS PUNCTATA, L.) est fauve.
avec six points noirs sur chaque élytre.

Ces deux insectes sont surtout communs dans les contrées méridionales. Leurs larves pénètrent en terre pour se
changer en nymphe.

On prévient leurs ravages en secouant les tiges qu'ils
attaquent après avoir étendu une toile à la surface de l'aspergerie.

**Récolte.** — On commence la récolte des turions ou asperges (fig. 108) pendant le printemps de la
troisième année ; alors les plantes ont quatre
ou cinq années de végétation.

On doit faire cette récolte quand l'asperge
est sortie de terre de 0$^m$,04 à 0$^m$,05. Il est utile
d'opérer le soir, ou le matin de très-bonne
heure. Les asperges ainsi récoltées sont plus
marchandes en ce qu'elles ont moins de *verdure*
et plus de *violet*. Lorsqu'on récolte trop tardivement on a des pousses moins belles, plus
dures et plus amères.

Cette récolte dure six semaines à deux mois.

Autrefois, on coupait les turions avec un long
couteau à lame unie ou à lame dentée. De nos
jours, les cultivateurs qui connaissent le mieux
la culture de l'asperge, les récoltent par *éclate-*

Fig. 108.
Turion
de l'asperge.

*ment.* Ainsi, après avoir dégagé avec le doigt
ou au moyen d'un outil spécial la terre qui
enveloppe une pousse, ils détachent celle-ci du rhizome
en exerçant une pression sur sa base.

Quand, au commencement du printemps, la terre de
l'aspergerie se prend en croûte après des pluies battantes,
on divise la surface de la couche arable à l'aide d'un fort

râteau, cette opération favorise toujours l'apparition des boutons des pousses.

Les asperges une fois récoltées doivent être soustraites à l'action de l'air et de la lumière. On doit aussi éviter de les mouiller et de les laver.

On met les asperges en botte ayant de $0^m,15$ à $0^m,18$ de diamètre. Ces bottes comprennent de douze à soixante turions, suivant leur développement. On les lie avec deux brins d'osier, en ayant le soin de ne pas casser les pousses.

Le bottelage, une fois terminé, on met toutes les bottes, pendant quelques heures, dans un baquet rempli d'eau, puis on les retire, on les brosse, on les laisse égoutter et on les emballe dans des paniers, garnis intérieurement de paille ou de foin. Les rangées de bottes doivent être séparées par une couche de paille, et il importe que les têtes soient placées de manière que les boutons ne puissent être endommagés.

Les ouvriers, chargés du bottelage, ont le soin de placer les plus belles asperges au dehors et les plus petites à l'intérieur, afin de *parer* les bottes.

Quand les asperges ne doivent pas être expédiées au loin, on met toutes les bottes, la pointe en haut, dans un vase contenant $0^m,05$ à $0^m,10$ d'eau, afin qu'elles conservent leur fraîcheur jusqu'au moment de la vente.

Une botte de belles asperges dans la région septentrionale pèse, en moyenne, environ 3 kilogrammes ; elle contient de cent à cent vingt turions. Le poids de la demi-botte n'atteint pas toujours $1^{kil},500$.

Le poids des bottes d'asperges qu'on récolte dans le Midi ne dépasse pas 500 grammes.

Les asperges qu'on récolte dans les terres sablonneuses de Gravelines, sont renommées pour leur qualité. Celles qu'on obtient à Argenteuil se distinguent par leur développement extraordinaire.

La récolte des turions dans la région septentrionale, commence en avril et se termine à la fin de mai. Prolongée plus tardivement, cette récolte affaiblirait les plantes. Dans le midi de l'Europe, cette récolte commence dans la première quinzaine de mars.

Une aspergerie bien établie et bien cultivée peut durer de vingt à vingt-cinq ans.

**Propriétés de l'asperge.** — La partie colorée du turion de l'asperge est très-alimentaire. Ses propriétés diurétiques sont bien connues.

On mange l'asperge cuite à la sauce blanche ou à l'huile et au vinaigre. Les asperges un peu montées servent à faire les *asperges aux petits pois*.

Les asperges récoltées dans le Midi n'ont ni la beauté, ni la qualité des asperges du Nord.

Les racines fraîches sont aussi utilisées, comme diurétiques, dans les hydropisies et les maladies des voies urinaires.

BIBLIOGRAPHIE

Mallet. . . . . . . . *Traité de la culture de l'asperge*, in-18, 1780.
Filassier. . . . . . *Culture de la grosse asperge*, in-18, 1785.
Loisel. . . . . . . . *Culture naturelle et artific. de l'asperge*, in-18, 1800.

# CHAPITRE III

## CRESSON DE FONTAINE



*Plante dicotylédone de la famille des Crucifères.*

*Anglais.* — Cress vater.  *Italien.* — Nasturzio.
*Allemand.* — Brunnenkresse.  *Espagnol.* — Berro.

Le *cresson de fontaine* végète naturellement dans toutes les contrées du globe ; il croît dans les lieux humides où l'eau est courante.

La culture de cette plante remonte au quatorzième siècle. C'est dans la Picardie et l'Artois qu'elle a été tentée pour la première fois en France.

De nos jours, elle occupe de grandes surfaces près de Senlis, Saint-Gratien, Beaumont-sur-Oise, etc. Elle est aussi cultivée très en grand aux environs de Dresde et d'Erfurt.

Le cresson est vivace ; ses tiges (fig. 109) sont couchées ou rampantes ; ses feuilles sont glabres et à folioles arrondies ; ses fleurs sont petites, blanches et disposées en corymbe ; son fruit est une silique légère et arquée ; ses graines sont très-petites et brun rougeâtre.

Au Chili, c'est la *cardamine à feuilles de cresson* (CARDAMINE NASTURTIOÏDES) qu'on cultive comme comme condimentaire.

**Cressonnières.** — Cette plante ne peut être cultivée que dans les terrains qui peuvent retenir l'eau ; elle est exigeante et demande un bon fonds, des engrais et une eau abondante et sans cesse ruisselante. Elle végète difficilement dans les eaux stagnantes.

Les fosses, dans lesquelles on cultive le cresson, ont, en

moyenne, 75 à 80 mètres de longueur, 3 mètres de largeur et 0ᵐ,50 de profondeur. Une telle fosse doit être alimentée par un débit continu de 80 à 100 litres d'eau par minute.

Le fond de chaque fosse doit être bien nivelé et recouvert de 0ᵐ,08 à 0ᵐ,10 de terre végétale un peu sableuse.

Fig. 109. — Cresson de fontaine.

Chaque fosse doit être en communication par une rigole plus ou moins profonde, avec un canal ou un fossé de décharge.

**Plantation**. — Le cresson se multiplie à l'aide de tiges enracinées, prises dans les ruisseaux ou extraites d'anciennes cressonnières. On plante ces plants en mars ou en août, après avoir bien imbibé le fond de la fosse. On a soin de placer les plants de manière qu'ils soient espacés les uns des autres de 0ᵐ,10 à 0ᵐ,12. Le sommet des tiges doit être dirigé à l'encontre de la direction de l'eau. Cette plantation est faite à l'aide des mains.

Quand la reprise du cresson a eu lieu, c'est-à-dire au bout de cinq à six jours, on fait arriver assez d'eau dans la fosse, pour que la terre soit couverte d'une nappe d'eau épaisse de 0ᵐ,04 à 0ᵐ,06. Six ou huit jours plus tard, on fume toute la surface de la fosse en évitant de couvrir les jeunes tiges, et en ayant la précaution de bien presser l'engrais contre la terre ; puis, on donne à l'eau une épaisseur de 0^m,10 à 0^m,12, et règle le débit de celle-ci de manière que la nappe ait un niveau presque constant.

**Qualités des eaux.** — Les eaux froides, les eaux séléniteuses et les eaux qui sourdent des terrains tourbeux et de bruyère ou qui ont traversé des bois sont peu favorables au cresson de fontaine.

Les eaux qui favorisent le mieux la végétation de cette plante sont celles des rivières ou des ruisseaux.

Dans toutes les contrées, le cresson sauvage végète toujours facilement dans des eaux fertilisantes et très-propres à l'irrigation des prairies naturelles.

**Soins d'entretien.** — Les cressonnières n'exigent pas annuellement de nombreux soins d'entretien.

Chaque année, à la fin de l'hiver, on fume les fosses avec du fumier d'étable ou d'écurie. Ces engrais activent la végétation des plantes, et en formant un véritable *paillis* à la surface de la terre, ils empêchent celle-ci de salir les tiges et les feuilles.

L'application des fumiers est suivie immédiatement par un plombage, exécuté à l'aide d'une planche fixée à l'extrémité d'un manche ou au moyen d'un rouleau. Cette opération a pour but de faire adhérer l'engrais à la terre.

**Plantes et insectes nuisibles.** — Les cressonnières sont souvent envahies par diverses plantes aquatiques : la *véronique*, la *berle*, etc. Il est utile d'arracher ces plantes pour empêcher qu'elles se multiplient aux dépens du cresson.

L'*altise du cresson* (ALTICA SISYMBRII, Fab.), cause, parfois, de grands dommages dans les cressonnières en perforant les feuilles. On détruit cet insecte en submergeant momentanément la cressonnière.

**Renouvellement des cressonnières.** — Une cressonnière bien établie et bien entretenue, peut fournir du cresson en abondance pendant plusieurs années.

Lorsque, par des causes particulières, elle commence à dépérir, il faut arracher tout le cresson, ou enlever la terre si la fosse n'est plus assez profonde, ou la boue si celle-ci n'a plus la consistance qu'exige le cresson. Ce travail terminé, on refait le fond de la fosse, on plante le cresson qu'on a arraché et on fume aussitôt toute la cressonnière.

**Récolte.** — La récolte du cresson dans les cultures bien établies et bien conduites, est presque continue.

L'ouvrier chargé de l'exécuter ayant les genoux garnis d'épaisses genouillères, se met à genoux sur une forte planche placée en travers de la fosse, saisit de la main gauche une poignée de cresson et la coupe avec le couteau qu'il tient dans sa main droite.

Lorsqu'il a ainsi récolté trois poignées, il les réunit en une botte à l'aide d'un brin d'osier. Cette botte terminée et parée, il la jette dans l'eau à l'abri du soleil et procède à la récolte d'une nouvelle botte.

Un ouvrier habitué à ce genre de travail récolte environ mille bottes par journée de huit heures.

Chaque botte pèse de 250 à 260 grammes; elle a de $0^{m},26$ à $0^{m},30$ de circonférence.

**Transport du cresson.** — Le cresson doit être transporté avec rapidité, parce qu'il s'échauffe et se fane s'il reste longtemps réuni en grande masse.

De plus, il est utile, comme cela a lieu presque toujours pendant l'été ou les fortes chaleurs, de le transporter pendant la nuit pour qu'il conserve sa fraîcheur jusqu'au moment de la vente.

Dans plusieurs localités de la Picardie et des environs

de Paris, on l'expédie dans de grands paniers pouvant contenir de trois cents à six cents bottes.

Ces paniers présentent à leur partie médiane une double séparation, qui aère le cresson et l'empêche de fermenter pendant le transport.

**Valeur commerciale.** — Le prix du cresson à la halle de Paris, varie entre 40 et 50 centimes les douze bottes du poids de 250 grammes environ chacune.

Ces bottes sont revendues 10 centimes ou 5 centimes, lorsque les fruitiers les ont dédoublées.

**Usages**. — Le cresson est mangé cru ou cuit. Il est à la fois excitant, diurétique et antiscorbutique. C'est pourquoi, depuis longtemps, on l'appelle *santé du corps*.

M. Chatin a constaté dans son intéressant ouvrage intitulé *le Cresson*, que le cresson de fontaine et abondamment fumé contient plus de principes piquants (huiles sulfo-azotées) que le cresson sauvage.

Il ajoute que le cresson renferme une huile essentielle sulfureuse, une autre huile à la fois sulfureuse et azotée, un principe amer, de l'iode, plus ou moins de fer et de phosphore.

Le cresson perd à la cuisson ses principes volatils azoto-sulfurés et une partie des matières solubles entrées en dissolution dans l'eau dans laquelle on le fait blanchir.

# CHAPITRE IV

## CHICORÉE SAUVAGE ou BARBE DE CAPUCIN

### (CICHORIUM INTYBUS, L.)

*Plante dicotylédone de la famille des Composées.*

*Anglais.* — Chicory.  
*Allemand.* — Chicorie.

*Italien.* — Cicorea.  
*Espagnol.* — Chicorea.

Cette plante est indigène en Europe ; elle est commune dans les sols calcaires.

Elle appartient à la classe des légumes, parce que ses feuilles blanchies par étiolement, constituent la salade que l'on appelle *barbe de capucin.*

Elle se cultive comme le salsifis ou la scorsonère (voy. page 607).

Voici comment on transforme ses feuilles en *salade blanche d'hiver :*

Les racines sont arrachées en novembre ou décembre. On les réunit en bottes à l'aide de deux liens d'osier. On a soin de choisir des racines droites et de même force végétative. Celles dont les têtes ont été écrasées pendant l'arrachage, doivent être rejetées. Chaque botte comprend environ cinquante racines de grosseur moyenne, et provenant de semis exécutés au printemps précédent.

Quand un certain nombre de bottes ont été préparées, on les enterre debout en les pressant les unes contre les autres, dans un lit épais de fumier de cheval déposé dans une cave obscure, ou dans un cellier dans lequel la lumière n'a pas accès.

La plantation terminée, on arrose le fumier, opération

qu'on répète tous les deux ou trois jours, selon le degré de fermentation de la meule.

Au bout de quinze à vingt jours, selon la température et le degré d'humidité de l'engrais, les feuilles de la chicorée sont blanc-jaunâtre et longues de 0ᵐ,25 à 0ᵐ,35. On les livre à la vente après les avoir nettoyées.

En décembre ou en janvier, on monte de nouvelles meules destinées à remplacer celles qui ont été établies en novembre.

Dans les environs de Rouen, les racines ne sont pas réunies en bottes. On les place horizontalement par lits au centre d'une meule de terreau, établie dans un local où ne pénètre ni l'air ni la lumière. Avant de les livrer à la vente on réunit les feuilles en petites poignées qu'on lie avec un brin de paille.

Les racines de chicorée sauvage, ainsi cultivées, fournissent trois récoltes successives de feuilles étiolées.

La chicorée sauvage qu'on a fait blanchir, constitue une salade qui est très-estimée. Chaque année on en consomme beaucoup dans la région septentrionale de l'Europe.

La *chicorée sauvage à grosse racine* produit des feuilles à pétioles plus larges, plus tendres et un peu moins amers.

A Paris, la botte de barbe de capucin du poids moyen de 1 kilog. environ se vend, en moyenne, de vingt à trente centimes, selon la longueur des feuilles. On ne livre les bottes à la vente qu'après avoir enlevé les feuilles altérées ou pourries.

Cette salade est presque inconnue dans les contrées méridionales.

# CHAPITRE V

## CHOU

(BRASSICA.)

(De *bressic*, nom celtique du chou.)

*Plante dicotylédone de la famille des Crucifères.*

*Anglais.* — Cabbage.  
*Allemand.* — Kohl.  
*Suédois.* — Kohl.  
*Norvégien.* — Kaal.  
*Égyptien.* — Couromb.

*Italien.* — Cavalo.  
*Espagnol.* — Col.  
*Hindoustan.* — Kopi.  
*Bengalien.* — Kopee.

Le chou est connu depuis les temps les plus reculés. Il est cultivé dans toutes les contrées du globe.

Les choux cultivés pour l'alimentation de l'homme, doivent être divisés en quatre classes :

1° Les choux pommés ;

2° Les choux non pommés ;

3° Les choux-fleurs ;

4° Les choux à racines ou à tiges globuleuses.

Les premiers ont leurs feuilles concaves et réunies, en tête, avant la floraison ; les seconds ont des feuilles étalées, lisses ou crispées, qui ne pomment jamais ; les troisièmes produisent des fleurs réunies en pommes, serrées et blanc jaunâtre, avant leur épanouissement ; les derniers présentent des parties renflées et globuleuses, à l'origine des feuilles.

En résumé, ces divers choux diffèrent les uns des autres, par le développement exagéré du parenchyme, tantôt dans la tige, tantôt dans les feuilles, tantôt dans les pédoncules floraux.

Les choux pommés sont cultivés, très-grand, dans les environs des villes.

Les choux-fleurs, qu'on appelait autrefois *choux fleuris*, *choux de Chypre*, occupent annuellement de grandes surfaces dans les environs de Paris, de Roscoff, de Perpignan, etc. Ils sont aussi très-cultivés dans la basse Égypte.

Le chou cabus est très-cultivé dans la Lorraine, en Alsace et en Allemagne. Il sert à faire la conserve qu'on appelle *choucroute*. C'est lui qu'on cultive le plus communément en Égypte.

Voir pour la *culture des choux à racines globuleuses* : chou navet, chou rave, etc., LES PLANTES FOURRAGÈRES, pages 127 à 151.

## SECTION I

### Espèces et variétés

Choux pommés : Choux cabus de première saison, de deuxième saison. — Choux à pomme rouge. — Choux de Milan à pommes terminales et à pommes axillaires. — Choux non pommés. — Choux-fleurs.

Les variétés du chou sont très-nombreuses. Je me bornerai à mentionner celles qui sont généralement cultivées.

#### PREMIÈRE CLASSE

##### CHOUX POMMÉS

**A. *Chou cabus.***

Les choux cabus (fig. 110) ont des feuilles lisses et concaves.

#### 1. — Variétés de première saison

1° **Chou nain hâtif.** — Pomme petite, un peu allongée; feuilles d'un vert cendré et glacé ; pied court. Variété très-hâtive.

2° **Chou cabbage**. — Pomme petite, étroite, allongée; pied court. Variété très-hâtive.

3° **Chou pain de sucre**. — Pomme en cône renversé, peu serrée; feuilles oblongues, capuchonnées et d'un vert blond.

4° **Chou d'York petit**. — Pomme petite, un peu allongée; feuilles d'un vert cendré et glacé, les extérieures peu nombreuses et à nervures blanc verdâtre; pied court. Ce chou est quelquefois appelé *chou pointu d'Angleterre*.

Fig. 116. — Chou cabus quintal.

5° **Chou d'York gros**. — Pomme courte, renflée et pleine; feuilles semblables à celles du chou d'York petit.

6° **Chou joannet**. — Pomme petite, ronde et très-blonde. Cette variété est souvent appelée *chou nantais, chou angevin*.

7° **Chou cœur de bœuf petit**. — Pomme conique; feuilles d'un vert foncé, arrondies, à nervures blanchâtres assez nombreuses.

8° **Chou cœur de bœuf gros**. — Même caractère que le précédent, mais la pomme est plus développée.

### 2. — Variétés de deuxième saison

9° **Chou bacalan**. — Pomme moyenne, serrée et allongée; variété assez précoce et très-estimée en Bretagne. Elle est aussi connue sous les noms de *chou de Saint-Brieuc, chou d'Angerville*.

10° **Chou de Hollande pied court**. — Pomme ronde souvent teintée de brun ; feuilles embrassantes, amples, arrondies et glauques ; pied gros et très-court.

11° **Chou gros cabus Saint-Denis**. — Pomme grosse, ferme, ronde, légèrement aplatie et colorée de marques rougeâtres au sommet ; feuilles glauques, à nervures saillantes, et ayant leur bord supérieur renversé en dehors ; pied assez haut. Cette variété est aussi appelée *chou de Bonneuil*.

12° **Chou de Poméranie**. — Pomme allongée terminée par une sorte de cornet ; feuilles d'un vert tendre, fermes et cassantes ; pied assez haut.

13° **Chou d'Allemagne** ou **chou quintal**. — (Fig. 110.) Pomme très-grosse et aplatie ; feuilles glauques, fermes, roides, celles de la pomme roulées en dehors ; pied court. Cette variété est aussi appelée *chou d'Alsace*.

14° **Chou de Vaugirard**. — Pomme ronde, déprimée sur le dessus, ferme et colorée de rouge brun ; feuilles à nervures, grosses, d'un vert particulier ; pied court. Cette variété résiste bien aux froids.

### 3. — Variétés à pomme rouge

15° **Chou rouge petit**. — Pomme assez ronde, d'un rouge violacé ; feuilles extérieures vert rougeâtre ; pied court. Cette variété est aussi connue sous le nom de *chou rouge d'Autriche ;* elle est hâtive.

16° **Chou rouge gros**. — Pomme assez grosse et ronde, d'un rouge noir ; feuilles extérieures rouge verdâtre ; pied élevé. Cette variété est de seconde saison.

### B. *Chou de Milan.*

Les choux de Milan (fig. 111) ont tous des feuilles cloquées et concaves.

### 1. — Variétés à pommes terminales

17° **Chou de Milan, d'Ulm**. — Pomme petite, ronde ; feuilles très-cloquées. Variété très-hâtive.

18° **Chou de Milan hâtif**. — Pomme petite, déprimée ; feuilles très-cloquées et d'un vert foncé.

19° **Chou de Milan pancalier**. — Pomme petite, peu serrée ; feuilles très-cloquées, étalées et à grosses côtes ; pied court. Variété de moyenne saison. Cette variété est aussi appelée *chou pancalier de Tours, chou pancalier de Touraine.*

20° **Chou de Milan à tête longue**. — Pomme allongée pointue, peu serrée, à pied élevé. Bonne variété.

21° **Chou de Milan doré**. — Pomme arrondie, très-peu serrée ; feuilles embrassantes vert pâle ; feuilles de la pomme jaunâtres pendant l'hiver. Très-bonne variété.

22° **Chou de Milan ordinaire**. — Pomme ronde, assez grosse ; pied un peu haut. Variété assez tardive.

23° **Chou de Milan des Vertus**. — Pomme ronde, très-serrée ; feuilles d'un beau vert ; pied assez haut. Cette variété est la plus grosse et la plus tardive de tous les choux de Milan. On l'appelle quelquefois *chou de Milan d'Allemagne.*

## 2. — Variétés à pommes axillaires

24° **Chou de Bruxelles nain.** — Tige peu élevée ; pommes de la grosseur d'une prune à l'aisselle des feuilles inférieures, mais peu nombreuses.

25° **Chou de Bruxelles ordinaire.** — Tige de 0ᵐ,50 à 1 mètre de

Fig. 111. — Chou de Milan.

hauteur, terminée par un bouquet de feuilles étalées ; pommes de la grosseur d'une noix, très-nombreuses, disposées en spirale autour de la tige.

Le chou de Bruxelles est rustique. On le nomme aussi *chou à jets, chou rosette, chou à mille têtes*.

### DEUXIÈME CLASSE

#### CHOUX NON POMMÉS

26° **Chou frisé vert.** — Tiges de 1 mètre à 1ᵐ,50 ; feuilles vertes très-découpées et très-frisées. Variété très-rustique (fig. 112).

27° **Chou frisé rouge.** — Feuilles rougeâtres très-découpées et frisées. Variété très-rustique.

28° **Chou à grosse côte.** — Tige moyenne ; feuilles lisses à grosses nervures et à pétiole charnu et blanc. Variété très-rustique et excellente, surtout après les gelées.

**29° Chou à grosse côte frangé**. — Tige moyenne ; feuilles à pétiole assez élargi et à lobes divisés contournés et très-ondulés. Variété remarquable par sa grande rusticité.

Fig. 112. — Chou frisé vert.

### TROISIÈME CLASSE

#### CHOUX-FLEURS

**30° Chou-fleur tendre** ou **chou-fleur hâtif**. — Tête moyenne, entourée de feuilles assez étroites et moyennement ondulées ; pied un peu élevé. Cette variété est précoce, mais sa tête se déforme assez promptement.

**31° Chou-fleur demi-dur.** — Tête très-belle, bien serrée et blanche; feuilles embrassantes larges et ondulées. Cette variété est demi-hâtive.

**32° Chou-fleur dur.** — Tête volumineuse à grain fin et très-blanc, lente à se former et à se désagréger; feuilles très-amples; pied assez court. Cette variété est la plus tardive.

**33° Chou brocoli blanc** [1]. — Pied court; pomme grosse, bien faite, se formant assez vite; feuilles moyennes, un peu roides, nombreuses.

**34° Chou brocoli violet.** — Pied assez élevé; pomme mamelonnée violette ou violet verdâtre; feuilles pointues à pétioles violet rougeâtre et à nervure médiane violacée. Cette variété est moins précoce que la précédente.

## SECTION II

### Culture

Terrains favorables ou nuisibles aux choux. — Semis : époque, exécution. — Transplantation, mise en place. — Soins d'entretien. — Récolte. — Conservation des choux cabus.

**Terrain.** — Les *choux pommés* doivent être cultivés sur des terres un peu argileuses, profondes et fertiles.

Les *choux non pommés* sont les moins exigeants; toutefois, ils se développent mal sur les terres de médiocre qualité, et ils périssent souvent pendant l'hiver, quand on les cultive sur des terrains humides.

Les choux-fleurs (fig. 113) sont les plus exigeants; ils demandent des temps de consistance moyenne, substantielles et fraîches. Ils réussissent mal sur les terres compactes.

La culture du chou-fleur d'été n'est possible dans les contrées méridionales que sur les terres légères, profondes, qu'on peut arroser à volonté.

**Semis.** — Les *choux cabus hâtifs* se sèment pendant la seconde quinzaine d'août, ou dans les premiers jours de septembre, pour être mis en place en octobre ou novembre.

---

[1] Les brocolis ont une grande analogie avec les choux-fleurs, mais leurs feuilles sont plus nombreuses, moins allongées et à nervures plus fortes et plus roides.

Les *choux cabus de seconde saison* doivent être semés à la fin de juillet, ou dans la première quinzaine d'août. On les repique vers la fin d'août, ou dans les premiers jours de septembre.

Fig. 113. — Chou-fleur.

Les *choux cabus tardifs* ne réussissent bien que lorsqu'on les sème en mars ou en avril. On les met en place en mai ou en juin.

Les choux cabus se sèment en Égypte, depuis le mois de septembre jusqu'en novembre.

Les *choux de Milan hâtifs* et les *choux de Milan de seconde saison* se sèment en août ou en septembre, ou depuis la fin de février jusqu'en mai.

Les *choux de Milan tardifs* doivent être semés en mars ou avril.

Les *choux de Bruxelles* se sèment aussi au milieu du printemps; ils aiment l'air et la lumière.

Les *choux non pommés* se sèment de la mi-mai à la Saint-Jean. On les transplante en juillet et août.

Le *chou-fleur hâtif* se sème sur couche, du 15 mars au 15 mai, le *chou-fleur demi-dur*, du 15 mai à la Saint-Jean et le *chou-fleur dur*, du 1er juin au 15 juillet. Le premier est transplanté en mai ou juin, le second en juin ou juillet, et le troisième en août ou au commencement de septembre.

Tous les semis se font en pépinières, sur des terres bien ameublies et exposées au midi, si les semis se font à la fin de l'hiver ou au printemps, ou au nord, si on les exécute pendant l'été. Quand le temps est sec, on doit bassiner souvent et répandre, le matin et le soir, de la cendre non lessivée, afin d'éloigner les attises de jeunes choux.

**Transplantation.** — Lorsqu'on opère la mise en place des plants, on doit rejeter tous ceux qui sont coudés au-dessus du sol, qui ont leurs racines endommagées par les vers blancs, qui sont *borgnes*, ou dont le cœur est avorté.

Les choux pommés hâtifs se plantent à 0$^m$,40 environ de distance les uns des autres. Les choux pommés tardifs et les choux non pommés doivent être plantés à une distance de 0$^m$,65 à 0$^m$,75.

**Soins d'entretien.** — Pendant le cours de la végétation, on pratique les binages nécessaires, et on arrose aussi souvent que la température l'exige.

On rend plus blanches les têtes des choux-fleurs en les couvrant pendant plusieurs jours, avant de les livrer à la vente, avec une ou deux feuilles de choux.

Lorsque les choux pommés doivent passer l'hiver en pleine terre, on doit, avant la plantation, disposer la couche arable en petits talus successifs. La pente de ces talus doit être inclinée au midi. Les choux sont plantés au milieu des talus (fig. 114). Cette disposition a un autre avantage ; elle garantit les choux des vents du Nord, et elle force la neige à s'amasser contre la pente opposée à celle du sud.

Fig. 114. —

**Insectes nuisibles**. — Les choux sont attaqués par l'*altise* et les larves de la *piéride du chou* (PIERRIS BRASSICÆ, DC.).

On empêche les altises de manger les jeunes plants situés dans les pépinières en répandant sur leurs feuilles, le matin avant la disparition de la rosée, des *cendres de bois* ou de la *poussière de chaux*.

Les chenilles de la piéride perforent les feuilles extérieures et celles des pommes. Quand elles sont nombreuses, on doit les ramasser le soir en s'aidant d'une lumière. Les volailles sont friandes des chenilles de ce papillon, qui a les ailes blanches avec deux taches et l'angle extérieur et supérieur noir.

**Récolte.** — Les *choux cabus hâtifs* forment leurs pommes en avril, mai et juin. Les *choux cabus de moyenne saison* peuvent être consommés en juillet, août et septembre. Les *choux cabus tardifs* poussent en septembre, octobre et novembre, et peuvent être conservés jusqu'en décembre et quelquefois janvier.

Les *choux de Milan hâtifs* produisent leurs pommes en mai et juin ; les *choux de Milan de seconde saison*, en juillet, août et septembre ; les *choux de Milan tardifs*, depuis le mois de novembre ou décembre jusqu'en février ou mars.

Les *choux non pommés* fournissent des feuilles pendant l'hiver et le commencement du printemps.

Le *chou-fleur tendre* peut être consommé en juillet et août ; le *chou-fleur demi-dur* en septembre ou octobre, et le *chou-fleur dur* en novembre, décembre et janvier.

Les choux-fleurs durs, cultivés à Roscoff, sont expédiés à Paris, au Havre et en Angleterre vers la fin de l'automne et durant l'hiver.

**Conservation des choux cabus.** — Les choux cabus, qui pomment en automne, peuvent être conservés jusqu'au milieu de l'hiver. A cet effet, on arrache, à la fin d'octobre ou pendant la première quinzaine de novembre, tous les choux qui ont des pommes encore entières, et on les replante, les uns à côté des autres, dans des fosses peu profondes, en ayant soin d'incliner les têtes au nord. A l'approche des grands froids, on les couvre de longue paille pour les garantir des gelées, et pour que la neige ne s'introduise pas entre les feuilles extérieures. Quand il survient des beaux jours, on les découvre pour les aérer. La paille doit être replacée, dès que le temps menace de pluie ou qu'il présage de gelée ou de neige.

Quelquefois, pendant cette conservation, les feuilles extérieures s'altèrent et pourrissent ; mais les pommes sont ordinairement saines, et leurs feuilles n'ont aucune saveur désagréable.

Les choux pommés et les choux-fleurs sont livrés à la vente après avoir été débarrassés de leurs feuilles extérieures.

# CHAPITRE VI

## CRAMBÉ

(CRAMBE MARITIMA, L.)

(De κράμεν, nom donné par les Grecs à diverses espéces de choux.)

*Plante dicotylédone de la famille des Crucifères.*

Le crambé, ou *chou marin*, ou *crambé maritime*, est indigène sur les côtes maritimes de l'Europe septentrionale. Il a été cultivé pour la première fois à Versailles comme plante alimentaire, par La Quintinie, l'illustre jardinier de Louis XIV.

Il est vivace ; ses feuilles sont grandes, ovales, sinuées, frangées, épaisses et d'un vert glauque. On mange ses pousses lorsqu'elles sont encore jeunes.

Le chou marin se propage par graines et par boutures.

Les *semis* se font en mars ou avril. Par exception surtout dans les sols secs, on confie les semences à la terre pendant le mois d'octobre. Dans les deux cas, lèvent au printemps. Ces semis se font en lignes espacées de $0^m,35$. Pendant l'été, on donne les vinages nécessaires. Au mois de novembre, on enlève les feuilles et on couvre le sol de terreau ; au mois de mars, on relève le plant et on le met en place ; les lignes sont espacées de $0^m,65$ et les plants de $0^m,50$ à $0^m,65$. On sarcle et on bine pendant la végétation.

Les *boutures* sont des tronçons de racine longues de $0^m,10$. En avril, on les plante verticalement le gros bout en haut et affleurant le sol.

Chaque année, avant l'hiver, on butte tous les pieds.

On procède à la récolte des pousses les plus vigoureuses pendant le printemps. A cet effet, on enlève toute la terre qui couvre les pieds, on coupe les pousses qui sont au nombre de 6 ou 8 par touffe et on butte de nouveau les plantes pour opérer plus tard une seconde et une troisième récolte. On peut aussi, à la fin de l'hiver, déchausser très-légèrement les pieds et les couvrir avec un grand vase à fleurs n'ayant pas d'ouverture. Les pousses étant privées de l'action de la lumière s'étiolent et blanchissent.

Nonobstant, on doit couper les pousses avec soin et à l'aide d'un instrument tranchant, pour prévenir toute *carie* sur la souche ou les racines.

Le crambé dure de trois à quatre ans quand on a soin, chaque année, de le terreauter ou de l'arroser avec des engrais liquides.

Les pousses (fig. 115) sont tendres et d'un blanc rosé. On les mange, comme celles de l'asperge, à la sauce blanche ou à l'huile et au vinaigre. On doit les faire blanchir avant de les faire cuire.

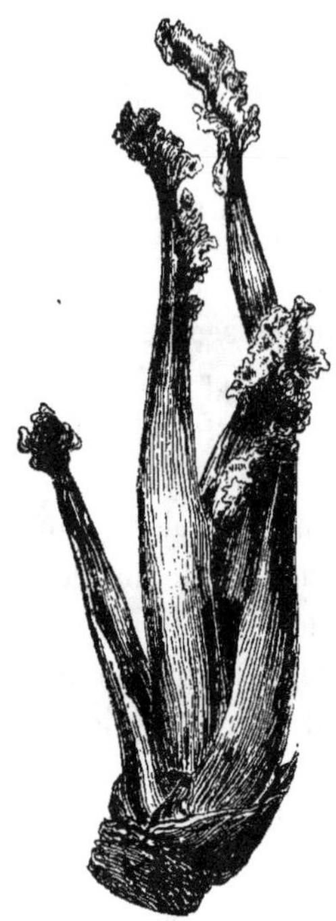

Fig .115. — Pousse de crambé.

Le crambé est cultivé en Angleterre. Les Anglais l'appellent *sea-kale*. On le vend sur les marchés de Londres.

# CHAPITRE VII

## OSEILLE

(RUMEX ACETOSA, L.)

*Plante dicotylédone de la famille des Polygonées.*

*Anglais.* — Sorrel.      *Italien.* — Acetosa.
*Allemand.* — Sauerampfer.      *Espagnol.* — Acedara.

L'oseille, que l'on nomme aussi *surelle*, est vivace : ses feuilles radicales sont ovales, oblongues, en flèche et longuement pétiolées ; les feuilles supérieures sont plus étroites et sessiles ; les fleurs sont petites, rougeâtres et disposées en panicules ; les graines sont petites, triangulaires, brunes et luisantes.

L'*oseille commune* a des feuilles de moyenne largeur et très-acides, surtout pendant les grandes chaleurs de l'été.

La variété la plus remarquable est l'*oseille de Belleville*, que l'on nomme aussi *oseille blonde, oseille large de Belleville, oseille blonde de Sarcelles.* Ses feuilles sont beaucoup plus larges et moins acides que celles de l'*oseille commune.*

Ces deux variétés se propagent ordinairement par graines.

Les semis se font en mars et avril en rayons espacés de $0^m,25$ à $0^m,30$ sur de bonnes terres bien ameublies. On recouvre légèrement les graines.

Quand l'oseille a plusieurs feuilles, on repique des plants sur les places vides. Puis on opère les binages nécessaires.

La première récolte n'est faite que vers la fin d'août, c'est-à-dire quand les feuilles ont atteint leur entier développement. La cueillette terminée, on répand du fumier à demi consommé sur toute la surface du terrain occupé par l'oseille. On fait une deuxième et souvent une troisième récolte avant les gelées.

Pendant l'hiver, lorsque le temps est beau, on bine les intervalles des lignes avec la serfouette. Les fortes gelées interrompent seules la végétation de cette plante vigoureuse.

L'oseille, pendant toute la belle saison, manifeste une disposition à *monter*, c'est-à dire à former les tiges florales, qui doit être combattue par de fréquents arrosages et par le retranchement de ces mêmes tiges à mesure qu'elles se montrent.

On cultive dans les jardins une espèce à laquelle on a donné le nom d'*oseille vierge* (Rumex montana). Ses feuilles sont aussi très-larges et moins acides que les feuilles de l'oseille ordinaire.

Cette espèce ne produit pas de graines ; on la multiplie par éclats de pieds.

L'*oseille épinard* (Rumex patientia) est précoce, ses feuilles sont peu acides, mais de moyenne dimension. On ne la cultive que dans les jardins.

# CHAPITRE VIII

## RHUBARBE

(RHEUM.)

(De ῥᾶ, nom grec du Volga, près duquel on récoltait autrefois le Rapontic.)

*Plante dicotylédone de la famille des Polygonées.*

*Anglais.* — Rhubarb.  
*Allemand.* — Rhubarber.  
*Italien.* — Rubarbaro.  
*Espagnol.* — Ruibarbo.

La rhubarbe, bien connue pour ses propriétés purgatives, est cultivée depuis environ quarante ans en Angleterre et en Allemagne, pour les pétioles de ses feuilles qui servent à faire des entremets, des tartes, des confitures et des conserves.

Cette plante est vivace; elle est remarquable par ses feuilles radicales, qui sont larges, entières, cordiformes, vert très-foncé, et qui sont portées par des pétioles charnus, canaliculés, vert blond ou rougeâtres.

Les rhubarbes les plus estimées, comme plante alimentaire, sont au nombre de six, savoir :

Rh. Queen Victoria.  
Rh. Royal Albert.  
Rh. Linné.  
Rh. Mitchell.  
Rh. Elford.  
Rh. Buck.

Les quatre premières variétés sont des hybrides du *Rheum compactum*, espèce à feuilles grandes, cordiformes, faiblement ondulées sur leurs bords et d'un vert foncé, à pétioles régulièrement concaves et unis sur les côtés. Les deux dernières appartiennent au *Rheum ondulatum*, espèce à feuilles petites et très-ondulées sur leurs bords.

En général, les rhubarbes les plus alimentaires se distinguent par la coloration rougeâtre de leurs pétioles et la saveur aromatique qu'elles ont après leur cuisson.

Les rhubarbes *palmatum* et *rhaponticum* sont peu estimées; leurs pétioles ont une saveur acide ou très-fade.

La *rhubarbe groseille* (RHEUM RIBES) n'est cultivée que dans l'Afghanistan (Perse) ; elle est d'une conservation difficile en pleine terre dans le nord de l'Europe. La *rhubarbe australe* ou *rhubarbe du Népaul* (RHEUM AUSTRALE) a des feuilles très-amples et très-régulières, mais elle entre tardivement en végétation dans les contrées septentrionales.

Ces plantes demandent des terres saines, un peu légères, profondes et très-fertiles.

Les rhubarbes se multiplient de graines qu'il faut semer peu de jours après qu'elles ont été récoltées, ou par éclats de pied qu'on détache des plantes vigoureuses quand elles ne sont pas en végétation. Ce dernier mode de multiplication est le plus usité.

On plante les éclats de pied à 1$^m$,50 de distance les uns des autres. On leur donne chaque année les labours et les binages nécessaires.

On récolte les feuilles successivement depuis le mois d'avril jusqu'en juillet, en les coupant au-dessus de leur point d'insertion. Ces feuilles sont encore jeunes et leur limbe, par conséquent, n'est pas complétement développé.

Les pétioles charnus, débarrassés de leurs feuilles, sont mis en bottes comme des asperges et livrés à la vente.

Avant de les utiliser, on les dépouille de leur épiderme. Bien préparés, ils ont une saveur agréable et quelquefois un peu vineuse, et ils constituent un aliment très-sain. Les tartes et les confitures de rhubarbe sont très-estimées en Angleterre et en Allemagne.

# LIVRE IV

## LES PLANTES CULTIVÉES POUR LEURS FRUITS

---

## CHAPITRE PREMIER

### MELON

(CUCUMIS MELO, L.)

(Du celtique *cucc*, qui signifie une chose creuse.)

*Plante dicotylédone de la famille des Cucurbitacées.*

*Anglais.* — Melon.  *Italien.* — Popone.
*Allemand.* — Melone.  *Espagnol.* — Melon.

Le melon est originaire de l'Asie. Il faisait les délices de Tibère, empereur romain.

Il est annuel. Ses tiges sont sarmenteuses et traînantes, longues de 1$^m$,20 à 1$^m$,65, rudes et garnies de vrilles ; les feuilles sont pétiolées, cordiformes-lobées, à lobes arrondis, sinués et denticulés; les fleurs (fig. 116) sont monoïques axillaires, jaunes; les fleurs mâles sont à cinq pétales étalés et soudés avec le calice ; les fleurs femelles renferment un style trifide et des stigmates bifides ; les fruits sont à

écorce épaisse, lisse ou verruqueuse et à côtes presque
nulles ou plus ou moins saillantes.

Les *melons* ont une écorce toujours ornée de broderies

Fig. 116. — Fleurs du melon. — 1, fleur mâle ; 2, fleur femelle.

plus ou moins apparentes ; ils varient à l'infini quant à
leur forme.

Les *cantaloups*, variétés d'une culture plus difficile et à
chair plus sucrée, ont des côtes bien accusées et une peau
verruqueuse ; leur forme varie aussi ainsi que la coloration
de leur écorce. Ils sont connus en Europe depuis 1470 ;
ils sont originaires de l'Arménie.

Toutes les variétés de melon et de cantaloup dégénèrent ou se modifient aisément.

## SECTION I

### Variétés cultivées.

Melon de Cavaillon. — Melon maraîcher. — Melon de Honfleur. — Melon sucrin de Tours. — Melon sucrin à chair verte. — Melon d'hiver à chair blanche.

Les variétés de melon qu'on cultive ordinairement en pleine terre sont au nombre de six, savoir :

#### 1. — Melon de Cavaillon

Fruit luisant presque sphérique, brodé, à côtes régulières, jaune orange ; chair rouge vif, un peu grossière, mais sucrée.

Cette variété est cultivée chaque année, très en grand dans la Provence ; elle est rustique et un peu tardive.

#### 2. — Melon maraîcher

*Synonymie :* Melon commun.

Fruit obrond, côtes peu prononcées, à broderies grossières sur une peau jaune verdâtre ; chair rouge, peu sucrée (fig. 117).

Cette variété est un peu tardive, d'une culture facile. Ses fruits pèsent de 3 à 4 kilogrammes.

#### 3. — Melon de Honfleur.

Fruit développé, allongé, brodé, à côtes larges, peu marquées, vert pâle ; chair rouge un peu grossière et un peu fade.

Ce melon est cultivé avec succès en pleine terre sur les côtes de Normandie ; elle est rustique mais un peu tardive. Ses fruits pèsent, en moyenne, de 10 à 15 kilogrammes.

#### 4. — Melon sucrin de Tours

*Synonymie :* Melon de Tours.    Melon d'Angers.
        Melon de Langeais.    Melon d'Anjou.

Fruit oblong, vert foncé avec broderies ; chair rouge vif, sucrée.

Cette variété est demi-tardive, mais elle est estimée.

### 5. — Melon sucrin à chair blanche

Fruit oblong, moyen, à côtes régulières et brodées, vert tendre, mais passant au jaune à la maturité ; chair blanc verdâtre, fondante et sucrée.

Cette excellente variété est demi-hâtive. Elle réussit très-bien dans les contrées méridionales, où elle est très-

Fig. 117. — Melon maraîcher.

cultivée. En Égypte, où elle est très-appréciée, elle est connue sous le nom de *menhennaouvi*.

### 6. — Melon d'hiver à chair blanche

*Synonymie :* Melon de Candie.                    Melon de Morée

Fruit obrond ; écorce vert lisse ; chair blanc verdâtre, juteuse.

Cette variété est rustique et fertile ; elle se conserve jusqu'à la fin de l'hiver. La variété dite *melon d'hiver à chair rouge* est de moins longue garde.

On la cultive surtout dans les parties méridionales de l'Europe.

## SECTION II

### Culture.

Semis sous cloches ou sur couches. — Semis en place. — Première taille. — Mise en place des plantes. — Soins d'entretien. — Blanc ou maladie. — Récolte : époque et cueillette.

La culture des melons de pleine terre est assez facile.

On sème les graines en mars ou avril, suivant la localité, soit sous châssis, soit dans des fosses remplies de fu-

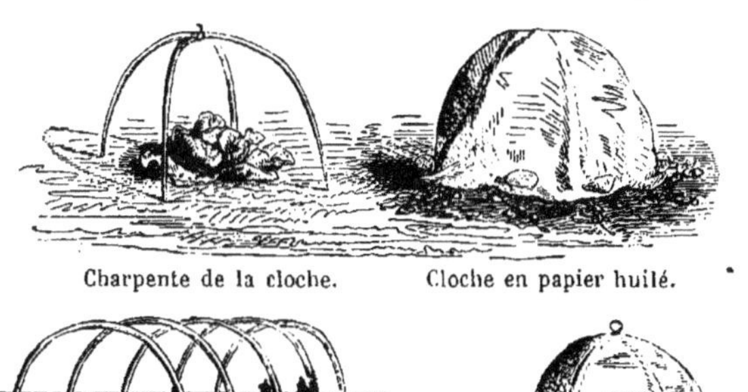


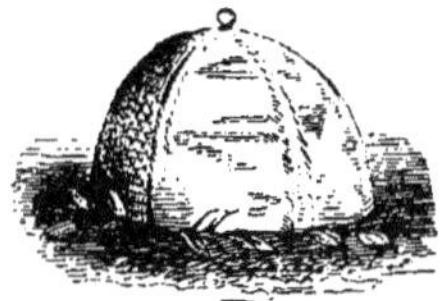

Fig. 118. — Cloches économiques.

mier et de terreau et espacées de 2 mètres environ, soit sur une couche sourde, soit, enfin, dans des pots qu'on enterre sur des côtières abritées des vents du Nord par une haie ou une palissade.

On protége ces derniers semis, surtout la nuit, contre le froid ou les grandes pluies, avec des cloches économiques (fig. 118), des châssis mobiles ou des paillassons. On donne de l'air quand le temps est beau.

Quand les semis doivent être faits sur des couches sour-des, on n'opère les semis que douze à quinze jours après qu'elles ont été confectionnées, afin qu'elles *jettent leur feu*.

Lorsque les plants ont quatre à cinq feuilles, on opère la *première taille*.

Quand les semis n'ont pas eu lieu en place, et, lorsque les plants ont deux premières feuilles bien développées, on dépote et on plante à demeure, dans des fosses ayant environ 0ᵐ,50, au carré, ou sur buttes, de 0ᵐ,25 à 0ᵐ,50 de hauteur, ou sur ados exposés au midi. On lève les plants avec une spatule ou une truelle. On les abrite, si cela est nécessaire, aussitôt après cette mise en place. Lorsque les semis ont été faits sur place, on ne laisse, dans chaque fosse, que les deux plants les plus vigoureux. Cette mise en place se fait à la fin d'avril ou au commencement de mai.

Plus tard, quand les fruits sont bien noués, on taille une deuxième fois pour supprimer toutes les branches gourmandes, c'est-à-dire celles qui dépensent inutilement la séve.

Quelquefois, on fait une taille intermédiaire entre les deux précédentes ; alors, celle exécutée, quand les fruits sont formés, devient la troisième.

En général, les fruits provenant des plants qu'on a pincés sont plus gros, mais moins bons que ceux produits par les plantes qui ont végété normalement.

On arrose quand cela est utile. On doit éviter de donner beaucoup d'eau inutilement. Des arrosements trop copieux et trop fréquents nuisent à la vigueur des plantes et à la qualité des fruits. Les melons cultivés à Cavaillon occupent la base de petits ados qui sont séparés par des rigoles d'ar-rosement (fig. 119 et 120). Les sommets de ces billons sont occupés par l'artichaut, l'aubergine, le piment, etc.

On ne doit laisser sur chaque plante que cinq à six fruits au maximum.

Les melons, comme les autres cucurbitacées, sont exposés à prendre le *blanc*, maladie, ou, pour mieux dire,

Fig. 119. — Ados de la culture de Cavaillon.

champignon qui se développe sur les feuilles sous forme de poussière blanche. On prévient ou on arrête le développement de cet *érésiphé*, en enlevant les feuilles attaquées et en protégeant les plantes contre les nuits froides.

Fig. 120. — Ados de la culture de Cavaillon.

Les melons qu'on a aïnsi cultivés mûrissent leurs premiers fruits, du 10 au 15 juillet, dans la Provence, le bas Languedoc et le Roussillon.

La récolte des melons commence à Cavaillon, vers la fin de juillet. On n'attend pas la complète maturité des fruits. Cette cueillette est faite dans la soirée qui précède la vente ou l'expédition. On les vend, en gros, de 5 à 6 francs la douzaine; ils pèsent, en moyenne, de 5 à 4 kilogrammes.

Les melons expédiés, en 1864, par la gare d'Avignon, avaient une valeur commerciale de 1,800,000 francs.

Les *melons d'hiver* doivent être conservés dans des locaux ni trop secs, ni trop humides.

# CHAPITRE II

## PASTÈQUE ou MELON D'EAU

(CUCURBITA CITRULLUS, L.)

*Plante dicotylédone de la famille des Cucurbitacées.*

*Anglais.* — Water-melon.  
*Allemand.* — Wassermelone.  
*Égyptien.* — Battich.  
*Italien.* — Angurie.  
*Espagnol.* — Sandia.

La pastèque, ou *melon d'eau*, ou *melon d'Amérique*, est très-cultivée dans la Provence ; en Grèce, dans la Thessalie et l'Épire ; en Afrique, dans le Zambèze, le Soudan et en Égypte. On la cultive aussi dans l'Asie Mineure, la Syrie, aux Antilles, au Chili, au Pérou, au Sénégal, etc.

A la Plata, on l'appelle *sandillas ;* au Sénégal, *detch ;* aux îles Rienzi, *semankas ;* dans l'Afrique australe, *lekatoni.*

La pastèque a des feuilles plus épaisses et plus roides que celles du melon ; son fruit a une forme elliptique ou sphérique, une écorce lisse, verte tachée de blanc et une chair rouge ou blanche, fondante, mais ayant un goût un peu fade.

Ses graines sont noires, rouges ou blanches bordées de noir, suivant les variétés. On cultive dans l'Afrique australe des pastèques à graines jaunes et à graines vertes.

La variété la plus cultivée en Europe, en Afrique et en Asie, est la *pastèque à chair rouge et à graine noire.*

La pastèque se sème à la fin de l'hiver, en Europe comme au Sénégal.

Dans le midi de la France, en Italie et en Afrique, ces semis se font sur une couche ordinaire, située à bonne exposition, ou sous cloches ou sous châssis froid. En Égypte, on les exécute sur les bords du Nil pendant les basses eaux ou sur les terres arrosées. Dans les pays équatoriaux, on recherche, de préférence, les terrains sablonneux et frais.

Les plants provenant de semis faits en pépinière sont transplantés dans de petites fosses remplies de terreau, et qui sont espacées de 1$^m$,50 à 2 mètres. On pince ou on *étête* les plants quand ils ont deux à trois feuilles. En Égypte, les fosses dans lesquelles se font les semis à demeure sont espacées de 1 mètre; on les fertilise avec de la fiente de pigeons. Quelquefois, on protége ces fosses contre l'ardeur du soleil par des palissades faites avec du jonc sec.

Quand les plantes présentent plusieurs fleurs mâles et femelles, on supprime les tiges qui paraissent inutiles, puis on les laisse végéter en liberté. Plus tard, on ne conserve sur chaque plante que trois à quatre fruits.

Les pastèques, arrivées à maturité, sont mangées comme les melons. Leur chair est très-rafraîchissante; elle sert aussi à faire des confitures.

Au Sénégal, les noirs mangent les fruits quand ils sont encore peu développés, après les avoir fait cuire dans du couscous. Lorsque ces fruits sont mûrs, ils les pétrissent avec des *niébés* (voir page 375), pour en faire le mets appelé *diaga*.

Ces fruits prennent un grand développement en Afrique. Le docteur Vogel en a vu qui pesaient jusqu'à 75 kilogrammes. En général, les pastèques à graines noires sont plus petites que les fruits à graines blanches. .

Les graines de pastèques sont les semences oléagineuses que les Sénégaliens appellent *beraf* ou *beref*.

# CHAPITRE III

## CONCOMBRE

### (CUCUMIS SATIVUS, L.)

*Plante dicotylédone de la famille des Cucurbitacées.*

*Anglais.* — Cucumber.  
*Allemand.* — Gurke.

*Italien.* — Cocomero.  
*Espagnol.* — Cohombro.

Le concombre est très-cultivé dans le midi de l'Europe comme plante alimentaire. Sa culture est aussi très-répandue en Égypte, en Amérique et en Asie.

Ses tiges sont anguleuses, sarmenteuses, velues, rampantes ; ses feuilles sont cordiformes, palmées et rudes au toucher ; ses fleurs sont aussi axillaires, monoïques, avec une corolle jaune découpée en cinq divisions ; ses fruits sont pulpeux, de forme et de couleur variables.

## SECTION I

### Variétés cultivées.

Concombre blanc. — Concombre jaune. — Concombre vert. — Concombre de Russie. — Concombre à cornichons.

Les variétés les plus méritantes comme plantes pouvant être cultivées sans abris artificiels sont au nombre de cinq :

### 1. — Concombre blanc

Fruit blanc verdâtre, lisse, légèrement anguleux.

Cette variété est plus tardive que le *concombre hâtif de Hollande* et le *concombre blanc hâtif,* variétés très-cultivées dans les jardins, mais elle est un peu plus hâtive que le *concombre blanc de Bonneuil.*

### 2. — Concombre jaune

Fruit allongé, anguleux et jaune foncé.

Cette variété est aussi un peu tardive.

### 3. — Concombre vert

Fruit vert quand il est formé, mais prenant une nuance jaune brun en mûrissant.

Cette variété est aussi tardive; elle est recherchée en Angleterre.

### 4. — Concombre de Russie

*Synonymie :* Concombre d'Italie.          Concombre mignon.
Concombre à bouquet.

Fruit vert rayé de jaune avant la maturité et jaune blanc quand il est mûr, petit, presque rond et réuni par bouquet.

Cette variété est la plus hâtive de toutes; sa tige ne court pas.

### 5. — Concombre à cornichon

Fruit vert pâle quand il commence à se former, lorsqu'il est garni d'aspérités ou rugueux, quand il a atteint moitié de sa grosseur, ou jaune foncé et presque lisse quand il est mûr.

Cette variété est celle qui fournit les concombres qu'on fait confire quand ils ont la grosseur du petit doigt.


## SECTION II

## Culture

Terrains. — Semis sous châssis et en pleine terre. — Le concombre à cornichon se sème en place. — Taille. — Cueillette des fruits. — Usage des concombres.

Les concombres doivent être cultivés dans des terrains légers, substantiels et frais.

Dans le midi de l'Europe, où ces plantes sont toujours cultivées à l'arrosage, on les sème sous châssis en février, en pleine terre, en mars, avril ou mai. On a le soin, dans ce dernier cas, de choisir des terrains abrités des vents du Nord.

Quelquefois, on sème les graines dans de petits pots qu'on enterre dans les endroits les plus chauds et les mieux abrités. Quand les plantes ont quelques feuilles, en avril ou mai, on les dépote et on les met en pleine terre.

Les plants provenant de semis exécutés sur des côtières sont mis en place quand la température est douce.

Le concombre à cornichon se sème toujours en place, en avril et mai.

On taille ou on pince les plants au-dessus du deuxième œil, et les branches secondaires vers le cinquième et le sixième nœud.

En Égypte, on fait annuellement deux semis : le premier en mars et le deuxième en juillet.

Comme toutes les autres cucurbitacées, les concombres demandent beaucoup d'engrais et des arrosages fréquents.

On récolte les fruits des concombres avant qu'ils soient mûrs. La cueillette commence au mois d'août.

Les cornichons se récoltent en juillet, août et septembre. Lorsqu'ils sont bien formés, mais avant qu'ils soient très-développés, ils ont alors une couleur vert un peu clair.

Les fruits des concombres ordinaires sont mangés crus, salés ou coupés par tranches, et assaisonnés avec de l'huile et du vinaigre.

La pommade de concombre est préparée principalement avec le concombre blanc de Bonneuil ; elle se compose du suc exprimé et de graisse de veau.

# CHAPITRE IV

## COURGE ET POTIRON

(CUCUMIS)

*Plante dicotylédone de la famille des Cucurbitacées.*

*Anglais.* — Squash.  
*Allemand.* — Kürbiss.

*Italien.* — Zucca.  
*Espagnol.* — Calabaza.

Les courges et les potirons sont cultivés, dans diverses contrées, pour l'alimentation de villes. Ces deux cucurbitacées paraissent être sorties du même type. Leurs tiges, leurs feuilles et leurs fleurs ont une certaine analogie avec les mêmes organes appartenant aux genres melon et concombre.

Les fruits des courges sont le plus ordinairement cylindriques; ceux des potirons sont généralement sphériques.

## SECTION I

### Espèces et variétés cultivées

Courge d'Italie, — de Virginie, — de la moelle, — pleine de Naples, — de Valparaison, — de l'Ohio, — marron, — musquée de Marseille. — Potiron jaune gros, — blanc, — vert. — Giraumon.

A. — Les courges les plus cultivées sont au nombre de huit, savoir :

#### 1. — Courge d'Italie

*Synonymie :* Concourzelle.

Fruit cylindrique, très-allongé, à côtes très-peu apparentes ; écorce panachée de jaune et de vert; chair jaune.

Cette variété a des tiges non coureuses; on doit manger ses fruits quand ils sont encore peu développés.

### 2. — Courge de Virginie

*Synonymie :* Courge blanche non coureuse.

Fruit allongé, sans côtes saillantes ; écorce blanc jaunâtre ; chair blanc jaunâtre.

Les fruits de cette variété doivent être mangés quand ils sont peu développés.

### 3. — Courge à la moelle

*Synonymie :* Courge blanche des Indes.

Fruit presque cylindrique, à 5 côtes ; écorce jaune, chair blanc jaunâtre.

Cette courge produit beaucoup ; on doit récolter les fruits avant leur maturité.

### 4. — Courge pleine de Naples

Fruit allongé, renflé en calebasse vers les extrémités ; écorce vert foncé ; chair rouge pâle.

Cette variété est très-estimée.

### 5. — Courge de Valparaiso

Fruit obovoïde ; écorce blanc de crème unie ou brodée ; chair jaune orangé très-sucrée.

Les fruits de cette courge sont d'excellente qualité.

### 6. — Courge de l'Ohio.

Fruit moyen, ovoïde plus ou moins prolongé en pointe ; écorce jaune saumoné ; chair jaune orangé très-féculente.

Cette courge est très-cultivée en Amérique.

### 7. — Courge marron

*Synonymie :* Courge châtaigne.                    Potiron de Corfou.

Fruit moyen, déprimé ; écorce rouge sanguin nuancé de jaune ; chair jaune orangé.

Cette variété mérite d'être propagée.

### 8. — Courge musquée de Marseille

*Synonymie :* Courge des Antilles.                 Courge melonnée.
Courge à la violette.                    Citrouille musquée.

Fruit presque sphérique, à côtes presque nulles ; écorce vert clair jaspée de vert pâle et de jaune rougeâtre ; chair très-rouge et musquée.

Cette variété est répandue dans la Provence ; elle ne peut être cultivée avec succès que dans les contrées méridionales. On la cultive aussi en Italie, en Afrique et dans l'Amérique méridionale.

B. — Les potirons les plus répandus sont au nombre de quatre, savoir :

### 1. — Potiron jaune gras

Fruit très-gros, sphéroïde, mais souvent déprimé ; écorce unie ou brodée, jaune rougeâtre ou saumoné ; chair jaune orange ou jaune vif.

Les fruits de cette variété acquièrent souvent un très-grand poids. Ceux qui sont très-volumineux sont ordinairement les plus creux.

### 2. — Potiron blanc

*Synonymie :* Potiron de Naples.

Fruit arrondi, à écorce lisse, blanc de crème ; chair jaune pâle, sucrée, riche en fécule.

Cette variété est souvent regardée comme supérieure en qualité au potiron jaune gros. Elle est peu connue dans le nord de l'Europe.

### 3. — Potiron vert

*Synonymie :* Potiron gris.

Fruit arrondi, de forme variable, de grosseur moyenne, à écorce vert foncé marbrée de vert pâle ou de gris.

Cette variété est estimée, mais elle est moins appréciée que le *potiron vert d'Espagne*, dont la chair est très-sucrée et peu aqueuse.

### 4 — Giraumon

*Synonymie :* Bonnet turc.　　　　Potiron couronné.

Fruit arrondi, déprimé, rouge brique, surmonté d'une excroissance arrondie en cône très-élargi et panachée de vert, de jaune et de blanc ; chair jaune orange.

Le fruit du giraumon est d'excellente qualité et de bonne garde.

## SECTION II

### Culture.

Terrain. — Semis en pleine terre. — Taille. — Espacement des pieds. — Transplantation. — Récolte des fruits. — Emploi des courges et potirons

Les courges et les potirons exigent des sols très-fertiles et frais.

On les sème en pleine terre en mars ou avril dans les pays méridionaux, et en avril ou mai dans la région septentrionale, c'est-à-dire lorsqu'on ne craint plus de gelées, dans des fosses espacées de 2 mètres en moyenne.

On met 2 à 3 graines par fosse ; chaque poquet doit être rempli de fumier et de terreau. Plus tard, on ne laisse en place que le pied le plus fort.

Les *variétés à tiges non coureuses* peuvent être cultivées dans des sillons espacés de 1$^m$,50 les uns des autres.

On arrose quand les plantes sont arrêtées dans leur développement par la sécheresse. On bine lorsque cela est nécessaire.

On pince ou on taille la première tige au-dessus du deuxième ou du troisième œil, selon la force végétative des plantes. On répète cette opération sur les ramifications secondaires quand les fruits sont bien formés ou noués. Ces deux tailles empêchent les tiges et les feuilles de se développer au détriment des fruits.

On ne doit laisser que deux à trois fruits par pied.

Quand on est forcé de transplanter de jeunes plants, il est utile, si le soleil est ardent, de les couvrir avec des pots ou de larges feuilles pendant un jour ou deux.

Dans le midi de l'Europe, les arrosages se font toujours par infiltration; l'eau circule dans les rigoles qui séparent les planches (fig. 121).

On récolte les fruits des potirons et des courges sauf ceux des courges d'Italie, de Virginie et à la moelle qui

Fig. 121. — Planches séparées par des rigoles d'arrosement.

doivent être mangés à l'état de *courgerons*, avant les premiers froids d'automne. On les conserve dans des locaux sains en ayant la précaution de les couvrir de paille pendant les gelées.

Le *potiron vert d'Espagne* et le *potiron vert ordinaire* se conservent très-bien jusqu'à la fin de l'hiver.

Les potirons jaunes cultivés avec beaucoup de fumier, et qu'on arrose souvent, produisent des fruits qui pèsent souvent de 60 à 100 kilogrammes.

Les maraîchers des environs de Paris accordent la préférence au potiron jaune dont l'écorce est très-brodée et la chair jaune rougeâtre; ils regardent comme inférieurs en qualité les potirons qui brodent peu et qui ont la chair rouge pâle.

Les courges et les potirons servent à faire d'excellents potages : leur chair bien cuite a une odeur et une saveur agréables. Leurs graines donnent une huile comestible par expression.

# CHAPITRE V

## TOMATE

(SOLANUM LYCOPERSICUM, L. ; LYCOPERSICUM ESCULENTUM, Mil.)

De λύκος, loup ; πέρθω, détruire ; plante vénéneuse pour les loups.)

*Plante dicotylédone de la famille des Solanées.*

*Anglais.* — Love apple.　　　　*Italien.* — Pomo d'oro.
*Allemand.* — Liebesapfel.　　　*Espagnol.* — Tomate.

La tomate est originaire de l'Amérique tropicale. Elle est cultivée très en grand dans toutes les contrées méridionales de l'Europe, en Afrique, en Asie et dans l'Océanie. Elle est connue en Europe depuis 1596.

On l'appelle vulgairement *pomme d'amour*, *pomme du Pérou*. Au Mexique, on la nomme *tomati*.

La tomate se distingue par les caractères suivants :

Tige annuelle haute de $0^m,75$ à $1^m,75$ et revêtue de poils ; feuilles irrégulières, pennatiséquées, un peu glauques en dessous ; fleurs jaune verdâtre réunies au sommet des pédoncules ; baie irrégulière, lisse, à lobes arrondis, sillonnée, presque sphérique ou bosselée et un peu velue, et remplie d'une pulpe aigrelette.

Les fruits de la tomate servent à faire des sauces ou on les emploie comme assaisonnement. On les mange aussi après les avoir farcies et fait cuire avec de l'huile d'olive. Les tomates servent encore à faire des conserves qu'on prépare selon la méthode Appert, c'est-à-dire qu'on garde dans des flacons qui ont été bien bouchés et soumis ensuite à l'action d'un bain-marie.

## SECTION I

### Variétés cultivées.

Tomate à fruits rouges; — rouge grosse, — rouge hâtive, — rouge de Naples, — poire, — cerise. — Tomate à fruits jaunes; — jaune grosse, — cerise.

Les variétés cultivées comme plantes alimentaires sont au nombre de sept, savoir :

A. *Variétés à fruits rouges.*

#### 1. — Tomate rouge grosse

Fruits sillonnés, très-beaux et à peau lisse.

Cette belle variété est un peu tardive. On l'appelle aussi *tomate ordinaire.*

#### 2. — Tomate rouge hâtive

Fruits de moyenne grosseur et d'un beau rouge.

Cette variété est précoce et productive, mais ses fruits sont plus recherchés que les fruits de la variété précédente.

#### 3. — Tomate rouge de Naples

Fruits très-sillonnés, très-développés et très-beaux.

Cette variété a le défaut d'être tardive, mais elle n'est pas délicate sur la nature du sol.

#### 4. — Tomate poire

Fruits petits et piriformes.

Cette tomate est peu cultivée parce qu'elle est peu productive. Les botanistes la désignent sous les noms de *lycopersicum piriferum*, D. et *solanum pomiferum*, Cav.

#### 5. — Tomate cerise rouge

Fruits petits et ronds de la grosseur d'une cerise.

Cette variété est très-peu cultivée en dehors des jardins.

*B. Variétés à fruits jaunes.*

### 6. — Tomate jaune grosse

Fruits très-beaux, sillonnés et d'un beau jaune.

Cette variété est peu cultivée à cause de la couleur de sa pulpe.

### 7. — Tomate cerise jaune

Fruits ronds de la grosseur d'une belle cerise.

Cette tomate est hâtive, mais elle est peu cultivée.

## SECTION II

### Culture.

Culture ordinaire. — Semis. — Mise en place des plantes. — Pincement des tiges. — Tuteurs. — Binages et arrosages. — Récolte des fruits. — Effeuillage. — Culture forcée : — Semis, — soins d'entretien. — Récolte et emballage des fruits.

**Culture ordinaire.** — La culture ordinaire de la tomate est simple et facile.

Dans toutes les contrées, cette plante exige des terres excellentes et fraîches.

Aux mois de janvier ou de février dans les contrées méridionales, et aux mois de mars ou d'avril dans la région septentrionale, on sème la tomate sous cloche ou sous châssis situés à bonne exposition ou sur couche sourde abritée pendant la nuit par des paillassons. Les semis en pleine terre, dans les contrées méridionales, ne peuvent être faits qu'en avril.

On doit éclaircir les jeunes plants si le semis est épais.

Vers la mi-avril dans le Midi, et vers la fin de mai dans le Nord, on repique les plants en pleine terre en les espaçant de $0^m,65$ à 1 mètre suivant le développement qu'ils peuvent prendre. On doit, autant que possible, opérer cette transplantation sur un terrain exposé au midi et abrité du vent du Nord.

Lorsque les plantes ont $0^m,30$ de hauteur et qu'elles commencent à se ramifier, on pince chaque tige principale pour l'empêcher de s'élever rapidement. On répète cette opération une ou deux fois pendant la végétation. On a soin, chaque fois, de couper l'extrémité des tiges principales au-dessus des fleurs. Souvent, surtout lorsque la tomate est cultivée à l'arrosage dans les contrées méridionales, on pince aussi les extrémités des ramifications secondaires.

On soutient les tiges des tomates à l'aide d'échalas plus ou moins élevés, selon les contrées et la richesse et la fraîcheur des terres, ou au moyen de palissades faites avec des treillages ou des tiges de l'*arundo donax*.

Pendant les grandes chaleurs, et lorsque les fruits sont noués, on arrose au moins une fois par semaine. Dans les contrées méridionales où les arrosages doivent être copieux, on plante la tomate sur des ados et on fait arriver l'eau dans les sillons qui limitent à droite et à gauche ces billons : elle imbibe alors facilement la couche arable.

Il faut éviter avec soin les arrosages abondants pendant les premiers jours qui suivent la mise en place des plants.

Les tomates ainsi cultivées sont toujours moins grêles et plus chargées de ramifications et de fruits que les plantes que l'on a abandonnées à elles-mêmes après leur transplantation.

Dans le midi de l'Europe, où les tomates ont souvent $1^m,50$ à $1^m,75$ de hauteur, on espace les billons les uns des autres de 1 mètre à $1^m,30$, et on opère le premier pincement 20 jours environ après la mise en place des plants. Les autres étêtages se font au-dessus du quatrième ou du cinquième bouquet.

Dans les localités méridionales, on met en vente les premières tomates fin juin, et les dernières en octobre.

Les premiers fruits n'ont pas toujours une belle couleur rouge. Cette coloration n'est parfaite que depuis le 15 juillet jusqu'au 1er septembre.

Dans le centre et le nord de la France, on ne récolte les tomates que quand elles sont bien mûres et bien colorées. Dans ces contrées, lorsque les fruits sont parvenus à la moitié de leur grosseur, on effeuille plus ou moins et on retranche toutes les dernières pousses, dans le but de hâter la maturité des tomates. Cet effeuillage est indispensable en septembre, quand les nuits sont déjà froides.

**Culture forcée.** — La culture forcée de la tomate est pratiquée très en grand dans les environs de Toulon. Les tomates qu'on plante au mois de décembre dans les bâches qui ont 1$^m$,50 de largeur et 0$^m$,65 de hauteur sur le devant, proviennent de semis exécutés sous châssis au commencement d'octobre.

Les plantes sous les bâches sont espacées de 0$^m$,65 ; elles sont pincées, arrosées et palissées sur des roseaux soutenus horizontalement à l'aide de piquets de 0$^m$,40 à 0$^m$,50 au-dessus du sol.

On couvre les bâches pendant la nuit avec des paillassons et on donne de l'air au milieu du jour.

Les tomates ainsi cultivées, produisent des fruits depuis la fin de février jusqu'à la Saint-Jean.

Les tomates qu'on expédie au loin doivent être récoltées avant leur parfaite maturité. Pendant leur transport, elles achèvent de mûrir et prennent une belle couleur rouge.

On doit éviter, dans les expéditions, d'emballer les fruits que les pluies ont fait éclater.

# CHAPITRE VI



## AUBERGINE

(SOLANUM MELONGENA, L.)

*Plante dicotylédone de la famille des Solanées.*

*Anglais.* — Eggplant.  
*Allemand.* — Cierpflanze.  
*Égyptien.* — Badinjan.

*Italien.* — Marmigiani.  
*Espagnol.* — Berengena.

L'aubergine est originaire de l'Afrique. Elle est connue en Europe depuis 1597. On la nomme souvent *melongène*, *plante aux œufs* et *albergine*. A Saint-Domingue, on l'appelle *béringène*.

Cette plante est annuelle ; ses tiges sont droites, rouges et épineuses ; ses feuilles, d'abord rondes, deviennent grandes, ovales, anguleuses, sinueuses, tomenteuses, blanchâtres en dessous et d'un vert foncé en dessus ; les fleurs sont grandes, violettes et marquées de taches jaunes ou blanches ; ses baies sont glabres, lisses, luisantes, rondes ou oblongues (fig. 120).

Fig. 122.
Aubergine.

L'aubergine est surtout cultivée dans le midi de l'Europe, en Afrique, et dans les régions équatoriales.

Son fruit devient comestible par la cuisson ; on l'assaisonne de diverses manières. Il est très-recherché par les Provençaux, les Égyptiens et les Américains. Sa chair est blanche, spongieuse et accompagnée de graines tendres.

Bien cultivée, l'aubergine donne des fruits nombreux pendant tout l'été. Elle craint les sécheresses.

## SECTION I

### Variétés cultivées.

Variétés à fruits violets. — Variétés à fruits blancs.

L'aubergine a produit diverses variétés à fruits violets, blancs, jaunes et rouges.

Dans toutes les contrées, les aubergines violettes ou noirâtres sont plus estimées que les aubergines blanches.

Les aubergines les plus cultivées sont au nombre de quatre.

A. *Variétés à fruits violets.*

#### 1. — Aubergine violette longue

*Synonymie :* Aubergine de Narbonne.

Fruit très-allongé, très-beau, pourpre violacé.

Cette variété est la plus commune et la plus estimée.

#### 2. — Aubergine violette ronde

Fruit obrond, aminci près du pédoncule, d'un beau violet.

Cette variété est répandue dans le midi de l'Europe. Elle est plus hâtive que la précédente.

B. *Variétés à fruits blancs.*

#### 3. — Aubergine blanche longue

*Synonymie :* Aubergine blanche de la Chine.

Fruit d'un beau blanc de lait, allongé, étroit et pointu.

Cette variété est un peu tardive ; elle ne mûrit bien son fruit que dans les contrées méridionales.

#### 4. — Aubergine blanche ronde

Fruit ovale, petit, blanc et luisant.

Cette aubergine n'est pas très-estimée. Son fruit est dur.

## SECTION II

### Culture.

Semis : époque, exécution, mise en place des plantes. — Arrosements. —
Maturité des fruits. — Emplois des aubergines.

La culture de l'aubergine est moins facile que la culture
de la tomate.

On la sème sur couche ou sous cloche vers le 15 février,
et on repique les plants en mars. En Italie et en Espagne,
les semis se font le plus ordinairement sur une plate-bande
bien exposée ou sur une couche sourde protégée du nord
par un mur, une palissade ou une haie vive.

Dans le midi de la France, on ne peut semer l'aubergine en pleine terre que pendant les mois d'avril et de
mai ; encore faut-il souvent l'abriter pendant la nuit avec
des paillassons ou des cloches économiques (voy. p. 677).

Vers la fin d'avril ou au commencement de mai on transplante les jeunes plants qui ont alors une grosseur d'un
petit crayon et $0^m,15$ à $0^m,20$ de hauteur sur de petits ados
de $0^m,65$ à $0^m,75$. Les plantes doivent être éloignées les unes
des autres de $0^m,50$ à $0^m,60$.

On réussit beaucoup mieux quand on repique les jeunes
plants dans des pots lorsqu'ils n'ont que quelques feuilles.
Les aubergines ainsi espacées restent sous le châssis ou sur
la couche jusqu'au moment où l'on peut les dépoter et les
livrer à la pleine terre.

L'aubergine craint les temps froids quand elle est jeune.
Elle demande pendant l'été, pour bien se développer, beaucoup d'engrais et de chaleur, une vive lumière et des arrosements fréquents.

Les aubergines qui végètent avec vigueur sont remarquables par la beauté de leur feuillage ; leurs tiges ont de 0<sup>m</sup>,60 à 0<sup>m</sup>,75 de hauteur, selon la richesse et la fraîcheur de la couche arable.

Les fruits arrivent à maturité depuis la fin de juin ou la première quinzaine de juillet, jusqu'au commencement d'octobre. En Italie, dans le midi de l'Espagne et en France, dans le comté de Nice et à Hyères, on récolte les premiers fruits pendant la première quinzaine de mai ou au commencement de juin. Ils proviennent de plantes semées en décembre ou janvier et abrités contre les froids par des abris artificiels.

On doit récolter les fruits un peu avant leur parfaite maturité. Les aubergines qui souffrent de la sécheresse ont une grande tendance à produire des fruits qui rappellent par leur forme un œuf de poule. De tels fruits sont toujours moins estimés parce qu'ils durcissent beaucoup avant de mûrir.

Le plant d'aubergine est vendu dans le Midi 20 fr. le 1,000 ; les fruits ordinaires ont, pendant l'été, une valeur moyenne de 0 fr. 20 à 0 fr. 50 la douzaine.

En général, les aubergines sont mangées farcies, grillées ou rôties. Elles sont à la fois nutritives et rafraichissantes.

# CHAPITRE VII

## PIMENT

(CAPSICUM.)

(De *capsa*, boîte ; allusion à la forme du fruit.)

*Plante dicotylédone de la famille des Solanées.*

*Anglais.* — Pepper.
*Allemand.* — Beissbeerre.
*Égyptien.* — Felsel.

*Italien.* — Pepe.
*Espagnol.* — Pimiento.
*Chilien.* — Ajis.

Cette plante est originaire de l'Inde. Elle est connue en Europe depuis 1548. On la nomme aussi *poivre long, poivron, poivre de nègre, poivre de Guinée, poivre d'Espagne, poivre de Portugal.* Elle est annuelle et herbacée ou vivace et ligneuse, selon les espèces cultivées.

Le fruit du piment est une baie peu succulente ; il contient un principe âcre qui le fait rechercher comme condiment. Il excite l'appétit quand il est mêlé à d'autres aliments, mais seul il fait éprouver dans la gorge une chaleur piquante et parfois douloureuse. Il entre dans la composition des *achars*.

Le piment est très-cultivé dans le midi de l'Europe, en Afrique, dans les Indes et l'Amérique méridionale.

## SECTION I

### Espèces et variétés cultivées.

Piment annuel : Variétés à fruits rouges ; — Variétés à fruits jaunes. — Piment à tige frutescente.

On cultive deux espèces de piments : l'une qui est annuelle et herbacée, et l'autre qui est vivace et semi-ligneuse.

## I. Piment annuel

(CAPSICUM ANNUUM.)

Tige herbacée haute de 0ᵐ,50 à 0ᵐ,80 ; feuilles elliptiques, luisantes ; fleurs blanches ; fruits lisses, de formes et de couleurs variables.

### A. *Variétés à fruits rouges.*

#### 1. — Piment gros doux

Fruit très-gros, terminé par quatre proéminences, pendant, rouge corail.

Le fruit de cette variété a une saveur douce.

#### 2. — Piment doux d'Espagne

*Synonymie :* Piment monstrueux.          Piment sucré d'Espagne.

Fruit très-gros, terminé en cône obtus, pendant, rouge corail.

Le fruit de cette variété est aussi à saveur douce ; comme le précédent, sa maturité est un peu tardive.

#### 3. — Piment long

*Synonymie :* Piment commun.

Fruit conique allongé, terminé par une pointe repliée en partie sur elle-même, rouge corail.

Ce fruit a une saveur piquante. On le nomme souvent *poivre long.* Ce piment est très-cultivé dans les contrées méridionales pour la fabrication des conserves.

#### 4. — Piment tomate rouge

Fruits à côtes comme le fruit de la tomate rouge ordinaire, déprimé, rouge corail.

La saveur de ce piment est douce.

#### 5. — Piment violet

Fruit de forme conique, obtuse, violet noirâtre d'un côté et rougeâtre de l'autre.

Ce fruit a une saveur piquante.

#### 6. — Piment cerise

(CAPSICUM CERASIFORME, Willd.)

Fruit rond, de la grosseur d'une cerise, rouge vif.

Le fruit de cette espèce a une saveur très-forte et piquante. Ce piment a des feuilles petites et étroites.

*B. Variétés à fruits jaunes.*

### 7. — Piment jaune long

Fruit conique, allongé, jaune vi°.

La saveur de ce fruit est assez piquante.

### 8. — Piment tomate jaune

Fruit arrondi, torruleux, jaune foncé.

Ce fruit a une saveur douce. Sa maturité est tardive.

### II. Piment à tige frutescente

Tige ligneuse, haute de 1 mètre à 1$^m$,50, rameuse vers son sommet.

### 9. — Piment enragé

(CAPSICUM FRUTESCENS, L.)

*Synonymie:* Piment de Cayenne.          Piment Caraïbe.

Fruit petit, de forme conique, aiguë, rouge corail.

Cette espèce est très-cultivée dans l'Amérique méridionale. Son fruit a une saveur brûlante.

### 10. — Piment pyramidal

(CAPSICUM PYRAMIDALE, M.)

Fruit oblong, pyramidal, érigé et jaune, d'abord vert noirâtre, puis rouge vif.

Cette espèce est cultivée en Égypte ; elle est fructifère.


## SECTION II

## Culture.

Le piment appartient à la culture méridionale. — Semis sur couche ou en pleine terre. — Soin d'entretien. — Arrosage. — Emploi des fruits.

Les piments exigent beaucoup de chaleur et de lumière pour végéter et développer et mûrir leur fruit. Ils ne fructifient qu'à l'époque des grandes chaleurs.

On sème les variétés herbacées sur couche ou en pleine terre suivant les contrées, en janvier, février ou mars. On

repique les jeunes plants sous un châssis froid si on craint
des gelées, ou sur une côtière. Quand ils ont 4 à 6 feuilles, on les met en pleine terre en mars, avril ou mai dans
un sol de bonne qualité et bien abrité. On espace les plants
de 0^m,50 à 0^m,60 les uns des autres.

Les semis en pleine terre, dans le midi de l'Europe, ne
peuvent être faits qu'en mai ou juin.

On bine et on arrose souvent pendant le développement
des plantes.

Les espèces ligneuses se sèment dans les pays chauds, à
la fin de l'hiver sur des terrains abrités. Quand les plants
ont environ 0^m,15 de hauteur, on les repique en pépinière
pour les mettre en place à l'automne suivant.

Les fruits sont mangés dans le midi de l'Europe lorsqu'ils
sont encore petits et verts. On les désigne alors plus particulièrement sous le nom de *poivrons*. On les utilise aussi
quand ils ont acquis la nuance brillante rouge vif ou jaune
d'or qui les caractérise lorsqu'ils sont arrivés à maturité.

C'est en juillet que les Provençaux et les Espagnols consomment les premiers *poivrons*.

Les piments encore verts ou mûrs sont utilisés comme
condiment dans l'art culinaire. Employés à petite dose, ils
facilitent la digestion. On les fait aussi confire dans le vinaigre, où on les mêle aux cornichons. Dans les Indes orientales et en Amérique, lorsqu'ils sont secs, ils servent à
assaisonner les viandes et remplacent souvent le poivre.

La *poudre de piment* excite des éternuments violents et
même dangereux.

FIN

# TABLE DES MATIÈRES

<hr>

**PREMIÈRE PARTIE**

### LES PLANTES CÉRÉALES

(Suite)

### LIVRE V.

## LIVRE VI.



## LIVRE VII.



## LIVRE VIII.

## LIVRE IX.



## DEUXIÈME PARTIE

### LES PLANTES LÉGUMINEUSES A COSSES

## LIVRE PREMIER.



## LIVRE II.

## LIVRE III.



## LIVRE IV.



## LIVRE V.



## LIVRE VI.

## LIVRE VII.



### TROISIÈME PARTIE

#### LES PLANTES DES RÉGIONS INTERTROPICALES

### LIVRE PREMIER

##### LES PLANTES A RACINES ET A BULBES FÉCULIFÈRES

## QUATRIÈME PARTIE

### LES GROS LÉGUMES.

### LIVRE PREMIER.

#### LES PLANTES A RACINES CHARNUES.



### LIVRE II.

#### LES PLANTES CULTIVÉES POUR LEURS BULBES.



### LIVRE III.

#### LES PLANTES CULTIVÉES POUR LEURS PARTIES HERBACÉES.

## LIVRE IV.

### LES PLANTES CULTIVÉES POUR LEURS FRUITS.

# TABLE ALPHABÉTIQUE

## DES ESPÈCES ET VARIÉTÉS MENTIONNÉES DANS CE VOLUME

Les noms latins sont en *italiques :* les noms des plantes formant des variétés types sont en **normandes**.

FIN DE LA TABLE ALPHABÉTIQUE

# TABLE DES GRAVURES

## TOME PREMIER

# TABLE DES GRAVURES.

## TOME SECOND



PARIS. — IMP. SIMON RAÇON ET COMP., RUE D'ERFURTH, 1.